国家"十二五"规划重点图书

中 国 地 质 调 查 局
青藏高原1:25万区域地质调查成果系列

中华人民共和国
区域地质调查报告

比例尺　1:250 000

且末县一级电站幅

(J45C003002)

项目名称：1:25万且末县一级电站幅区域地质调查

项目编号：19991300009051

项目负责：贾宝华　孙海清(前期)

　　　　　　孟德保(后期)　邓瑞林(副)

图幅负责：孙海清(前期)　邓瑞林(后期)

报告编写：贾宝华　孟德保　邓瑞林　马铁球

　　　　　　张晓阳　王先辉　李泽泓　彭云益

编写单位：湖南省地质调查院

单位负责：车勤建(院长)

　　　　　　曾钦旺(总工程师)

内 容 提 要

本报告在收集了大量野外第一手地质资料,经过室内样品测试和认真分析整理,并吸收前人成果的基础上编写而成。报告共分七章,第一章绪言简述了工作目的和任务、自然地理及经济概况、地质调查研究历史及工作概况;第二章、第三章、第四章分别叙述了区内地层、岩浆岩、变质岩的发育情况和基本特征;第五章详细论述了测区构造格架、构造变形特征和动力学机制、地质(构造)发展史,以及新构造运动与环境演化特征;第六章评述了矿产资源、生态资源及环境地质问题等;第七章对取得的成果和存在的问题进行了简单总结。

地质图和插图由湖南省地质调查院信息中心编绘,地质报告分工完成,最后由贾宝华、马铁球统纂定稿。

图书在版编目(CIP)数据

中华人民共和国区域地质调查报告.且末县一级电站幅(J45C003002):比例尺 1:250 000/贾宝华,孟德保,邓瑞林等著.—武汉:中国地质大学出版社,2014.6

ISBN 978 - 7 - 5625 - 3381 - 8

Ⅰ.①中⋯
Ⅱ.①贾⋯　②孟⋯　③邓⋯
Ⅲ.①区域地质调查-调查报告-中国②水力发电站-区域地质调查-调查报告-且末县
Ⅳ.①P562

中国版本图书馆 CIP 数据核字(2014)第 113033 号

中华人民共和国区域地质调查报告	贾宝华　孟德保　邓瑞林 等著
且末县一级电站幅(J45C003002)　比例尺 1:250 000	
责任编辑:舒立霞	责任校对:周　旭
出版发行:中国地质大学出版社(武汉市洪山区鲁磨路388号)	邮政编码:430074
电　话:(027)67883511　　传　真:67883580	E-mail:cbb@cug.edu.cn
经　销:全国新华书店	http://www.cugp.cug.edu.cn
开本:880mm×1230mm 1/16	字数:471千字　印张:14.875　附图:1
版次:2014年6月第1版	印次:2014年6月第1次印刷
印刷:武汉市籍缘印刷厂	印数:1—1500 册
ISBN 978 - 7 - 5625 - 3381 - 8	定价:470.00元

如有印装质量问题请与印刷厂联系调换

前　言

青藏高原包括西藏自治区、青海省及新疆维吾尔自治区南部、甘肃省南部、四川省西部和云南省西北部，面积达 260 万 km^2，是我国藏民族聚居地区，平均海拔 4500m 以上，被誉为地球第三极。青藏高原是全球最年轻、最高的高原，记录着地球演化最新历史，是研究岩石圈形成演化过程和动力学的理想区域，是"打开地球动力学大门的金钥匙"。

青藏高原蕴藏着丰富的矿产资源，是我国重要的战略资源后备基地。青藏高原是地球表面的一道天然屏障，影响着中国乃至全球的气候变化。青藏高原也是我国主要大江大河和一些重要国际河流的发源地，孕育着中华民族的繁生和发展。开展青藏高原地质调查与研究，对于推动地球科学研究、保障我国资源战略储备、促进边疆经济发展、维护民族团结、巩固国防建设具有非常重要的现实意义和深远的历史意义。

1999 年国家启动了"新一轮国土资源大调查"专项，按照温家宝总理"新一轮国土资源大调查要围绕填补和更新一批基础地质图件"的指示精神。中国地质调查局组织开展了青藏高原空白区 1:25 万区域地质调查攻坚战，历时 6 年多，投入 3 亿多元，调集 25 个来自全国省（自治区）地质调查院、研究所、大专院校等单位组成的精干区域地质调查队伍，每年近千名地质工作者，奋战在世界屋脊，徒步遍及雪域高原，实测完成了全部空白区 158 万 km^2 共 112 个图幅的区域地质调查工作，实现了我国陆域中比例尺区域地质调查的全面覆盖，在中国地质工作历史上树立了新的丰碑。

新疆 1:25 万 J45C003002（且末县一级电站幅）区域地质调查项目，由湖南省地质调查院承担，工作区跨塔里木盆地、阿尔金山和昆仑山。目的是通过对调查区进行全面的区域地质调查，合理划分测区的构造单元，查明区内地层、岩浆岩、变质岩和构造特征，在此基础上反演区域地质演化史，建立构造模式。

J45C003002（且末县一级电站幅）区域地质调查工作时间为 2000—2002 年，累计完成地质填图面积为 14 940km^2，实测剖面 150km，地质路线 2700km，采集各类样品 2074 件，全面完成了设计工作量。主要成果有：①于石炭纪—二叠纪地层中采集到大量的古生物化石，划分出 7 个化石组合带，从而较好地控制了石炭纪、二叠纪地层时代。②在阿尔金山南、北两侧分别发现浅色富镁铝型榴辉岩和暗色富铁型榴辉岩，暗示阿尔金构造带为由多个前寒武纪地块在显生宙初与塔里木地块东南缘多次俯冲—碰撞拼贴的产物。③查明测区石炭纪海相火山岩由下而上经历了 3 个由爆发相→溢流相→次火山岩相→沉积相的火山活动旋回，该组火山活动由北向南、自西向东减弱。④从变形变质的角度对阿尔金岩群进行了较详细的分解，划分出了变质表壳岩系和变质深成岩系，并建立了 5 个岩组。⑤于测区发现和厘定了阿尔金南缘木纳布拉克、托库孜达坂山北侧叶桑岗和岩碧山 3 条蛇绿混杂构造岩带，为特提斯洋陆演化研究提供了重要资料。

2003 年 4 月，中国地质调查局组织专家对项目进行最终成果验收，评审委员会一致建议银石山幅成果报告通过评审，并被评为良好级。

参加报告编写的主要有孟德保、邓瑞林、马铁球、张晓阳、王先辉、李泽泓、彭云益，由贾宝华、马铁球编纂定稿。

先后参加野外工作的还有孙海清、何江南、黄文义、冯国富、陈端赋、康卫清、蒋吉清、杨彪、周建华、蒋遵峰、王建湘等。在野外及室内资料整理、报告编写过程中，梁云海教授级高级工程师以及西北项目办、西南项目办、成都地质矿产研究所、陕西省地质调查院、新疆维吾尔自治区地质调查院、青海省地质调查院的领导、专家等都给予项目指导、帮助，在此表示诚挚的谢意。

为了充分发挥青藏高原1∶25万区域地质调查成果的作用，全面向社会提供使用，中国地质调查局组织开展了青藏高原1∶25万地质图的公开出版工作，由中国地质调查局成都地质调查中心组织承担图幅调查工作的相关单位共同完成。出版编辑工作得到了国家测绘局孔金辉、翟义青及陈克强、王保良等一批专家的指导和帮助，在此表示诚挚的谢意。

鉴于本次区调成果出版工作时间紧、参加单位较多、项目组织协调任务重以及工作经验和水平所限，成果出版中可能存在不足与疏漏之处，敬请读者批评指正。

"青藏高原1∶25万区调成果总结"项目组
2010年9月

目　录

第一章　绪言 ……………………………………………………………………………………（1）
　第一节　自然地理及经济概况 …………………………………………………………………（1）
　第二节　目的任务 ………………………………………………………………………………（2）
　第三节　项目工作概况 …………………………………………………………………………（2）

第二章　地层 ……………………………………………………………………………………（3）
　第一节　非史密斯地层 …………………………………………………………………………（4）
　　一、古元古代阿尔金岩群 ……………………………………………………………………（4）
　　二、古元古代苦海岩群 ………………………………………………………………………（18）
　　三、长城纪巴什库尔干岩群 …………………………………………………………………（23）
　第二节　史密斯地层 ……………………………………………………………………………（30）
　　一、奥陶纪地层 ………………………………………………………………………………（30）
　　二、石炭纪—二叠纪地层 ……………………………………………………………………（32）
　　三、侏罗纪地层 ………………………………………………………………………………（48）
　　四、白垩纪地层 ………………………………………………………………………………（60）
　　五、古近纪地层 ………………………………………………………………………………（62）
　第三节　第四纪地层 ……………………………………………………………………………（63）

第三章　岩浆岩 …………………………………………………………………………………（67）
　第一节　蛇绿岩 …………………………………………………………………………………（68）
　　一、木纳布拉克蛇绿岩 ………………………………………………………………………（68）
　　二、叶桑岗蛇绿岩 ……………………………………………………………………………（83）
　　三、岩碧山蛇绿岩 ……………………………………………………………………………（87）
　第二节　中性—酸性侵入岩 ……………………………………………………………………（89）
　　一、各时代中性—酸性侵入岩的基本特征 …………………………………………………（89）
　　二、中性—酸性侵入岩的内蚀变及外接触变质作用 ………………………………………（132）
　第三节　火山岩 …………………………………………………………………………………（133）
　　一、火山-沉积岩石组合特征 ………………………………………………………………（133）
　　二、岩石学特征 ………………………………………………………………………………（134）
　　三、火山岩岩石化学特征 ……………………………………………………………………（135）
　　四、岩石地球化学特征 ………………………………………………………………………（136）
　　五、大地构造环境分析 ………………………………………………………………………（138）
　第四节　岩浆岩与成矿作用的关系 ……………………………………………………………（139）

第四章　变质岩 …………………………………………………………………………………（141）
　第一节　概述 ……………………………………………………………………………………（141）
　第二节　区域变质岩 ……………………………………………………………………………（141）
　　一、阿尔金岩群变质岩 ………………………………………………………………………（144）
　　二、古元古代苦海岩群变质岩 ………………………………………………………………（152）

三、长城纪巴什库尔干岩群变质岩 (155)
　　四、古生代极浅变质岩 (157)
第三节　榴辉岩 (158)
　　一、榴辉岩的地质特征与分布 (158)
　　二、榴辉岩的岩石学特征 (159)
　　三、榴辉岩的矿物学特征 (159)
　　四、榴辉岩的岩石化学、地球化学特征 (161)
　　五、榴辉岩的时代讨论 (162)
　　六、榴辉岩的变质作用演化与 P-T-t 轨迹 (163)
第四节　混合岩 (163)
　　一、混合岩的地质特征与分类 (163)
　　二、混合岩的岩石学特征 (164)
　　三、混合岩的矿物学特征 (165)
　　四、混合岩化作用的时间与期次 (166)
第五节　动力变质岩 (166)
　　一、动力变质岩的分布与分类 (166)
　　二、动力变质岩的岩石学特征 (166)
　　三、动力变质岩的矿物学特征 (168)

第五章　地质构造 (169)
第一节　大地构造位置与区域地质构造背景 (169)
　　一、大地构造位置 (169)
　　二、区域地壳运动 (169)
　　三、区域断裂构造系统 (171)
　　四、深部构造 (172)
第二节　构造单元的划分对比及基本特征 (172)
　　一、青藏高原北缘构造单元划分对比的研究现状 (172)
　　二、测区构造单元划分与对比方案 (172)
　　三、各地质构造单元基本特征 (173)
第三节　主干断裂系统 (174)
　　一、阿尔金北缘断裂(F_2) (174)
　　二、阿尔金南缘断裂(F_{18}) (179)
　　三、木孜鲁克北缘断裂(F_{24}) (183)
　　四、木孜鲁克南缘断裂(F_{36}) (183)
第四节　构造单元变形各论 (185)
　　一、且末坳陷盆地 (186)
　　二、阿尔金断隆 (187)
　　三、阿尔金南缘蛇绿-构造混杂岩带 (192)
　　四、吐拉断陷盆地 (196)
　　五、木孜鲁克-托库孜达坂(蛇绿)岩浆构造带 (199)
　　六、昆南微陆块 (202)
第五节　洋—陆转换和盆—山耦合 (208)
　　一、元古代的洋—陆转换 (209)
　　二、早古生代洋盆与造山带的转换 (209)

三、晚古生代洋盆与造山带的转换 ……………………………………………………………… (209)
　　四、新生代盆—山耦合 …………………………………………………………………………… (209)
第六节　新构造运动 ………………………………………………………………………………… (213)
第七节　地质构造发展史 …………………………………………………………………………… (215)
　　一、古元古代塔里木结晶基底形成阶段 ………………………………………………………… (216)
　　二、中、新元古代南阿尔金-祁曼塔格裂陷槽形成演化阶段 …………………………………… (216)
　　三、早古生代祁曼塔格海槽形成演化阶段 ……………………………………………………… (216)
　　四、晚古生代特提斯形成演化阶段 ……………………………………………………………… (216)
　　五、中—新生代盆—山构造发育和高原隆升演化阶段 ………………………………………… (217)

第六章　资源环境地质 ………………………………………………………………………………… (218)
　第一节　矿产资源 …………………………………………………………………………………… (218)
　　一、金属矿产 ……………………………………………………………………………………… (218)
　　二、非金属矿产 …………………………………………………………………………………… (219)
　　三、能源矿产 ……………………………………………………………………………………… (220)
　　四、宝玉石矿产 …………………………………………………………………………………… (222)
　　五、地下水资源 …………………………………………………………………………………… (222)
　第二节　生态资源 …………………………………………………………………………………… (223)
　　一、野生动物资源 ………………………………………………………………………………… (223)
　　二、野生植物资源 ………………………………………………………………………………… (223)
　　三、野生药材资源 ………………………………………………………………………………… (223)
　　四、水力资源 ……………………………………………………………………………………… (223)
　第三节　旅游资源 …………………………………………………………………………………… (224)
　　一、自然风光及民族风情旅游点 ………………………………………………………………… (224)
　　二、古城遗址及民俗民情旅游点 ………………………………………………………………… (225)
　　三、自然风光观光点 ……………………………………………………………………………… (225)
　　四、猎奇探险旅游点 ……………………………………………………………………………… (225)
　　五、地质科学考察旅游线 ………………………………………………………………………… (225)
　第四节　环境地质 …………………………………………………………………………………… (225)
　　一、地质环境条件 ………………………………………………………………………………… (226)
　　二、环境地质灾害 ………………………………………………………………………………… (226)

第七章　结语 …………………………………………………………………………………………… (228)
主要参考文献 …………………………………………………………………………………………… (230)
附图　1∶25万且末县一级电站幅(J45C003002)地质图及说明书

第一章 绪 言

第一节 自然地理及经济概况

1∶25万且末县一级电站幅(J45C003002)位于青藏高原北缘,地理坐标:东经85°30′—87°00′,北纬37°00′—38°00′,属新疆维吾尔自治区巴音郭楞蒙古自治州且末县管辖(图1-1)。区内交通极不发达,仅有315国道通过测区北西边缘,图区北部塔里木盆地—阿尔金山一带多顺河床、谷坡分布天然简易公路,陡坡、险坎、乱石、深坑比比皆是;南部高原山区,靠车辆在戈壁滩中探索性开路,极易陷车。

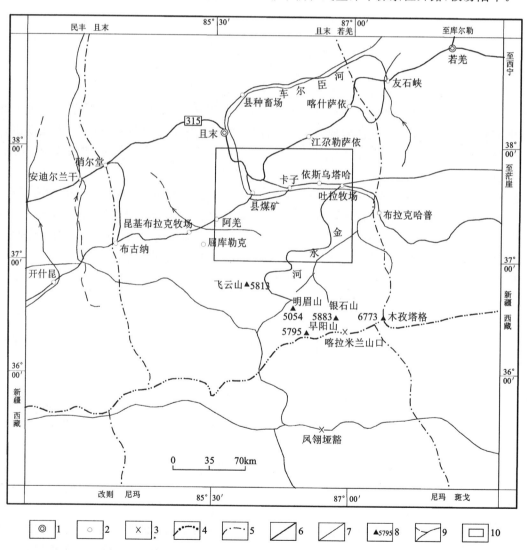

图1-1 行政区划及交通位置图

1.县级驻地;2.村镇驻地;3.兵站;4.省界;5.县界;6.国道;7.简易公路;8.山峰及高程;9.河流;10.工作区

测区横跨塔里木盆地和青藏高缘北缘,阿尔金山巍然屹立于图区北部。托库孜达坂山最高,海拔达

6303m，终年积雪；北西部塔里木盆地海拔1300～2400m。地形切割强烈，山脊多呈锯齿状，河谷多为"V"字型峡谷或深而窄的嶂谷。

气候属温带干旱大陆性气候，且末县城一带年降水量37mm，蒸发量2714mm，平均气温－11℃，最高约37℃，最低－16℃，日照2711小时，无霜期220天，每年3—7月为风季，平均沙尘暴天气20天，浮尘天气193天；中南部高原山区平均气温－4℃以下，昼夜温差达25℃，降水以降雪为主，7月中下旬至8月上旬为雨季。海拔5500m以上常年积雪并被冰雪覆盖，9月中旬开始冰冻封山，次年4月山区积雪开始融化，野外工作以5—9月为宜。

主要河流有车尔臣河、江尕勒萨依河、阿克苏河，其中车尔臣河由吐拉流向西经库拉木拉克折向北西，其上游称乌鲁克苏河，与次级支流构成树枝状水系，水源以冰雪水为主。受干旱气候影响，各水系为雪化的混浊泥浆水。五泉包一带发育多个内陆湖泊，全为咸水湖。

沿车尔臣河中下游谷地及山地与塔里木盆地接壤地带有维吾尔族居民居住，以畜牧业为主，经济落后。中南部系高原高寒山区，杳无人烟，人迹罕至。矿产资源有煤矿、玉石矿、石灰岩矿和金矿点，煤、玉石已开采利用。南部高原山区有野生动物黄羊、藏羚羊、野牦牛、野马、野驴、野骆驼、狼、棕熊、鹰等，属国家野生动物保护区；药用植物有大芸、甘草、锁阳等。

第二节 目的任务

1999年11月中国地质调查局以0100143074号任务书下达了J45C003002（且末县一级电站幅）、J45C004002（银石山幅）1∶250 000区域地质调查任务，项目编号为：19991300009051。委托湖南省地质调查院承担实施，时限1999年12月至2002年12月。2002年7月提交野外验收成果，2002年12月提交最终验收成果。

任务书明确提出其目标任务是：按照《1∶25万区域地质调查技术要求（暂行）》及其他有关规范、指南，参照造山带填图的新方法，应用遥感等新技术手段，以区域构造调查与研究为先导，合理划分测区的构造单元，对测区不同地质单元、不同的构造-地层单位采用不同的填图方法进行全面的区域地质调查。最终通过对沉积建造、变形变质、岩浆作用的综合分析，反演区域地质演化史，建立构造模式。本着图幅带专题的原则，选择区内重大地质问题进行专题研究。

第三节 项目工作概况

1999年12月中国地质调查局下达1∶25万且末县一级电站幅、银石山幅项目任务书后，湖南省地质调查院以公开招聘的形式组建了湖南省地质调查院西昆仑项目一队、二队，分别承担且末县一级电站幅、银石山幅地质调查任务。

2000年1月—4月，项目队全面收集了调查区已有区调、物化探、地质矿产及科研等资料；同年5—9月进行了野外踏勘、主干剖面测制、部分填图及样品的系统采集工作；同年10月提交并通过了项目设计。

2000年12月—2002年7月，项目队投入野外工作量8个月，室内整理12个月，全面完成了测区的剖面测制、地质填图、样品采集、专题调研和补课等工作，并对全部原始资料进行了系统整理和部分综合整理。

2002年8月—12月，完成了最终资料的综合整理、各类图件的编绘、地质调查报告的编写等工作。

第二章 地 层

图区地层以古元古代阿尔金岩群、苦海岩群、中元古代长城纪巴什库尔干岩群中深变质岩系，古生代奥陶纪、石炭纪、二叠纪海相陆源碎屑—碳酸盐台地沉积，中新生代侏罗纪、白垩纪、第三纪陆相盆地沉积和第四纪松散堆积三分天下为其特色。在平面上呈两带三区出露，且各具特色。

阿尔金断裂北西为塔里木地层区，地域上包括塔克拉玛干沙漠区和阿尔金山区，沙漠地区主要分布第四纪松散堆积物；阿尔金山地区主要分布古、中元古代阿尔金岩群、巴什库尔干岩群及阿南蛇绿混杂岩；阿尔金断裂以南的广大地区则为古元古代苦海岩群、古生代石炭纪、二叠纪；中新生代陆相盆地沉积及第四系松散堆积物均有分布。就地层属性而言，区内地层既有非史密斯地层的形变混杂岩类-中深变质岩系和沉积-构造-形变混杂岩类的蛇绿混杂岩，又有史密斯地层类的古生代海相地层及中新生代陆相盆地沉积。综合运用构造-岩石（地层）、岩石地层的工作方法将区内地层划分为 41 个岩石地层单位（表 2-1）（不包括蛇绿混杂岩带-蓟县纪卡子岩群、叶桑岗蛇绿混杂岩带和岩碧山蛇绿沉积-构造混杂岩带）。

表 2-1 地层分区对比表

时代		塔里木—阿尔金地层小区	祁曼塔格地层小区		昆南地层小区	
第四纪	全新世	冲积(Qh^{al})、风成堆积(Qh^{eol})	洪积(Qh^{pl})、沼泽沉积(Qh^{f})		湖泊沉积(Qh^{l})、风成堆积(Qh^{eol})	
		冲洪积(Qp_3—Qh^{pal})	冲洪积(Qp_3—Qh^{pal})		冲洪积(Qp_3—Qh^{pal})	
	更新世	冲洪积(Qp_2^{pal})、风成堆积(Qp_2^{eol})				
					西域组(Qp_1x)	
古近纪	中早世		路乐河组($E_{1-2}l$)			
白垩纪	早世		犬牙沟组(K_1q)	上段(K_1q^2)		
				下段(K_1q^1)		
侏罗纪	晚世	库孜贡苏组(J_3k)	采石岭组(J_3c)		鹿角沟组(J_3l)	
	中世	塔尔尕组(J_2t)	大煤沟组($J_{1-2}d$)	上段($J_{1-2}d^2$)		
		杨叶组(J_2y)				
	早世	康苏组(J_1k)		下段($J_{1-2}d^1$)		
		莎里塔什组(J_1s)				
二叠纪	中世				树维门科组($P_{1-2}s$)	上段($P_{1-2}s^2$)
	早世	叶桑岗组(P_1y)				下段($P_{1-2}s^1$)
石炭纪	晚世				哈拉米兰河群(C_2H)	上组(C_2H^2)
						下组(C_2H^1)
	早世				托库孜达坂群(C_1TK)	上组(C_1TK^3)
						中组(C_1TK^2)
						下组(C_1TK^1)

续表2-1

时代	塔里木—阿尔金地层小区		祁曼塔格地层小区	昆南地层小区	
奥陶纪			祁曼塔格群(OQ)		
长城纪	巴什库尔干岩群	贝克滩岩组 Chb			
		红柳泉岩组 Chh			
		扎斯勘赛河岩组 Chz			
滹沱纪	阿尔金岩群	大理岩组 Pt$_1$A(mb)		苦海岩群	片岩组 Pt$_1$K(sch)
		变火山岩组 Pt$_1$A(mas)			变火山岩组 Pt$_1$K(mas)
		片岩组 Pt$_1$A(sch)			大理岩组 Pt$_1$K(mb)
		片麻岩组 Pt$_1$A(gn)			片麻岩组 Pt$_1$K(gn)
		变粒岩组 Pt$_1$A(gnt)			

第一节 非史密斯地层

非史密斯地层是指那些经历了不同程度的构造混杂，并经历了变位、变形变质，全部无序或部分无序的地(岩)层，主要指造山带地层中的无序部分，也包含了稳定地区基底(古老造山带)。

区内非史密斯地层系指古元古代阿尔金岩群、苦海岩群中深变质岩系、中元古代巴什库尔干岩群中浅变质岩系和阿南蛇绿混杂岩带。主要分布于阿尔金断隆带和托库孜达坂构造岩浆带东段。

古元古代阿尔金岩群、苦海岩群经历了多期复杂的变形变质作用、混合岩化作用，构造变形样式十分复杂，总体上表现为韧性剪切带或断层围限规模不等的构造岩片拼贴而成。岩片内片状构造十分发育，原生层理已被置换殆尽，"无层无序"。按照张克信等(1997)非史密斯地层的定义及划分方案，它们是形成于陆内变形变质环境的形变混杂岩类，属构造-岩层类(韧剪式—滑流式)。长城系巴什库尔干岩群为绿片岩相的中-浅变质岩系，各岩组间多为断层接触，岩组内褶皱强烈，片理发育不均，部分原生层理、原生沉积构造得以保留，属总体有序、局部无序的非史密斯地层，无疑是构造-地层类(剪裂式)。阿南蛇绿构造混杂岩带、叶桑岗蛇绿岩带和岩碧山蛇绿沉积构造混杂岩带则是形成于俯冲-碰撞或板块汇聚环境下的沉积-构造-形变混杂岩类，属非史密斯地层的构造-岩石体类。本节不予以一一列述，蛇绿混杂带的特征将在第三章第一节予以阐述。

一、古元古代阿尔金岩群

古元古代阿尔金岩群主要分布于阿尔金断隆带内，面积约2400km²，为一套区域动力热流变质作用的低角闪岩相—高角闪岩相中—深变质岩系，由变质表壳岩系、变质侵入体、变质基性火山岩组成。经历了多期复杂的变形变质作用，其原始物态、形态、位态和序态已发生了明显的变化，总体上表现为由韧性剪切带或断层围限的不同规模的超岩片、岩片拼贴而成。根据其变质岩石组合、构造变形样式、原岩建造特征，结合同位素年龄，将表壳岩系划分为5个岩组，由老至新为：变粒岩组 Pt$_1$A(gnt)、片麻岩组 Pt$_1$A(gn)、片岩组 Pt$_1$A(sch)、大理岩组 Pt$_1$A(mb)和变基性火山岩集中出现的变火山组 Pt$_1$A(mas)及5个规模较大的变质侵入体(gg)。

(一) 阿尔金岩群变质岩石组合特征

1. 变粒岩组 Pt$_1$A(gnt)

该岩组主要分布于阿尔金山脉西端哈底勒克萨依南北两侧及图区东北角阿尔金山主峰北侧。变粒岩组出露宽度大,构造变形样式较简单,变质程度可高达角闪岩相,岩性组合颇具代表性。该岩组由黑云母二长变粒岩、含石榴石黑云母二长变粒岩、含石榴石矽线石黑云母二长变粒岩、浅粒岩为主夹黑云母二长片麻岩、含石榴石矽线石黑云母二长片麻岩、透镜状斜长角闪岩及少量镁橄榄石透辉石大理岩、含石榴石黑云母石英片岩等组成,视厚度大于4731.3m。

该岩组由多个受断层或韧性剪切带围限的小岩片组成,单个岩片一般宽4~10km,长10~20km,剖面上的岩石叠置顺序、岩性组合特征均不能完全代表该岩组内岩石的原始三态和自然序列。剖面上该岩组发育递增变质带,可划分出黑云母带、铁铝榴石带和矽线石带,各相带之间均为断层接触,缺失十字石带和蓝晶石带。

2. 片麻岩组 $Pt_1A(gn)$

该岩组主要分布于江尕勒萨依一带及哈底勒克萨依北侧,为以黑云母二长片麻岩、黑云母斜长(糜棱)片麻岩为主的角闪岩相变质岩系。江尕勒萨依北部,该岩组出露宽度达10km,岩性较单一,构造变形样式清楚。该带片麻岩组中糜棱岩化强烈而又普遍,以灰色、灰黑色黑云母二长(糜棱)片麻岩、黑云母斜长(糜棱)片麻岩、条带状含石榴石黑云母二长(糜棱)片麻岩、含石榴石黑云母斜长(糜棱)片麻岩为主夹浅灰—灰白色二云母二长(糜棱)片麻岩、眼球状微斜(糜棱)片麻岩、含石榴石钾长(糜棱)片麻岩、堇青石黑云母斜长(糜棱)片麻岩、灰白色长英质(糜棱)片麻岩等。以片麻岩类岩石占绝对优势,仅夹少量似层状—透镜状灰绿色、灰黑色斜长角闪岩、含石榴石斜长角闪岩、含磁铁矿角闪岩及黑云母石英片岩、透辉石石英岩、含铁石英岩等。有花岗伟晶岩脉、石英脉等侵入其中,局部夹混合花岗岩。视厚度大于7558.5m。

该岩组以低角闪岩相为主,退变质黑云母带分布较广,铁铝榴石带呈条带状展布,在平面上二者相间分布呈条带状、线状递增变质带。斜长石An=43~47。堇青石-铁铝榴石亚相的出现,说明其属低压区域变质相系。

在哈底勒克萨依以北的琼阿达、塔特勒克苏一带,该岩组糜棱岩化不发育,仅见线状—带状糜棱岩化带,同样基本未出现铁铝榴石带。以灰—灰白色黑云母二长片麻岩、黑云母斜长片麻岩为主夹黑云母石英片岩、含金云母白云石大理岩等。梅达阔西及阔纳萨依等地夹多套厚达30~45m,走向延伸4~5km的金云母白云石大理岩,梅达阔西以北还发育宽约数百米的条带状混合片麻岩。

3. 片岩组 $Pt_1A(sch)$

该岩组呈条带状主要布露于阿尔金北缘断裂南东侧的尤勒滚厄格勒—尤勒滚萨依一带,以及江尕勒萨依阿达—克其克江尕勒萨依一带,呈多个大小不等的岩片出现。岩片宽达10km,北东向延伸长达40km以上。岩性组合较复杂,但以黑云母石英片岩、二云母石英片岩为主。以江尕勒萨依片岩组剖面为例:以灰黑色、灰色黑云母石英(糜棱)片岩、含堇青石黑云母石英(糜棱)片岩为主夹含堇青石黑云母二长(糜棱)片麻岩、透闪石透辉石白云母大理岩、含铁石英岩等,视厚度大于2222.3m。片岩组内韧性剪切作用强烈,糜棱岩化比较普遍,断裂发育。早期糜棱岩化花岗岩和晚期细中粒斑状黑云母二长花岗岩均有分布;变质作用为以区域动力热流变质作用为主的低角闪岩相,退变质现象普遍存在,以黑云母带为主,铁铝榴石带呈线状、条带状分布,斜长石An=39~44。

在江尕勒萨依以西的哈底勒克萨依南北两侧,该岩组均有布露,但其变质程度迥异。哈底勒克萨依以南该岩组以含石榴石矽线石黑云母石英片岩为主,夹含石榴石矽线石黑云母二长浅粒岩、含石榴石矽线石黑云母斜长片麻岩,以及似层状—透镜状含石榴斜长角闪岩。顺片发育花岗伟晶岩脉,变质带为钾长石—矽线石带。哈底勒克萨依以北则以灰色、灰黑色黑云母石英片岩为主,夹黑云母二长变粒岩、黑云母二长片麻岩,有辉绿岩脉等侵入其中。塔特勒克苏—艾沙汗托海一带,有较多中细粒黑云母二长花岗岩、中细粒黑云母花岗岩呈小岩株状侵入其中,并发育两期以上的花岗伟晶岩脉,且二者形态产状各异,切割关系明晰,局部强烈混合岩化。

4. 变火山岩组 $Pt_1A(mas)$

该岩组以大量出现变基性火山岩系为特色。主要分布于阿尔金山脉主峰一带,由于其通行条件极差加之气候恶劣,未测得其剖面。但据阿尔金山脉南坡部分路线地质填图可窥视该岩组全貌。

变火山岩组以黑云母二长片麻岩、黑云母斜长片麻岩、块状石英岩、灰绿色—灰黑色斜长角闪岩、角闪片岩、黑云母角闪片岩和角闪斜长岩为主,夹少量黑云母石英片岩、二云母片岩及白色块状白云石大理岩等,其中变基性火山岩系占总量的 1/2～1/3。角闪斜长岩类多表现为出露宽度数十米至数百米,走向延伸数千米至数十千米的单套出现,地貌上宏观特征明显,在航片和卫片上亦清晰可辨,可能属晚期次火山岩。斜长角闪岩、角闪片岩、黑云母角闪片岩一般呈数十厘米至数米与块状石英岩或黑云母斜长片麻岩互层或于白色大理岩、石英岩中呈薄层状—似层状产出,亦有部分斜长角闪岩呈数米至数十米的透镜状—似层状产出,其原岩可能属同沉积的火山岩。阿尔金岩群变火山岩的 Sm-Nd 同位素年龄及岩石化学特征、地球化学特征均佐证了这一认识。

5. 大理岩组 $Pt_1A(mb)$

该岩组以集中出现或含较多的大理岩类为其特色,主要分布于塔特勒克苏—江尕勒萨依一带,呈多个较小的岩片出现。单个岩片出露宽度 500～2000m,走向延伸 5～10km,是且末县境内中深变质岩系中最具经济价值的和田玉玉石矿源层。其岩性组合特征及构造变形样式以塔特勒克苏一带为典型。该带大理岩组以片理化金云母方解石白云石大理岩、金云母白云石大理岩为主,夹黑云母二长片麻岩、黑云母二长变粒岩及少量二长浅粒岩、灰绿色似层状—透镜状斜长角闪岩,视厚度大于488.5m。

该岩组之顶底均被断层所限,岩组内亦有断层破坏,其岩性组合和叠覆关系很难代表其原始层序。平面上该岩组四周皆为断层所限,呈长条状、透镜状夹持于片岩或片麻岩之中。阿尔金岩群中无论变粒岩组、片麻岩组、片岩组,还是变火山岩组中均可夹少量似层状—透镜状金云母白云石大理岩、金云母方解石白云石大理岩、镁橄榄石白云石大理岩或透闪石透辉石大理岩,而只在大理岩类集中分布地段划分出该岩组,江尕勒萨依—尤勒滚萨依一带,该岩组上、下部均以黑云母二长片麻岩、黑云母二长变粒岩或黑云母石英片岩为主夹丰富的大理岩类或大理岩类与其他岩类呈互层状出现,视厚度大于 2km。路线地质调查与矿点普查评价证实,玉石矿由大理岩类经过区域动力热流变质作用,在绿片岩相—低角闪岩相的基础上,叠加岩浆热接触变质作用而形成,如塔特勒克苏且末县玉石矿及江尕勒萨依玉石矿均如此。

(二)阿尔金岩群的岩石化学特征与原岩建造

本次工作在阿尔金岩群不同类型的变质岩石中采集 33 个岩石化学分析样品(湖北省地质实验研究所测试分析,后同),结果见表 2-2。

表 2-2 阿尔金岩群岩石化学成分表

序号	样品编号	岩组代号	岩石名称	氧化物含量(%)							
				SiO_2	Al_2O_3	Fe_2O_3	FeO	MgO	CaO	Na_2O	K_2O
1	8-3	Pt_1A (gnt)	黑云钾长变粒岩	66.80	15.17	0.61	4.52	1.12	2.93	3.43	3.14
2	8-4		长英质初糜棱岩	49.07	13.75	3.28	9.43	6.77	8.09	2.13	1.58
3	8-7		含石榴黑云二长变粒岩	72.15	13.89	0.20	2.38	0.62	1.62	2.25	5.15
4	8-9		含石榴黑云斜长片麻岩	69.69	13.92	0.39	3.83	0.97	1.69	2.45	4.43
5	8-11		含石榴斜长角闪岩	49.30	13.48	3.07	9.40	7.06	10.61	2.12	0.81
6	8-12		黑云二长片麻岩	73.11	13.65	0.26	2.00	0.57	1.73	2.39	4.73
7	8-15		斜长角闪片岩	49.42	13.51	1.43	11.28	6.81	11.13	1.88	0.51
8	8-18	$Pt_1A(sch)$	含矽线黑云石英片岩	68.70	15.45	0.54	4.87	1.73	1.18	1.37	2.93
9	8-22	$Pt_1A(gnt)$	含石榴矽线黑云二长片麻岩	73.85	13.42	0.31	1.85	0.64	1.68	2.20	4.54
10	8-26	$Pt_1A(sch)$	斜长角闪岩	50.75	12.66	3.55	11.12	4.99	9.47	1.45	1.01

续表 2-2

序号	样品编号	岩组代号	岩石名称	氧化物含量（%）							
				SiO_2	Al_2O_3	Fe_2O_3	FeO	MgO	CaO	Na_2O	K_2O
11	8-28	Pt_1A	金云母白云石大理岩	1.80	0.40	0.06	0.22	21.17	30.98	0.06	0.12
12	8-31	(gn)	黑云二长片麻岩	68.04	14.26	1.14	3.17	1.01	2.51	2.41	4.90
13	8-33	Pt_1A(mb)	金云母方解石白云石大理岩	2.49	0.29	0.01	0.27	18.57	33.32	0.08	0.03
14	8-35	Pt_1A	黑云二长变粒岩	71.66	14.16	0.29	2.63	0.78	1.41	2.94	4.54
15	8-38	(gnt)	斜长角闪岩	48.88	12.32	0.97	11.57	9.64	10.80	0.57	0.78
16	19-1-1		石榴黑云二长糜棱片麻岩	70.54	14.12	0.16	3.57	1.27	2.82	3.41	2.34
17	19-1-5		石榴斜长角闪片岩	46.67	13.99	0.76	13.85	6.79	9.85	0.74	1.81
18	19-2	Pt_1A	二云二长糜棱片麻岩	68.08	14.71	0.95	3.83	1.20	2.57	2.67	3.42
19	19-3	(gn)	含磁铁矿角闪岩	40.60	10.54	3.03	14.00	10.62	10.86	1.14	0.63
20	19-8		含石榴黑云斜长糜棱片麻岩	64.61	15.64	0.98	4.02	1.40	3.90	2.89	3.65
21	19-13-1		斜长角闪岩	51.58	13.45	1.45	12.10	5.51	9.73	1.28	0.49
22	19-19		含石榴黑云钾长糜棱片麻岩	73.09	12.92	1.11	1.52	0.27	1.16	2.42	6.27
23	19-22		角闪钾长糜棱片麻岩	58.07	13.14	1.63	5.32	5.76	7.75	2.05	2.61
24	19-25	Pt_1A	含石榴堇青石云母质糜棱片岩	80.38	9.26	0.49	2.75	0.80	0.84	1.35	1.86
25	19-30	(sch)	透辉石白云石大理岩	18.22	1.45	0.31	0.23	19.97	27.81	0.09	0.24
26	19-31		含石榴斜长糜棱片麻岩	63.07	14.48	1.73	6.83	1.87	2.57	1.78	3.87
27	19-36	Pt_1A(gn)	二云二长糜棱片麻岩	68.08	15.11	1.33	3.47	1.36	1.78	2.01	4.16
28	19-40		白云石大理岩	0.89	0.24	<0.01	0.07	21.41	30.33	0.09	0.01
29	19-41	Pt_1A(ec)	榴辉岩	50.92	13.88	1.69	10.07	6.86	10.65	2.32	0.36
30	19-44		榴辉岩	50.14	13.52	2.66	8.95	7.64	10.67	2.01	0.22
31	19-45	Pt_1A(sch)	白云母钾长糜棱片麻岩	65.90	15.31	1.61	4.10	1.43	1.77	2.04	4.60
32	19-50	Pt_1A(gg)	斜长角闪岩	51.02	14.66	1.07	9.85	6.71	10.91	1.91	0.31
33	19-52	Pt_1A(ec)	榴辉岩	51.13	14.46	1.06	9.55	6.28	10.62	2.92	0.43

序号	样品编号	岩组代号	氧化物含量（%）						尼格里值				
			MnO	TiO_2	P_2O_5	H_2O^+	H_2O^-	Lost	Al	Fm	C	Alk	SI
1	8-3		0.07	0.73	0.23	0.82		0.18	38.3	25.7	13.3	22.7	286
2	8-4		0.17	2.10	0.21	2.86		2.17	20.0	51.0	21.3	7.6	121
3	8-7		0.03	0.33	0.07	0.94		0.78	44.3	16.6	9.4	29.7	392
4	8-9	Pt_1A (gnt)	0.07	0.56	0.07	1.43		1.18	35.2	34.5	7.8	22.5	301
5	8-11		0.20	1.64	0.16	1.87		0.53	18.5	48.9	26.6	6.0	115
6	8-12		0.04	0.26	0.07	0.90		0.69	44.5	15.6	10.3	29.6	405
7	8-15		0.21	1.55	0.13	1.66		0.53	18.5	48.7	27.9	4.9	115
8	8-18	Pt_1A(sch)	0.07	0.74	0.27	1.82		1.22	44.0	34.4	6.1	15.5	334
9	8-22	Pt_1A(gnt)	0.04	0.21	0.07	0.88		0.65	45.2	16.1	10.3	28.4	422
10	8-26	Pt_1A(sch)	0.23	2.30	0.27	1.90		0.68	19.0	49.9	25.9	5.2	130

续表 2-2

序号	样品编号	岩组代号	氧化物含量(%)						尼格里值				
			MnO	TiO$_2$	P$_2$O$_5$	H$_2$O$^+$	H$_2$O$^-$	Lost	Al	Fm	C	Alk	SI
11	8-28	Pt$_1$A	0.03	0.02	0.02	0.38		45.93	0.4	48.8	50.6	0.2	2
12	8-31	(gn)	0.07	0.64	0.14	1.31		0.88	38.9	22.3	12.5	25.3	315
13	8-33	Pt$_1$A(mb)	0.01	0.02	0.02	0.25		45.16	0.3	43.9	55.7	0.1	4
14	8-35	Pt$_1$A	0.04	0.38	0.20	0.67		0.43	44.3	19.3	7.8	29.6	374
15	8-38	(gnt)	0.29	0.24	0.13	1.95		1.08	16.2	55.7	25.8	2.3	109
16	19-1-1		0.05	0.42	0.13	0.88	0.18	0.40	29.2	23.8	14.3	22.7	333
17	19-1-5		0.23	2.59	0.38	2.08	0.18	0.78	19.1	52.1	22.5	4.3	10
18	19-2	Pt$_1$A	0.07	0.59	0.15	1.50	0.30	1.20	39.4	26.3	12.6	21.7	310
19	19-3	(gn)	0.26	4.68	0.58	2.36	0.29	1.03	12.5	60.9	23.5	3.1	82
20	19-8		0.08	1.03	0.33	1.11	0.30	0.68	37.2	25.3	16.9	20.6	261
21	19-13-1		0.23	1.99	0.16	1.68	0.25	0.48	20.0	49.7	26.4	3.9	130
22	19-19		0.03	0.23	0.18	0.53	0.18	0.20	42.9	14.3	7.0	35.8	412
23	19-22		0.11	0.86	0.21	2.00	0.17	1.40	22.7	42.2	24.4	10.7	170
24	19-25	Pt$_1$A	0.04	0.52	0.07	1.35	0.14	0.98	42.8	30.6	7.1	19.5	631
25	19-30	(sch)	<0.01	0.08	0.03	4.89	0.37	30.23	1.4	49.6	48.6	0.4	30
26	19-31		0.13	0.97	0.19	2.13	0.25	1.33	33.6	39.1	10.9	16.4	249
27	19-36	Pt$_1$A(gn)	0.07	0.59	0.15	1.58	0.20	1.25	41.6	28.0	8.9	21.5	318
28	19-40		0.01	0.01	0.02	0.23	0.16	45.85	0.2	49.6	50.1	0.1	1.4
29	19-41	Pt$_1$A(ec)	0.19	1.38	0.13	1.17	0.19	0.33	24.2	34.5	33.9	7.4	151
30	19-44		0.18	1.44	0.18	1.43	0.14	1.05	18.7	49.7	26.7	4.9	118
31	19-45	Pt$_1$A(sch)	0.08	0.74	0.21	1.95	0.24	1.53	39.8	30.2	8.4	21.5	291
32	19-50	Pt$_1$A(gg)	0.17	1.23	0.21	1.56	0.10	0.38	20.7	46.2	28.1	5.0	123
33	19-52	Pt$_1$A(ec)	0.15	1.53	0.19	1.05		0.53	20.6	44.3	27.6	7.5	124

注：空格表示未分析该项目。

由于阿尔金岩群为一套陆源碎屑—火山碎屑夹碳酸盐岩建造，在尼格里四面体图解中，阿尔金岩群变质岩石除大理岩类外大部分投入火成岩区或火成岩与粘土质沉积区分界线附近，点群集中，难以分辨。但在西蒙南(1953)(Al+Fm)-(C+Alk)-SI图解上，则能较好地区别火山岩、砂泥质碎屑岩与碳酸盐岩类(图2-1)。(含石榴石)斜长角闪岩类、榴辉岩类绝大部分落入火成岩区，仅15、19号样落入泥质沉积区，29号样因发育方解石细脉而落入钙质沉积区；大理岩类(25、28号样)投入钙质沉积区边缘，11、13号样则投在钙质沉积区边框下，这是由于大理岩类SiO$_2$含量大大低于24%，不适用于西蒙南图解所致；变粒岩类(1、3号样)、片麻岩类(6、9、12、20、22、23号样)亦投入火山岩区，其他则多与片岩类一起落入砂泥质沉积区，尤以泥质沉积区居多。

对上述落入火山岩区的变粒岩、片麻岩在塔尼(1976)TiO$_2$-SiO$_2$图解中进一步区分(图2-2)，其中1、12、20号样落入沉积岩区，3、6、9、22、23号样则再次落入火成岩区。结合岩石结构构造及地质产状、变余接触界线特征，通过CIPW标准矿物计算，可以确定3、6、9号样为古老的黑云母二长花岗岩侵入体(Q=40.5~45.5，A=31.9，P=22.6~24.5，R$_1$=2 724~3 002，R$_2$=476~482)，而22、23号样均呈似层状—透镜状夹层产出，可能属火山碎屑含量很高的表壳岩系。将阿尔金岩群表壳岩系变质岩石样品在佩蒂·约翰(1972)lg(Na_2O/K_2O)-lg(SiO_2/Al_2O_3)图解中进行区分,除22号样落入长石砂岩区外,其余均落入杂砂岩(8、16、18、20、23号样)和岩屑砂屑岩区(14、24、26、27号样)。而在涅洛夫(1974)($Al_2O_3+TiO_2$)-(SiO_2+K_2O)-Σ其余组分图解(图2-3)中,24号样投入少矿物砂岩区,22号样落入长石砂岩区,12、16号样属复矿物粉砂岩,2号样为碳酸盐质粘土、含铁粘土区,26号样杂砂岩、20号样复矿物粉砂岩落入化学上弱分异沉积区,其余大部分落入泥质砂岩及寒带和温带气候条件下的陆相粘土区(1、8、14、23、27、31号样)。

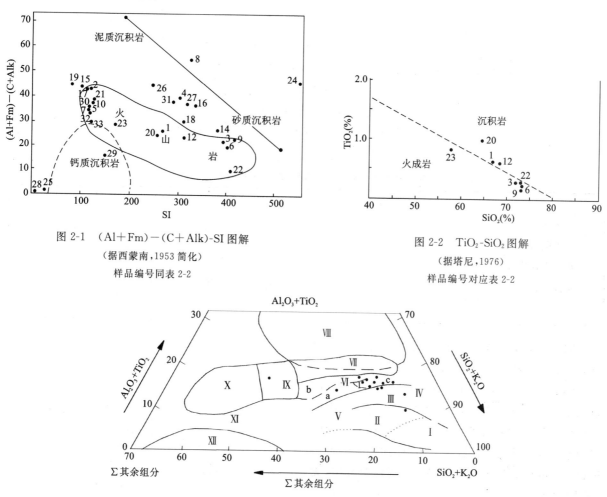

图 2-1　(Al+Fm)-(C+Alk)-SI 图解
(据西蒙南,1953 简化)
样品编号同表 2-2

图 2-2　TiO_2-SiO_2 图解
(据塔尼,1976)
样品编号对应表 2-2

图 2-3　($Al_2O_3+TiO_2$)-(SiO_2+K_2O)-Σ其余组分图解
(据涅洛夫,1974)
样品编号对应表 2-2

Ⅰ.石英砂岩、石英岩区;Ⅱ.少矿物砂岩、石英岩质砂岩区;Ⅲ.复矿物粉砂岩;Ⅳ.长石砂岩区;
Ⅴ.钙质砂岩和含铁砂岩区;Ⅵ.化学上弱分异的沉积物区(a.主要为杂砂岩;b.主要为复矿物粉砂岩;
c.泥质砂岩及寒带和温带气候的陆相粘土);Ⅶ.化学上中等分异的粘土、寒带和温带气候的海相
和陆相粘土区;Ⅷ.潮湿气候带化学上强分异的粘土区;Ⅸ.碳酸盐质粘土和含铁粘土区;Ⅹ.泥灰岩区;
Ⅺ.硅质泥灰岩和含铁砂岩区;Ⅻ.含铁石英岩(碧玉铁质岩)区

粘土质和泥质含量高的碎屑岩类样品在麦列日克和普列多夫斯基(1982)不同气候带的粘土岩成分图解(图2-4)中,除2号样落入干燥气候条件下的粘土区,其他均落入寒冷和中等寒冷条件下的陆相粘土区或二者分界线附近,暗示古元古代环境具干燥寒冷—中等寒冷条件下以物理风化为主,快速剥蚀、搬运、沉积的活动型陆缘特点。

采自阿尔金岩群的6个砂岩、粉砂岩样品(12、16、20、22、24、26号样)与Bhatia(1983)不同构造环境的砂岩、杂砂岩常量元素对比(表2-3),均显示出活动大陆边缘的特征并具向大陆岛弧过渡趋势。

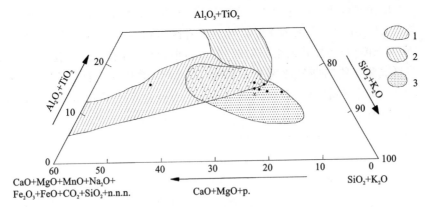

图 2-4 不同气候带粘土岩的成分图解

（据麦列日克和普列多夫斯基，1982）

1. 干燥气候带的海相、湖相和泻湖相粘土成分区；2. 潮湿和炎热气候带的陆相粘土成分区
3. 寒冷和中等寒冷气候带的陆相粘土成分区；n.n.n.. 烧失量；p.. 其他氧化物

表 2-3 阿尔金岩群不同构造环境的砂岩、杂砂岩常量元素特征表

	Fe_2O_3+MgO	TiO_2	Al_2O_3/SiO_2
大洋岛弧	8%～14%	0.8%～1.4%	0.24%～0.33%
大陆岛弧	5%～8%	0.5%～0.7%	0.15%～0.2%
活动大陆边缘	2%～5%	0.25%～0.45%	0.1%～0.2%
被动大陆边缘	变 化 较 大		
阿尔金岩群	2.038%	0.635%	0.204%

阿尔金岩群 9 个斜长角闪岩样品的分析结果见表 2-2。在米拉斯（1971）TiO_2-F 图解（图 2-5）[$(F=(Fe_2O_3+FeO)/(Fe_2O_3+FeO+MgO))$]中显示出 4 个副斜长角闪岩，可能是火山碎屑岩类或含镁较高的泥质灰岩类变质而成；5 个正斜长角闪岩，应属变基性火山岩系。在玄武岩的 SiO_2-FeO^*/MgO 和 FeO^*-FeO^*/MgO 判别图解中，无一例外地落入拉斑玄武岩区（图 2-6），而在 FeO^*/MgO-TiO_2 图解上分别落入大洋中脊玄武岩和洋岛玄武岩区（图 2-7）。

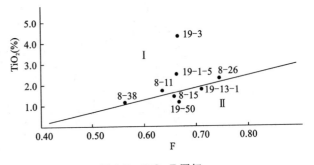

图 2-5 TiO_2-F 图解

（米拉斯，1971）

Ⅰ. 正斜长角闪岩，Ⅱ. 副斜长角闪岩

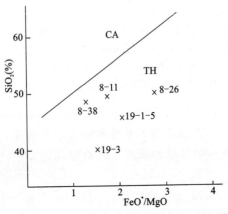
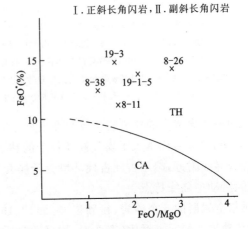

图 2-6 SiO_2-FeO^*/MgO 和 FeO^*-FeO^*/MgO 的判别图解

CA. 钙碱系列；TH. 拉斑系列

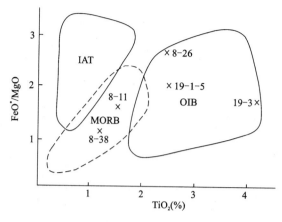

图 2-7 FeO*/MgO-TiO$_2$ 图解

IAT. 岛弧玄武岩；MORB. 大洋中脊玄武岩；OIB. 洋岛玄武岩

（三）阿尔金岩群地球化学特征与大地构造环境

1. 微量元素地球化学特征

阿尔金岩群所采集的 32 个各类变质岩石微量元素分析样品（湖北省地质实验研究所测试，后同）分析结果见表 2-4。

表 2-4 阿尔金岩群微量元素含量表

序号	样品编号	岩组代号	岩石名称	各元素含量（$\times 10^{-6}$）													
				Ba	Cr	Co	Ni	Sr	U	Th	Sc	V	Ta	Zr	Hf	Rb	Nb	B
1	8-2		石英绿帘石岩	94.7	66.2	37.0	29.1	257	1.1	1.2	44.6	336	<0.5	61.7	2.5	18.7	2.8	163
2	8-3		黑云钾长变粒岩	1170	79.6	8.6	12.0	135	2.2	37.7	10.7	59.2	2.0	295	9.4	301	15.4	1.0
3	8-4		长英质初糜棱岩	184	166	41.6	89.9	142	1.1	2.0	30.9	305	<0.5	125	4.6	94.7	13.0	4.9
4	8-7	Pt$_1$A (gnt)	黑云二长变粒岩	989	43.7	6.0	9.4	109	2.3	24.5	5.4	30.4	0.9	130	4.4	186	9.4	14.3
5	8-9		黑云斜长片麻岩	910	41.0	8.4	12.3	103	2.4	37.3	12.4	52.7	1.6	268	8.2	154	16.5	14.8
6	8-11		含石榴斜长角闪岩	131	152	40.9	83.3	165	0.8	<1.0	35.4	322	<0.5	92.6	3.4	27.8	7.4	18.4
7	8-12		黑云二长片麻岩	845	31.4	5.5	9.1	96.5	1.4	22.0	4.4	21.6	0.6	151	4.9	166	6.8	12.5
8	8-15		斜长角闪片岩	75.4	127	43.2	82.1	120	1.0	1.0	37.8	325	<0.5	85.4	3.3	50.3	6.4	13.4
9	8-18	Pt$_1$A (sch)	含矽线黑云石英片岩	629	116	17.8	36.2	146	5.0	34.3	13.9	79.9	0.9	501	15.9	130	15.9	4.0
10	8-19		绿泥石片岩	233	148	20.3	43.4	191	2.8	13.5	16.8	144	1.5	183	6.6	124	16.0	90.5
11	8-22	Pt$_1$A (gnt)	含石榴矽线黑云二长变粒岩	798	33.8	5.5	9.6	87.7	2.0	18.2	3.0	17.6	1.0	111	4.1	153	6.2	1.8
12	8-23	Pt$_1$A (sch)	斜长角闪岩	181	65.3	31.5	49.9	137	1.6	1.5	36.4	397	0.5	150	5.2	70.2	15.3	80.6
13	8-26		斜长角闪岩	121	92.7	43.0	52.2	119	1.7	2.6	31.2	421	1.7	147	5.5	67.3	20.6	15.7
14	8-28		金云母白云岩大理岩	56.4	<4.0	7.3	14.9	61.3	0.8	<1.0	0.5	8.4	<0.5	8.9	<0.5	6.1	<2.0	15.3
15	8-30	Pt$_1$A (gn)	黑云二长变粒岩	554	78.9	9.1	13.5	148	2.2	15.7	9.3	44.7	2.4	116	3.9	220	10.0	1.0
16	8-31		黑云二长片麻岩	1610	63.3	9.7	15.3	171	2.7	15.3	10.5	47.0	3.0	182	5.9	167	14.9	8.2
17	8-33	Pt$_1$A (mb)	金云母方解石白云石大理岩	148	4.4	7.0	14.7	79.6	<1.0	0.4	8.0	0.5	8.8	1.5	<2.0	7.4		

续表 2-4

序号	样品编号	岩组代号	岩石名称	各元素含量($\times 10^{-6}$)													
				Ba	Cr	Co	Ni	Sr	U	Th	Sc	V	Ta	Zr	Hf	Rb	Nb	B
18	8-35	Pt_1A (gnt)	黑云二长变粒岩	869	50.3	8.5	15.1	143		26.1	3.7	30.3	1.4	214	7.0	270	14.8	1.0
19	8-38		斜长角闪岩	133	634	51.2	193	225		2.6	40.1	300	<0.5	86.9	3.9	60.2	8.0	19.2
20	19-1-5	Pt_1A (gn)	石榴斜长角闪岩	219	129.5	47.8	56	83	141	1.6	34.2	352.5	0.9	160	6.3	121	19.4	21.3
21	19-2		二云二长糜棱片麻岩	613	24.9	12.6	17	120	75	15.3	9.1	58.8	1.6	186	5.8	170	18.3	11.2
22	19-3		含磁铁矿角闪岩	132	303.4	69.2	193	179	151	2.0	31.0	394.4	2.2	256	8.2	34	39.8	4.0
23	19-13-1		斜长角闪岩	98	55.4	50.1	69	163	131	3.5	24.6	312.7	1.2	122	5.1	19	15.8	2.1
24	19-22	Pt_1A (sch)	角闪钾长糜棱片麻岩	448	56.6	21.2	42	252	117	9.7	12.9	103.9	0.9	188	6.1	130	19.8	10.7
25	19-30		透辉石白云石大理岩	488	<5.0	7.4	14	102	18	<1.0	1.2	13.4	<0.5	20	<0.5	23	5.6	49.8
26	19-31		斜长糜棱片麻岩	515	29.5	17.8	9	113	136	31.3	20.8	83.4	1.8	355	10.9	390	29.1	17.0
27	19-36	Pt_1A (gn)	二云二长糜棱片麻岩	565	31.7	10.2	16	96	85	17.6	11.5	68.8	2.4	171	5.8	299	23.0	146.4
28	19-40	Pt_1A (ec)	白云石大理岩	28	<5.0	6.3	13	49	13	<1.0	<0.5	7.2	<0.5	10	<0.5	15	4.9	<2.0
29	19-41		榴辉岩	83	107.3	39.2	76	181	89	1.6	30.7	280.0	<0.5	88	3.4	14	12.5	4.0
30	19-44		榴辉岩	54	241.8	47.2	119	172	107	1.9	32.5	272.9	<0.5	94	3.7	6	12.1	4.0
31	19-50	Pt_1A (gg)	斜长角闪岩	74	169.9	41.1	97	208	114	1.2	28.7	244.5	<0.5	100	3.8	7	10.1	14.9
32	19-52	Pt_1A (ec)	榴辉岩	102	96.4	38.4	90	310	195	1.1	26.6	281.0	<0.5	146	4.1	13.6	7.7	<1.0

注：空格表示未分析该项目。

阿尔金岩群变质表壳岩系中碎屑岩的微量元素 Rb、Ba、Zn、V、Zr、Th、Hf、B 均高于地壳平均丰度（克拉克值，下同），其中 Th、Rb 高于克拉克值 2 倍以上，个别样品达 4 倍以上；B、Hf 高于克拉克值 1~2 倍，个别样品达 5~10 倍。微量元素 Ta、Sc、Cr、Co 低于克拉克值，Ni、Sr 大大低于克拉克值，Sr 平均丰度 138.5×10^{-6} 介于正常砂岩（20×10^{-6}）与页岩（245×10^{-6}）之间；Hf、B 变化很大，但都在砂泥质岩石的变化范围之内。部分亲岩浆的微量元素富集，表明有中酸性火山物质参与或蚀源区有花岗质岩石存在。

根据 Bhatia 和 Crook（1986）不同构造环境杂砂岩的微量元素和部分稀土元素的判别指标（表 2-5），其大地构造环境应属活动陆缘—大陆岛弧，并具向大洋岛弧过渡趋势。

表 2-5 阿尔金岩群判别构造环境最敏感元素的微量元素特征

微量元素	大洋岛弧	大陆岛弧	活动大陆边缘	被动大陆边缘	阿尔金岩群
Th	2.27	11.1	18.8	16.7	23.3
Zr	96	229	179	298	186.5
Ti(%)	0.48	0.39	0.26	0.22	0.43
Hf	2.1	6.3	6.8	10.1	8.4
Nb	2.0	8.5	10.7	7.9	10.2
Nd	11.36	20.8	25.4	29.0	22.0
Sc	19.5	14.8	8.0	6.0	15.6
V	131	80	48	31	65.2
Co	18	12	10	5	13.7
Zn	89	74	52	26	68.0
Zr/Hf	45.7	36.3	26.3	29.5	22.2

续表 2-5

微量元素	大洋岛弧	大陆岛弧	活动大陆边缘	被动大陆边缘	阿尔金岩群
Zr/Th	48.0	21.5	9.5	19.1	8.0
Ti/Zr	56.8	19.7	15.3	6.74	23.1
La/Th	4.26	2.36	1.77	2.20	2.49
La/Sc	0.55	1.82	4.55	6.25	3.66
Th/Sc	0.15	0.85	2.59	3.06	1.48

注：参照 Bhatia 和 Crook (1986)，除注明单位外，其他含量为 10^{-6}。

变质表壳岩系之大理岩类的绝大多数微量元素均低于地壳平均丰度，其中 Th、Sc、V、Hf、Rb、Nb、Sr 仅为地壳平均值的 1/10，此与碳酸盐类岩石自身特点和变质作用密切相关。

变基性火山岩中微量元素 Ba、Sr、Th、Ta、Zr、Rb、Nb、B、Cr 均低于地壳平均丰度，其中 Ba、Th、Rb、Ta 不及地壳平均丰度的 1/5，Nb、B 约为克拉克值的 1/2。微量元素 Co、Zn、Sc、V、Hf 高出地壳平均丰度，仅 V 达地壳平均丰度值的 2 倍以上。而与 Pearce(1982) 标准洋中脊玄武岩比较（图 2-8）则显示微量元素 Rb、Ba、Th、Ta、Nb 高度富集，Zr、Hf、Sm 富集，仅 Yb、Cr、Y 有亏损之势。在皮尔斯 J A(1982) Th/Yb-Ta/Yb 图解（图 2-9）中，则分别落入火山岛弧玄武岩类、洋中脊拉斑玄武岩类和洋中脊拉斑玄武质过渡岩类。

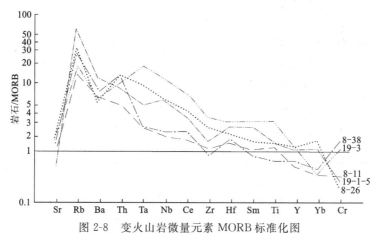

图 2-8　变火山岩微量元素 MORB 标准化图

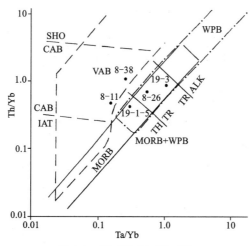

图 2-9　Th/Yb-Ta/Yb 图解

（据皮尔斯 J A，1982）

VAB. 火山岛弧玄武岩(虚线内)，又分为岛弧拉斑玄武岩(ITA)、钙碱性玄武岩(CAB)和
橄榄粗安岩(SHO)；MORB. 洋中脊拉斑玄武岩(实线圈定)；WPB. 板内玄武岩(点划线内)，
又分为拉斑玄武质的(TH)、过渡的(TR)和碱性的(ALK)三类

2. 稀土元素地球化学特征

阿尔金岩群各类变质岩石的32个稀土元素分析样品（湖北地质实验研究所测试分析，后同）结果及部分参数见表2-6。

表2-6 阿尔金岩群稀土元素含量及其特征参数

序号	样品编号	岩组代号	岩石名称	稀土元素含量($\times 10^{-6}$)						
				La	Ce	Pr	Nd	Sm	Eu	Gd
1	8-2	Pt_1A(gnt)	石英绿帘石岩	4.06	11.53	1.62	7.64	2.28	0.88	3.07
2	8-3		黑云钾长变粒岩	63.40	127.70	13.62	49.67	8.96	1.66	8.21
3	8-4		长英质初糜棱岩	12.98	31.72	4.26	18.44	4.61	1.70	5.30
4	8-7		含石榴黑云二长变粒岩	44.77	88.04	9.52	34.29	6.60	1.12	6.24
5	8-9		含石榴黑云斜长片麻岩	57.63	131.00	13.73	49.30	9.36	1.29	8.98
6	8-11		含石榴斜长角闪岩	9.71	19.35	2.85	12.11	3.34	1.30	4.13
7	8-12		黑云二长片麻岩	39.73	83.11	9.45	34.43	6.65	1.16	6.39
8	8-15		斜长角闪片岩	7.30	18.40	2.56	11.00	2.95	1.17	3.56
9	8-18	Pt_1A(sch)	含矽线黑云石英片岩	85.95	186.40	20.63	79.19	15.15	2.21	13.73
10	8-19		绿泥石片岩	37.64	78.55	8.70	32.79	6.59	1.54	6.28
11	8-22	Pt_1A(gnt)	石榴矽线黑云二长变粒岩	44.55	88.00	9.40	34.01	6.47	1.02	6.11
12	8-23	Pt_1A(sch)	斜长角闪岩	6.69	14.49	1.90	8.36	2.64	1.03	4.07
13	8-26		斜长角闪岩	18.18	42.84	5.15	21.69	5.33	1.83	6.40
14	8-28	Pt_1A(gn)	金云母白云石大理岩	1.24	2.16	0.26	0.90	0.19	0.06	0.18
15	8-30		黑云二长变粒岩	28.09	63.08	6.47	23.53	4.68	0.81	4.33
16	8-31		黑云二长片麻岩	41.94	82.02	9.22	33.06	5.95	1.73	5.57

序号	样品编号	岩组代号	稀土元素含量($\times 10^{-6}$)								LREE/HREE	δEu
			Tb	Dy	Ho	Er	Tm	Yb	Lu	Y	ΣREE		
1	8-2		0.57	3.57	0.75	2.26	0.37	2.42	0.38	21.99	64.29	2.16	1.13
2	8-3		1.19	6.66	1.33	3.75	0.56	3.60	0.56	36.72	329.60	10.45	0.65
3	8-4		0.85	4.78	0.92	2.53	0.37	2.33	0.35	26.86	117.99	4.23	1.16
4	8-7	Pt_1A(gnt)	0.87	4.26	0.74	1.64	0.21	1.11	0.18	20.91	221.40	12.15	0.58
5	8-9		1.26	6.06	1.23	2.93	0.42	2.35	0.34	35.23	322.04	11.17	0.47
6	8-11		0.68	3.83	0.77	2.12	0.34	1.99	0.31	21.46	84.29	3.43	1.19
7	8-12		1.02	6.19	1.40	4.39	0.69	4.39	0.67	40.63	240.31	6.94	0.59
8	8-15		0.59	3.35	0.68	1.96	0.31	1.89	0.28	19.81	75.83	3.44	1.22
9	8-18	Pt_1A(sch)	1.96	10.06	2.07	5.63	0.89	5.97	0.90	59.75	490.50	9.45	0.50
10	8-19		1.01	5.47	1.14	3.16	0.49	3.23	0.50	33.69	220.76	7.77	0.79
11	8-22	Pt_1A(gnt)	0.88	4.51	0.87	2.20	0.31	1.71	0.24	25.79	226.06	11.23	0.54
12	8-23	Pt_1A(sch)	0.72	4.71	0.96	2.88	0.46	3.03	0.47	29.10	81.51	2.02	
13	8-26		1.02	6.06	1.24	3.47	0.53	3.49	0.51	35.73	153.49	4.18	
14	8-28	Pt_1A(gn)	0.03	0.15	0.03	0.09	0.01	0.07	0.01	1.14	6.55	8.44	1.07
15	8-30		0.71	4.42	0.91	2.71	0.45	3.20	0.49	28.49	172.38	7.36	0.59
16	8-31		0.85	5.13	1.06	3.10	0.48	3.39	0.51	31.16	225.17	8.66	0.99

其中阿尔金岩群表壳岩系砂泥质原岩的 ΣREE 为 $136.8\times 10^{-6}\sim 490.5\times 10^{-6}$，平均为 246.90×10^{-6}；LREE/HREE 为 $5.46\sim 13.20$，平均为 9.21；δEu 为 $0.38\sim 0.99$，平均为 0.61，明显地表现为稀土元素总量高，轻稀土富集，铕亏损。其中砂质原岩的 ΣREE 平均值为 310.0×10^{-6}，LREE/HREE 为 9.05，δEu 为 0.638，La/Yb 为 13.67，$(La/Yb)_N$ 为 8.12。与 Bhatia M R(1985)给出的构造背景下杂砂岩的 REE 参数(表 2-7)对比，其 REE 参数均十分接近于活动大陆边缘值，唯稀土元素 La、Ce 丰度及 ΣREE 明显偏高。

表 2-7 阿尔金岩群不同沉积盆地构造背景下杂砂岩的 REE 参数

构造环境	REE 参数						
	源区类型	La	Ce	ΣREE	La/Yb	La_N/Yb_N	LREE/HREE	Eu/Eu*
大洋岛弧	未切割岩浆弧	8 ± 1.7	19 ± 3.7	58 ± 10	4.2 ± 1.3	2.8 ± 0.9	3.8 ± 0.9	1.04 ± 0.11
大陆岛弧	切割的岩浆弧	27 ± 4.5	59 ± 8.2	146 ± 20	11 ± 3.6	7.5 ± 2.5	7.7 ± 1.7	0.79 ± 0.13
活动陆缘	基底隆起	37	78	186	12.5	8.5	9.1	0.60
被动陆缘	克拉通内构造高地	39	85	210	15.9	10.8	8.5	0.56
阿尔金岩群		55.61	116.50	310.0	13.67	8.12	9.05	0.64

阿尔金岩群中变基性火山岩系的稀土元素配分曲线(图 2-10)明显地表现为三种型式：第一种以 8-11、8-38 号样为代表，ΣREE 为 $84.29\times 10^{-6}\sim 94.86\times 10^{-6}$，LREE/HREE 为 $3.43\sim 3.79$，δEu 为 $1.09\sim 1.19$，表现为向右倾斜的较平坦型曲线，以稀土总量低、无铕亏损为特点，属火山岛弧拉斑玄武岩型。8-38 号样 Sm-Nd T_{DM} 年龄为 2174Ma。第二种以 19-1-5、8-26 号样为代表，ΣREE 为 $149.76\times 10^{-6}\sim 153.49\times 10^{-6}$，LREE/HREE 为 $3.82\sim 4.18$，δEu 为 $1.06\sim 1.10$，曲线型式与第一种近似，但稀土总量要高得多，属洋中脊拉斑玄武质—碱性过渡型。8-26 号样 Sm-Nd T_{DM} 年龄 1390Ma。第三种以 19-3 号样为代表，ΣREE 为 225.91×10^{-6}，LREE/HREE 为 6.65，δEu 为 1.09，稀土元素配分曲线表现为向右的陡倾曲线，同时其稀土总量大大高于前述两种，唯 δEu 与前述两种较接近，属大洋中脊拉斑玄武质过渡型，在阿尔金岩群中属晚期火山岩系。

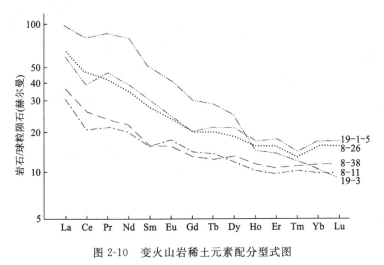

图 2-10 变火山岩稀土元素配分型式图

3. 盆地分析

现有资料表明，古元古代阿尔金岩群中深变质岩之表壳岩系为一套活动陆缘—大陆岛弧的陆源碎屑—火山碎屑夹碳酸盐岩建造。微量元素中亲岩浆元素富集，暗示了蚀源区存在中—酸性花岗质地壳或沉积盆地内有中酸性火山物质参与；古气候条件为干燥寒冷—中等寒冷气候条件，海水古盐度指数 $CaO/(TFe+CaO)$ 为 $0.18\sim 0.44$，指示为低—中等盐度；酸碱度指数 MnO/TFe 平均为 0.015，为中性；

氧逸度系数 V/Cr 平均为 1.42，为弱氧化环境。据 Condie(1973)简化 Rb-Sr 分布与地壳厚度关系图（图 2-11），古元古代时地壳厚度已达 20～30km，盆地应属陆内裂谷。同时变火山岩在 Condie(1973) Rb-Sr 分布与地壳厚度关系图上明显地分属 3 个点群，有力佐证了阿尔金岩群中的火山岩是多期多次活动的产物。

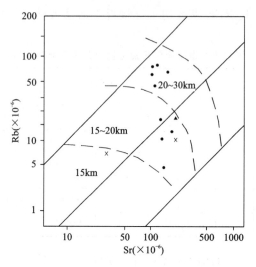

图 2-11　Rb-Sr 分布与地壳厚度关系图
（据 Condie，1993 简化）
●.阿尔金岩群　▲.苦海岩群　×.巴什库尔干岩群

（四）阿尔金岩群时代讨论

阿尔金岩群中 Sm-Nd T_{DM} 年龄测定分析结果见表 2-8。8-38 号样斜长角闪岩呈似层状—透镜状产出于阿尔金山北坡阿尔金岩群变粒岩组内，岩石主要矿物成分为针柱状变晶角闪石和柱粒状变晶斜长石，An＝29～30，岩石中见有浑圆状外形锆石，属变质同沉积的基性—超基性火山岩类。Sm-Nd T_{DM} 年龄值 2174Ma 代表了源岩年龄，即基性—超基性岩浆形成—上涌年龄，接近古元古代变粒岩组的沉积年龄。8-15、8-26 号样斜长角闪(片)岩分别呈透镜状产于阿尔金岩群变粒岩组和片岩组内，岩石由变晶角闪石和斜长石为主组成，An＝30～35，两个 T_{DM} 年龄值比较接近，分别为 1324Ma、1390Ma，代表的源岩年龄，应属晚期次火山岩或岩脉、岩墙群变质而成，是中元古代的产物。这与阿尔金岩群中变火山岩系的岩石化学、地球化学特征综合分析结果一致。

表 2-8　Sm-Nd T_{DM} 同位素分析结果

样品编号	岩石名称	Sm ($\times 10^{-6}$)	Nd ($\times 10^{-6}$)	$^{147}Sm/^{144}Nd$	$^{143}Nd/^{144}Nd$	$\pm 2\delta$	Sm/Nd	T_{DM} (Ma)
8-15	斜长角闪片岩	3.398	12.434	0.1654	0.512 730	7	0.273 525	1324
8-26	斜长角闪岩	5.986	23.703	0.1528	0.512 594	6	0.252 542	1390
8-38	斜长角闪岩	3.518	13.881	0.1533	0.512 285	10	0.253 440	2174

测试单位：天津地质矿产研究所。

阿尔金岩群变粒岩组内的一组 Sm-Nd 全岩等时线年龄分析结果见表 2-9，其 Sm/Nd 平均值 0.271 74，$^{147}Sm/^{144}Nd$ 平均值 0.164 34，与陆松年等统计的斜长角闪岩类比值 0.2678 和 0.1546 相当。其比值小于 0.35 和 0.21，表明样品符合年龄测定要求。但其 Sm-Nd T_{DM} 年龄值为 1158～1297Ma，平均值 1235Ma，密集度 D^*＝77.2Ma，大于 D 上限 20Ma。Sm-Nd 全岩等时线年龄为（870±320）Ma（图 2-12）。考虑到该岩石为含石榴石斜长角闪岩，经历了高角闪岩相变形变质作用，初步认为 Sm-Nd T_{DM}

年龄平均值 1235Ma 代表了源岩年龄，属晚期中元古代次火山岩或岩脉、岩墙群变质而成；Sm-Nd 全岩等时线年龄（870±320）Ma 是 Sm-Nd 体系重新分配年龄，即变质年龄，属晋宁运动印记。

表 2-9 Sm-Nd 全岩等时线同位素分析结果

样品编号	岩石名称	Sm ($\times 10^{-6}$)	Nd ($\times 10^{-6}$)	$^{147}Sm/^{144}Nd$	$^{143}Nd/^{144}Nd$	±2δ	Sm/Nd	T_{DM} (Ma)
8-11-1	含石榴石斜长角闪岩	4.593	16.812	0.1652	0.512 768	6	0.2732	1200
8-11-4		4.173	14.743	0.1712	0.512 788	10	0.2831	1297
8-11-6		4.348	15.558	0.1690	0.512 778	9	0.2795	1267
8-11-7		3.190	11.989	0.1610	0.512 716	6	0.2661	1254
8-11-8		3.465	13.492	0.1553	0.512 706	9	0.2568	1158

测试单位：天津地质矿产研究所。

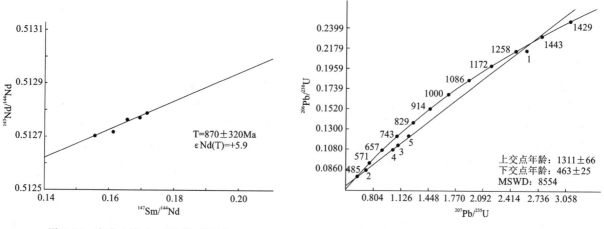

图 2-12 变火山岩 Sm-Nd 等时线图

图 2-13 变质侵入体锆石 U-Pb 谐和图

阿尔金岩群变质侵入体二云母二长片麻岩中的锆石 U-Pb 年龄分析结果见表 2-10，其上交点年龄（1311±66）Ma 无疑代表了其岩体侵入年龄（图 2-13），属四堡早期构造热事件的真实记录；下交点年龄（463±25）Ma 代表了后期变质事件年龄，是加里东运动的反映。

表 2-10 锆石 U-Pb 同位素年龄测试结果

样品编号	样重 (μg)	U($\times 10^{-6}$)	Pb($\times 10^{-6}$)	普通铅含量 ($\times 10^{-9}$)	同位素原子比及误差（2σ）				表面年龄及误差（Ma）		
					$^{(206/204)}Pb$	$^{206}Pb/^{238}U$	$^{207}Pb/^{235}U$	$^{(207/206)}Pb$	$^{206}Pb/^{238}U$	$^{207}Pb/^{235}U$	$^{(207/206)}Pb$
19-2-2	10	30.2	20.3	1.304	46.2	0.216 17	2.577 27	0.086 46	1261	1294	1348
						0.003 50	0.438 24	0.014 76	20.4	220	230.3
19-2-3	10	292.6	28.3	0.48	330.4	0.085 36	0.717 54	0.060 96	528	549	637
						0.000 23	0.035 77	0.003 04	1.4	27.3	31.8
19-2-4	10	304	49.5	1.554	150.8	0.113 72	1.086 36	0.069 72	694	746	906
						0.0007	0.854 10	0.005 46	4.3	58.7	71.5
19-2-5	10	570.1	62.5	0.313	1193.2	0.107 71	1.036 13	0.069 76	659	721	921
						0.000 20	0.016 38	0.001 11	1.2	11.4	14.6
19-2-1	10	278.6	57.8	2.358	104.7	0.123 38	1.215 36	0.071 44	749	807	970
						0.000 59	0.054 13	0.003 20	3.6	35.9	43.4

测试单位：宜昌地质矿产研究所。

二、古元古代苦海岩群

苦海岩群主要分布于图区东部木孜鲁克—曼达里克河一带,属昆南地块之结晶基底一部分。出露面积约为 1000km²,为一套区域动力热流变质作用形成的以低角闪岩相为主的变质岩系,沿断裂发育条带状混合岩带。由变质表壳岩系和变镁铁质火山岩系组成,经历了多期复杂的变质作用,其原始四态(物态、形态、位态和序态)已被改造得面目全非,原始层理和原生沉积构造已荡然无存,总体上表现为断裂带所围限的不同规模岩片拼贴在一起,呈北西向透镜状—长条状展布。根据其变质岩性组合、构造变形样式、原岩建造特征,结合同位素年龄依据,将表壳岩系划分为 4 个岩组,由老到新为片麻岩组 $Pt_1K(gn)$、大理岩组 $Pt_1K(mb)$、片岩组 $Pt_1K(sch)$ 和变镁铁质火山岩集中出现的变火山岩组 $Pt_1K(mas)$。

(一)苦海岩群的变质岩石组合特征

1. 片麻岩组 $Pt_1K(gn)$

该岩组主要分布于苦海岩群北缘的克克嗯格—木孜鲁克萨依一带,以灰白色条带状黑云母中长片麻岩、黑云母中长片岩为主,夹长石黑云母片岩、二云母石英片岩及透辉石方解石大理岩等少量。据且末县克克嗯格构造-岩石剖面,苦海岩群片麻岩组以灰—灰白色含石榴石二云母二长片麻岩、黑云母中长片麻岩、条带状黑云母中长片麻岩为主夹灰白色、灰黑色二云母石英片岩、斜长二云母片岩、黑云母石英片岩、长石黑云母片岩及少量黑云母二长变粒岩,透辉石方解石大理岩与灰绿色透镜状斜长角闪岩,视厚度大于 5586m。岩组内混合岩化发育,混合岩、混合片麻岩、混合花岗岩类呈条带状相间分布,具典型的沿构造带分布的条带状混合岩带特征。(片麻状)中细粒黑云母二长花岗岩、含石榴石细粒花岗岩之小岩体发育,晚期蚀变安山岩脉、辉绿岩脉、辉石闪长岩脉、闪长岩脉更是层出不穷,表明该剖面的变质岩石组合特征与其叠覆层序均不能代表该岩组的原始状态。

该岩组北缘边界断裂具逆冲推覆性质,岩组呈多个叠瓦式岩片逆冲推覆于北侧石炭系地层之上。该岩组西延至曼达到里克河—阿克苏河一带的阿尔喀构造带交切部位,黑云母二长花岗岩、黑云母花岗闪长岩浆频繁侵位,占据了该岩组之半壁江山。

2. 大理岩组 $Pt_1K(mb)$

该岩组主要分布于克克嗯格—木孜鲁克达板一带,呈多个透镜状—长条状岩片布露,岩片出露一般宽为 1~2km,长 10~40km 不等。该岩组以大量集中出现白色块状大理岩类为其特色,主要岩性组合为金云母白云石大理岩、金云母镁橄榄石大理岩夹黑云母二长片麻岩、黑云母石英片岩等。以克克嗯格一带路线综合剖面为例,岩组下部(第 1—2 层)以白色、灰白色块状含方解石白云大理岩为主,夹少量条带状黑云母斜长片麻岩,局部混合岩化,视厚度大于 551.3m;中部(第 3—5 层)以灰—灰白色黑云母斜长变粒岩、黑云母二长片麻岩为主,夹镁橄榄石白云石大理岩或金云母白云石大理岩,有蚀变安山岩脉侵入,视厚度 982.7m;上部(第 6—7 层)以灰—灰白色二云母石英片岩、黑云母石英片岩、黑云母二长浅粒岩夹含金云母白云石大理岩、镁橄榄石白云石大理岩为特色,局部混合岩化,视厚度大于 464m。剖面揭示该岩组之混合岩化作用较之片麻岩组已明显减弱,只在断层带附近局部混合岩化,晚期岩脉侵入亦大大减少。

该岩组在木孜鲁克达坂以北一带片理化十分发育。在克克嗯格—曼达里克河一带有拉辉煌斑岩、蚀变安山岩等岩脉侵入,地貌上宏观标志十分清晰,岩组之走向延伸与边界在航片、卫片上均清晰可辨。西延至阿克苏河上游一带的阿尔喀构造带交切复合部位,大部被黑云母二长花岗岩所吞噬。

3. 变火山岩组 $Pt_1K(mas)$

该岩组主要分布于曼达里克河上游—木孜鲁克达坂一带及穷格察尔珠一带,以灰绿色—灰黑色镁铁质—超镁铁质变火山岩系大量集中出现为其特色,在地貌上宏观特征十分明显,多沿山脊布露,常形成断壁陡崖。呈多个断层岩片北西向展布，岩片出露宽度一般为 2～4km，走向延伸 30～40km，无论航片、卫片均可清晰圈定出它的分布范围与边界。因通行条件差而未测制其剖面，据克克嗯格一带及黑斜山等地主干地质路线，该岩组下部以黑云母二长变粒岩、浅粒岩为主，夹灰黑色—墨绿色阳起石片岩、角闪片岩与斜长角闪片岩及少量方解石白云石大理岩。变火山岩多呈数米至数十米夹于表壳岩系中，视厚度大于 500m。

中部为灰黑色、墨绿色角闪片岩、斜长角闪片岩，呈 30～150m 大套出现，与黑云母石英片岩、含石榴二云片岩呈近等厚互层交替出现，视厚度约 1000m。

上部以灰黑、墨绿色角闪片岩、斜长角闪岩为主，夹灰白色黑云母二长片麻岩、含石榴黑云母石英片岩、含石榴二云母片岩等，视厚度大于 3000m。在克克嗯格一带有大量拉辉煌斑岩、安山岩、花岗斑岩、闪长岩等岩脉发育，同时有中细粒黑云母二长花岗岩、（片麻状）细粒黑云母花岗闪长岩、中细粒（含斑状）黑云母花岗闪长岩等小岩体侵入其中。

4. 片岩组 $Pt_1K(sch)$

该岩组主要分布于克克嗯格上游—黑斜山一带，呈多个被断层所围限的岩片出现，单个岩片出露宽 2～6km，北西走向延伸 20～40km。岩性组合以黑云母石英片岩为主，夹角闪二长片麻岩、角闪斜长片麻岩、角闪斜长变粒岩及少量似层状白云石大理岩。在图区东部黑斜山一带出露宽度最大，露头亦较连续。岩组下部（第 1—7 层）为灰色、灰黑色黑云母石英片岩为主，夹灰白色角闪二长片麻岩、角二长变粒岩及少量似层状白云石大理岩，其底部被残坡积物及第四纪风成沙丘掩盖，视厚度大于 5125m；中部（第 8—10 层）以灰白色角闪二长片麻岩为主，夹灰白色角闪二长变粒岩及黑云母石英片岩与少量云母片岩，视厚度 1700m；上部（第 11—14 层）灰白—灰黑色黑云母石英片岩与灰白色角闪二长片麻岩、角闪斜长片麻岩、角闪斜长变粒岩平分秋色，其顶部被第四纪冲洪积物掩盖，推测其与变火山岩组为断层接触，视厚度大于 3150m。

该岩组西延至克克嗯格上游一带，以黑云母石英片岩为主，白云石大理岩类增多。而角闪二长片麻岩、角闪斜长片麻岩、角闪斜长变粒岩大大减少。阿克苏河上游一带阿尔喀构造带交切复合部位，几乎全部为黑云母二长花岗岩类所吞噬。

值得指出的是，在克克嗯格上游（140 点南西）该岩组下部出现厚 4～5m 的变质砾岩。砾石含量达 50% 左右，砾石成分以成熟度较高的石英细砾为主，充填物为云母、石英等。其上为 5～10m 的变质砂岩，再往上为云母石英片岩夹斜长角闪岩等，其底界被断层所破坏，是否为一古老角度不整合尚待进一步研究。

（二）苦海岩群岩石化学特征与原岩建造

苦海岩群岩石化学分析结果及尼格里值参数见表 2-11。

表 2-11 苦海岩群岩石化学成分表

序号	样品编号	岩组代号	岩石名称	氧化物含量（%）							
				SiO_2	Al_2O_3	Fe_2O_3	FeO	MgO	CaO	Na_2O	K_2O
1	17-2	Pt_1K (gn)	黑云二长花岗片麻岩	68.07	15.88	0.52	2.05	1.10	3.35	3.79	3.56
2	17-4		条痕状黑云二长混合片麻岩	71.83	13.62	0.16	2.05	0.53	1.41	2.23	6.51
3	17-8		（黑云）二长混合花岗岩	80.88	11.06	<0.01	0.53	0.20	3.26	3.04	0.35
4	17-11		斜长角闪岩	48.21	19.13	1.50	9.80	4.59	9.58	1.76	0.83
5	17-12		黑云中长片麻岩	69.56	14.43	0.25	1.80	0.97	4.01	2.86	3.54
6	17-14		黑云条带状混合岩	72.37	14.52	0.12	1.93	0.51	2.61	3.32	3.22
7	17-18		黑云条痕状混合岩	73.88	13.88	0.23	1.37	0.36	1.76	3.01	4.74
8	17-21		二云石英片岩	88.84	4.76	0.02	1.48	1.49	0.29	0.30	1.25
9	17-29		含石榴花岗质片麻岩	73.42	13.63	0.29	1.57	0.46	1.82	2.96	3.87
10	770-1	(mas)	角闪片岩	63.63	16.19	1.28	4.92	2.82	1.27	2.47	3.08

续表 2-11

序号	样品编号	岩组代号	氧化物含量(%)						尼格里值				
			MnO	TiO$_2$	P$_2$O$_5$	H$_2$O$^+$	H$_2$O$^-$	Lost	Al	Fm	C	Alk	SI
1	17-2	Pt$_1$K (gn)	0.04	0.35	0.17	0.78	0.23	0.45	41.2	16.7	15.8	26.3	300.5
2	17-4		0.03	0.19	0.11	0.75	0.23	0.60	43.3	14.3	8.2	34.2	388.7
3	17-8		0.01	0.02	0.02	0.38	0.12	0.40	46.7	5.4	24.2	22.7	581.0
4	17-11		0.19	2.18	0.24	1.72	0.20	0.63	28.1	40.8	25.6	5.5	120.3
5	17-12		0.02	0.32	0.12	0.81	0.31	1.55	40.6	15.1	20.5	23.8	332.3
6	17-14		0.02	0.19	0.03	0.73	0.15	0.58	44.8	13.0	14.6	27.6	379.2
7	17-18		0.03	0.08	0.07	0.62	0.20	0.58	45.8	10.5	10.5	33.2	411.0
8	17-21		0.02	0.09	0.09	0.98	0.23	0.70	37.9	47.3	4.2	14.6	1200
9	17-29		0.04	0.13	0.06	0.89	0.31	1.35	45.7	12.8	11.1	30.4	417.8
10	770-1	(mas)	0.10	0.84	0.27	2.65	0.28	2.58	38.7	38.1	5.5	17.7	258.5

在西蒙南(1953)(Al+Fm)−(C+Alk)-SI 图解(图2-14)中,斜长角闪岩类和混合岩类大部分投入火成岩区,仅 3 号样(黑云)二长混合花岗岩、10 号样角闪片岩落入泥质沉积岩区。(黑云)二长混合花岗岩 SiO$_2$ 80.88%,Al$_2$O$_3$ 11.06%,具低 FeO、MgO、Na$_2$O、TiO$_2$、MnO 特征,砂质沉积岩之烙印尤显。而 8 号样二云母石英片岩则落入砂质沉积区,其 SiO$_2$ 高达 88.84%,Al$_2$O$_3$ 仅 4.67%,其原岩为含石英很高的含泥质石英砂岩类。

5 号样黑云母中长片麻岩在普列多夫斯基(1980)Al$_2$O$_3$-(K$_2$O+Na$_2$O)图解中落于沉积岩区,在涅洛夫(1974)(Al$_2$O$_3$+TiO$_2$)-(SiO$_2$+K$_2$O)-Σ其余组分图解中落于化学上弱分异的泥质砂岩区。岩石具鳞片花岗变晶结构,含少量白云母和浑圆状锆石,斜长石 An=39,属中

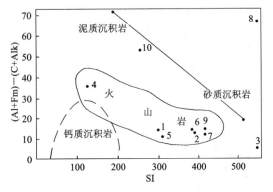

图 2-14 (Al+Fm)−(C+Alk)-SI 图解
(据西蒙南,1953 简化)
样品序号同表 2-8

长石。化学成分与新西兰、哈茨山杂砂岩的平均成分较接近,应属沉火山碎屑岩类。唯 FeO、MgO、CaO 等略有不同,且多介于二者之间。

两个斜长角闪岩类样品,即 4 号和 10 号样的测试结果见表 2-11。在米斯(1971)TiO$_2$-F 图解中(图2-15)[F=(Fe$_2$O$_3$+FeO)/(Fe$_2$O$_3$+FeO+MgO)],前者为正斜长角闪岩,后者为副斜长角闪岩,与西蒙南(1953)图解不谋而合。

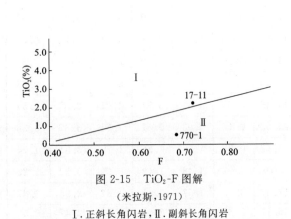

图 2-15 TiO$_2$-F 图解
(米拉斯,1971)
Ⅰ.正斜长角闪岩,Ⅱ.副斜长角闪岩

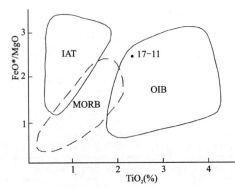

图 2-16 FeO*/MgO-TiO$_2$ 图解
IAT.岛弧玄武岩;MORB.大洋中脊玄武岩;OIB.洋岛玄武岩

4号样正斜长角闪岩(17-11)在玄武岩的 FeO*/MgO-TiO$_2$ 图解中落于洋岛玄武岩类(图 2-16),而在玄武岩的 SiO$_2$-FeO*/MgO 和 FeO*-FeO*/MgO 图解中则落入拉斑玄武岩系列(图 2-17)。

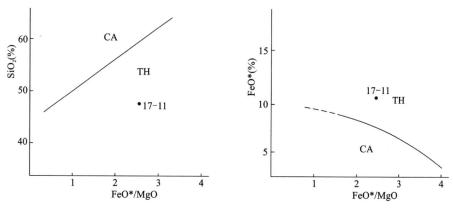

图 2-17　SiO$_2$-FeO*/MgO 和 FeO*-FeO*/MgO 的判别图解

CA.钙碱系列；TH.拉斑系列

结合地质主干剖面及地质填图分析表明,苦海岩群表壳岩系下部为一套成熟度高的以含泥质砂质为主的建造,中部为砂泥质建造夹碳酸盐岩建造,上部以泥质沉积为主,夹砂质岩类和碳酸盐岩类。

(三)苦海岩群地球化学特征与大地构造环境分析

1. 微量元素特征

苦海岩群下部片麻岩组 6 个样品的微量元素含量由湖北省地质测试分析研究所测试,分析结果见表 2-12。

表 2-12　苦海岩群微量元素含量表

序号	样品编号	岩组代号	岩石名称	各元素含量(×10^{-6})													
				Ba	Cr	Co	Ni	Sr	Zn	Th	Sc	V	Ta	Zr	Hf	Rb	Nb	B
1	17-8	Pt$_1$K(gn)	(黑云)二长混合花岗岩	58	30.0	2.7	6	130	12	1.3	<0.5	<5.0	<0.5	54	2.6	3	4.2	9.6
2	17-11		斜长角闪岩	161	<5.0	32.4	12	289	121	5.6	29.3	300.8	<0.5	87	4.1	29	14.2	2.7
3	17-12	(mas)	黑云中长片麻岩	469	25.4	7.1	11	228	56	12.0	3.2	23.4	<0.5	291	9.6	126	14.2	7.0
4	17-18		黑云条痕状混合岩	638	<5.0	3.9	7	187	55	11.8	2.1	7.4	2.2	61	2.7	194	17.3	9.0
5	17-21		二云石英片岩	276	30.4	4.9	12	17	25	13.9	2.4	26.2	<0.5	128	4.3	51	8.8	14.5
6	770-1		角闪片岩	677	132.6	24.9	59	164	134	13.2	12.3	118.5	0.7	220	7.8	129	17.5	30.6

表壳岩系砂质原岩的 Th、B、Hf、Zr 等元素高于地壳平均丰度(克拉克值,下同),其中 Cr、Co、Ni、V、Ta、Sr 只有地壳平均丰度的 20%～30%,Sc 更低。其微量元素特征与 Bhatia 和 Crook(1986)所统计的 5 个已知构造环境杂砂岩比较,与大陆岛弧条件下的砂岩特征最为相似(表 2-13)。

表 2-13　苦海岩群判别构造环境最敏感元素的微量元素特征表

微量元素	大洋岛弧	大陆岛弧	活动大陆边缘	被动大陆边缘	苦海岩群
Th	2.27	11.1	18.8	16.7	12.85
Zr	96	229	179	298	209.5
Ti(%)	0.48	0.39	0.26	0.22	0.265
Hf	2.1	6.3	6.8	10.1	6.95
Nb	2.0	8.5	10.7	7.9	11.5

续表 2-13

微量元素	大洋岛弧	大陆岛弧	活动大陆边缘	被动大陆边缘	苦海岩群
La	8.72	24.4	33.0	33.5	28.73
Nd	11.36	20.8	25.4	29.0	22.24
Ce	22.53	50.5	72.7	71.9	55.84
V	131	80	48	31	24.9
Co	18	12	10	5	6.0
Zn	89	74	52	26	40.5
Zr/Hf	45.7	36.3	26.3	29.5	30.14
Zr/Th	48.0	21.5	9.5	19.1	16.30
Ti/Zr	56.8	19.7	15.3	6.74	7.59
La/Th	4.26	2.36	1.77	2.20	2.24

注：参照 Bhatia 和 Crook (1986)，除注明单位外，其他含量为 $\times 10^{-6}$。

变质基性火山岩中，微量元素 Co、Zn、Sc、V、Hf 高于地壳平均丰度，其余则低于地壳平均丰度。其中低于地壳平均丰度 50% 以上者有 Ba、Cr、Ta、Rb、Cr 等。

火山岩微量元素 MORB 标准化配分曲线图（图 2-18）总体呈向右倾斜的多隆曲线，表现为 Rb、Ba、Th 强烈富集，并伴有 Nb、Ce、Hf、Ta 富集，与智利大陆火山岛弧玄武岩的地球化学型式较为相似。

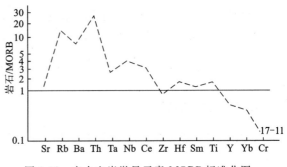

图 2-18 变火山岩微量元素 MORB 标准化图

2. 稀土元素地球化学特征

苦海岩群 6 个样品的稀土元素含量经湖北省地质实验研究所测试，分析结果及部分参数见表 2-14。

表 2-14 苦海岩群稀土元素含量及其特征参数表

序号	样品编号	岩组代号	岩石名称	稀土元素含量（$\times 10^{-6}$）						
				La	Ce	Pr	Nd	Sm	Eu	Gd
1	17-8	$Pt_1 K$ (gn)	（黑云）二长混合花岗岩	3.97	6.20	0.71	2.01	0.34	0.66	0.27
2	17-11		斜长角闪岩	11.55	26.48	3.56	16.14	3.86	1.18	3.82
3	17-12		黑云中长片麻岩	27.17	52.06	6.05	20.60	4.30	0.95	3.44
4	17-18		黑云条痕状混合岩	29.09	60.61	6.14	21.14	4.55	0.79	3.31
5	17-21		二云石英片岩	30.28	59.61	6.88	23.88	4.54	0.83	3.62
6	770-1	(mas)	角闪片岩	41.33	68.18	9.33	35.28	6.68	1.33	5.04

序号	样品编号	岩组代号	稀土元素含量（$\times 10^{-6}$）								ΣREE	LREE/HREE	δEu
			Tb	Dy	Ho	Er	Tm	Yb	Lu	Y			
1	17-8	$Pt_1 K$ (gn)	0.05	0.22	0.04	0.10	0.016	0.12	0.026	1.05	15.78	16.50	7.03
2	17-11		0.64	3.87	0.75	2.29	0.356	2.18	0.322	19.91	96.92	4.41	1.02
3	17-12		0.48	2.26	0.34	0.78	0.115	0.68	0.122	8.64	127.96	13.54	0.80
4	17-18		0.54	2.49	0.38	1.00	0.138	0.80	0.099	10.80	141.86	13.97	0.65
5	17-21		0.59	3.16	0.59	1.76	0.261	1.59	0.228	16.12	153.94	10.68	0.66
6	770-1	(mas)	0.77	3.83	0.70	2.09	0.333	2.03	0.304	18.76	195.99	10.74	0.73

苦海岩群表壳变质岩系中砂质原岩的$\sum$REE为140.95×10^{-6}，LREE/HREE为5.30（含Y），δEu为0.73。与Bhatia M R（1985）给出的不同构造背景条件下杂砂岩的REE参数（表2-15）比较，十分接近大陆岛弧环境，唯La/Yb及(La/Yb)$_N$值略高，其原因尚待深入研究。

表2-15　苦海岩群不同沉积盆地构造背景下杂砂岩的REE参数

构造环境	REE参数						
	源区类型	La	Ce	$\sum$REE	La/Yb	La$_N$/Yb$_N$	LREE/HREE	Eu/Eu*
大洋岛弧	未切割岩浆弧	8 ± 1.7	19 ± 3.7	58 ± 10	4.2 ± 1.3	2.8 ± 0.9	3.8 ± 0.9	1.04 ± 0.11
大陆岛弧	切割的岩浆弧	27 ± 4.5	59 ± 8.2	146 ± 20	11 ± 3.6	7.5 ± 2.5	7.7 ± 1.7	0.79 ± 0.13
活动陆缘	基底隆起	37	78	186	12.5	8.5	9.1	0.60
被动陆缘	克拉通内构造高地	39	85	210	15.9	10.8	8.5	0.56
苦海岩群		28.78	55.84	140.95	25.47	12.5	5.30	0.73

苦海岩群变火山岩（17-11号样）的$\sum$REE为96.92×10^{-6}，LREE/HREE为4.41，δEu为1.022，总体表现为稀土总量低，轻稀土富集，无铕亏损。稀土元素配分型式曲线（图2-19）表现为向右倾斜的较平坦曲线，(La/Yb)$_N=3.15$，(La/Lu)$_N=3.47$，斜率中等，(La/Sm)$_N=6.12$，轻重稀土分异度较高，与标准火山岛弧拉斑玄武岩的配分曲线十分相似。

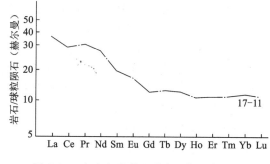

图2-19　变火山岩稀土元素配分型式图

3. 盆地分析

现有资料表明，古元古代苦海岩群中深变质岩之表壳岩系为一套大陆岛弧环境下的陆源碎屑—火山碎屑夹碳酸盐岩建造。古气候条件应为干燥寒冷—中等寒冷气候条件；海水古盐度指数CaO/(TFe+CaO)为$0.16\sim0.66$，平均为0.41，指示为低—中等盐度；酸碱度指数MnO/TFe为$0.0099\sim0.013$，平均为0.012，为中性；氧逸度指数V/Cr为$0.86\sim0.92$，指示为氧化环境。据Condie(1973)Rb-Sr分布与地壳厚度关系图（图2-11），其时地壳厚度约为$20km$，应属陆内裂谷盆地。与阿尔金岩群比较，苦海岩群沉积环境离岸较远，海水深度较大。

（四）苦海岩群时代探讨

在阿克苏河上游苦海岩群片麻岩组英云闪长岩侵入体中进行锆石U-Pb年龄测定（见后文表3-21），获得3个锆石U-Pb表面年龄分别为(411 ± 0.8)Ma、(298 ± 1.8)Ma和(253 ± 0.9)Ma。经一致性曲线处理，得到上交点年龄(2119 ± 50)Ma，下交点年龄(253 ± 4)Ma，谐和曲线年龄253Ma，MSWD 9.606 35。岩浆岩的物质成分、包体特征、就位机制等综合研究显示岩体属地壳重熔型，因此上交点年龄应代表了源岩年龄，即围岩苦海岩群片麻岩的形成年龄，此与苦海岩群古元古代的沉积时限一致，同时与苦海岩群及该岩体的岩石化学、地球化学特征相吻合。

三、长城纪巴什库尔干岩群

长城纪巴什库尔干岩群主要布露于阿尔金断隆带南北两侧和西端，出露面积约为$300km^2$。为一套陆源碎屑岩—碳酸盐岩建造，夹火山岩系经区域动力热流变质作用形成的绿片岩相变质岩系，由变质表壳岩系、变质侵入体、变质基性火山岩系组成。经历了多期复杂的变形变质作用，其物态、形态、位态和序态均发生了明显的变化，总体上由断裂带所围限的不同规模之岩片组成。根据其变质岩石组合、构造变形样式、原岩建造特征,结合同位素年龄依据,将表壳岩系划分为 3 个岩组,由老至新为扎斯勘赛河岩组(Chz)、红柳泉岩组(Chh)和贝克滩岩组(Chb)。变质侵入体呈岩脉状、岩枝状产于阿尔金北缘断裂附近的扎斯勘赛河岩组中,为二云母二长片麻岩或黑云母斜长片麻岩,因其规模不大,未作填图单位在地质图上表示。变质基性火山岩系多呈似层状、透镜状或脉状产于表壳岩系中,尤以贝克滩岩组为甚,因出露分散、普遍,故未单独划分变火山岩组。

(一) 巴什库尔干岩群变质岩石组合特征

1. 扎斯勘赛河岩组(Chz)

该岩组主要分布于阿尔金山脉北缘、塔克拉玛干沙漠南缘的玉石沟口—哈底勒克—扎格腊克厄肯一带,呈狭长断块分布,向北东断续延伸到该岩组层型剖面地点扎斯勘赛河、红柳泉一带。下部以一套变灰绿色火山岩为主,中部为一套陆源粗碎屑岩、火山碎屑岩,上部因断层破坏而出露不全。本次工作选择露头连续的哈底勒克—阔什喀测制其构造-地层剖面。剖面上该组下部以灰黑色—灰绿色阳起石片岩、斜长阳起片岩为主,夹少量黑云母片岩与绿泥石帘石片岩。由于细中粒角闪石黑云母二长花岗岩的侵入而未见底,厚度大于 1242.3m。与层型剖面相比变质程度明显增高,原岩岩性组合与厚度相当,只是缺少火山角砾岩相和碳酸盐岩夹层,且沉积碎屑物颗粒较细,可能属远离火山口的较深水沉积。

剖面上该组中下部(第 6—14 层)由灰白色含石榴二云石英片岩、绿泥石白云母片岩或变质长石砂岩、石英岩与灰白色硅质云岩、白云石大理岩构成 3 个不等厚韵律型旋回,偶夹灰绿色斜长角闪岩,厚 613.2m。与扎斯勘赛河一带比较,旋回特征及岩性组合相当,只是火山物质较少、碎屑沉积物颗粒较细、碳酸盐岩类增多。

剖面上该组中上部(第 15—18 层)为灰白色变质含砾长石石英砂岩、砂砾岩、含砾粗中粒不等粒长石砂岩夹二云母石英片岩、二云母二长片麻岩类。由于断层破坏,出露不全,厚仅 108.1m。而扎斯勘赛河一带,由灰色、灰紫色砾岩数十米与灰绿色凝灰质砂或含砾粗粒岩屑杂砂岩、泥质细砂岩或粉砂岩构成 3~4 个由粗变细的沉积旋回,厚达 802.5m。

剖面上该组上部为灰白色二云母石英片岩、灰白色眼球状二云母二长片麻岩、黑云母斜长片麻岩,夹灰、灰绿色变质硅质含砾粗中粒长石砂岩、细粒长石杂砂岩及少量斜长角闪岩,厚 586.7m,因断层破坏未见顶。扎斯勘赛河一带层型剖面(第 25—35 层)对应层位主要为一套片理化细砂岩、钙质细—粉砂岩、炭质粉砂岩夹硅质岩、基性集块岩与灰岩,厚 1110m,碎屑物相对较细。

图区阿尔金山北缘之扎斯勘赛河组变质岩石从低绿片岩相—低角闪岩相均有出现,构造变形强烈,可能属构造混杂岩类或是不同程度构造叠加的产物。

2. 红柳泉岩组(Chh)

该岩组主要分布于阿尔金山脉西端的木腊布拉克达坂—托格腊克布拉克的阿尔金主峰地带,海拔 3000m 以上,南邻车尔臣河峡谷,山势险峻,交通条件极差。以一套灰、灰白色(二)云母石英片岩、绿泥石绢云母石英片岩为主,夹灰白色石英岩、大理岩及少量斜长角闪片岩。岩层强烈褶皱,原始层序已无法恢复。以红柳泉沟巴什库尔干剖面为例,岩组由 6 个岩性组合基本相似的向上变粗大旋回组成,以第 36—40 层旋回发育最为完整,最具代表性。该旋回下部为黑灰色炭质页岩与绿灰色绢云母石英片岩不均匀互层,厚 104.3m;中部以灰绿色绿泥石白云母石英片岩或灰白色白云母石英片岩为主,夹堇青石阳起石绿泥石片岩、绿泥石石英片岩,厚 150.9m;上部为灰白色石榴石白云母石英片岩,厚 169.9m;顶部为灰色中厚层状石英岩,厚 40.3m。单个旋回向上变粗的进积型结构特征十分明显。

剖面上该岩组从下而上旋回厚度变薄,旋回内部碎屑物颗粒变粗,其顶部的粗粒部分增多变厚,局部由深灰色石榴石黑云母更长片麻岩夹灰白色中厚层石英岩组成。

3. 贝克滩岩组(Chb)

该岩组布露于阿尔金山西端北坡托格腊布拉克一带,为一套滨浅海沉积变质的陆源碎屑岩—碳酸盐岩夹火山岩建造。由于断裂破坏，岩层强烈褶皱且顶底不全。岩性组合以红柳泉沟—贝克滩一带层型剖面为代表：下部以灰色、浅灰色灰岩为主，夹片理化钙质石英细砂岩；中部为片理化薄层粉砂岩、泥质粉砂岩与灰岩不均匀互层并夹硅质岩及片理化粗砂岩；上部为灰绿色、紫红色片理化细砂岩。整体上构成一个由细→粗的进积型沉积旋回，是陆内裂谷盆地逐步消亡阶段的产物，其上蓟县纪地层与之角度不整合接触。

图区内该岩组之原岩的岩性组合特征与剖面较为相似，但区内普遍遭受了区域动力热流变质作用的影响，以绿片岩相为主，多为白色薄中层状大理岩、灰白色白云母石英片岩夹白色石英岩、灰绿色薄层状—似层状斜长角闪片岩，局部地段灰绿色斜长角闪岩与白色大理岩呈近等厚互层状产出。

（二）岩石化学特征与原岩建造分析

巴什库尔干岩群的10个具代表性岩石样品的岩石化学分析结果和一些重要参数见表2-16。

表2-16　巴什库尔干岩群岩石化学成分表

序号	样品编号	岩组代号	岩石名称	氧化物含量(%)							
				SiO_2	Al_2O_3	Fe_2O_3	FeO	MgO	CaO	Na_2O	K_2O
1	20-4	Chz	斜长阳起石片岩	51.92	15.09	2.33	4.72	4.94	8.70	3.62	0.32
2	20-5	Chz	含石榴二云石英片岩	72.87	8.13	2.98	3.77	2.29	2.36	0.20	1.76
3	20-6	Chz	含金云母白云石大理岩	9.38	1.80	<0.01	0.90	18.07	27.25	0.08	0.51
4	20-8	Chz	斜长角闪岩	86.93	3.22	0.31	3.17	1.38	2.26	0.47	0.24
5	20-9	Chz	强硅化中粗粒长石杂砂岩	74.03	8.18	0.45	2.67	2.34	3.78	0.23	2.55
6	20-14	Chz	二云石英片岩	66.97	14.82	2.70	2.10	0.81	1.82	2.46	3.78
7	20-15	Chz	二云二长片麻岩	62.42	15.46	0.67	3.80	0.88	3.60	1.73	5.28
8	20-19	Chz	黑云斜长片麻岩	68.66	15.44	0.89	2.35	1.15	4.23	3.88	1.28
9	20-21	Chz	斜长角闪岩	45.89	15.99	1.04	7.72	9.17	12.59	0.57	1.98
10	530-2	Chb	斜长角闪岩	47.71	13.64	1.40	8.05	6.67	13.04	2.24	0.50

序号	样品编号	岩组代号	氧化物含量(%)					尼格里值				
			MnO	TiO_2	P_2O_5	H_2O^+	H_2O^-	Lost	Al	Fm	C	Alk	SI
1	20-4	Chz	0.11	0.69	0.15	3.21	0.67	6.65	25.3	37.6	26.6	10.5	148.0
2	20-5	Chz	0.24	0.23	0.03	2.58	0.39	4.53	27.1	51.1	14.3	7.5	413.2
3	20-6	Chz	0.03	0.16	0.04	0.72	0.16	41.50	1.8	48.5	49.1	0.6	15.76
4	20-8	Chz	0.05	0.23	0.03	0.88	0.15	0.95	19.2	50.7	23.9	6.2	882.4
5	20-9	Chz	0.08	0.38	0.12	2.01	0.22	4.53	28.6	36.4	24.0	11.0	439.5
6	20-14	Chz	0.05	0.67	0.26	2.04	0.58	3.18	42.5	24.6	9.5	23.4	326.7
7	20-15	Chz	0.08	0.65	0.20	2.19	0.37	4.50	39.9	21.1	16.9	22.1	273.7
8	20-19	Chz	0.07	0.27	0.10	1.22	0.14	1.08	41.1	19.9	20.5	18.5	310.5
9	20-21	Chz	0.16	0.87	0.10	3.17	0.24	2.80	20.5	46.1	29.4	4.0	100.2
10	530-2	Chb	0.19	0.54	0.10	1.80	0.26	4.63	18.9	42.3	32.9	5.9	112.5

在西蒙南(1953)(Al+Fm)-(C+Alk)-SI图解中(图2-20)，斜长角闪岩类(1、9、10号样)落入火成岩区，仅4号样落入砂泥质沉积区；2个片麻岩类(7、8号样)亦落入火成岩区；2个二云母石英片岩(2、6号样)落入砂泥质沉积区；5号样为强硅化中粗粒长石杂砂岩，落入砂泥质沉积区；含金云母白云石大理岩由于其SiO_2含量仅9.38%(<<24%)，因此投在左下角钙质沉积区边缘。

将4个斜长角闪岩类样品投在米拉斯(1971)TiO_2-F图解中(图2-21)[(F=(Fe_2O_3+FeO)/(Fe_2O_3+FeO+MgO))],结果显示20-4、20-21号样为正斜长角闪岩类,20-8、530-2号样为副斜长角闪岩类。20-15、20-19号样无论是在塔尼(1976)TiO_2-SiO_2图解中还是在普列多夫斯基(1980)Al_2O_3-(Na_2O+K_2O)图解中(图2-22),均稳定地落入火成岩区。通过CIPW标准矿物计算,确定其原岩为花岗闪长岩类($Q=31.4\sim41.5$, $A=46.6\sim11.2$, $P=22.0\sim47.3$, $R_1=2170\sim2782$, $R_2=732\sim810$)。

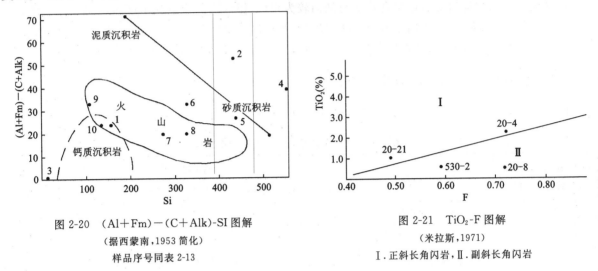

图2-20 (Al+Fm)-(C+Alk)-SI图解
(据西蒙南,1953简化)
样品序号同表2-13

图2-21 TiO_2-F图解
(米拉斯,1971)
Ⅰ.正斜长角闪岩,Ⅱ.副斜长角闪岩

2个二云母石英片岩样品投在涅洛夫(1974)(Al_2O_3+TiO_2)-(SiO_2+K_2O)-Σ其余组分图解中,20-5号样含石榴石二云石英片岩属少矿物砂岩,20-14号样二云母石英片岩则属于泥质砂岩类及寒带和温带气候条件下的陆相粘土沉积区。

综上所述,巴什库尔干岩群由变质表壳岩系——陆源碎屑岩、碳酸盐岩和变质侵入体—黑云母花岗闪长岩类和斜长角闪岩类—变质基性火山岩组成。

巴什库尔干岩群变火山岩类在玄武岩的FeO^*/MgO-TiO_2图解中(图2-23)落入岛弧玄武岩区,而在Th/Yb-Ta/Yb图解中(图2-24)则为火山岛弧橄榄粗安岩类。

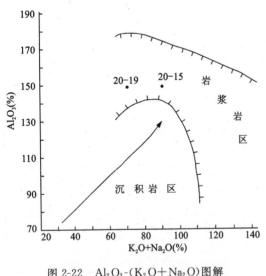

图2-22 Al_2O_3-(K_2O+Na_2O)图解
(据普列多夫斯基,1980)

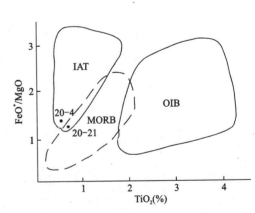

图2-23 FeO^*/MgO-TiO_2图解
IAT.岛弧玄武岩;MORB.大洋中脊玄武岩;OIB.洋岛玄武岩

Bhatia(1983)认为变质砂岩类Fe_2O_3+MgO(%)、TiO_2(%)、Al_2O_3/SiO_2等是大地构造环境判别的重要参数,并给出了5个已知环境的不同参数。表2-17表明巴什库尔干岩群形成的大地构造环境为被动大陆边缘,兼具活动大陆边缘特征。

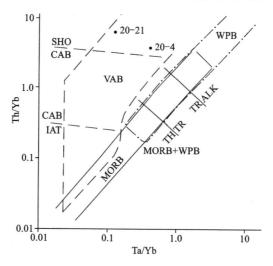

图 2-24 Th/Yb-Ta/Yb 图解

(据皮尔斯 J A,1982)

VAB.火山岛弧玄武岩(虚线内),又分为岛弧拉斑玄武岩(ITA)、钙碱性玄武岩(CAB)
和橄榄粗安岩(SHO);MORB.洋中脊拉斑玄武岩(实线圈定);WPB.板内玄武岩(点划线内),
又分为拉斑玄武质的(TH)、过渡的(TR)和碱性的(ALK)三类

表 2-17 巴什库尔干岩群不同构造环境的砂岩、杂砂岩常量元素特征表

	Fe_2O_3+MgO	TiO_2	Al_2O_3/SiO_2
大洋岛弧	8%～14%	0.8%～1.4%	0.24～0.33
大陆岛弧	5%～8%	0.5%～0.7%	0.15～0.2
活动大陆边缘	2%～5%	0.25%～0.45%	0.1～0.2
被动大陆边缘	变 化 较 大		
巴什库尔干岩群	2.79%～5.27%	0.23%～0.67%	0.11～0.25

(三) 巴什库尔干岩群地球化学特征与大地构造环境

1. 微量元素特征

巴什库尔干岩群微量元素分析结果见表 2-18。

表 2-18 巴什库尔干岩群微量元素含量表

序号	样品编号	岩组代号	岩石名称	各元素含量($\times 10^{-6}$)					
				Ba	Cr	Co	Ni	Sr	Zn
1	20-4	Chz	斜长阳起石片岩	96	52.1	18.1	24	280	88
2	20-5		含石榴二云石英片岩	268	29.4	16.1	11	58	317
3	20-6		含金云母白云石大理岩	73	12.4	5.8	11	197	38
4	20-8		斜长角闪岩	73	15.1	11.6	24	37	25
5	20-14		二云石英片岩	453	52.3	9.6	11	111	69
6	20-15		二云二长片麻岩	868	50.2	9.2	11	146	73
7	20-21		斜长角闪岩	854	46.8	10.0	12	146	74
8	530-2	Chb	斜长角闪岩	161	307.4	38.5	99	205	99

续表 2-18

序号	样品编号	岩组代号	各元素含量（×10^{-6}）								
			Th	Sc	V	Ta	Zr	Hf	Rb	Nb	B
1	20-4	Chz	7.0	14.5	155.3	<0.5	115	3.5	14	10.0	2.0
2	20-5		6.0	3.9	30.1	<0.5	129	5.0	89	10.6	12.7
3	20-6		1.5	1.8	19.6	<0.5	21	<0.5	20	5.7	2.8
4	20-8		<1.0	5.2	44.5	<0.5	15	0.9	7	5.8	8.8
5	20-14		33.4	9.8	48.4	1.7	564	18.1	209	23.3	60.4
6	20-15		23.6	9.3	44.9	1.6	317	10.3	249	20.2	30.5
7	20-21		26.0	10.0	47.7	0.8	325	10.0	249	20.3	32.1
8	530-2	Chb	2.1	37.5	240.2	<0.5	41	2.0	15	7.5	8.9

巴什库尔干岩群变质表壳岩系碎屑岩类的 Zn、Th、Zr、Hf、Rb、B 高于地壳平均丰度（克拉克值，下同），其中 Th、B 高于克拉克值 3 倍以上，Zn、Zr 高于克拉克值 2 倍以上；Ba、Cr、Co、Ni、Sr、Sc、V、Ta、Nb 低于地壳平均丰度，其中 Co 为克拉克值的 50% 左右，Cr、Sc 为克拉克值的 30%～50%，Sr、Y、Ta 在克拉克值的 20%～30% 之间，Ni 低于克拉克值的 20%。与砂泥质岩石中微量元素的平均含量比较，仅亲碎屑的 Hf、Th 出现高异常，其他多介于正常砂、泥质岩石之间。

Bhatia 和 Crook(1986) 通过对东澳大利亚的 5 个已知构造环境的古生代杂砂岩套微量元素（部分稀土元素）的地球化学特征分析，提出了判别物源区类型和大地构造环境的准则（表 2-19）。与之比较，巴什库尔干岩群变质碎屑岩类具有活动大陆边缘和被动大陆边缘双重属性，应属被动陆缘裂谷活动带。

表 2-19 巴什库尔干岩群判别构造环境最敏感元素的微量元素特征

微量元素	大洋岛弧	大陆岛弧	活动大陆边缘	被动大陆边缘	巴什库尔干岩群
Th	2.27	11.1	18.8	16.7	19.7
Zr	96	229	179	298	346.5
Ti(%)	0.48	0.39	0.26	0.22	0.45
Hf	2.1	6.3	6.8	10.1	11.6
Nb	2.0	8.5	10.7	7.9	11.9
La	8.72	24.4	33.0	33.5	35.95
Ce	22.53	50.5	72.7	71.9	83.65
Nd	11.36	20.8	25.4	29.0	34.3
Sc	19.5	14.8	8.0	6.0	6.85
V	131	80	48	31	39.25
Co	18	12	10	5	12.85
Zn	89	74	52	26	193
Zr/Hf	45.7	36.3	26.3	29.5	29.88
Zr/Th	48.0	21.5	9.5	19.1	17.59
Ti/Zr	56.8	19.7	15.3	6.74	12.98
La/Th	4.26	2.36	1.77	2.20	1.82
La/Sc	0.55	1.82	4.55	6.25	5.25
Th/Sc	0.15	0.85	2.59	3.06	2.88

注：参照 Bhatia 和 Crook (1986)，除注明单位外，其他含量为 ×10^{-6}。

2个变火山岩的微量元素特征既具有许多共性,又有较大差别。20-4号样品斜长阳起石片岩为沉火山岩,其微量元素仅Zn、V、Hf略高于地壳平均丰度,其他均低于或大大低于地壳平均丰度。20-21号样品斜长角闪岩中Ba、Zn、Th、Zr、Hf、Rb、Nb、B高于地壳的平均丰度,其中Ba、Th、Rb高于地壳平均丰度2倍以上,Hf、B高于地壳平均丰度3倍以上。它们可能是不同时期的产物。MORB标准化配分曲线图(图2-25)上,二者均表现为Rb、Ba、Th的强烈富集,Sr、Ta、Nb、Ce、Zr、Hf、Sm富集,仅Ti、Y、Yb、Cr亏损,其他地球化学型式与火山岛弧玄武岩的多峰曲线十分相似,但二者在元素丰度上存在明显区别。

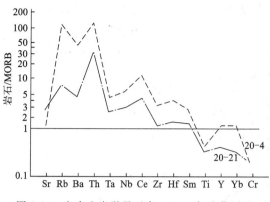

图2-25 变火山岩微量元素MORB标准化图

2. 稀土元素特征

巴什库尔干岩群表壳变质岩系碎屑岩中的稀土元素地球化学特征(表2-20)为:ΣREE平均值为234.3×10^{-6},LREE/HREE为$6.912\sim7.795$,平均为7.35,δEu平均值为0.75,明显地表现为稀土总量较高,轻稀土富集,铕亏损。$(La/Yb)_N$为$6.47\sim7.61$、$(La/Sm)_N$为$2.46\sim3.24$,轻重稀土分异好,而轻稀土内部分异则不明显。

表2-20 巴什库尔干岩群稀土元素含量及其特征参数表

序号	样品编号	岩组代号	岩石名称	稀土元素含量($\times10^{-6}$)						
				La	Ce	Pr	Nd	Sm	Eu	Gd
1	20-4		斜长阳起片岩	20.47	44.91	5.09	20.02	4.67	1.15	3.78
2	20-5		含石榴二云石英片岩	18.64	47.21	5.37	20.11	4.73	0.95	4.10
3	20-6		含金云母白云石大理岩	2.55	4.37	0.54	1.94	0.53	0.12	0.40
4	20-8	Chz	斜长角闪岩	1.66	3.46	0.46	2.02	0.49	0.19	0.56
5	20-14		二云石英片岩	53.26	120.10	13.45	48.49	11.29	1.44	9.80
6	20-15		二云二长片麻岩	44.39	97.62	11.53	40.24	9.15	1.49	7.59
7	20-21		斜长角闪岩	47.77	104.90	12.46	43.33	9.22	1.55	8.01
8	530-2	Chb	斜长角闪岩	5.42	12.43	1.75	6.84	1.95	0.62	1.80

序号	样品编号	岩组代号	稀土元素含量($\times10^{-6}$)								ΣREE	LREE/HREE	δEu
			Tb	Dy	Ho	Er	Tm	Yb	Lu	Y			
1	20-4		0.65	3.47	0.64	1.82	0.272	1.65	0.237	17.87	126.72	7.69	0.89
2	20-5		0.72	3.87	0.69	2.10	0.315	1.96	0.279	19.55	130.59	6.91	1.04
3	20-6		0.06	0.37	0.07	0.20	0.031	0.17	0.027	2.00	13.39	7.57	0.83
4	20-8	CHz	0.10	0.56	0.10	0.31	0.044	0.25	0.037	2.82	13.05	4.22	1.22
5	20-14		1.61	9.28	1.70	5.23	0.835	5.33	0.814	50.67	333.70	7.18	0.45
6	20-15		1.33	7.34	1.34	4.09	0.653	4.11	0.611	38.21	269.70	7.54	0.58
7	20-21		1.32	7.80	1.34	4.21	0.665	4.12	0.608	40.68	288.04	7.80	0.59
8	530-2	Chb	0.33	2.07	0.40	1.27	0.210	1.26	0.200	11.54	48.11	3.85	1.09

根据Bhatia(1985)研究,得出砂岩、杂砂岩类的稀土元素特征与源区类型、构造背景之间的对应关

系(表 2-21),巴什库尔干岩群具明显的被动大陆边缘裂谷活动带特点。

表 2-21 巴什库尔干岩群不同沉积盆地构造背景下杂砂岩的 REE 参数

构造环境	REE 参数							
	源区类型	La	Ce	ΣREE	La/Yb	La_N/Yb_N	LREE/HREE	Eu/Eu^*
大洋岛弧	未切割岩浆弧	8±1.7	19±3.7	58±10	4.2±1.3	2.8±0.9	3.8±0.9	1.04±0.11
大陆岛弧	切割的岩浆弧	27±4.5	59±8.2	146±20	11±3.6	7.5±2.5	7.7±1.7	0.79±0.13
活动陆缘	基底隆起	37	78	186	12.5	8.5	9.1	0.60
被动陆缘	克拉通内构造高地	39	85	210	15.9	10.8	8.5	0.56
巴什库尔干岩群		35.95	83.65	197.04	9.86	5.79	7.01	0.75

巴什库尔干岩群 2 个变火山岩的稀土配分曲线(图 2-26)明显表现为向右倾斜的"L"型曲线,属轻稀土富集型,$(La/Yb)_N$ 为 5.65~6.88,$(La/Sm)_N$ 为 2.46~3.24,其轻重稀土分异指数和轻稀土内部分异状况差别不大。20-4 号样斜长阳起石片岩 δEu 为 1.044,无铕亏损;而 20-21 号样 δEu 为 0.588,铕亏损严重。二者之稀土元素丰度也存在很大差别,显然二者不是同期同源的火山岩。

3. 盆地分析

现有资料初步综合分析认为,长城纪巴什库尔干岩群变质岩为一套滨、浅海陆源碎屑岩—碳酸盐岩夹火山岩建造,属被动大陆边缘裂谷活动带沉积体系。其粘土

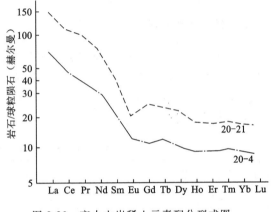

图 2-26 变火山岩稀土元素配分型式图

质岩石在麦列日克和普列多夫斯基不同气候带粘土岩的成分图解中,判明属寒冷—中等寒冷气候的陆相粘土,是活动陆源快速剥蚀、搬运、沉积机制下的产物。其沉积表壳岩系的地球化学特征,稀土元素及其参数特征等均反映这一信息。古海水盐度 $CaO/(TFe+CaO)$ 为 0.268~0.358,属低—中等盐度;酸碱度指数 MnO/TFe 平均为 0.267,指示为中性;氧逸度系数 V/Cr 平均为 3.054,应属还原环境,可能是海水较深或火山岛弧发育、海盆闭塞之故。巴什库尔干岩群之火山岩属岛弧火山岩之橄榄粗安岩类,在 Condie(1973)Rb-Sr 分布与地壳厚度图上显示其时地壳厚度为 15~20km。

第二节 史密斯地层

测区史密斯地层分布面积广、厚度大,由老至新出露有奥陶系、石炭系、二叠系、侏罗系、白垩系、古近系。其中以石炭系、二叠系、侏罗系出露最全,分布最广。其沉积类型多,海相火山岩、浅海碳酸盐岩沉积、滨浅海相碎屑岩沉积、陆相盆地碎屑岩沉积均有。地层具明显的分区性(表 2-1),塔里木—阿尔金区除非史密斯地层以外,仅有侏罗系及少量二叠系出露;祁漫塔格区出露有奥陶系、侏罗系、白垩系、古近系,以侏罗系最为发育;昆南区以石炭系、二叠系为主,零星出露少量晚侏罗世鹿角沟组。

一、奥陶纪地层

1. 一般特征

奥陶纪地层分布于祁漫塔格区吐拉盆地北侧的卡让古萨依一带,出露面积约 35km²。其出露不全,

底与滹沱纪阿尔金岩群变粒岩组断层接触,顶与侏罗纪大煤沟组亦为断层接触,厚907.9m。根据岩石组合、沉积序列并结合区域分布特点,将其划归祁漫塔格群。

2. 剖面描述

且末县卡让古萨依剖面(01)可代表其全貌,其底顶受断层破坏而出露不全。兹将该剖面列述如下。

上覆地层:侏罗纪大煤沟组灰绿色厚层状岩块质砾岩

============ 断层 ============

奥陶纪祁漫塔格群（Oq）	**907.9m**
34. 灰色中—厚层状泥晶灰岩	3.8m
33. 黑色炭质板岩	18.9m
32. 灰绿色绢云母板岩与灰色中—厚层状变质细粒石英砂岩呈韵律	6.4m
31. 浅灰绿色绢云母板岩	22.9m
30. 黑色炭质板岩	3.1m
29. 灰黑色中—厚层状变质细粒石英砂岩	11.2m
28. 浅灰绿色绢云母板岩	109.4m
27. 浅黄色条带状绢云母板岩	18.4m
26. 浅灰绿色粉砂质板岩,局部水平纹层发育	73.3m
25. 灰黑色绢云母板岩	3.2m
24. 浅灰绿色粉砂质板岩	8.9m
23. 浅灰色中层状变质细粒石英砂岩	1.3m
22. 浅灰绿色粉砂质板岩	54.7m
21. 浅灰绿色粉砂质板岩与灰黑色中—厚层状浅变质含钙质石英粉砂岩呈韵律	13.9m
20. 灰色中—厚层状变质细粒石英砂岩	17.4m
19. 浅灰色粉砂质板岩偶夹深灰色变质细粒石英砂岩,粉砂质板岩中局部见水平条带	142.9m
18. 浅灰绿色中层状细粒石英砂岩与粉砂质板岩呈韵律,粉砂质板岩发育水平条带	26.8m
17. 灰绿色绢云母板岩	12.7m
16. 浅灰绿色粉砂质绢云母板岩,水平纹层及条带发育	12.4m
15. 浅灰绿色绢云母粉砂质板岩,局部发育水平条带	16.2m
14. 黄绿色粉砂质板岩	143.1m
13. 灰色中—厚层状变质细粒石英砂岩	3.5m
12. 黄绿色粉砂质板岩,局部夹凝灰质板岩	10.6m
11. 黑色炭质板岩,偶夹粉砂质板岩及灰色中层状变质细粒石英砂岩	37.0m
10. 灰绿色粉砂质板岩,偶夹灰色中层状变质细粒石英砂岩	26.7m
9. 黑色炭质板岩	3.0m
8. 黄绿色、灰绿色粉砂质板岩,偶夹灰色中—厚层状变质细粒石英砂岩	13.8m
7. 灰色中—厚层状变质细粒石英砂岩与粉砂质板岩呈韵律,粉砂质板岩中局部发育水平条带	11.1m
6. 黄绿色粉砂质板岩与黑色炭质板岩呈韵律	33.8m
5. 浅黄色变质石英砂岩,偶夹绢云母板岩	5.8m
4. 黄绿色含钙质泥板岩	12.3m
3. 灰黑色炭质板岩	29.4m

============ 断层 ============

下伏地层:滹沱纪阿尔金岩群变粒岩组浅灰色块状石英岩

3. 岩石组合特征及纵横向变化

据上述剖面并结合路线地质调查资料，该群下部以灰色、灰黄色粉砂质板岩、黑色炭质板岩为主，夹灰色中—厚层状变质细粒石英砂岩，偶夹绢云母板岩。板岩中发育水平纹层及条带。上部以灰绿色绢云母板岩、粉砂质绢云母板岩及粉砂质板岩为主，夹浅灰色中层状变质细粒石英砂岩、灰黑色中—厚层状浅变质含钙质石英粉砂岩，往上夹黑色炭质板岩。砂岩或粉砂质板岩中发育变形层理及鲍马序列ACE、CE组合。顶部为灰色中—厚层状泥晶灰岩。

4. 岩石地球化学特征

该群为一套半深海—深海相细碎屑沉积，属还原—半还原环境。其岩石微量元素定量分析结果见表2-22。Zr、Ba、V、Cu、Ag、Sr等元素与克拉克值相近；而B、Rb、La、Sc等元素则高出克拉克值几十倍，出现正异常；Ga出现峰值；Pb、Th、Cr、Zn、Co、Ni等元素低于克拉克值的1~2倍；仅U元素元素含量低于克拉克值的几十倍，出现负异常。以上表明其微量元素的富集、迁移、分散与沉积环境、岩石组合密切相关。

表2-22 奥陶纪祁漫塔格群岩石微量元素分析结果（$\times 10^{-6}$）

样号	Pb	Th	Zr	Ga	Sc	U	Cr	Zn	Co	Ni	Ba	V	Cu	Sr	La	Rb	B	Ag
1-3	7.3	11.1	178	14.2	10.9	1.6	72.5	45.2	13.9	28.0	442	60.1	87.0	90.8	38.1	162	109	0.036
1-5	8.4	10.0	259	19.4	17.1	2.2	148	62.0	15.2	42.9	491	119	14.0	112	38.5	173	90.6	0.025
1-7	10.5	7.8	268	34.7	26.3	0.8	102	163	52.0	78.4	647	330	163	45.8	56.4	169	44.0	0.043
1-8	6.6	3.7	140	13.9	31.7	0.9	421	99.1	46.1	171	188	250	60.9	193	35.5	11.0	2.2	0.050
1-11	5.3	3.5	297	6.0	5.3	0.5	60.4	32.5	8.3	25.6	417	47.4	14.3	232	25.9	29.0	32.1	0.058
1-22	10.2	9.8	217	20.6	19.5	1.5	173	116	21.8	68.4	513	170	38.6	57.0	40.7	124	91.9	0.045
平均值	8.1	7.7	227	38.1	18.5	1.3	163	86.3	26.2	69.1	450	163	63.0	122	39.2	111	280	0.043
克拉克值	20	20	230	$n\times 10$	$n\times 10$	80	330	40	100	180	470	160	100	170	—	$n\times 10$	10	n

5. 构造环境判别及沉积环境分析

（1）大地构造环境判别

该群6个砂岩、砂质板岩样品在La-Th-Sc图解中（图2-27）大部分落在大陆岛弧，指示祁漫塔格群的形成环境可能为大陆岛弧。

（2）沉积环境分析

该群沉积物以细碎屑为主，颜色较深，以灰色、灰绿色、深灰色、灰黑色为特征；板岩中普遍发育水平纹层及条带；岩石中未见动、植物化石；局部砂岩或粉灰质板岩中发育变形层理及鲍马序列ACE、CE组合，沉积环境应属半深海—深海。

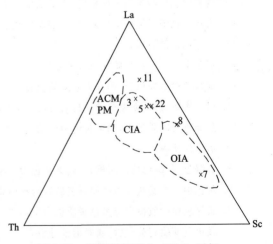

图2-27 祁漫塔格群La-Th-Sc图解
（据Bhatia，1986）
OIA. 大洋岛弧；CIA. 大陆岛弧；
ACM. 活动大陆边缘；PM. 被动大陆边缘

二、石炭纪—二叠纪地层

石炭纪—二叠纪地层集中分布在昆南地层小区，构成该区沉积地层的主体，分布面积达2234km²。地层厚度巨大，为6040.3~9065.9m。系一套浅海碳酸盐岩、碎屑岩及火山岩沉积,沉积旋回清楚。碳酸盐岩、碎屑岩中产大量的古生物化石。根据岩石组合特征、沉积序列、副层序、沉积界面及古生物组合,将其划分为 7 个岩石地层单位、7 个古生物组合带及 3 个三级层序(表 2-23)。

表 2-23　石炭纪—二叠纪多重地层划分表

年代地层		岩石地层		生物地层	层序地层	
纪	世	群、组、段			三级层序	体系域
二叠纪	中世	树维门科组	上段	*Yabeina* 带	3	HST
				Polydiexodina 带		CS
				Nankinella 带		TST
	早世	叶桑岗组	下段	*Eoparafusulina* 带		LST
石炭纪	晚世	哈拉米兰河群	上组	*Stenozonotriletes* 组合	2	HST
			下组			TST
	早世	托库孜达坂群	上组	*Gigantoproductus-Dictyoclostus* 组合带	1	HST
				Lublinophyllum-Parastephphyllum 组合带		CS
						TST
						LST
			中组			
			下组			

(一) 岩石地层

1. 石炭纪岩石地层

1) 一般特征

石炭纪地层大面积出露于托库孜达坂山—蛇形山一带,其次在库拉木拉克、秦布拉克、阿羌萨依、曼达里克、华道山等地亦有少量出露,分布面积约 1869km²。系一套浅海火山岩、碎屑岩、碳酸盐岩沉积,厚 3697.2~6722.8m。据岩石组合特征、基本层序、沉积环境及古生物组合,将其划分为托库孜达坂群和哈拉米兰河群。原新疆岩石地层清理未对该区托库孜达坂群和哈拉米兰河群进行更细划分,本次工作查明本区托库孜达坂群具明显三分性,哈拉米兰河群具二分性,因此将托库孜达坂群分为下组(C_1TK^1)、中组(C_1TK^2)、上组(C_1TK^3)3 个岩组,哈拉米兰河群分为下组(C_2H^1)、上组(C_2H^2)2 个岩组。

2) 剖面描述

在曼达里克河、青塔山测有具代表性剖面,现列述如下。

(1) 曼达里克河石炭纪托库孜达坂群中组剖面(07)

托库孜达坂群中组　　　　　　　　　　　　　　　　　　　　　　　　　　　**3625.6m**

(未见顶)

23. 紫红色—灰紫色块状凝灰质角砾岩夹流纹英安质凝灰熔岩　　　　　　　　　436.5m

22. 灰紫色—灰色块状安山岩夹安山玢岩　　　　　　　　　　　　　　　　　　75.2m

21. 灰紫色—灰色块状安山玢岩　　　　　　　　　　　　　　　　　　　　　　218.0m

20. 灰绿色—浅肉红色块状沉火山角砾岩夹英安岩　　　　　　　　　　　　　　38.4m

19. 灰绿色—深灰色块状安山岩夹绿泥石方解石岩　　　　　　　　　　　　　　117.5m

18. 灰紫—紫红色块状英安玢岩夹深灰色黑云母石英闪长玢岩　　　　　　　　　30.1m

17. 灰绿色—灰黄色中—厚层状凝灰质砂岩与泥岩互层　　　　　　　　　　　　　　203.0m
16. 灰紫色—浅紫红色流纹岩　　　　　　　　　　　　　　　　　　　　　　　　20.4m
15. 灰紫色块状流纹斑岩夹块状流纹质熔岩　　　　　　　　　　　　　　　　　　34.0m
14. 紫红色—灰褐色块状安山玢岩,岩石中可见火山角砾岩的捕房体　　　　　　　　13.6m
13. 灰—浅灰色火山角砾凝灰岩。顶部见正粒序层　　　　　　　　　　　　　　　364.9m
12. 浅灰色—浅紫红色英安质火山角砾岩夹流纹英安质凝灰熔岩。与第11层的区别是岩屑增多,角砾增大　　　　　　　　　　　　　　　　　　　　　　　　　　　　　219.0m
11. 灰—浅灰色英安质火山角砾岩夹流纹英安质凝灰熔岩　　　　　　　　　　　　506.4m
10. 深灰色—灰色块状安山质火山角砾岩,潜花岗闪长斑岩呈脉状侵入　　　　　　1115.2m
9. 灰黄色块状流纹英安斑岩,花岗闪长斑岩呈脉状侵入　　　　　　　　　　　　173.6m
8. 下部为深灰色块状安山岩;上部为灰绿色中层状砾质不等粒岩屑杂砂岩;顶部为灰黑色块状硅质岩　　　　　　　　　　　　　　　　　　　　　　　　　　　　　　　16.9m
7. 灰绿色—灰色薄—中层状含凝灰质板岩　　　　　　　　　　　　　　　　　　10.7m
6. 浅紫红色块状英安玢岩,有花岗闪长玢岩脉呈层状、似层状侵入　　　　　　　25.3m
5. 灰绿色、浅褐色似层状安山玢岩,有层状强蚀变辉绿玢岩侵入体　　　　　　　6.9m

――――――― 整合 ―――――――

托库孜达坂群下组:灰黑色—灰色薄—中层状石英粉砂岩

(2) 青塔山石炭纪托库孜达坂群中组—哈拉米兰河群上组剖面(13)

上覆地层:二叠纪树维门科组上段深灰色块状钙质胶结岩块质砾岩

――――――― 假融合 ―――――――

哈拉米兰河群上组　　　　　　　　　　　　　　　　　　　　　　　　　**568.5m**

45. 灰黄色中层状钙质胶结细粒长石砂岩与灰色中层状钙质泥岩构成韵律式基本层序　　85.9m
44. 灰色中层状细粒岩屑砂岩夹灰绿色厚层状含细砾岩屑石英粗砂岩,上部夹含陆屑生物屑微晶含长石质灰岩　　　　　　　　　　　　　　　　　　　　　　　　　　　64.0m
43. 灰黑色薄层状钙质粉砂质泥岩夹少量灰色薄层状凝灰岩。钙质粉砂质泥岩发育小型沙纹交错层理　　　　　　　　　　　　　　　　　　　　　　　　　　　　　　44.3m
42. 深灰色、灰色中厚层状钙质胶结中细粒长石砂岩　　　　　　　　　　　　　20.1m
41. 灰色中层状钙质胶结细粒长石砂岩与中层状钙质泥岩构成韵律式基本层序。长石砂岩中发育小型交错层理;钙质泥岩中偶见毫米级水平纹层　　　　　　　　　　　　137.4m

　　产孢粉:*Leiotriletes levis*
　　　　　L. paryus
　　　　　Brochotriletes sp.
　　　　　Stenozonotriletes lycospoioides
　　　　　S. teiangulus 等

40. 深灰色中层状钙质胶结细粒长石英砂岩夹似层状、透镜状陆屑细晶质灰岩　　23.8m
39. 灰色中厚层状细中粒岩屑长石杂砂岩与深灰色薄层状含粉砂质钙质泥岩构成韵律式基本层序　　44.7m
38. 深灰色中层状含陆屑泥晶泥质灰岩夹灰色薄—中层状中粒岩屑砂岩　　　　　51.2m
37. 灰色中厚层状含粉砂质钙质泥岩与灰黑色薄—中层状泥晶泥质灰岩构成韵律式基本层序　　61.1m

　　产腕足:*Rugosochonetes sp.*

――――――― 整合 ―――――――

哈拉米兰河群下组　　　　　　　　　　　　　　　　　　　　　　　　　**159.7m**

36. 深灰色块状含陆屑生物屑粉晶—砂屑灰岩夹层孔虫灰岩　　　　　　　　　　21.7m
35. 深灰色块状含生物屑微晶灰岩夹浅灰色块状微晶生物屑灰岩。微晶生物屑灰岩中产腕足、海百合茎　　　　　　　　　　　　　　　　　　　　　　　　　　　　37.5m
34. 浅灰色、灰白色块状细—粉晶生物屑灰岩　　　　　　　　　　　　　　　　22.5m

33. 深灰色块状含生物屑砂屑灰岩与块状含生物屑泥晶灰岩构成韵律式基本层序　　52.5m
32. 浅灰色块状生物屑微晶灰岩　　17.4m
31. 深灰色块状生物屑粉晶灰岩与厚层状微晶生物屑灰岩构成韵律式基本层序　　8.1m

---------- 假融合 ----------

托库孜达坂群上组（C_1TK^3）　　**1220.0m**

30. 浅灰色块状微晶生物屑灰岩与块状细晶白云岩构成韵律式基本层序　　77.8m
　　产腕足类：*Striatifera* sp.
　　　　　　Martinia sp.
　双壳类化石
29. 浅灰色块状含生物屑微晶灰岩夹砾屑灰岩透镜体。砾屑灰岩中局部发育小型交错层理　　56.0m
28. 灰色、浅灰色块状含生物屑粉晶灰岩。产珊瑚化石，珊瑚均为单体珊瑚，其长轴斜交或近平行层面，边角略具磨蚀，具异地搬运特征　　23.1m
27. 浅灰色块状含生物屑微晶灰岩夹灰色块状生物屑粉晶灰岩。生物屑粉晶灰岩中产单体珊瑚，其长轴斜交或近平行层面，边角略具磨蚀，具异地搬运特征　　59.3m
26. 灰色块状含生物屑粉晶灰岩夹生物屑砂屑灰岩透镜体。产腕足类、珊瑚化石　　13.1m
25. 浅灰色块状生物屑粉晶灰岩夹灰色块状泥晶灰岩。泥晶灰岩中产珊瑚、腕足、海百合茎化石，珊瑚垂直层面，具原地生长特征　　136.0m
24. 浅灰色块状含生物屑微晶灰岩夹浅灰色、灰白色块状生物屑不等晶灰岩　　188.0m
23. 浅灰色、灰白色块状生物屑粗晶灰岩　　2.2m
22. 灰色块状泥晶生物屑灰岩　　7.4m
　　产腕足类：*Linoproductus* sp.
　　　　　　L. cf. *tianshanensis*
　　　　　　Gigantoproductus sp.
　珊瑚：*Lublinophyllum fedorowskii* 等
21. 灰白色块状云质泥晶灰岩与灰色块状含生物屑微晶灰岩构成韵律式基本层序　　11.6m
20. 深灰色块状介壳灰岩　　4.8m
　　产腕足类：*Linoproductus* sp.
　　　　　　L. cf. *tianshanensis* 等
19. 浅灰、灰白色块状含生物屑微晶灰岩与灰色块状微晶灰岩构成韵律式基本层序。微晶灰岩中产珊瑚、腕足、螺化石　　60.5m
18. 浅灰色、灰白色块状微晶砂屑生物屑灰岩。岩石中产珊瑚，珊瑚为单体，其长轴与层面斜交，部分边角略有磨蚀，具短距离搬运特征　　27.5m
17. 浅灰色、灰白色块状含生物屑泥晶灰岩、泥晶微晶灰岩　　52.6m
16. 浅灰色、灰白色块状含生物屑微晶灰岩　　73.4 m
15. 深灰色、灰色块状珊瑚泥晶灰岩，珊瑚多为单体，其长轴与层面近平行或低角度斜交，部分边角略有磨蚀，具短距离搬运特征　　5.1m
　　产珊瑚：*Parastehphyllum* sp.
　　　　　　Siphonodendron sp. 等
14. 浅灰色块状粉晶灰岩与厚层—块状微晶生物屑灰岩构成韵律式基本层序。粉晶灰岩中产珊瑚、腕足、海百合茎化石　　201.9m
13. 浅灰色、灰白色块状微晶层孔虫灰岩　　16.8m
12. 浅灰色、灰白色块状粉晶灰岩夹砾状灰岩透镜体　　16.8m
11. 浅灰色中—厚层状生物屑泥晶灰岩　　12.9m
　　产腕足类：*Linoproductus* sp.
　　　　　　Dictyoclostus sp.
　　　　　　Martinia sp.
　　　　　　Spirifer sp. 等

10. 深灰色、灰黑色中—薄层状泥晶灰岩夹含硅质泥晶灰岩构成3个向上单层变薄的旋回,岩石
    中发育不清晰的水平纹层　　　　　　　　　　　　　　　　　　　　　　　　　　　　　5.2m
9. 灰色薄—中层状微晶生物屑灰岩与深灰色薄层状泥晶灰岩构成韵律式基本层序。微晶生物
   屑灰岩中产珊瑚、腕足、海百合茎化石;泥晶灰岩中偶见腕足　　　　　　　　　　　　　25.9m
8. 浅灰色块状含生物屑泥晶灰岩与浅灰色块状微晶灰岩构成韵律式基本层序　　　　　　107.8m
7. 浅灰色块状生物屑泥晶灰岩　　　　　　　　　　　　　　　　　　　　　　　　　　25.9m
   产珊瑚:*Parastehphyllum* sp.
6. 灰色块状灰质砾岩　　　　　　　　　　　　　　　　　　　　　　　　　　　　　　　8.4m

---------- 假融合 ----------

托库孜达坂群中组

5. 深灰色、灰黑色块状燧石条带泥晶灰岩　　　　　　　　　　　　　　　　　　　　　32.0m
4. 灰绿色英安岩　　　　　　　　　　　　　　　　　　　　　　　　　　　　　　　　30.7m
3. 灰绿色英安岩夹泥晶灰岩透镜体　　　　　　　　　　　　　　　　　　　　　　　　57.6m
2. 深灰色、灰黑色块状燧石条带泥晶灰岩　　　　　　　　　　　　　　　　　　　　　25.6m
1. 灰绿色块状沉安山质火山角砾岩　　　　　　　　　　　　　　　　　　　　　　　 128.1m

3) 岩石组合特征及纵横向变化

(1) 托库孜达坂群下组(C_1TK^1)

该组分布于库拉木拉克、秦布拉克—克其萨依一带,面积约256km²,为一套滨浅海碎屑岩建造。其底与阿尔金岩群变质岩呈断层接触,未见底,视厚度大于1149m。因露头差,通行困难,未能系统测制剖面。根据路线地质调查,该组具如下特征。

下部为灰绿色薄—中层状岩屑石英粉砂岩、细砂岩及中厚层状细中粒岩屑石英砂岩夹粉砂质板岩及浅灰色厚层块状硅质砾岩、含砾砂岩。砂岩中发育中、小型板状、槽状交错层理;砾岩中砾石成分单一,主要为硅质岩及脉石英,二者占砾石总量的95%以上;砾石大小较均一,一般为0.5~1cm;磨圆较好,多呈次圆—浑圆状;颗粒支撑,砾间很少见泥质杂基。以上显示其具滨海相沉积特征。

上部为灰色、深灰色薄层状粉砂质板岩、细粒石英砂岩夹灰黑色含粉砂质炭质板岩及深灰色薄层状、透镜状泥晶灰岩。板岩中发育毫米级水平纹层,且常见有生物扰动构造及生物钻孔,具浅海陆棚相沉积特征。

(2) 托库孜达坂群中组(C_1TK^2)

该岩组主要分布于托库孜达坂山—东流泉一带,其次阿羌萨依、曼达里克河、华道山等地有少量分布,面积约773km²。系一套浅海火山碎屑岩夹陆缘碎屑岩及碳酸盐岩建造,厚600~3625.6m。

根据剖面结合路线地质调查资料,该组火山岩由下而上经历了3个火山活动旋回。下部为溢流相—火山岩相—沉积相;中部为爆发相—溢流相—次火山岩相—沉积相;上部为溢流相—沉积相。其中以中、上部旋回火山作用最强烈。因构造破坏各地均出露不全,中部旋回仅在曼达里克河上游出露较全,其余各地均只见及下、上部旋回出露。

下部旋回为灰绿色、灰色英安玢岩、安山岩、流纹岩、流纹英安斑岩、辉绿玢岩、花岗闪长斑岩、硅质岩夹灰绿色薄—中层状含凝灰质板岩、砾质不等粒砂岩。中部旋回以灰色、浅紫红色安山质火山角砾岩、英安质火山角砾岩、火山角砾状凝灰岩为主,夹流纹英安质凝灰熔岩、花岗闪长斑岩、凝灰质板岩、细粒砂岩。上部旋回为紫红色、灰绿色块状流纹斑岩、安山玢岩、英安玢岩、安山岩、流纹岩及灰绿色厚层状凝灰质砂岩,泥岩,深灰色、灰黑色块状燧石条带泥晶灰岩,安山玢岩中常见有火山角砾岩捕虏体。

常见有中基性辉绿玢岩、花岗闪长斑岩(潜火山岩)呈脉状体贯入,大多与原始火山岩层产状一致,局部低角度斜交。

该组横向上岩性、厚度变化较大。

由北向南:沉积岩夹层略有增多,在南部托库孜达坂山一带,其顶部可见大量深灰色、灰黑色块状燧石条带泥晶灰岩;另外,厚度明显变小,在北部曼达里克河一带,厚达3625.6m,而在南部托库孜达坂山一

带厚1023.7m。

由西向东:陆缘碎屑沉积急剧增多,火山碎屑岩明显减少,往东至东流泉一带,已相变为以灰绿色厚层状岩屑石英砂岩、凝灰质砂岩、粉砂岩、粉砂质泥岩为主夹安山质火山角砾岩及凝灰岩、安山玢岩、英安玢岩、安山岩;厚度则逐渐减小,在东部东流泉一带厚度仅600余米。

以上表明该组火山活动由北向南略有减弱,自西向东明显减弱。

(3) 托库孜达坂群上组(C_1TK^3)

该组主要分布于青涧—蛇形山一带,其次在华道山亦有少量分布,面积约365km²。为一套浅海碳酸盐岩建造,以底部的块状灰质砾岩假整合于中组火山碎屑岩夹燧石条带泥晶灰岩之上(图2-28),厚1220.0m。

底部为灰色块状灰质砾岩,岩石层理不发育。砾石量50%～70%;砾石成分主要为云质泥晶灰岩、燧石条带泥晶灰岩、生物屑粉晶灰岩和泥晶灰岩;砾径一般2～20cm,少数大的达30cm。岩石中含大量的生物碎屑,生物屑主要为海百合茎,其破碎中等,多呈次棱角状,边角多有磨损,显示其具异地搬运特征。砾间填隙物主要为方解石砂屑及泥粉晶方解石。其底界面凹凸不平,具冲刷构造,下

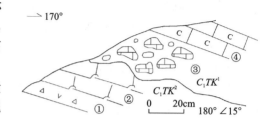

图2-28 托库孜达坂群上组与中组接触关系
①安山质火山角砾岩;②燧石条带灰岩;③灰质砾岩;④生物屑灰岩
(地层代号见正文)

伏燧石条带泥晶灰岩顶部有明显的被侵蚀痕迹。上述特征表明其属河流水道沉积。

下部为灰色块状生物屑泥晶灰岩、含生物屑泥晶灰岩、块状微晶灰岩,向上逐渐过渡为灰色薄—中层状微晶生物屑灰岩与深灰色薄层状泥晶灰岩互层、深灰—灰黑色中—薄层状泥晶灰岩夹含硅质泥晶灰岩。岩石中富产珊瑚 *Parastehphyllum* sp.;腕足 *Punctospirifer* sp. 及海百合茎化石,最上部之薄层状泥晶灰岩、含硅质泥晶灰岩发育不清晰的水平纹层。总体由下往上岩层由块状向中—薄层变化,结构由粗变细,具退积型副层序特征,反映当时沉积水体缓慢加深、海平面缓慢上升的过程,以及沉积环境由潮下高能带→潮下低能带→浅海陆盆→台盆相的演变。

中部为浅灰色、灰白色中—厚层状生物屑泥晶灰岩、微晶灰岩、块状粉晶灰岩、厚层—块状微晶生物屑灰岩、块状含生物屑微晶灰岩夹浅灰色、灰白色块状微晶层孔虫灰岩、珊瑚泥晶灰岩及深灰色块状介壳灰岩,偶夹砾状灰岩透镜体。产珊瑚 *Parastehphyllum* sp.,*Siphonodendron* sp.;腕足 *Dictyoclostus* sp.,*Spirifer* sp.,*Linoproductus* sp.,*L*. cf. *tianshanensis* 及层孔虫和海百合茎。介壳灰岩不显层理,岩石中介壳含量40%～50%,主要为腕足类背壳,其次为腕足类腹壳,直径3～5cm,多为凸面朝上、凹面向下,扁平面平行或低角度斜交层面分布,属台地边缘生物滩相沉积;层孔虫灰岩为块状层理,岩石中生物含量50%～60%,以枝状层孔虫为主,少量苔藓虫及球状层孔虫,纵切面上层孔虫呈树枝状、分叉状,横切面上呈圆形或椭圆形,直径3～5mm,具向上生长态势,属台缘生物礁相沉积。其平面上呈椭圆形—圆形或透镜状,主要分布在嶂河山—青涧山一带,长100～300m,厚20～50m不等,形态显示为点礁。总体向上单层略有变厚,岩石结构由细变粗,副层序由加积型过渡为进积型,反映海平面缓慢下降,沉积环境由潮下低能带→潮下高能带夹生物滩相及生物礁相变迁。

上部以灰色、灰白色块状含生物屑微晶灰岩、含生物屑粉晶灰岩、生物屑粉晶灰岩为主,夹灰色块状泥晶灰岩、灰白色块状云质泥晶灰岩、生物屑粗晶灰岩,局部夹生物屑砂屑灰岩、砾屑灰岩透镜体,顶部夹大量灰白色块状细晶白云岩。砾屑灰岩中局部发育小型交错层理。产珊瑚 *Lublinophyllum fedorowskii*;腕足 *Linoproductus* sp.,*L*. cf. *tianshanensis*,*Gigantoproductus* sp.,*Striatifera* sp.,*Martinia* sp. 及双壳类、海百合茎化石。珊瑚均为单体珊瑚,生物屑灰岩中其长轴斜交或近平行层面,边角略具磨蚀,具异地搬运特征。泥晶灰岩中珊瑚垂直层面,保存较好,具原地生长特征。该部分总体向上岩单层变厚,顶部几乎不显层理,岩石结构变粗,砾屑灰岩透镜体增多,白云质含量增高,顶部夹大量细晶白云岩,具进积型副层序特征,反映沉积水体急剧变浅,海平面迅速下降,沉积环境由潮下低能带→潮下高能带→潮间带→潮上带转变。

该组横向上岩石组合变化不大,由西向东生物屑灰岩略有减少,泥晶灰岩略有增多,岩石颜色略有

变深的趋势。但地层厚度变化明显,由西向东厚度逐渐变小,平面上呈楔状向东收缩,表明自西向东由盆地边缘向中心迁移。

(4) 哈拉米兰河群下组（C_2H^1）

该组毗邻于托库孜达坂群上组分布,面积约70 km^2,与下伏托库孜达坂群上组假整合接触。系一套浅海碳酸盐岩建造,厚159.7 m。

根据剖面结合路线地质填图资料,该组横向上岩性岩相比较稳定,厚度变化不大。总体岩性为深灰色块状含生物屑砂屑灰岩、生物屑粉晶灰岩、厚层状微晶生物屑灰岩,浅灰色、灰白色块状细—粉晶生物屑灰岩、生物屑微晶灰岩；底部夹灰白色块状云质灰岩；顶部为深灰色块状含陆屑生物屑粉晶—砂屑灰岩夹层孔虫灰岩。岩石中产少量腕足及海百合茎化石。层孔虫灰岩中生物骨架由枝状层孔虫和少量球状层孔虫组成,其纵切面呈树枝状,横切面呈圆形或椭圆形,具向上生长特征。总体由下向上,岩石单层略有变薄,岩石结构由粗变细,颜色加深,反映其沉积水体加深、能量降低,副层序组具退积特征,沉积环境由潮间带→潮下高能带→潮下低能带变迁。

该组底部以深灰色块状生物屑粉晶灰岩假整合于托库孜达坂群上组灰白色块状细晶白云岩之上,二者接触界面清楚,界面特征（图2-29）:①界面呈波状凹凸不平；②下伏岩层顶面具侵蚀现象,具古喀斯特化；③界面上有褐红色铁锰质氧化物。说明当时经历了短暂的水上暴露。

(5) 哈拉米兰河群上组（C_2H^2）

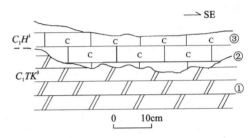

图2-29 哈拉米兰河群假整合于托库孜达坂群之上
①云岩；②古风化壳；③生物屑灰岩
（地层代号见正文）

该组主要分布于横阻山—青塔山—长蛇山一带,其次在凌云河及长梁等地亦有少量分布,面积约405 km^2。与下组呈整合接触,系一套滨、浅海碎屑岩夹碳酸盐岩及火山碎屑岩建造,厚568.5 m。

下部为灰色、深灰色薄层—中厚层状含粉砂质钙质泥岩、灰黑色薄—中层状泥晶泥质灰岩、深灰色中层状含陆屑泥晶泥质灰岩夹灰色薄—中层—厚层状中粒岩屑砂岩、细中粒岩屑长石砂岩。产腕足 *Rugosochonetes* sp.。含粉砂质钙质泥岩中水平纹层发育。灰岩中泥质含量较高,岩石多为泥晶结构,具浅海陆棚相的沉积特征。

中、上部以灰色中层状钙质胶结细粒长石砂岩、灰黑色薄层状钙质粉砂质泥岩、灰黑色薄层状钙质粉砂质泥岩、中层状钙质泥岩为主,夹灰绿色厚层状含细砾岩屑石英粗砂岩及含陆屑生物屑微晶含长石质灰岩。长石砂岩中发育小型交错层理,钙质粉砂质泥岩发育小型沙纹交错层理,钙质泥岩中偶见毫米级水平纹层,砂岩的砂质成分单一,具滨海相沉积特征。

该组自下而上泥岩减少,砂岩增多,且沉积物粒度增大,沉积副层序具进积特征,说明其沉积环境由浅海陆棚向滨海相变迁。而自西向东泥岩增多,砂岩减少,且单层变薄,沉积物粒度变小,地层厚度逐渐变薄,反映其沉积环境由盆地边缘向盆地中心的迁移。

4) 大地构造环境判别

石炭纪地层为一套浅海相碎屑岩、碳酸盐岩及火山岩建造。以下分别利用托库孜达坂群中组火山岩的岩石化学特征及哈拉米兰河群上组碎屑岩的碎屑成分进行大地构造环境判别。

(1) 利用火山岩岩石化学特征进行判别

在托库孜达坂群中组火山岩采集有大量样品,进行了系统分析,并根据其分析结果作图解判别（各类分析结果、图解见第三章第二节）。在 lgτ-lgσ 图解中,除2号样（强蚀变岩石）落在 C 区外,其余均落在 B 区,为造山带（岛弧）构造环境。在 FeO*-MgO-Al$_2$O$_3$ 图解中,1号样（基性熔岩）落在Ⅲ区,为造山带构造环境；其余均落在Ⅴ区,为扩张中心岛屿构造环境（接近造山带构造环境边缘）。

根据 French W J 等(1981) MgO-Al$_2$O$_3$ 与 Ol-Pl 结晶温度及岩石类型关系图及 MgO/Al$_2$O$_3$-GPa 与矿物组合关系图,求得基性火山岩中橄榄石结晶温度范围为1100~1150℃,斜长石结晶温度范围为1100~1175℃,结晶顺序为 Pl—Ol—Cpx。结晶时的压力约为0.30 Gpa,其火山岩浆来源深度约9.9 km；岩石落在三类区,反映为岛弧构造环境。

(2) 利用碎屑岩碎屑成分进行判别

哈拉米兰河群上组碎屑岩相当发育,对该组 3 个样品的碎屑成分石英(Q)、长石(F)、岩屑(L)的百分含量进行统计,结果见表 2-24,作 Q-F-L 图解(图 2-30),其中 2 个样落在岩浆岛弧之过渡弧带,另一个样则落在了基底隆起区。岩石中长石含量相当高,平均达 68.64%,而岩屑和石英的含量较低,说明其碎屑物质主要为早石炭世火山岩和花岗岩。

表 2-24 哈拉米兰河群上组砂岩碎屑成分统计表

样号	石英(Q%)	长石(F%)	岩屑(L%)
13—39	7.32	52.44	40.24
13—41	23.33	71.67	5.00
13—45	1.82	81.82	16.36
平均值	10.82	68.64	20.53

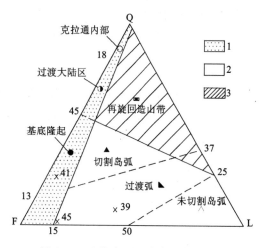

图 2-30 哈拉米兰河群碎屑岩 Q-F-L 构造背景判别图
(迪金森,1989)
1. 陆块;2. 岩浆岛弧;3. 再旋回造山带;×39 样点及编号

2. 二叠纪岩石地层

1) 一般特征

二叠纪地层主要分布于凌云河、峡石山—青塔山、岩碧山—横条山、叶桑岗等地,出露面积约 365km²。在叶桑岗一带与石炭纪托库孜达坂群呈断层接触,为一套粗碎屑岩建造,厚 489.8m;其他各地均假整合—微角度不整合于石炭纪哈拉米兰河群之上,为一套浅海相碎屑—碳酸盐岩建造,厚 2343.1m。据岩石组合、古生物组合及沉积序列、沉积环境将其划归为树维门科组和叶桑岗组,二者为同期异相产物。

2) 剖面描述

本次工作所测叶桑岗剖面(21)、青塔山剖面(13)及横条山剖面(15)可反映二叠纪叶桑岗组、树维门科组纵、横向的变化特征。叶桑岗剖面记录了塔里木—阿尔金区叶桑岗—库拉木拉克一带叶桑岗组垂向变化特征,青塔山剖面记录了昆南区树维门科组下段的特征,横条山剖面则详细记录了昆南区树维门科组上段的岩石组合、沉积序列、古生物组合及其沉积环境的变化特征。现将各剖面列述如下。

(1) 叶桑岗二叠纪叶桑岗组剖面(21)

叶桑岗组   **400.6m**

(未见顶)

12. 深灰色厚层块状细中粒长石石英砂岩与灰绿色中层状含凝灰质板岩构成韵律式基本层序   26.9m
11. 紫红色中层状粗粒长石石英砂岩   28.6m
10. 深灰色厚层块状粗中粒长石石英砂岩与灰绿色中层状含凝灰质板岩构成韵律式基本层序   34.4m
9. 紫红色块状中岩块质砾岩夹透镜状含砾砂岩   8.7m

===========断层===========

8. 紫红色块状钙质胶结中细粒长石砂岩夹透镜状中岩块质砾岩   47.6m
7. 灰绿色厚层状细粒长石石英砂岩与灰绿色中厚层状粉砂质泥岩构成向上变细的韵律式基本层序   89.2m
6. 灰绿色块状细粒长石石英砂岩。其中侵入有两条蚀变暗色闪长玢岩岩脉   41.3m
5. 紫红色中厚层状细粒长石石英砂岩夹厚层—块状中岩块质砾岩   28.8m
4. 紫红色块状中岩块质砾岩夹似层状、透镜状钙质胶结中粒长石石英砂岩   37.1m
3. 紫红色块状中岩块质砾岩与紫红色中—厚层状钙质长石石英粗粉砂岩构成向上变细的韵律式基本层序   29.2m

2. 紫红色块状中岩块质砾岩夹透镜状钙质胶结中粗粒长石石英砂岩　　　　　　　　　　　56.4m

1. 紫红色厚层状中岩块质砾岩与紫红色中—厚层状钙质胶结细粒长石石英砂岩构成向上变细的韵律式基本层序　　　　　　　　　　　　　　　　　　　　　　　　　　　　　　　　　61.6m

================= 断层 =================

下伏地层：石炭纪托库孜达坂群中组—灰色中厚层状浅变质细粒长石石英砂岩与灰白色中粒角闪石黑云母花岗闪长岩呈韵律式基本层序

（2）青塔山二叠纪树维门科组下段剖面（13）

树维门科组上段

63. 浅灰色、灰白色块状微晶灰岩。产蜓、珊瑚化石	42.5m
62. 灰色块状含生物屑微晶灰岩夹厚层状生物屑灰岩	70.1m
61. 深灰色块状泥晶灰岩	34.7m

================= 整合 =================

树维门科组下段　　　　　　　　　　　　　　　　　　　　　　　　　　　　　　**748.1m**

60. 深灰色、灰黑色薄层状含粉砂质炭质页岩夹透镜状炭质泥灰岩　　　　　　　　　　　44.8m

59. 深灰色、灰黑色薄层状含粉砂质泥岩夹灰色中层状含陆屑生物屑微晶含长石质灰岩。岩石中发育毫米级水平条带　　　　　　　　　　　　　　　　　　　　　　　　　　　　　　　　85.5m

58. 深灰色薄层状含炭质粉砂质泥岩与中层状钙质胶结细粒长石砂岩构成韵律式基本层序　　60.6m

57. 灰黑色薄层状含钙质炭质页岩夹深灰色中层状粉砂质泥岩　　　　　　　　　　　　　21.1m

56. 深灰色薄层状含粉砂质钙质泥岩夹灰色中层状钙质胶结细粒石英砂岩　　　　　　　　32.8m

55. 灰绿色中厚层状钙质胶结中细粒石英砂岩夹含砾砂岩透镜体　　　　　　　　　　　117.5m

54. 褐灰色块状岩块质砾岩　　　　　　　　　　　　　　　　　　　　　　　　　　　51.6m

53. 灰黄色中厚层状钙质胶结细粒石英砂岩夹含砾砂岩透镜体　　　　　　　　　　　　38.3m

52. 灰褐色细岩块质砾岩　　　　　　　　　　　　　　　　　　　　　　　　　　　128.1m

51. 灰绿色中层状钙质胶结含砾粗中粒石英砂岩与中层状中细粒石英砂岩及薄层状泥质粉砂岩构成向上变细的旋回性层序。中细粒石英砂岩中发育小型槽状交错层理　　　　　　　　　41.9m

50. 灰绿色块状岩块质砾岩夹含砾粗粒石英砂岩　　　　　　　　　　　　　　　　　　9.8m

49. 灰绿色中层状粉砂质泥岩与中层状含砾石英砂岩构成8个向上变粗的韵律基本层序　　5.7m

48. 灰绿色中层状钙质胶结细粒石英砂岩与薄层状粉砂质泥岩构成8个向上变细的韵律式基本层序　　　　　　　　　　　　　　　　　　　　　　　　　　　　　　　　　　　　48.9m

47. 灰色厚层状岩块质砾岩与中层状钙质胶结含砾中粗粒石英砂岩及中层状钙质胶结细粒石英砂岩构成3个向上变细的旋回性基本层序　　　　　　　　　　　　　　　　　　　　　11.5m

46. 深灰色块状钙质胶结细岩块质砾岩。底界面凹凸不平，具底冲刷构造　　　　　　　50.0m

～～～～～～～ 微角度不整合 ～～～～～～～

下伏地层：哈拉米兰河群上组　灰黄色中层状钙质胶结细粒长石砂岩与灰色中层状钙质泥岩构成韵律式基本序

（3）横条山二叠纪树维门科组上段剖面（15）

树维门科组上段　　　　　　　　　　　　　　　　　　　　　　　　　　　　　　**1595.0m**

（未见顶）

18. 浅灰色块状泥晶灰岩夹生物屑灰岩　　　　　　　　　　　　　　　　　　　　　116.4m

　　产蜓：*Schubertella giraudi*

　　　　　S. sp.

　　　　　Schwagerina tschernyscheri

　　　　　S. sp.

　　　　　Pseudofusulina sp.

　　有孔虫：*Palaeotextuaria* sp.

　　　　　　Cribrogenerina sp.

第二章 地 层

    Climacammina sp.

    Hemigordius sp. 等

17. 浅灰色、灰白色块状微晶棘屑灰岩，产海百合茎及珊瑚化石   8.9m
16. 浅灰色、灰白色块状微晶灰岩夹微晶棘屑灰岩透镜体，产珊瑚化石   139.2m
15. 浅灰色、灰白色块状微晶棘屑灰岩   3.6m
14. 浅灰色块状含生物屑微晶灰岩与浅灰色、灰白色块状微晶灰岩构成韵律式基本层序   108.8m

  产䗴：*Schubertella* sp.

    Nankinella sp.

    Chalaroschwagerina parampla

    C. sp.

    Schwagerina transversa

    S. tschernyscheri

    S. sp.

    Pseudofusulina cf. *shimatouensis*

  有孔虫：*Cribrogenerina* sp.

    Climacammina sp. 等

13. 浅灰色、灰白色块状微晶灰岩   456.0m
12. 灰色块状含生物屑微晶灰岩夹微晶灰岩   109.5m
11. 灰白色块状棘屑粉晶灰岩   4.4m

  产䗴：*Eoparafusulina pusilla*

    E. akqiensis

    E. sp.

    Schwagerina tschernyscheri

  有孔虫：*Palaeotextluaria* sp.

    Cribrogenerina sp.

    C. climamminoides

    Glomospira sp.

    Tetrataxis sp. 等

10. 浅灰色块状微晶灰岩   35.4m
9. 灰、浅灰色块状生物屑粉晶灰岩与浅灰色块状泥晶灰岩构成韵律式基本层序   37.2m
8. 灰色、浅灰色块状微晶灰岩夹生物屑微晶灰岩及砾屑灰岩透镜体   76.5m

  产䗴：*Pamirina* sp.

    Schubertella simplex

    S. sp.

    Eoparafusulina bellula

    E. sp.

    Pseudofusulina sp.

    P. cf. *shetaensis*

    Schwagerina tschernyscheri

    Chalaroschwagerina sp.

  有孔虫：*Langella lata*

    Tetrataxis sp.

    Climacammina sp.

    Pachyphloia sp.

    Palaeotextularia sp.

    Glomospira sp.

    Glomospirella sp.

    Nodosaria sp. 等

7. 浅灰色块状含棘屑微晶灰岩与浅灰色块状微晶灰岩构成韵律式基本层序	86.1m
6. 灰黑色、黑色粉晶云质灰岩	52.7m
5. 浅灰色、灰白色块状微晶灰岩夹灰色块状含生物屑泥晶灰岩	135.9m

产鏇：*Pamirina* sp.
　　　　Schubertella simplex
　　　　S. sp.
　　　　Eoparafusulina bellula
　　　　E. sp.
　　　　Schwagerina tschernyscheri
　　　　S. sp.
　　　　Rugosofusulina sp.
　有孔虫：*Palaeotxtularia* sp.
　　　　　Glomospira sp.
　　　　　Geintzina sp.
珊瑚化石

4. 灰色、深灰色块状泥晶棘屑灰岩夹厚层状棘屑灰岩	190.3m
3. 灰色、深灰色块状泥晶灰岩	34.1m

——————整合——————

树维门科组下段

2. 绿色薄层状钙质泥岩与灰色中—厚层状泥晶灰岩构成韵律式基本层序。往上钙质泥岩减少，泥晶灰岩增多，且单层厚度增大	68.2m
1. 深灰色、灰黑色薄层状含粉砂质炭质泥岩夹似层状、透镜状泥灰岩	85.3m

3）岩石组合特征及纵横向变化

(1) 叶桑岗组(P_1y)

该组分布于塔里木—阿尔金区叶桑岗—库拉木拉克一带，仅出露该组下部，下与石炭纪托库孜达坂群下组灰色中厚层状浅变质细粒长石石英砂岩呈断层接触，上因第四系覆盖而未见顶。系一套紫红色粗碎屑岩沉积，厚489.8m。据剖面及路线地质填图资料该组特征如下。

下部为紫红色厚层状中岩块质砾岩、紫红色中—厚层状钙质胶结中粗粒、中粒、细粒长石石英砂岩夹紫红色中厚层状钙质长石石英粗粉砂岩。砾岩中砾石成分以紫红色砂岩、浅变质砂岩、花岗岩为主，少量硅质岩和脉石英、火山岩；砾径一般为0.5～5cm，大的达10cm，小的为0.2～0.3cm；多呈次棱角状—次圆状，略具定向排列；基质主要为中—细砂，胶结物为钙泥质。砂岩中发育斜层理、大型板状、楔状交错层理，显示湖缘扇沉积特征，局部地段夹河流水道沉积。

上部以紫红色、灰绿色中厚层状细粒、中细粒、粗中粒长石石英砂岩为主，夹中厚层状粉砂质泥岩、厚层—块状中岩块质砾岩、透镜状含砾砂岩；顶部夹灰绿色中层状含凝灰质板岩。砂岩中发育前积纹层夹角较缓的板状、楔状交错层理，沉积环境应属滨—浅湖。在叶桑岗附近由于构造活动频繁，其上部常贯入有基性岩脉。

在该组碎屑岩中2个样品的粒度统计结果如下：粒度平均值(M_z)=2.28Φ、2.79Φ；平均粒径分别为0.206mm、0.145mm，为细砂岩；标准偏差(α_i)=0.96、0.70，分选中等；偏度(S_K)=0.08、0.22，近对称—正偏；峰态(K_G)=0.81、0.85，峰态宽；频率曲线为多峰，展开较宽，峰值较低；频率累积曲线的曲度较小。粒度频率曲线和频率累积曲线如图2-31所示。上述特征反映其分选性中等，与前述湖缘扇沉积特征相符。

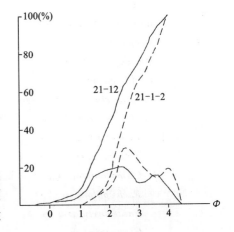

图2-31 叶桑岗组粒度频率曲线和频率累积曲线图

(2) 树维门科组($P_{1-2}s$)

该组分布于昆南地层小区的凌云河、峡石山—青塔山、岩碧山—横条山等地。下为一套浅海碎屑岩沉积，上为一套台地相碳酸盐岩沉积，厚 2343.1m。根据岩石组合、沉积环境及古生物组合特征可分为上、下两个岩性段。

A. 下段（$P_{1-2}s^1$）

该段为砂岩段，出露齐全，以底部块状岩块质砾岩角度不整合于石炭纪哈拉米兰河群上组灰色中层状钙质胶结细粒长石砂岩、中层状钙质泥岩之上（图 2-32），厚 748.1m。青塔山剖面能反映其在该地区的纵向变化特征：底部为深灰色块状岩块质砾岩。砾石成分复杂，以近源砾石为主，有钙质砂岩、石英砂岩、陆屑灰岩、生物屑灰岩；砾径为 1～3cm，3～15cm 居多；多呈次圆—浑圆状；具定向排列，局部呈叠瓦状排列。远源砾石次之，主要为脉石英及硅质岩，砾径为 0.5～2cm，磨圆明显好于近源砾石，多呈浑圆状。往上夹少量岩屑石英砂岩透镜体。砾岩底界面凹凸不平，冲刷充填构造发育。横向上呈透镜状分布，在青塔山剖面附近最厚，往西略有变薄，而向东至横条山一带逐渐尖灭，显示河流相冲积特征。

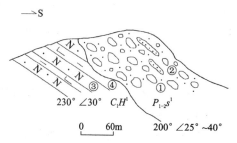

图 2-32 树维门科组角度不整合于哈拉米兰河群之上
①砾岩；②砂岩透镜体；③长石砂岩；④钙质泥岩
（地层代号见正文）

下部以灰绿色、褐灰色、灰色块状岩块质砾岩为主，夹灰绿色中层状钙质胶结含砾粗中粒石英砂岩、中细粒石英砂岩、薄层状泥质粉砂岩、粉砂质泥岩及少量含砾砂岩透镜体。砂岩中发育小型槽状交错层理、平行层理。砾岩中砾石成分主要有钙质砂岩、含砾砂岩、石英砂岩及少量硅质岩、脉石英和变质砂岩；砾径一般为 1～10cm，大的达 19～20cm；砾石磨圆较好，多呈次圆状；略具定向排列。整体向上砾岩减少，砾径变细，沉积序列具弱退积特征，显示水下冲积扇之沉积特征。

中部以灰色、灰绿色中—厚层状钙质胶结中细粒、细粒石英砂岩、深灰色薄层状含粉砂质钙质泥岩、含炭质粉砂质泥岩为主，夹灰黑色薄层状含钙质页岩及深灰色中层状粉砂岩。下部石英砂岩中夹含砾砂岩透镜体。砂岩中发育斜层理、平行层理，泥岩、页岩中发育水平纹层和条带。往上沉积物粒度变细，砂岩明显减少，泥岩、页岩增多，岩石单层变薄，颜色由灰绿色逐渐变成深灰色、灰黑色，副层序具退积特征，反映沉积水体逐渐加深、海平面上升，沉积环境由陆相逐渐向海相变迁，具海陆交互相特征。

上部为深灰色、灰黑色薄层状含粉砂质泥岩、含粉砂质炭质页岩夹灰色中层状含陆屑生物屑微晶灰岩及透镜状炭质泥灰岩，灰岩中产䗴科化石 *Eoparafusulina bella*, *E. akiqensis*, *E. bellula*, *E. paojiangensis*, *E. laohutaiensis*, *E. parva*, *Pswudosusulina parafecunda*, *P.* cf. *shetaensis*, *P. damusiensis*, *P. parasolida*, *Schubertella* cf. *kingi*, *S. pseudosimplex*, *Rugosofusulina* sp., *Schwagerina* sp., *Quasifusulina* sp. 等。泥岩、页岩中水平纹层极发育。往上灰岩夹层减少，灰岩中泥质增加，陆屑减少，由中层状含陆屑灰岩逐渐变成透镜状炭质泥灰岩，具浅海陆棚相沉积特征。

纵观全区，该段横向上具如下变化规律。

由北向南：①地层厚度逐渐变薄，青塔山一带该段最厚为 748.1m，往南至明月山一带该段厚仅 200 余米；②下部砾岩逐渐减少，砾岩之砾径变细，砾岩中远源砾石有所增加，磨圆度有逐渐变好的趋势。

由东向西：①底部砾岩呈透镜状向东逐渐变薄，至横条山一带，该套砾岩不发育；②中上部沉积物粒度逐渐变细，砂质成分减少，钙泥质成分增加，在横条山南侧其顶部过渡为由灰绿色薄层状钙质泥岩与灰色薄层—中层—厚层状泥晶灰岩构成向上灰岩增厚的韵律式基本层序，向上逐渐过渡至上段的厚层—块状灰岩。

在该段碎屑岩中选取 2 个样品进行粒度统计，粒度频率曲线和频率累积曲线如图 2-33 所示。底部 13-57 号样品频率曲线为不明显的多峰，其展开度较宽，峰值偏低；频率累积曲线下部较弯曲，而上部曲度较小。上海同济大学（1977）对长江三角洲各亚相

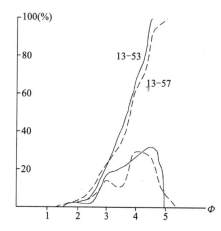

图 2-33 树维门科组下段粒度频率曲线和频率累积曲线图

环境所作的累积曲线(以下简称"同大曲线")比较表明,其与现代河道砂的曲线形态特征相似。上部的13-53号样品曲线形态为单峰,曲线的展开度较窄,峰值中等,显示滨湖相的沉积特征。

B. 上段($P_{1-2}s^2$)

该段大面积出露于托库孜达坂山以南的凌云河、峡石山—青塔山、岩碧山—横条山等地,与下部碎屑岩段整合接触,顶部因受构造破坏而未见顶。为一套台地相碳酸盐岩沉积,厚1595.0m。横条山剖面可反映其全貌。

根据剖面结合路线地质调查资料,该段厚度巨大,岩性组合单一,且横向上比较稳定。以块状灰岩为特征,主要为深灰色、灰色、浅灰色、灰白色块状泥晶棘屑灰岩、含生物屑微晶、泥晶灰岩、生物屑粉晶灰岩、含生物屑粉晶灰岩、棘屑粉晶灰岩、微晶灰岩夹生物屑灰岩、粉晶云质灰岩及少量砾屑灰岩透镜体,产䗴、有孔虫、珊瑚及海百合茎化石。岩石层理不太发育,由下往上具颜色由深变浅,结构由细变粗的特征,副层序组略具进积特征;沉积环境以开阔台地为主,夹半局限台地相沉积。在黎滩沙—横条山一带发育多个生物灰岩礁,其平面分布形态呈透镜状、椭圆状,长30~500m,厚30~50m,为生长在台地中的点礁。造礁生物以层孔虫、苔藓虫为主,珊瑚少量;附礁生物为有孔虫和棘皮等。其中主要造礁生物层孔虫以枝状层孔虫为主,其纵切面上呈树枝状、分叉状,横切面呈圆形、椭圆形,具原地向上生长特征。生物礁之生长基座为浅灰色块状生物屑粉晶灰岩,盖层为深灰色块状泥晶灰岩。

4) 大地构造环境判别

二叠纪树维门科组下段主要为一套碎屑岩,在该段选取5个样品进行碎屑成分石英(Q)、长石(F)、岩屑(L)的百分含量统计,其Q-F-L图解如图2-34所示。图中底部3个样全部落在再旋回造山带,而中上部2个样一个落在陆块中的基底隆起区,另一个则落在克拉通内部,暗示早二叠世早期区内造山运动强烈,大地构造背景为再旋回造山带,往后造山活动逐渐减弱,转变为以基底隆起为主。

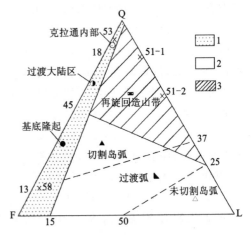

图2-34 树维门科组碎屑岩 Q-F-L
构造背景判别图
(迪金森,1989)
1.陆块;2.岩浆岛弧;3.再旋回造山带;×58.样点及编号

(二) 生物地层及年代地层

图区石炭纪—二叠纪地层以浅海相碳酸盐岩、碎屑岩为主,早石炭世中期发育火山岩。沉积碳酸盐岩的浅海环境适宜多种生物的生长,如珊瑚、腕足类、层孔虫、䗴类、有孔虫、腹足类、海百合茎、苔藓虫等;碎屑岩则保存有双壳类化石及微古植物化石。本次工作在剖面和地质填图路线上采集了大量化石,根据化石的纵向演化规律及组合特征,建立了7个生物组合带,为区内石炭纪—二叠纪年代地层格架的建立提供了可靠的依据。

1. 石炭纪生物地层及年代地层

石炭纪地层中化石丰富,但保存较差,化石门类有珊瑚、腕足类、双壳类、腹足类、层孔虫、苔藓虫、海百合茎及微古化石,尤以珊瑚、腕足类较丰富,更具时代意义。

托库孜达坂群上组碳酸盐岩中产腕足类 *Gigantoproductus* sp., *Dictyoclostus* sp., *Spirifer* sp., *Linoproductus* sp., *L.* cf. *tianshanensis*, *Linoproductus* sp., *L.* cf. *tianshanensis*, *Striatifera* sp., *Martinia* sp. 等。以大量出现壳体巨大、壳线细密无纵褶的大长身贝类为特征, *Dictyoclostus* 常与其共生,可建立 *Gigantoproductus-Dictyoclostus* 组合带。该组合常见于新疆伊宁盆地阿克沙克组中部,其时代为早石炭世晚期。

与 *Gigantoproductus-Dictyoclostus* 组合伴生的珊瑚有 *Parastehphyllum* sp., *P.* sp. 1, *P.* sp. 2, *Siphonodendron* sp., *Lublinophyllum fedorowskii* 等。虽然属种单一,但数量颇丰,以单体珊瑚为特

征,其中 *Lublinophyllum* 一属最为丰富,*Parastehphyllum* 属常与之共生,暂将其称为 *Lublinophyllum-Parastehphyllum* 组合带,其层位与腕足类 *Gigantoproductus - Dictyoclostus* 组合带相当。

哈拉米兰河群上组炭质页岩中产微古植物化石 *Leiotriletes levis*,*L. paryus*,*Brochotriletes* sp.,*Stenozonotriletes lycospoioides*,*S. teiangulus* 等。其中 *Stenozonotriletes* 属数量极丰富,*Stenozonotriletes lycospoioides* 在北方常见于晚石炭世地层中,*Stenozonotriletes teiangulus* 也常伴随其产出,故可将其称之为"*Stenozonotriletes* 组合",其时代应属晚石炭世无疑。

上述古生物组合表明,托库孜达坂群形成时代为早石炭世,哈拉米兰河群形成时代为晚石炭世。

2. 二叠纪生物地层及年代地层

树维门科组化石门类多,属种丰富,有蟪类、有孔虫、腕足类、双壳类、珊瑚、菊石及苔藓虫、层孔虫、海百合茎等,其中以蟪类最为发育。根据蟪化石组合及其时空分布特点,该组由下往上共可建立 4 个化石带。

（1）*Eoparafusulina* 带

该带产于下部碎屑岩段的灰岩夹层以及上段底部的块状生物屑灰岩中,属种和数量极丰富,以带化石的出现为底,至 *Nankinella* 的出现为顶,主要分子有 *Eoparafusulina bella*,*E. akiqensis*,*E. bellula*,*E. paojiangensis*,*E. laohutaiensis*,*E. parva*,*Pseudofusulina parafecunda*,*P.* cf. *shetaensis*,*P. damusiensis*,*P. parasolida*,*Schubertella* cf. *kingi*,*S. pseudosimplex*,*Rugosofusulina* sp.,*Schwagerina* sp.,*Quasifusulina* sp. 等。带中 *Eoparafusulina* 和 *Pseudofusulina* 两属较为发育,其地质时代为早二叠世。

（2）*Nankinella* 带

该带赋存于上部灰岩段的下部层位块状泥晶灰岩中,带中化石较少,主要属种有 *Nankinella inflata*,*N.* sp.,*N.* cf. *ozawainelliformis*,*Schubertella simplex*,*S. giraudi*,*S. pseudosimplex*,*Schwagerina* sp.,*Pamirina* sp. 等。其中具有时代意义的是 *Nankinella* 一属,普遍产于中二叠世栖霞期层位中。

（3）*Polydiexodina* 带

该带产于上部灰岩段之中部层位,化石组合有 *Polydiexodina douglasi*,*P. praecursor*,*P.* cf. *ruoqiangensis*,*P. chekiangensis lengwuensis*,*Eoparafusulina* sp.,*E. akqiensis*,*E. bellula*,*E. pusilla*,*Schwagerina tschernyscheri*,*S. brevipola*,*Pamirina* sp.,*Schubertella simplex*,*S.* sp.,*Pseudofusulina* sp.,*P.* cf. *shetaensis*,*Chalaroschwagerina* sp.,*Afghanella* cf. *sumartrinaeformis*,*Minojapanella* sp. 等。以 *Polydiexodina* 属最为发育,*Polydiexodina praecurso* 最早见于伊拉克的 Zinnar 组,*Polydiexodina douglasi* 始见于伊拉克的 Zinnar 组和伊朗南部的中二叠统。该带在欧亚大陆上的分布受一定范围的限制。盛金章(1962)指出,*Polydiexodina* 带的产出地点在北纬 30°—40°之间的一个侠长地带之内,这个地带与特提斯海区的范围大致相仿,可能比后者略窄。图区 *Polydiexodina* 带大致与我国南部和西南部的 *Cancellina* 亚带及 *Neoschwagerina* 带的下部相当,其时代属中二叠世茅口期。

（4）*Yabeina* 带

该带赋存于上段上部层位,以带化石的首次出现为底界,主要分子有 *Yabeina* sp.,*Parafusulina dainellii*,*P. undulata*,*P. multiseptata*,*P. gigantean*,*Verbeekina* sp.,*Pamirina* sp.,*Pseudofusulina Neoschwagerina haydeni*,*P.* sp. *Chusenella douvillei*,*Schubertella pseudosimplex*,*S. simplex*,*S. giraudi*,*S. rara*,*Sumartrina annae*,*Schwagerina compacta*,等。其时代为中二叠世茅口晚期。

另外,在该组上段灰岩中产珊瑚化石 *Cancellina* sp.,*Pseudodoliolina* sp.;有孔虫 *Palaeotextuaria* sp.,*Hemigordius* sp. *Cribrogenerina* sp.,*Palaeotextularia* sp.,*Cribrogenerina* sp.,*Glomospira* sp.,*Tetrataxis* sp. *Langella* sp.,*Climacammina* sp.,*Glomospira* sp.,*Geintzina* sp.,*Clomospirella* sp.,

Nodosaria sp. *Palaeotxtuaria* sp.，*Geintzina* sp. 等。它们均与所建立的䗴化石带相伴生，其中也不乏标准化石，多为中二叠世茅口期常见分子。

综上所述，4 个䗴化石组合带及其他标准化石充分说明树维门科组下部碎屑岩段的地质时代为早二叠世早—中期，而上部灰岩段属早二叠世晚期—中二叠世茅口期。叶桑岗组的地质时代应与树维门科组相当。

（三）层序地层

测区石炭纪—二叠纪大地构造背景为造山带岛弧环境，构造活动较强烈，沉积体系主要受构造旋回和沉积基底的升降运动共同控制，沉积旋回主要受相对海平面的影响，而全球海平面的沉积响应不明显。早石炭世早、中期火山活动频繁，经历了 3 个不完整的火山—沉积旋回；早石炭世晚期开始逐渐趋于稳定，沉积了一套厚度巨大的浅海碳酸盐岩—碎屑岩。以下在不考虑火山岩系的前提下，对早石炭世托库孜达坂群上组—早中二叠世树维门科组进行详细层序地层研究，识别出 3 个沉积间断面，据此划分 3 个Ⅲ级层序，包括低水位体系域 2 个，海侵体系域 3 个，高水位体系域 3 个，凝缩段 2 个，最大海泛面 3 个。

1. 界面特征

通过剖面测制辅以路线地质调查，对 3 个层序界面进行了详细的研究，其中 2 个界面为"Ⅰ"型层序界面，1 个界面为"Ⅱ"型层序界面。

（1）早石炭世托库孜达坂群上组与中组火山岩界面（SB_1）

界面之下为托库孜达坂群中组火山岩夹燧石条带状灰岩，之上为托库孜达坂群上组底部的块状灰质砾岩，构成低水位体系域。界面（图 2-28）凹凸不平，具冲刷构造，下伏岩层顶部见明显的被侵蚀痕迹。

（2）晚石炭世哈拉米兰河群下组与早石炭世托库孜达坂群上组界面（SB_2）

界面之下为托库孜达坂群上组灰岩、白云岩，属高水位体系域；其上为哈拉米兰河群下组生物屑粉晶灰岩，属海侵体系域。该界面为假整合面（图 2-29），界面呈波状凹凸不平；下伏岩层顶部具被侵蚀痕迹，具古喀斯特化；界面上有褐红色铁锰质氧化物。说明当时经历了短暂的水上暴露。

（3）早中二叠世树维门科组与晚石炭世哈拉米兰河群下组界面（SB_1）

该界面为一微角度不整合面（图 2-32），其下为哈拉米兰河群上组砂岩夹粉砂质泥岩、钙质泥岩属高水位体系域；其上为树维门科组底部砾岩，构成低水位体系域。

2. 层序特征

区内早石炭世晚期—中二叠世早期地层可划分 3 个三级层序，每一层序所组成的体系域各有不同，现将各层序介绍如下。

（1）层序 1

由托库孜达坂群上组构成，根据 13 号剖面结合面上资料，大体上划分出 LST、TST、CS 及 HST（图 2-35），底界面为 SB_1 面，顶界面为面 SB_2，属"Ⅰ"型层序。该层序极不对称，TST 仅 150 多米，而 HST 厚度巨大，达 1000 余米。

LST 由该组底部块状灰质砾岩构成，其砾石的磨圆较好，为河流相沉积，与下伏托库孜达坂群中组火山岩呈假整合接触。TST 由该组下部灰色块状、中厚层状生物屑灰岩、含生物屑泥晶灰岩、泥晶灰岩组成，往上岩石单层变薄，岩石结构变细，反映沉积水体缓慢加深，相对海平面缓慢上升的过程，沉积环境由潮下高能带→潮下低能带→浅海陆棚相过渡，副层序组具退积特征。CS 由该组下部灰黑色、深灰色薄层状泥晶灰岩夹含硅质泥晶灰岩组成，岩石单层薄，一般单层为 1～5 cm，沉积岩层厚度小，总厚仅 5.2m，沉积速率极低，岩石中发育毫米级水平纹层，属台盆相沉积，副层序组具加积特征。

HST 沉积速率快，厚度巨大，由托库孜达坂群上组中—上部灰色、浅灰色、灰白色中—厚层—块状泥晶灰岩、生物屑灰岩、介壳灰岩、层孔虫灰岩、夹云质灰岩、白云岩组成，灰岩中产珊瑚、腕足类灰及海

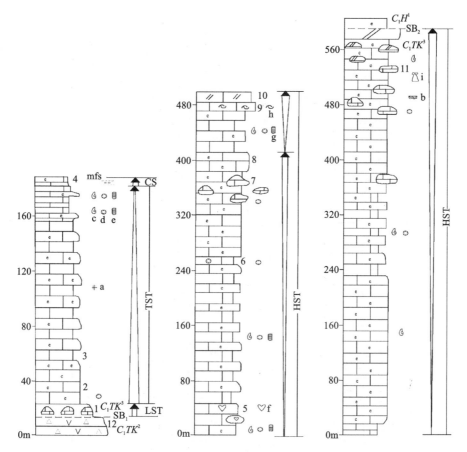

图 2-35　13 号剖面石炭纪托库孜达坂群上组层序地层

1.灰质砾岩;2.含生物屑灰岩;3.灰岩;4.含硅质灰岩;5.层孔虫灰岩;6.珊瑚灰岩;7.砾屑灰岩;8.含生物屑砂屑灰岩;9.介壳灰岩;
10.云质灰岩;11.白云岩;LST.低水位体系域;TST.海浸体系域;CS.凝宿段;HST.高水位体系域;SB_1."Ⅰ"型层序界面;
SB_2."Ⅱ"型层序界面;mfs.海泛面;a.雪花构造;b.槽状交错层理;c.腕足类;d.珊瑚;e.海百合茎;f.层孔虫;g.腹足动物;h.介壳类;i.双壳类
（地层代号见正文）

百合茎化石。向上岩石单层变厚,颜色逐渐变浅,结构变粗,且云质灰岩、白云岩增多,至顶部为块状白云岩,副层序组具进积特征,反映相对海平面稳定缓慢下降,沉积环境由潮下低能带→潮下高能带夹生物礁相、生物滩相→潮间带→潮上带转变。

（2）层序 2

由哈拉米兰河群构成,底由 SB_2 面、顶由 SB_1 面限定,属"Ⅱ"型层序。可划分为 TST 和 HST 两个体系域(图 2-36)。

TST 由哈拉米兰河群下组灰色块状云质灰岩、含生物屑砂屑灰岩、生物屑灰岩、泥晶灰岩及哈拉米兰河群上组底部的深灰色薄—中层含粉砂质钙质泥岩、夹泥晶泥质灰岩组成。总体向上,岩石单层变薄,颜色变深,云质灰岩仅见于哈拉米兰河群下组底部,沉积环境由潮间带→潮下高能带→潮下低能带→浅海陆棚环境变迁,副层序组具退积特征。

HST 位于最大海泛面之上,由哈拉米兰河群上组灰色、深灰色薄—中层钙质泥岩、粉砂质泥岩,中层细粒长石石英砂岩、厚层含砾砂岩组成。泥岩、粉砂质泥岩发育水平纹层、小型沙纹层理,砂岩中发育交错层理。往上泥岩减少,砂岩增多,沉积物粒度变粗,单层增厚,沉积环境由浅海陆棚向滨海相转变,副层序组具进积特征。

（3）层序 3

由二叠纪树维门科组构成,以树维门科组与哈拉米兰河群上组之不整合为底界面(SB_1),顶部受构造破坏而未到顶,属"Ⅰ"型层序。可划分 LST、TST、CS 及 HST 四个体系域(图 2-37)。

LST 由树维门科组下段下部砾岩、砂岩夹泥质粉砂岩组成。其底部砾岩砾石成分以远源砾石为

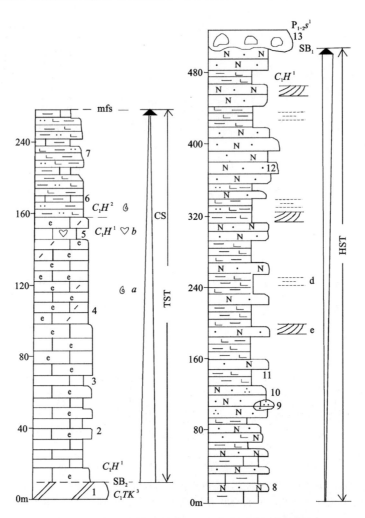

图 2-36 13号剖面石炭纪哈拉米兰河群层序地层

1.白云岩；2.(含)生物屑灰岩；3.灰岩；4.(含)陆屑生物屑灰岩；5.层孔虫灰岩；6.泥质灰岩；7.(含)粉砂质钙质灰岩；8.长石砂岩；9.陆屑石英质灰岩；10.长石石英砂岩；11.钙质泥岩；12.含砾长石砂岩；13.砾岩；a.腕足动物；b.层孔虫；c.小型交错层理；d.水平纹层；TST.海侵体系域；HST.高水位体系域；SB_1."I"型层序界面；SB_2."II"型层序界面；mfs.最大海泛面

（地层代号见正文）

主，磨圆较好，局部具叠瓦状构造，具河流相沉积特征。往上砾岩中夹砂岩、泥质粉砂岩、粉砂质泥岩，砂岩中发育交错层理、平行层理，属水下冲积扇沉积。副层序组由底部的加积向上过渡为弱退积。该体系域在横向上呈透镜状，在青塔山剖面附近最厚，往西略有变薄，而向东至横条山一带逐渐尖灭。

TST 由树维门科组下段中、上部灰色、灰黑色中—细粒石英砂岩、含粉砂质泥岩夹含炭质粉砂质泥岩组成。砂岩中发育斜层理、平行层理，泥岩中发育水平纹层及条带，属海陆交互相沉积。向上砂质减少，炭、泥质增加，副层序组具退积特征。

CS 由树维门科组下段顶部深灰色、灰黑色薄层状含粉砂质炭质页岩夹透镜状炭质泥灰岩组成。岩石中水平纹层相当发育，沉积环境为浅海陆棚相，副层序组具加积特征，属最大海泛期的沉积。

HST 由树维门科组上段组成，其沉积速率快，地层厚度巨大。岩性主要为深灰色、灰色、浅灰色、灰白色块状泥晶棘屑灰岩、含生物屑微晶、泥晶灰岩、生物屑粉晶灰岩、含生物屑粉晶灰岩、棘屑粉晶灰岩、微晶灰岩夹生物屑灰岩、粉晶云质灰岩及少量砾屑灰岩透镜体，产䗴、有孔虫、珊瑚及海百合茎化石。沉积环境为开阔台地—半局限台地。自下而上岩石颜色变浅、结构变粗，具进积型副层序特征。

三、侏罗纪地层

侏罗纪地层主要分布于且末县煤矿、其塔勒克萨依、吐勒塔格、卡木苏及青涧等地，出露面积约

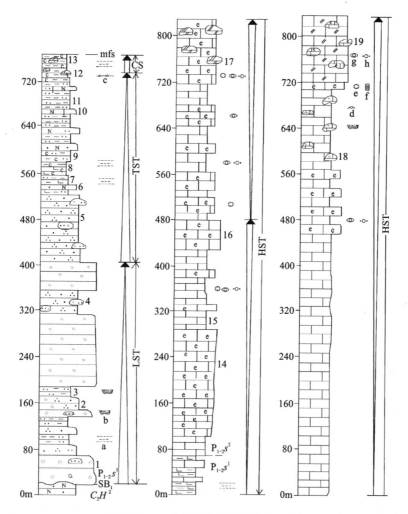

图 2-37 二叠纪树维门科组层序地层

1.砾岩;2.含砾石英砂岩;3.泥质粉砂岩;4.含砾砂岩;5.石英砂岩;6.长石砂岩;7.含粉砂质钙质泥岩;8.含炭质钙质页岩;9.含粉砂质炭质泥岩;10.陆屑长石质灰岩;11.粉砂质泥岩;12.泥灰岩;13.岩屑砂岩;14.(含)生物屑灰岩;15.灰岩;16.云质灰岩;17.白云岩;18.砾屑灰岩;19.生物屑砂屑灰岩;a.水平纹层;b.槽状交错层理;c.透镜状层理;d.鸟眼构造;e.珊瑚;f.海百合茎;g.䗴;h.有孔虫;LST.低水位体系域;TST.海侵体系域;HST.高水位体系域;CS.凝缩段;SB_1."I"型层序界面;mfs.最大海泛面

（地层代号见正文）

$713km^2$。系陆相盆地碎屑沉积,其岩性、岩相具明显的分区性(表 2-1),不同地层分区岩石组合特征、沉积环境、地层厚度均有较大的差异。

（一）塔里木—阿尔金地层小区

1. 一般特征

该区侏罗纪地层分布于阿尔金山与塔里木盆地接合部位之且末县煤矿及其塔勒克萨依两地,出露面积约 $230km^2$。系一套陆相盆地灰绿色—紫红色碎屑岩夹含煤建造,厚 2830m 以上。在且末县煤矿一带与阿尔金岩群呈断层接触,在其格勒克萨依一带角度不整合于长城纪巴什库尔干岩群红柳泉岩组之上或与其呈断层接触。据岩石组合、沉积环境及古生物组合特征,自下而上划分为莎里塔什组、康苏组、杨叶组、塔尔尕组及库孜贡苏组 5 个岩石地层单位。

2. 剖面描述

在该区北部其塔勒克萨依测有莎里塔什组—塔尔尕组具代表性剖面(09),因漳沱纪阿尔金岩群片岩组推覆其上,而未见底。列述如下。

上覆地层:库孜贡苏组紫红色块状岩块质砾岩

--------- 假整合 ---------

塔尔尕组   **452.7m**

41. 灰绿色块状岩块质砾岩夹中粒岩屑砂岩透镜体   126.8m

40. 灰色块状岩块质砾岩与中厚层状岩屑石英砂岩、紫红色中厚层状粉砂质泥岩构成向上变细的旋回性层序。由下往上,粉砂质泥岩增多,砾岩中砾石减少,砾径变小   46.2m

39. 紫灰色厚层状粉砂质泥岩与灰绿色厚层—块状粉砂岩构成向上变粗的韵律式基本层序   114.3m

38. 灰褐色块状含砾粗中粒石英砂岩与灰色厚层—块状细中粒石英砂岩构成韵律式基本层序   52.3m

37. 灰色块状岩块质砾岩夹厚层状含砾岩屑石英砂岩。岩石中发育透镜状层理、槽状交错层理   82.5m

36. 灰绿色块状岩块质砾岩夹岩屑石英砂岩透镜体,偶夹紫红色粉砂质泥岩。砾岩底界面凹凸不平,底冲刷构造发育   17.6m

35. 灰褐色厚层状岩块质砾岩与灰色厚层块状钙质胶结含砾中粗粒长石石英砂岩及灰色中层状粉砂质泥岩构成向上变细的旋回性基本层序   6.5m

34. 紫红色薄—中层状粉砂质泥岩夹透镜状细粒石英砂岩   6.5 m

——————— 整合 ———————

杨叶组   **252.4m**

33. 灰色厚层状粉砂质泥岩与灰黑色薄层状炭质泥岩构成韵律式基本层序,偶夹含砾石英砂岩透镜体   38.2m

    产植物化石: *Equisetites* sp.
                Neocalamites sp.
                N. carrei 等

32. 浅灰色、灰白色厚层状粗粒长石石英砂岩与薄层状细粒石英砂岩及灰色中层状粉砂质泥岩、黑色炭质页岩夹煤层构成向上变细的旋回性基本层序。砂岩中发育平行层理,粉砂质泥岩、炭质页岩中发育水平纹层   66.4m

31. 灰色厚层状浅变质不等粒长石石英砂岩与中层状粉砂岩及薄—中层状粉砂质泥岩构成向上变细的旋回性基本层序   26.9m

30. 灰褐色厚层块状钙质胶结细粒岩屑石英砂岩与灰色中厚层状粉砂质泥岩、灰黑色炭质页岩夹煤层构成 8 个向上变细的旋回性层序,岩屑石英砂岩中夹少量含砾砂岩透镜体   120.9m

    产植物化石: *Equisetites* cf. *lateralis*
                Eocalamites cf. *hoerensis*
                Cladophlebis sp. 等

——————— 整合 ———————

康苏组   **469.7m**

29. 灰色块状岩块质砾岩与中厚层状岩屑石英砂岩(含砾砂岩)、中厚层状粉砂质泥岩及灰黑色中厚层状炭质泥岩构成旋回性基本层序。炭质泥岩中水平纹层发育   19.9m

28. 灰褐色块状含砾岩屑长石砂岩与中层状长石砂岩及灰黑色薄层状含炭质粉砂质泥岩构成向上变细的旋回性基本层序。含炭质粉砂质泥岩中产大量的植物化石碎片   33.2m

27. 灰褐色块状岩块质砾岩   74.4m

26. 灰褐色块状岩块质砾岩、厚层状含砾砂岩与中厚层状钙质胶结细粒含黑云母石英砂岩及粉砂质泥岩构成向上变细的旋回性基本层序   122.7m

25. 底部 2m 为灰色块状含砾岩屑石英砂岩;往上为灰色、灰褐色厚层状浅变质黑云母石英粗粉砂岩夹砾岩透镜体与中层状粉砂质泥岩构成向上变细的韵律式基本层序   38.1m

24. 灰褐色块状岩块质砾岩夹中粒岩屑石英砂岩透镜体   31.6m

23. 底部 2m 为灰褐色块状岩块质砾岩；中、上部为灰色厚层块状粉砂岩与灰色粉砂质页岩及黑色炭质页岩构成旋回性基本层序　　11.1m
22. 底部 6m 为灰褐色块状岩块质砾岩；其上为灰色厚层状粉砂岩与厚层状粉砂质泥岩构成韵律式基本层序　　138.7m

——————— 整合 ———————

莎里塔什组　　　　　　　　　　　　　　　　　　　　　　　　　　　　**1011.1m**

21. 灰色中厚层状钙质胶结细粒长石砂岩与灰色中厚层状粉砂质泥岩构成韵律式基本层序，底部钙质胶结细粒长石砂岩中夹似层状、透镜状砾岩。砾岩之底界面凹凸不平，底冲刷构造发育，并发育由砾石定向排列而成的斜面层理　　58.0m

　　产植物化石：*Cladophlebis* sp.
　　　　　　　　C. fangtzuensis
　　　　　　　　Podozamites sp.
　　　　　　　　P. lanceolatus 等

20. 灰色中厚层状含砾不等粒含云母长石砂岩与灰黑色中层状粉砂质泥岩构成向上变细的韵律式基本层序　　47.7m
19. 灰褐色块状岩块质砾岩　　4.6m
18. 灰色厚层状含砾岩屑石英砂岩与灰色中层状浅变质钙质胶结泥质石英云母粗粉砂岩及黑色炭质粉砂质页岩构成向上变细的旋回性基本层序　　36.1m

　　产植物化石：*Podozamites* sp.
　　　　　　　　P. lanceolatus
　　　　　　　　P. schenki
　　　　　　　　Podocarpites sp. 等

17. 灰色块状岩块质砾岩与厚层状含砾岩屑石英砂岩、薄层状粉砂质泥岩构成向上变细的旋回性基本层序　　29.0m
16. 灰色中厚层状浅变质细中粒含云母长石砂岩与灰黑色薄层状浅变质钙质胶结石英云母粗粉砂岩构成向上变细的韵律式基本层序　　53.1m

　　产植物化石 *Cladophlebis* sp.

15. 灰褐色块状岩块质砾岩夹岩屑石英砂岩透镜体和粉砂质泥岩透镜体　　21.0m
14. 灰褐色中层状钙质胶结不等粒岩屑长石砂岩与中层状细中粒岩屑长石砂岩及灰黑色薄层状炭质粉砂质泥岩构成向上变细的旋回性基本层序　　163.9m
13. 灰褐色块状岩块质砾岩夹中层状细中粒岩屑石英砂岩　　68.7m
12. 灰色块状岩块质砾岩与灰色中层状细粒黑云母长石砂岩及灰黑色薄—中层状含炭质粉砂质泥岩构成向上变细的旋回性基本层序　　132.3m
11. 灰色中—厚层状浅变质细粒长石石英砂岩与灰绿色中层状粉砂质泥岩构成向上变细的韵律式基本层序　　58.4m

　　产植物化石：*Podozamites lanceolatus*
　　　　　　　　P. schenki
　　　　　　　　P. sp.
　　　　　　　　Cladophlebis sp. 等

10. 灰褐色块状岩块质砾岩夹似层状、透镜状细中粒黑云母长石砂岩　　24.8m
9. 底部 2m 为灰褐色块状岩块质砾岩；其上为灰褐色中厚层状钙质胶结中细粒含黑云母长石砂岩与薄层状粉砂质泥岩构成向上变细的韵律式基本层序。含黑云母长石砂岩中发育小型槽状交错层理　　11.7m

　　产植物化石：*Neocalamites* sp.
　　　　　　　　Todites williamsoni
　　　　　　　　T. princeps
　　　　　　　　Taeniopteris sp.

     Cladophlebis sp.

     C. argutula 等

8. 灰褐色中层状钙质胶结含砾中粗粒长石石英砂岩与薄层状含炭质粉砂质泥岩夹透镜状粉砂
  质泥岩构成向上变细的韵律式层序   28.9m

  产植物化石：*Podozamites* sp.

      P. schenki 等

7. 灰褐色块状岩块质砾岩，往上夹砂岩透镜体   38.3m

6. 灰色厚层状岩块质砾岩与薄层状浅变质钙质胶结细粒含云母长石石英砂岩及炭质粉砂质页
  岩构成向上变细的旋回性基本层序   35.0m

  产植物化石：*Podozamites* sp.

      P. lanceolatus

      P. lanceolatus cf. *latiar*

      Cladophlebis sp.

      C. argutula

      C. asiatica

      C. hsiehiana

      Neocalamites sp.

      N. cf. *hoerensis*

      Equisetites cf. *lateralis* 等

5. 灰褐色中层状陆屑泥晶石英质灰岩与粉砂质页岩构成韵律式基本层序   22.4m

4. 灰褐色块状岩块质砾岩，往上夹砂岩、含砾砂岩透镜体   20.3m

3. 灰色块状岩块质砾岩与中层状含砾岩屑石英砂岩及中粗粒岩屑石英砂岩构成向上变细的旋
  回性基本层序   5.0m

2. 灰色中层状含砾中粗粒岩屑石英砂岩与中粒岩屑石英砂岩构成向上变细的韵律式基本层
  序。含砾中粗粒岩屑石英砂岩中发育底冲刷构造及粒序层理   20.6m

1. 灰色、灰绿色块状岩块质砾岩   85.2m

================ 断层 ================

下伏地层：滹沱纪阿尔金岩群片岩组 灰黑色块状斜长角闪岩夹浅灰色白云母片岩

3. 岩石组合特征及纵横向变化

(1) 莎里塔什组（J_1s）

  该组呈长条状分布于其塔勒克萨依、且末县煤矿等地，分布面积约 75km²，底与滹沱纪阿尔金岩群变质岩呈断层接触，厚 1011.1m。

  底部为灰色、灰绿色块状岩块质砾岩。岩石层理不发育。砾石含量 70%；砾石成分复杂，以斜长角闪岩、云母石英片岩砾为主，其次为脉石英、变质砂岩、硅质岩和花岗岩砾；砾石大小混杂，分选性差，砾径一般为 2~8cm，少数大的达 15cm；磨圆度较差，以次棱角状为主，少数棱角状。其底界面凹凸不平，发育底冲刷构造，具近源快速堆积特征，沉积环境应属山麓前缘冲洪积扇体。

  下部以灰色、灰绿色块状岩块质砾岩、中层状含砾中粗粒岩屑石英砂岩、灰褐色中层状钙质胶结含砾中粗粒长石石英砂岩、细粒含云母长石石英砂岩为主，夹粉砂质泥岩、炭质粉砂质页岩，偶夹灰褐色中层状陆屑泥晶石英质灰岩。砾岩多为块状层理，砾石成分以硅质岩、脉石英及变质砂岩为主，其次为花岗岩、斜长角闪岩、片岩；砾径一般为 1~4cm，大的达 6~8cm；砾石多呈次圆—次棱角状；扁平砾石略具定向排列；局部底蚀构造发育（图 2-38），并可见向上变细的粒序层理。砂岩中发育斜层理、板状交错层理（图 2-39）。粉砂质泥岩、炭质粉砂质页岩中产植物碎片。上述表明沉积环境以滨湖为主，间以浅湖。

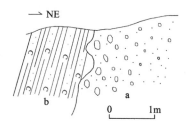

图 2-38 莎里塔什组砾岩的底蚀构造
（岩层产状倒转）
a.砾岩；b.粉砂质炭质页岩

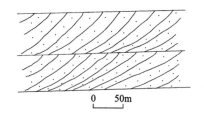

图 2-39 莎里塔什组砂岩
中的板状交错层理

上部以灰色中厚层状钙质胶结细粒长石砂岩、灰色—灰黑色中—厚层状粉砂质泥岩、黑色炭质粉砂质页岩为主，夹灰色中厚层状含砾不等粒含云母长石砂岩、含砾岩屑石英砂岩，偶夹灰褐色块状岩块质砾岩。砂岩中平行层理发育，粉砂质泥岩、炭质粉砂质页岩中发育水平纹层，并含大量的植物化石，显示其具浅湖相沉积特征。砾岩多具块状层理，砾石成分为脉石英、变质砂岩、斜长角闪岩、花岗岩等；砾径一般为 1~3cm，大的达 5~6cm；磨圆较好，多呈次圆—浑圆状；岩石中可见槽状交错层理、斜层理（图 2-40）；底界面凹凸不平，横向上多呈透镜状，显示河流水道沉积特征。

于该组选取 2 个样品进行粒度统计：粒度平均值 $(M_Z) = 2.12\Phi$、3.25Φ；平均粒径分别为 0.230mm、0.105mm，为细砂岩；标准偏差 $(\alpha_i) = 0.71$、0.73，分选性中等；偏度 $(S_K) = 0.09$、0.21，正偏；峰态 $(K_G) = 1.48$、1.09，峰态窄。以上显示浅湖相沉积特征。根据统计结果作频率曲线和频率累积曲线，如图 2-41 所示。频率曲线形态为单峰，展开中等；频率累积曲线为标准的"S"型，与"同大曲线"比较，属分选性中等。

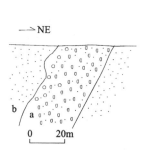

图 2-40 莎里塔什组砾岩中的斜层理
（岩层产状倒转）
a.砾岩；b.岩屑石英砂岩

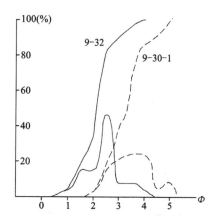

图 2-41 莎里塔什组粒度频率曲线和
频率累积曲线图

（2）康苏组（J_1k）

该组呈带状毗邻于莎里塔什组北侧分布，出露面积约 51km²，与下伏莎里塔什组整合接触，厚 469.7m。

该组下部以灰色厚层状粉砂质泥岩、灰色粉砂质页岩及黑色炭质页岩、厚层状粉砂岩为主，夹块状岩块质砾岩；往上过渡为以灰色、灰褐色中厚层状钙质胶结细粒含黑云母石英砂岩、岩屑石英砂岩、灰黑色中厚层状粉砂质泥岩、炭质泥岩为主，夹灰褐色块状岩块质砾岩及含砾岩屑长石砂岩。总体由下往上，主体沉积物粒度变粗，平行层理、水平纹层发育，粉砂质泥岩、炭质泥岩普遍含植物碎片，具进积型副层序特征。砾岩中砾石成分以脉石英、变质砂岩、斜长角闪岩、片岩为主，砾径一般为 1~5cm，多呈次圆状。以上表明该组为湖相三角洲夹河道沉积。

（3）杨叶组（J_2y）

该组呈条带状毗邻于康苏组分布，出露面积约 55km²，与下伏康苏组呈整合接触，厚 252.4m。

岩性为灰褐色厚层块状钙质胶结细粒岩屑石英砂岩、浅灰色—灰白色厚层状粗粒长石石英砂岩、灰色中厚层状粉砂质泥岩、灰黑色炭质页岩夹煤层，偶夹含砾石英砂岩透镜体。砂岩中发育平行层理，粉砂质泥岩、炭质页岩中发育水平纹层，并产丰富的植物化石。以上表明该组为浅湖相夹沼泽相沉积。

剖面上以砾岩的消失作为本组的开始，与下伏康苏组分界，划分标志尚清楚。但康苏组中的砾岩多以夹层出现，且横向上不太稳定，在路线地质填图过程中，该界线实际操作有一定的困难，故地质图上将二者合并，以(J_1k+J_2y)表示。

对该组2个砂岩样品进行粒度统计与作图(图2-42)：其粒度平均值(M_Z)＝2.50Φ、2.39Φ；平均粒径分别为0.177mm、0.191mm，为细砂岩；标准偏差(α_i)＝0.82、0.87，分选中等；偏度(S_K)＝0.24、-0.08，属近对称—正偏；峰态(K_G)＝0.82、0.98，峰态为宽。频率曲线为多峰，曲线展开较宽，峰值偏低。结合频率累积曲线来看，该组沉积物较细，分选性中等，具浅湖相沉积特征。

(4) 塔尔尕组(J_2t)

该组呈条带状毗邻于杨叶组分布，出露面积约11km^2。整合于杨叶组之上，系一套滨—浅湖相碎屑沉积，厚452.7m。

底部为紫红色薄—中层状粉砂质泥岩夹透镜状细粒石英砂岩。属干旱气候条件下的三角洲沉积。

下部以灰绿色、灰色块状岩块质砾岩为主，夹厚层状含砾岩屑石英砂岩、厚层块状钙质胶结含砾中粗粒长石石英砂岩、岩屑石英砂岩，偶夹紫红色粉砂质泥岩。砾岩中砾石成分复杂，主要有脉石英、花岗岩、片岩、斜长角闪岩及变质砂岩砾；砾径多为0.5～5cm，少数大的达8cm，小的仅2～3mm；砾石多呈次棱角状—次圆状。砂岩中发育透镜状层理、板状、槽状交错层理。砾岩底蚀构造发育(图2-43)。具滨湖相沉积特征。

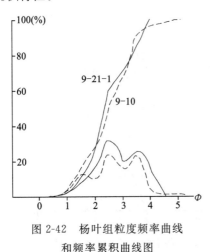

图2-42 杨叶组粒度频率曲线和频率累积曲线图

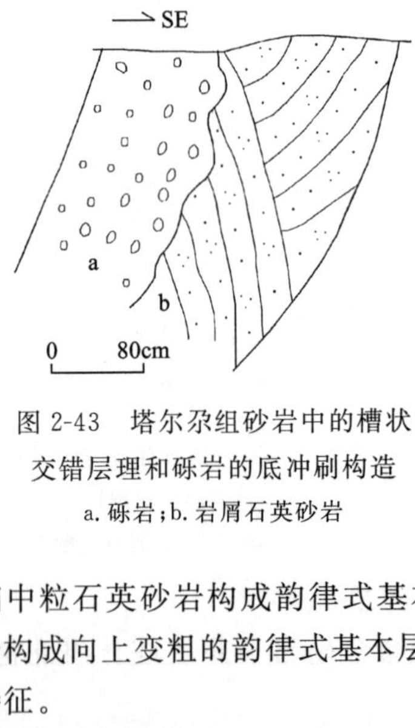

图2-43 塔尔尕组砂岩中的槽状交错层理和砾岩的底冲刷构造

a.砾岩；b.岩屑石英砂岩

中部由灰褐色块状含砾粗中粒石英砂岩与灰色厚层块状细中粒石英砂岩构成韵律式基本层序，向上渐变为灰绿色厚层—块状粉砂岩与紫灰色厚层状粉砂质泥岩构成向上变粗的韵律式基本层序。砂岩中平行层理发育，粉砂质泥岩局部见水平纹层，具浅湖相沉积特征。

上部以灰色、灰绿色块状岩块质砾岩为主，夹灰色中厚层状岩屑石英砂岩及紫红色中厚层状粉砂质泥岩。砾岩中普遍夹岩屑石英砂岩透镜体。砾石成分主要为脉石英、硅质岩、变质砂岩和花岗岩等；砾径为1～5cm，以1～2cm为主；砾石多呈次棱角状—次圆状。基质多为细砂，钙泥质胶结。具滨湖相沉积特征。

(5) 库孜贡苏组(J_3k)

该组呈长条状分布于其格勒克，出露面积约38km^2。南与塔尔尕组呈假整合接触，北与晚石炭世其格勒克序列花岗岩及长城纪巴什库尔干岩群呈角度不整合接触，系一套紫红色陆相盆地碎屑沉积，厚295.8m。

底部为紫红色块状岩块质砾岩。岩石层理不发育。砾石成分以下伏地层的灰色、灰绿色砂岩、砾岩为主,硅质岩、脉石英及变质砂岩次之;砾径一般为1~15cm,少数大的达20~30cm;砾石的磨圆差,多呈棱角状—次棱角状。其砾石大小混杂,分选性差,排列无定向性,具近源快速堆积特征,属典型的山麓前缘河口冲洪积扇堆积。

下部以紫红色厚层—块状岩块质砾岩、岩屑石英砂岩为主,夹中厚层状粉砂岩、粉砂质泥岩。砾岩多为厚层—块状层理;砾石成分以远源的变质砂岩、硅质岩、脉石英为主,少量砂砾岩砾石;砾径一般为1~3cm,多呈次圆状;扁平砾石略具定向排列。砂岩中发育平行层理、斜层理、板状交错层理。以上显示滨湖相沉积特征。

上部为紫红色中厚层状岩屑石英砂岩与中层状粉砂岩、粉砂质泥岩及泥岩构成多个向上变细的旋回性基本层序,局部夹细砾岩透镜体。砂岩中平行层理发育,粉砂岩、粉砂质泥岩中发育毫米级水平纹层,显示浅湖相沉积特征。

该组以其底部的紫红色块状冲洪积砾岩与下伏塔尔尕组的灰色、灰绿色块状砾岩夹灰色中厚层状岩屑石英砂岩及粉砂质泥岩分界,其标志清楚,界线分明,野外易于识别。

4. 大地构造环境判别

该区侏罗纪地层以砂岩、砾岩构成主体岩性。对各岩组砂岩的碎屑成分石英(Q)、长石(F)和岩屑(L)比例进行统计后作 Q-F-L 图解,如图2-44所示。图中莎里塔什组的3个样1个落在岩浆岛弧的过渡岛弧,1个落在岩浆岛弧的切割岛弧,另1个落在陆块的基底隆起区,往上各组所有样点全部落在再旋回造山带的区域内。其指示早侏罗世早期物源区为岩浆岛弧环境,而从中侏罗世开始物源区属再旋回造山带。

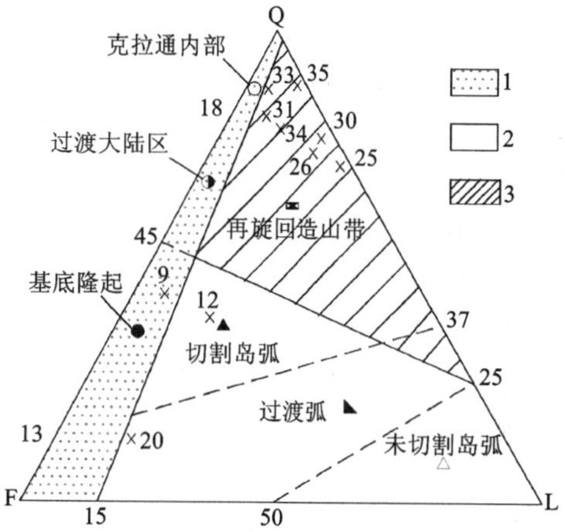

图2-44 塔里木—阿尔金区侏罗纪碎屑 Q-F-L 构造背景判别图
(迪金森,1989)
1.陆块;2.岩浆岛弧;3.再旋回造山带;×.12样点及编号

5. 时代探讨

(1) 莎里塔什组

该组产丰富的植物化石,属种有 *Neocalamites* sp., *N*. cf. *hoerensis*, *Todites williamsoni*, *T. princeps*, *Taeniopteris* sp., *Cladophlebis* sp., *C. argutula*, *C. asiatica*, *C. hsiehiana*, *C. fangtzuensis*, *Podozamites* sp., *P. lanceolatus*, *P.* cf. *latiar*, *P. schenki*, *Equisetites* cf. *lateralis*, *Podocarpites* sp. 等。其中大部分为早侏罗世早期常见分子,因此该组时代当属早侏罗世早期。

(2) 康苏组

该组炭泥质页岩中虽产大量植物碎片,但保存极差,无法鉴定。但下伏莎里塔什组和上覆杨叶组均有丰富的植物化石,根据其上、下层位可推断该组的时代应属早侏罗世晚期。

(3) 杨叶组

该组富产植物化石 *Equisetites* sp., *E.* cf. *lateralis*, *Neocalamites* sp., *N. carrei*, *Neocalamites* cf. *hoerensis*, *Cladophlebis* sp. 等。该组合多为中侏罗世早期的常见分子,因此该组时代应属中侏罗世早期。

(4) 塔尔尕组

本组系一套中—粗碎屑岩组合,其中未获取到能确定时代的化石,现根据下伏地层的时代,结合区域对比,将其定为中侏罗世晚期较为合适。

(5) 库孜贡苏组

该组系一套紫红色碎屑沉积,区域上特征明显,虽未采获到化石,其特征可与库孜贡苏河—小黑孜威—托云一带的库孜贡苏组,以及祁漫塔格地层小区的采石岭组进行对比,故将其定为晚侏罗世比较适宜。

（二）祁漫塔格地层小区

1. 一般特征

该区侏罗纪地层主要分布于该区北缘的秦布拉克萨依—吐勒塔格—雅乌什暖格勒恰普、卡木苏等地，其次在该区东南角亦有零星出露，出露面积约 470km²。其角度不整合于石炭纪托库孜达坂群之上，系一套陆相盆地碎屑岩夹含煤沉积，厚 3757m。根据岩石组合、沉积序列、古生物组合并结合区域分布特征，将其划分为大煤沟组和采石岭组，大煤沟组又可分为上、下两个岩性段。

2. 岩石组合特征及纵横向变化

1）大煤沟组（$J_{1-2}d$）

该组呈长条状分布于秦布拉克萨依—吐勒塔格及吐拉盆地南侧的卡木苏等地，出露面积约 312km²。角度不整合于石炭纪托库孜达坂群灰色含炭质板岩夹灰绿色薄层状浅变质细粒石英杂砂岩之上（图2-45），系一套陆相盆地碎屑沉积夹沼泽相含煤沉积，厚 2068.8m。根据岩石组合特征可分为上、下两个岩性段。

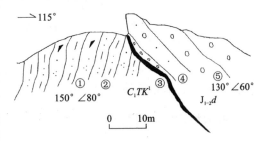

图 2-45 大煤沟组与托库孜达坂群角度不整合
①岩屑石英砂岩；②粉质泥岩；③古风化壳；
④含砾砂岩；⑤砾岩
（地层代号见正文）

（1）下段（$J_{1-2}d^1$）

该段厚 661.4m。

下部以灰褐色块状岩块质砾岩为主，夹灰绿色块状含砾中粗粒长石砂岩、块状粗粒岩屑石英砂岩及灰白色块状砾质粗粒石英杂砂岩，往上夹少量含砾砂岩透镜体。砾岩、含砾砂岩中，砾石成分主要为硅质岩、变质砂岩和脉石英；砾径大小差异较大，由底部的 0.23～1.5cm 向上逐渐增大至 1～15cm，然后逐渐变小至 0.5～5cm；砾石多呈次棱角状—次圆状，少数棱角状；砾间填隙物为砂泥质。其沉积序列以进积型为主，上部过渡为退积型，显示湖缘水下冲积扇沉积特征。

中部为灰绿色中厚层状含砾不等粒长石砂岩、块状含砾粗粒长石石英杂砂岩、含砾中粗粒长石砂岩夹灰黑色薄层状泥质粉砂岩、含炭质泥质粉砂岩及炭质页岩，局部夹细岩块质砾岩透镜体。砂岩多为中—厚层—块状层理，岩石中普遍含有细砾；细砾的磨圆度较好，多为次圆状。岩石多发育平行层理、斜层理，泥质粉砂岩、页岩中发育水平纹层。产植物化石碎片。显示滨—浅湖相沉积特征。

上部以灰绿色中厚层状细粒长石石英砂岩与灰黑色薄层状含炭质粉砂质页岩构成韵律式基本层序和深灰色中厚层状细中粒岩屑石英砂岩与灰黑色薄层状粉砂质炭质页岩构成韵律式基本层序为特征，局部夹块状岩块质砾岩。砂岩中平行层理发育，粉砂质炭质页岩、含炭质粉砂质页岩中富产植物化石碎片，岩石中普遍发育水平纹层，显示浅湖相—沼泽相的沉积特征。砾岩中砾石成分主要为硅质岩、脉石英和少量变质砂岩；砾径一般为 0.5～2cm，最大达 3～4cm；砾石磨圆度较好，多呈次圆状—浑圆状；具定向排列，扁平砾石的长轴多平行层面分布；底界面凹凸不平，冲刷充填构造发育；横向上多呈透镜状。上述表明砾岩具河道沉积特征。

该段横向上不太稳定，由东向西，砾岩逐渐减少，砂岩、页岩逐渐增加；岩石单层厚度有由厚变薄的趋势，在西部秦布拉克萨依—吐勒塔格一带，砾岩多为块状层理，砂岩以厚层为主，少数中厚层，至东部卡木苏一带，砾岩则为块状层和厚层均有，而砂岩则以中层为主，并出现薄层，砂岩中泥质成分明显增多，砂岩中的杂基增多，大量出现杂砂岩。以上反映沉积物源补给具西强东弱的差异。

于该段选取 2 个砂岩样品进行粒度分析显示：粒度平均值（M_Z）= 1.01Φ、0.93Φ；平均粒径分别为 0.497mm、0.525mm，属粗砂岩；标准偏差（α_i）= 0.80、1.30，分选性中等—较差；偏度系数（S_K）= 0.11、0.45，为正偏—极正偏；峰态（K_G）= 1.27、1.18，为窄型。频率曲线为多峰和单峰共存（图2-46），其中下部的 14-1-2 号样曲线为多峰，上部的 14-6 号样为单峰，但曲线展开度均较宽，峰值较低，表明其分选性中等—较差，但具由下向上分选性逐渐变好的特征。累积曲线为"S"型，与长江三角洲各亚相环境所作的累积曲线比较,属于分选性中等—较差。

上述特征均显示本组具滨浅湖相沉积特征,与前面的环境分析相吻合。

(2) 上段($J_{1-2}d^2$)

该段厚1407.4m,以滨湖相粗碎屑沉积为主体,局部可见河流水道沉积。岩性以灰绿色、浅灰色块状岩块质砾岩为主,夹深灰色厚层状细中粒长石砂岩、含砾粗粒长石砂岩、中细粒长石石英杂砂岩、粗中粒岩屑石英砂岩及少量灰黑色薄层状粉砂质泥岩、灰黑色炭质粉砂质页岩。砾岩之砾石成分以硅质岩、脉石英为主,变质砂岩次之;砾径一般为1~4cm;砾石磨圆度中等,多呈次棱角状—次圆状;略具定向排列,局部可见砾石构成叠瓦状构造。砂岩中发育平行层理、板状交错层理,普遍夹含砾砂岩透镜体。粉砂质泥岩、灰黑色炭质粉砂质页岩中偶见植物碎片。

总体上该段由下往上,砾岩增多,砂岩、含砾砂岩减少,砾岩砾径变粗,粉砂质泥岩、炭质粉砂质页岩逐渐减少。反映沉积盆地水体由深变浅,盆地逐渐萎缩的过程。

横向上变化较大,由东向西砾岩逐渐减少,砂岩、粉砂质泥岩、灰黑色炭质粉砂质页岩、炭质页岩逐渐增多,至卡木苏一带过渡为灰色中—厚层状长石石英砂岩、长石石英杂砂岩、石英砂岩,灰色、深灰色薄—中层状粉砂质泥岩、炭质粉砂质页岩、炭质页岩夹灰色厚层块状砾岩,炭质页岩中产大量的植物化石。以上反映其沉积环境由西部的滨湖相逐渐向东部的滨浅湖相间沼泽相过渡。

于该段选取2个砂岩样品进行粒度统计显示:粒度平均值(M_Z) = 1.76Φ、2.16Φ;平均粒径分别为0.295mm、0.224mm,属细—中砂岩;标准偏差($α_i$) = 0.75、0.72,分选性属中等;偏度系数(S_K) = 0.06、0.08,近对称型;峰态(K_G) = 1.10、1.12,属窄型。频率曲线(图2-47)在下部的14-17号样为单峰,近对称型,曲线展开中等;而上部的14-33号样曲线为双峰,峰值略偏向粗粒一侧,曲线展开较下部宽,说明其分选性由下向上变差。

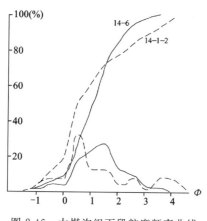

图2-46 大煤沟组下段粒度频率曲线和频率累积曲线图

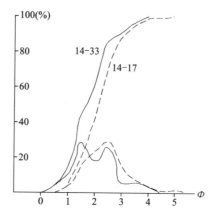

图2-47 大煤沟组上段粒度频率曲线和频率累积曲线图

2) 采石岭组(J_3c)

该组主要分布于秦布拉克萨依—吐勒塔格—雅乌什嗳格勒恰普一线,分布面积约158km²。角度不整合于大煤沟组之上(图2-48),系一套陆相湖盆紫红色—灰绿色碎屑沉积,地层厚度1688.5m。

底部以紫红色、紫灰色块状岩块质砾岩为主,夹紫红色中粗粒岩屑石英砂岩透镜体。岩石不显层理。砾石含量50%~80%,分布极不均匀。砾石成分复杂,主要为近源的灰绿色岩屑砂岩、含砾砂岩、砾岩、粉砂岩、紫红色砂岩,另见少量变质砂岩,偶见远源的硅质岩、脉石英砾;砾石大小混杂,分选性极差,砾径一般为1~15cm,大的达30~50cm,小的仅0.2~1cm;砾石磨圆度极差,多呈棱角状,少数呈次棱角状;砾间填隙物为砂泥质。以上显示近源快速堆积特征,属山麓冲洪积扇沉积。该冲洪积扇空间上为多个扇体叠加而成,平面上其边界呈锯齿状、火焰状,横向上相变相当明

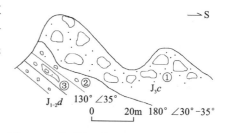

图2-48 采石岭组与大煤沟组接触关系
①冲洪积砾岩;②滨湖砾岩;③砂砾岩透镜体

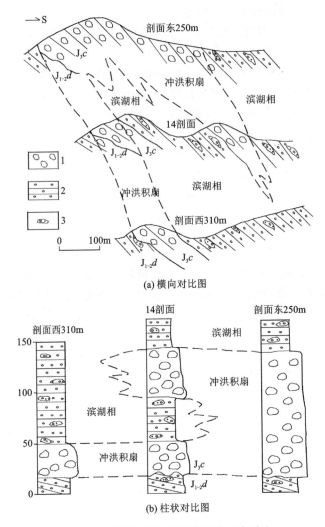

图 2-49 采石岭组底部冲洪积扇相变对比
1.冲洪积砾岩；2.滨湖砾岩；3.含砾砂岩透镜体
（地层代号见正文）

显，以吐勒塔格剖面（14）为例加以说明（图 2-49）：在（14）剖面上为冲洪积砾岩与滨湖砾岩交递出现，出现 2 套冲洪积砾岩，厚度分别为 49.8m 和 32.1m；往东至 250m 相变为大套冲洪积砾岩，厚度达 120m；而往西至 310m 处，仅底部见 30 多米厚的冲洪积砾岩。

下部为紫红色块状含钙质粉砂质泥岩、泥岩、紫灰色块状细中粒石英砂岩、含砾不等粒长石砂岩、紫红色块状岩块质砾岩构成向上变粗的沉积旋回。泥岩中发育毫米级水平纹层；砂岩发育平行层理、小型交错层理、透镜状层理。砾岩的砾石成分主要为硅质岩、脉石英、变质砂岩和岩屑石英砂岩；砾径为 0.5～2.5cm；砾石多呈次棱角状—次圆状，排列定向性差。沉积序列具进积型特征，属干旱气候条件下的三角洲沉积。

中部以杂色为特征，颜色有紫红、紫灰、灰紫、紫褐、灰褐、灰绿等。主要岩性为中层状粉砂岩、薄—中层状泥质粉砂岩、粉砂质泥岩及薄层状泥岩，夹厚层—块状岩块质砾岩及少量厚层状细中粒岩屑石英砂岩和厚层—块状含砾砂岩。粉砂岩中发育平行层理和楔状层理。泥岩、粉砂质泥岩中发育毫米级水平纹层。砾岩中砾石成分主要为硅质岩、脉石英、变质砂岩及少量板岩、片岩；砾径一般为 1～5cm，少数达 20cm；砾石多呈次圆状、次棱角状；砾岩中局部可见递变层理。以上反映气候多变条件下的滨湖—浅湖相沉积特征。

上部以灰褐、褐红、紫红、灰绿色中—厚层状中细粒岩屑石英砂岩、细粒长石岩屑石英砂岩、细粒长石石英砂岩、细粒岩屑石英砂岩、细粒石英砂岩为主，夹中层状粉砂岩、薄—中层状粉砂质泥岩，偶夹中—厚层状砾岩、含砾砂岩。砂岩中发育平行层理、斜层理、波状层理,粉砂质泥岩中发育毫米级水平纹层,显示浅湖相沉积特征。总体由下向上,颜色由杂色逐渐过渡为灰绿色,反映干旱—潮湿交替多变气候逐渐向稳定的潮湿气候转变。

该组底部以紫红色块状冲洪积砾岩呈低角度不整合于下伏大煤沟组灰绿色、浅灰色砾岩夹砂岩之上,二者界线分明,野外易于区分,是理想的填图标志层。

3. 大地构造环境判别

在祁漫塔格区侏罗纪各岩组选取9个砂岩样品(每个岩组3个)对碎屑成分石英(Q)、长石(F)、岩屑(L)的百分含量进行统计后作 Q-F-L 图解,如图2-50所示。图中大煤沟组下段3个样点比较分散,分别落在陆块的基底隆起区、过渡大陆区及再旋回造山带;大煤沟组上段3个样点,1个落在过渡大陆区,其他2个落在再旋回造山带,采石岭组3个样点则全部落在再旋回造山带。暗示祁漫塔格区侏罗纪早期大地构造环境为基底隆起—过渡大陆,中晚期为再旋回造山带。早期沉积物主要来源于周围的岩浆岩,中晚期则主要来源于变质岩系。

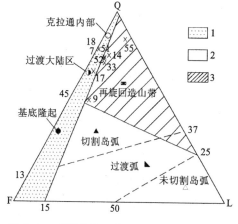

图 2-50 祁漫塔格区侏罗纪碎屑岩 Q-F-L 构造背景判别图

(迪金森,1989)

1.陆块;2.岩浆岛弧;3.再旋回造山带

4. 时代探讨

(1) 大煤沟组

该组炭质页岩、粉砂质页岩中富产植物化石,但碎片居多,主要组成分子有 *Cladophlebis punctata*, *C. denticulate*, *C.* sp., *Podozamites lanceolatus*, *Ptilophyllum* sp., *Eretmophyllum* sp., *Coniopteris hymenophylloides*, *C. burejensis*, *C.* sp., *Czekanowskia rigida*, *C.* sp., *Anomozamites* sp., *Todites* sp., *Taeniopteris* sp. 等。其中以 *Coniopteris* 和 *Cladoplebis* 最为发育,可以称之为 *Coniopteris-Cladoplebis* 组合。该组合产于不同地区早、中侏罗世地层之中,故大煤沟组沉积时代应属早—中侏罗世。

(2) 采石岭组

该组为一套陆相盆地红色粗碎屑岩沉积,未获取到具时代意义的化石。根据下伏大煤沟组的地质年代,结合区域分布特点,将其置于晚侏罗世比较合适。

(三) 昆南地层小区

该区侏罗纪地层仅零星出露有晚世鹿角沟组,分布面积约13km²。角度不整合于石炭纪托库孜坂群或滹沱纪苦海岩群之上,未见顶。系一套湖相红色碎屑沉积,厚度大于399.9m。由于该组出露不全,分布零散,且岩石露头较差,故图区未系统测制剖面。参照图区南侧1:25万银石山幅明眉山剖面,结合路线地质调查资料,将该组特征概述如下。

下部为暗紫色、紫红色块状硅质砾岩与紫红色中层状、厚层—块状中粗粒含砾岩屑石英砂岩及中细粒岩屑石英砂岩构成向上变细的旋回性基本层序。砾岩中砾石成分以硅质岩为主,少量脉石英;分选性中等,砾径一般为2~15mm,最大达30mm;呈圆状—次圆状。砂岩中平行层理发育。以上显示滨湖相沉积特征。

中部以紫红色中层状细粒岩屑石英砂岩、岩屑石英细砂岩、粉砂岩为主,夹紫红色厚层状不等粒岩屑石英砂岩及含砾岩屑石英砂岩。含砾砂岩多呈透镜状;砾石成分主要为稳定组分石英和硅质岩;砾径一般为2~6mm,个别大的达10~15mm;多呈圆状—次圆状。砂岩中平行层理发育,粉砂岩中发育水平纹层。具浅湖相沉积特征。

上部出露不全，为紫红色、灰紫色块状岩块质砾岩。岩石中砾石含量80%，以硅质岩、变质砂岩砾为主，少量灰岩及脉石英砾；砾径一般为1~5cm，最大达20cm；多呈次圆状—圆状，颗粒支撑，砂泥质充填胶结。具滨湖相沉积特征。

四、白垩纪地层

1. 一般特征

白垩纪地层分布于祁漫塔格区雅乌什嗳格勒恰普向斜的两翼，出露面积约303km²，北翼出露齐全，南翼受断层破坏而下部大部分地层缺失。角度不整合于晚侏罗世采石岭组之上，系一套陆相盆地红色碎屑岩沉积，厚2457.3m。据岩石组合、沉积环境、层序类型并结合区域分布特征，将其划归犬牙沟组，并进一步划分为上、下两个岩性段。

2. 剖面描述

在雅乌什嗳格勒恰普测有具代表性的剖面(02)，该剖面犬牙沟组顶底齐全，接触关系清楚，其底与晚侏罗世采石岭组角度不整合接触，顶与古近纪路乐河组亦为角度不整合接触。剖面列述如下。

上覆地层：古近纪路乐河组　灰紫色、黄褐色中—厚层状岩块质砾岩

～～～～～～～角度不整合～～～～～～～

犬牙沟组上段 **406.6m**

32. 紫红色薄层状粉砂质泥岩，偶夹粉砂岩透镜体　　　　　　　　　　　　　　　43.5m
31. 紫红色中—薄层状含砾砂岩、粉砂岩、粉砂质泥岩构成向上变细的旋回性基本层序　54.4m
30. 紫红色薄—中层状泥质粉砂岩与薄层状粉砂质泥岩构成韵律式基本层序　　　　82.4m
29. 紫红色中厚层状岩屑长石石英砂岩夹似层状、透镜状含砾砂岩　　　　　　　114.4m
28. 紫红色中—薄层状粉砂岩夹紫红色含砾砂岩透镜体　　　　　　　　　　　　10.3m
27. 紫红色中厚层状含砾砂岩、中层状泥质粉砂岩、薄—中层状粉砂质泥岩构成向上变细的旋回性基本层序　　　　　　　　　　　　　　　　　　　　　　　　　　　9.5m
26. 紫红色薄层状粉砂质泥岩与薄层状泥岩构成韵律式基本层序　　　　　　　　92.1m

―――――――整合―――――――

犬牙沟组下段 **2050.7m**

25. 底部为紫红色块状岩块质砾岩；其上为紫红色中厚层状泥质粉砂岩、块状含砾砂岩与块状砾岩构成向上变粗的旋回性基本层序　　　　　　　　　　　　　　　　198.3m
24. 紫红色薄—中层状泥质粉砂岩与中层状粉砂质泥岩构成韵律式基本层序　　　49.7m
23. 紫红色薄—中层状岩块质砾岩　　　　　　　　　　　　　　　　　　　　135.6m
22. 紫红色块状岩块质砾岩夹含砾砂岩透镜体　　　　　　　　　　　　　　　　6.5m
21. 紫红色块状岩块质砾岩夹中层状泥质粉砂岩。泥质粉砂岩上层面发育对称波痕　130.2m
20. 紫红色块状岩块质砾岩　　　　　　　　　　　　　　　　　　　　　　　　6.6m
19. 紫红色中厚层状粉砂岩与中层状粉砂质泥岩构成韵律式基本层序　　　　　　110.1m
18. 紫红色块状岩块质砾岩与中层状粉砂质泥岩构成韵律式基本层序　　　　　　123.3m
17. 紫红色厚层状岩块质砾岩与厚层状砾质砂岩、中—厚层状细砂岩构成向上变细的旋回性基本层序　　　　　　　　　　　　　　　　　　　　　　　　　　　　112.1m
16. 紫红色中—薄层状粉砂质泥岩与薄层状泥岩构成韵律式基本层序　　　　　　52.2m
15. 紫红色、黄褐色块状岩块质砾岩与紫红色中厚层状砂岩构成韵律式基本层序　53.8m
14. 紫红色厚层状细粒长石石英砂岩、薄—中层状粉砂质泥岩、薄—中层状泥岩构成向上变细的旋回性基本层序　　　　　　　　　　　　　　　　　　　　　　　243.6m

13. 底部由紫红色中厚层状岩块质砾岩、含砾砂岩与钙质石英粉砂岩构成向上变细的旋回性基
    本层序;其上为紫红色中厚层状砂岩、中层状粉砂质泥岩构成韵律式基本层序。砂岩中发育
    大型斜层理   211.3m
12. 紫红色中层状粉砂岩、粉砂质泥岩、泥岩构成向上变细的旋回性基本层序,并偶夹透镜状砾岩   142.5m
11. 紫红色块状岩块质砾岩夹砂岩透镜体,发育大型平行层理   142.1m
10. 紫红色块状粉砂质泥岩夹似层状、透镜状含砾砂岩   198.5m
 9. 紫红色块状岩块质砾岩夹少量含砾砂岩透镜体   134.3m

~~~~~~~~~~~~ 角度不整合 ~~~~~~~~~~~~

下伏地层:侏罗纪采石岭组　浅灰色厚层状泥质砂岩与厚层状粉砂质泥岩构成韵律式基本层序

3. 岩石组合特征及纵横向变化

(1) 下段(K_1q^1)

该段为砂砾岩段,厚 2050.7m。

下部以紫红色块状岩块质砾岩为主,夹紫红色中厚层状砂岩、钙质石英粉砂岩、粉砂岩、粉砂质泥岩、泥岩及似层状、透镜状含砾砂岩。砾岩中砾石成分复杂,主要有变质砂岩、硅质岩及脉石英砾;砾石大小混杂,砾径一般为 1~6cm,大的达 15~20cm;多呈次棱角状,少数次圆状及棱角状;砂泥质胶结。大砾石多集中分布于层理下部或呈线状分布,显示水动力条件变化不定。砾岩底界面凹凸不平,底冲刷构造发育,局部发育向上变细的粒序层理(图 2-51),普遍夹含细砾砂岩、粉砂岩或泥岩透镜体。砂岩、细砂岩及粉砂岩中发育大型斜层理、平行层理,偶见泄水构造。以上显示出山前冲洪积扇—扇缘三角洲的沉积特征。

中部以紫红色厚层状细粒长石石英砂岩、薄—中层状粉砂质泥岩、薄—中层状泥岩构成向上变细的旋回为主体,夹紫红色、黄褐色块状岩块质砾岩。粉砂质泥岩、泥岩中发育平行层理及波痕,砾岩中砾石成分多以远源的灰岩、硅质岩、脉石英砾为主,砾石磨圆度较好,多呈次圆状—圆状,砂质充填,钙泥质胶结,显示其沉积环境以浅湖相为主夹滨湖沉积。

上部以紫红色块状岩块质砾岩为主,夹紫红色块状含砾砂岩及薄—中层状泥质粉砂岩、中层状粉砂质泥岩。砾岩中砾石成分复杂,主要有硅质岩、脉石英及变质砂岩砾;砾径一般为 1~5cm,大的达 8cm;以次圆状居多;多夹含砾砂岩透镜体。泥质粉砂岩、粉砂质泥岩层理发育。具滨湖相沉积特征。

该段以下部紫红色块状岩块质砾岩夹含砾砂岩透镜体与下伏侏罗纪采石岭组浅灰色厚层状泥质砂岩、粉砂质泥岩角度不整合接触(图 2-52),二者接触关系清楚,野外填图标志明显,易于区分。

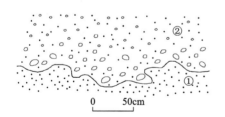 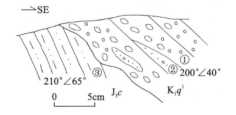

图 2-51　犬牙沟组下段砾岩的　　　　图 2-52　犬牙沟组角度不整合于采石岭组之上
底冲刷构造及粒序层理　　　　　①砾岩;②含砾砂岩透镜体;③粉砂质泥岩
①岩屑石英砂岩;②砾岩　　　　　　　　(地层代号见正文)

(2) 上段(K_1q^2)

该段为砂泥岩段,厚 406.6m。其岩性岩相比较稳定,总体以紫红色薄—中层状泥质粉砂岩与薄层状粉砂质泥岩构成基本层序为特征,夹紫红色中厚层状岩屑长石石英砂岩及似层状、透镜状含砾砂岩。砂岩中发育双向交错层理(图 2-53),泥质粉砂岩及粉砂质泥岩中发育小型板状交错层理、水平纹层、砂泥互层水平层理及透镜状层理,均显示浅湖相沉积特征。含砾砂岩多呈似层状、透镜状,发育板状交错

层理,属水下三角洲沉积。

4. 大地构造环境判别

在犬牙沟组选取 2 个砂岩样品进行碎屑成分统计,结果分别为:石英(Q)80.90%、92.77%;长石(F)4.49%、2.41%;岩屑(L)14.61%、4.82%。在 Q-F-L 图解(图 2-54)中样点全部落在再旋回造山带。

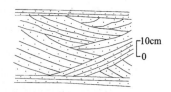

图 2-53 白垩纪犬牙沟组上段砂岩中的双向水流交错层理

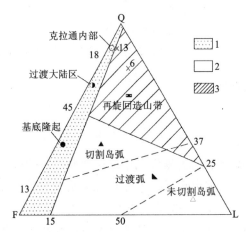

图 2-54 犬牙沟组碎屑岩 Q-F-L 构造背景判别图
(迪金森,1989)
1.陆块;2.岩浆岛弧;3.再旋回造山带;×6.样点及编号

综合上述特征,结合图区所处大地构造位置,该区白垩纪大地构造环境属再旋回造山带。碎屑岩成分显示沉积物质主要来源于盆地南部濮沱纪苦海岩群之变质岩系。

五、古近纪地层

1. 一般特征

古近纪地层呈椭圆形出露于雅乌什嗳格勒恰普向斜的核部,面积约 96km^2。系一套陆相盆地紫红色碎屑沉积,厚度大于 540.6m。北缘角度不整合于白垩纪犬牙沟组之上(图 2-55),南侧与濮沱纪苦海岩群变火山岩组呈断层接触,顶部出露不全。据岩石组合、沉积序列以及区域分布特征,将其划归古新世—始新世路乐河组。

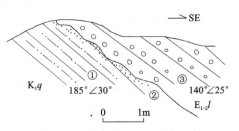

图 2-55 路乐河组与犬牙沟组角度不整合关系
①粉砂质泥岩石;②古风化;③壳砾岩

2. 剖面描述

在向斜北翼测有雅乌什嗳格勒恰普剖面(02),兹列述如下。

路乐河组	**540.6m**
(未见顶)	
37. 紫红色、黄褐色厚层状砾岩与中厚层状含砾砂岩构成韵律式基本层序	212.1m
36. 紫红色、黄褐色厚层状钙质细中粒岩屑石英砂岩夹含砾钙质细中粒岩屑石英砂岩及似层状、透镜状砾岩	237.1m
35. 紫红色、灰紫色厚层状岩块质砾岩与中厚层状细粒岩屑石英砂岩构成韵律式基本层序。岩块质砾岩中发育槽状交错层理	97.1m
34. 紫红色、黄褐色厚层状岩块质砾岩夹少量砂岩透镜体	24.3m

33. 灰紫色、黄褐色中—厚层状岩块质砾岩　　　　　　　　　　　　　　　　　　　40.0m

～～～～～～～～～　角度不整合　～～～～～～～～～

下伏地层：白垩纪犬牙沟组　上段紫红色薄层状粉砂质泥岩，偶夹粉砂岩透镜体

3. 岩石组合特征及纵横向变化

根据剖面结合路线地质调查资料，该组岩性、岩相比较稳定，横向上变化不大，纵向上岩性、岩相特征如下。

底部以紫红色、灰紫色厚层—块状岩块质砾岩为主，往上夹少量砂岩透镜体。砾石成分复杂，以灰岩、脉石英砾为主，变质砂岩、硅质岩砾次之，另有少量基性岩及片岩砾；砾径一般为1~6cm，少数大的达20cm；砾石以次圆状为主，少数次棱角状或浑圆状；往上砂岩透镜体增多，其横向上不稳定，多呈长透镜状分布。其沉积环境应属水下冲积扇。

下部为紫红色、灰紫色厚层状岩块质砾岩与中厚层状细粒岩屑石英砂岩构成韵律式基本层序。砾岩的砾石成分以灰岩、脉石英、硅质岩为主，少量火山岩及片岩砾；砾径比下部明显变小，一般为1~3cm，大的达6cm；砾石多呈次圆状—浑圆状。岩块质砾岩中局部发育槽状交错层理（图2-56）。应属滨湖相夹辫状河流沉积。

中部以紫红色、黄褐色厚层状钙质细中粒岩屑石英砂岩为主，夹含砾钙质细中粒岩屑石英砂岩及似层状、透镜状砾岩，具滨—浅湖相沉积特征。

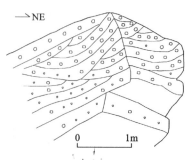

图2-56　路乐河组下部砾岩中的槽状交错层理

上部为紫红色、黄褐色厚层状砾岩与中厚层状含砾砂岩构成韵律式基本层序。岩石中砾石成分以灰岩为主，其次为脉石英、硅质岩及变质砂岩，少量火山岩及片岩；砾径一般为1~6cm，少数大的达10cm；砾石多呈次圆状。灰岩砾中可见珊瑚化石，说明其来源于昆南区的石炭纪—二叠纪碳酸盐岩，其沉积环境应为滨湖相。

第三节　第四纪地层

第四纪地层大面积分布在图区北西角的塔里木盆地边缘，以及甘泉河—五泉包和吐拉盆地周围，此外在一些山间洼地亦有少量分布，分布面积约4736km²。沉积类型有冲积、冲洪积、洪积、湖泊沉积、沼泽沉积和风成堆积。根据沉积类型、沉积物组合特征、沉积层序、叠置关系及形成时序，将其划分为早更新世西域组、中更新世冲洪积、中更新世风成堆积、晚更新世—全新世冲洪积、全新世冲积、全新世洪积、全新世湖泊沉积、全新世沼泽沉积以及全新世风成堆积9个填图单位。

1. 早更新世西域组（Qp_1x）

该组主要分布在图区南部的甘泉河一带，分布面积约3km²，系一套滨湖相夹河流相粗碎屑岩沉积。在甘泉河所测剖面中其角度不整合于二叠纪树维门科组上段灰岩之上（图2-57），厚度大于44.9m，岩性明显可分为两部分。

下部灰色、灰褐色中层—块状杂砾岩。砾石成分复杂，主要有硅质岩、脉石英、变质砂岩和云质泥晶灰岩、生物屑灰岩等；砾径一般为1~8cm，少数大的达20cm；砾石磨圆较好，多呈次圆状—浑圆状；整体砾石略具定向排列，局部砾石具叠瓦状构造；砾间填隙物主要为细—粗砂，泥质极少。总体具滨湖相沉积特征，局部夹辫状河流沉积。

上部为浅灰色块状灰质砾岩夹肉红色细粒灰岩屑砂岩透镜体。砾岩中砾石成分以云质灰岩为主，

其次为生物屑灰岩及少量泥质灰岩;砾径一般为3~10cm,少数大的达20~30cm,小的仅0.5~1cm;砾石呈次棱角状—次圆状。岩屑砂岩中发育毫米级水平条带。往西夹大量的砖红色泥岩透镜体,且自东向西泥岩增多。产被子植物花粉胡桃属(Juglans)。上述显示其具河口冲积扇的沉积特征。

2. 中更新世冲洪积(Qp_2^{pal})

该组主要呈长条状分布于古格代厄肯—哈底勒克萨依的山前台地,其次在曲库恰普—库鲁克萨依一带的沟谷亦有出露,因其上被中更新世风成堆积物覆盖,地质图上未表示。分布面积约102km²。在库拉木拉克北北东向2.8km处537点的河谷深切剖面可代表其特征(图2-58)。

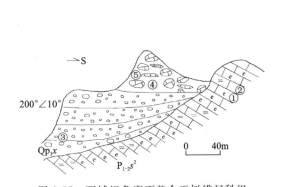

图2-57 西域组角度不整合于树维门科组
上段灰岩之上
①生物屑灰岩;②云质灰岩;③杂砾岩;
④灰质砾岩;⑤灰岩屑砂岩透镜体

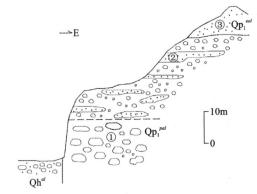

图2-58 537点Qp_2^{pal}沟谷冲刷剖面图
①砾石层;②粉砂透镜体;③细—粉砂层
(地层代号见正文)

根据剖面结合区域填图资料,其沉积基座为长城纪巴什库尔干岩群红柳泉岩组片岩,其顶部多覆盖有中更新世风成沙,可视厚度30~50m。其特征如下。

下部为灰色砾石层,厚3~10m。砾石含量70%~80%,砾石成分主要为花岗岩、变质砂岩、灰岩、火山岩及少量变质砂岩、脉石英。以粗大的砾石为主,占砾石总量的80%,其砾径10~30cm,呈次棱角状—棱角状;细小砾石占砾石总量的20%,其砾径0.5~4cm,呈棱角状—次棱角状,主要充填于大砾石之间。填隙物主要为砂质及少量泥质。

上部为灰绿色砾石层夹灰黄色透镜状、似层状细—粉砂层,厚27~40m。砾石层中砾石含量80%~90%,砾石成分主要为变质砂岩、火山岩、板岩和脉石英,砾石多呈棱角状—次棱角状;分选性较差,砾径2~8cm;略具定向排列,扁平砾石之扁平面近水平;砾间填隙物为中—粗砂及少量泥质。细—粉砂透镜体长0.5~2m,厚0.1~0.3m,长轴近于水平,主要由细—粉砂组成,并可见少量白云母片,偶见沙纹层理。

3. 中更新世风成堆积(Qp_2^{eol})

该组分布于曲库恰普—库鲁克萨依一带的山前高地,面积116km²。呈席状覆盖于中更新世冲洪积层之上,厚0~40m。

堆积物成分单一,以浅黄色石英粉砂为主,占99%以上,偶见细云母片。粒度均一。石英粉砂表面见星月型撞击痕。砂层中可见沙纹交错层理、丘状层理、风成波痕。与其下伏冲洪积层接触界面不平整,呈波状起伏。

4. 晚更新世—全新世冲洪积($Qp_3—Qh^{pal}$)

该组大面积分布在图区北西角的塔里木盆地边缘,以及甘泉河—五泉包一带,其次在吐拉盆地周围的山间洼地亦有部分分布,分布面积约4248km²。其厚度不稳定,变化较大,最薄几米,最厚100余米;其沉积基座因地而异(图2-59),既有岩浆岩、变质岩、沉积岩,又有第四纪中更新世冲洪积砾石层。

岩性以灰色、灰褐色中砾石层与细砾石层呈韵律为主体,夹含砾砂层、透镜状粗砾石层及黄色粉

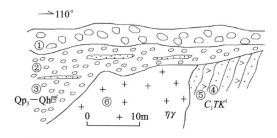

图 2-59　546 点 Qp_3-Qh^{pal} 覆盖于 C_1TK^2 和花岗岩之上

①巨砾层；②细中砾层；③砂质透镜体；④砂岩；⑤火山岩；⑥黑云母二长花岗岩

（地层代号见正文）

砂层。

以上显示其沉积环境主要为冲洪积平原，间以河流水道及间歇性的风沙堆积。其中产大量植物孢粉，有裸子植物花粉松属(Pinus)、被子植物花粉三孔沟粉属(Tricolporopollenites)，反映沉积期具干旱气候环境，并进一步证明沉积物中所夹粉砂透镜体为风成沙堆积。

在该沉积物中采集了 2 个电子自旋共振(ESR)测年样，其中 11-2 号样年龄为 (58 ± 4) ka，11-3 号样年龄为 (296 ± 63) ka。另有 1 个热释光(TL)测年样(11-1)，年龄为 (5.54 ± 0.43) ka。根据上述测年结果，沉积时代属晚更新世—早更新世。

5. 全新世冲积（Qh^{al}）

该组主要分布于山前河口以及现代河流两侧，分布面积约 $22km^2$。

在山前河口部位平面上呈扇状，厚度一般为 1~8m。沉积物为灰色、灰褐色砾石层，砾石含量小于 70%。砾石成分主要为花岗岩、变质砂岩、变火山岩、板岩及少量脉石英、硅质岩、灰岩等；砾径为 0.5~15cm，大小混杂，大砾石以花岗岩和变质砂岩为主，小砾石则以变质砂岩和板岩为主；砾石多呈次棱角状，少数次圆状。砾间充填物主要为砂质和少量泥质。

在河流中下游呈长条状、长透镜状分布于河流两侧，厚 0.5~5m。沉积物为灰色、灰褐色砾石层夹含砾砂质透镜体。砾石层中砾石含量为 60%~70%，砾石成分有变质砂岩、粉砂质板岩、花岗岩、硅质岩、脉石英、灰岩等；砾径为 0.5~10cm；砾石磨圆度中等，多呈次圆状，少数次棱角状；砾石多具定向排列，扁平砾石之扁平面近水平，局部见叠瓦状构造；砾间填隙物为砂泥质。含砾砂质透镜体长 3~10m，厚 0.1~1m。表层见少量的漂砾，砾径达 30~50cm，呈次棱角状。在低洼部位堆积有一些含泥细砂。

其中产丰富的植物孢粉，有被子植物花粉 Solidago cf. vigaurea，Slagesbeckia cf. pubescens，Brachyactis cf. ciliata，Artemisia cf. feddei，A. cf. annua，A. apiacea，A. cf. absinthium，A. cf. lactiflora，Filifolium cf. sibiricum，Laggera cf. pterodonta，Xanthium cf. strumatium，Centipeda cf. minima，Chrysanthefnum cf. larinatum，C. cf. indicum，C. adenanthum，Pertya cf. sinensis，Serratula cf. chanetii，Gerbera cf. pilosselloides，Tagetes cf. patula，Ageratum cf. housetonianum，Emillia cf. pnanenthoides，Erigeron cf. acris，Crosso cf. tephium，Aisnsliaer cf. acerifolia，Gramineae，Salsola cf. collina，Chenopodium cf. album，Succharum cf. arumdinaceum；裸子植物花粉 Ephedra sp. 等。该组合主要为被子植物花粉，裸子植物仅见 Ephedra 花粉，松柏类花粉完全缺乏，没有发现蕨类植物孢子，被子植物花粉中以菊科花粉占绝对优势，其他种类数量较少，其形态特征、纹饰结构与现今生长的植物花粉差别不大，故推测其地质时代可能属全新世，或许更接近于全新世晚期。组合中菊科、藜科、禾本科及麻黄等为耐旱、耐寒植物，植被比较单调，与中亚地区干旱荒漠植物群很接近，这些地区的植被中主要为枣科、菊科、禾本科及麻黄等，年平均气温 4~12℃，年降雨量 30~150mL，由此说明本区全新世的气候环境可能与该地区类似。

在吐拉盆地车尔臣河中上游第四纪河流冲积物中采集了 2 个热释光测年样，其中 6-2 号样年龄为 (10.67 ± 0.86) ka，6-3 号样年龄为 (3.99 ± 0.31) ka。根据测年结果并结合植物孢粉化石，确定其时代为全新世中—晚期。

6. 全新世洪积（Qh^{pl}）

该组分布于图区的东南角以及吐拉盆地的山前河谷出口处,面积约 $78km^2$。其平面上呈由河口向盆地撒开的扇状体。

沉积物为混杂堆积的砾石层,砾石成分各地均不相同,因各地母岩而异。砾径大小不一,一般 3～20cm,大的达 50～70cm,小的仅 2～5mm;砾石磨圆度极差,多呈棱角状,少数呈次棱角状;砾石排列无序。砾间充填有大量的泥质。

总体由扇根向扇端,砾石砾径逐渐变小,磨圆度变好,粗大砾石逐渐减少。扇根部位可见大量原地基岩碎块,至扇端部位砾石层中夹少量含砾砂质透镜体。

7. 全新世湖泊沉积（Qh^l）

该组呈碟状分布于甘泉河—五泉包一带戈壁滩的低洼地带,面积约 $82\ km^2$,厚 0～20m。由浅黄色、灰黄色粉砂质泥层、含粉砂质泥层及泥质层构成,水平纹层发育。由湖泊边缘向湖心沉积物颗粒逐渐变细,粉砂质逐渐减少,泥质逐渐增加。

产丰富的植物孢粉,有裸子植物花粉:松属（$Pinus$）,云杉属（$Picea$）,麻黄属（$Ephedra$）;被子植物花粉:柳属（$Salix$）,桦属（$Betula$）,胡桃属（$Juglans$）,三孔沟粉属（$Tricolporopollenites$）,藜属（$Chenopodium$）,蒿属（$Artemisia$）,菊科（$Compositae$）,管花菊粉属（$Tubulifioridites$）,苋科（$Amaranthaceae$）,禾本科（$Gramineae$）,黑三棱属（$Sparganium$）。其中草本被子植物花粉占绝对优势,有 $Chenopodium$,$Artemisia$,$Amaranthaceae$,$Gramineae$,$Sparganium$ 等,这一组合是新近纪上新世—第四纪的重要组合。该组合中指示干旱气候的植物也有相当数量,它们有:裸子植物 $Ephedra$;草本被子植物 $Chenopodium$,$Chenopodium$,反映当时为干旱气候环境。

8. 全新世沼泽沉积（Qh^f）

该组呈长椭圆状分布于吐拉盆地的低洼部位,面积约 $105km^2$。沉积物为灰色粉砂质及黑色含炭质淤泥,表面水草茂盛。

9. 全新世风成堆积（Qh^{eol}）

该组呈不规则状分布于塔里木盆地中,面积约 $510km^2$,覆盖于晚更新世—全新世冲洪积层之上,厚 0～100m。

堆积物成分单一,颗粒均一,主要由石英细—粉砂组成。风成波痕、沙纹交错层理发育,砂粒表面见星月型撞击痕,偶见溶蚀痕。地貌上呈风成沙丘,主要由新月形沙丘和波状沙丘叠置而成。单个沙丘高 0.5～5m,波长 3～20m,迎风面坡角较缓,一般 10°～15°;背风面坡角较陡,一般 15°～20°。

第三章 岩 浆 岩

研究区岩浆岩出露范围甚广，主要分布在托库孜达坂山—木孜鲁克山及阿尔金山一带，以托库孜达坂山—木孜鲁克山呈向北凸起的弧形带状分布、阿尔金山区为北东向长条形星点状分布为特征，出露面积约 $1500km^2$，占总面积的 10% 左右。前人研究程度极低，基本为空白区。

从四堡期到震旦期、加里东期、华力西期、印支期、燕山期都有岩浆活动。岩石类型出露较齐全，从超镁铁质、镁铁质岩—基性、中性、中酸性、酸性侵入岩—基性、中性、中酸性、酸性火山岩均有出露（图3-1）。根据目前所取得的同位素年龄值，结合野外地质特征，将其划分为9个时代，包括1个岩群（蛇绿岩）、2个蛇绿杂岩带、7个花岗质岩浆演化序列及1个独立岩体。具体见岩浆岩谱系单位及时代划分表（表3-1）。

表 3-1 岩浆岩谱系单位及时代划分表

时代	序列、混杂岩	岩石单元、组	代号	岩 性	同位素年龄（Ma）
J_1	青塔山岩体	石英闪长岩单元	$J_1Q\delta o$	细粒角闪石石英闪长岩	UP-zi 186±0.3
T_1	木孜鲁克序列	二长花岗岩单元	$T_1M^3\eta\gamma$	中细粒黑云母二长花岗岩	
		花岗闪长岩单元	$T_1M^2\gamma\delta$	片麻状细中粒黑云母花岗闪长岩	UP-zi 204±3.2
		英云闪长岩单元	$T_1M^1\gamma o$	浅色中细粒黑云母英云闪长岩	UP-zi 242±5.9
P_3	箭峡山序列	二长花岗岩单元	$P_3J^4\eta\gamma$	中细粒黑云母二长花岗岩	
		二长花岗岩单元	$P_3J^3\eta\gamma$	粗中粒黑云母二长花岗岩	
		花岗闪长岩单元	$P_3J^2\gamma\delta$	细中粒（角闪石）黑云母花岗闪长岩	
		英云闪长岩单元	$P_3J^1\gamma o$	中细粒角闪石黑云母英云闪长岩	UP-z 253±4
P_1	秦布拉克序列	花岗闪长岩单元	$P_1Q^4\gamma\delta$	细中粒角闪石黑云母花岗闪长岩	UP-zi 285±0.6
		英云闪长岩单元	$P_1Q^3\gamma o$	中细粒角闪石黑云母英云闪长岩	
		石英闪长岩单元	$P_1Q^2\delta o$	细粒黑云母石英闪长岩	
		闪长岩单元	$P_1Q^1\delta$	细粒暗色闪长岩	
	横条山—岩碧山蛇绿混杂岩		$P_1O\Phi$	蛇纹岩、辉长岩、玄武岩	
C_2	其格勒克序列	花岗闪长岩单元	$C_2Q^3\gamma\delta$	细粒斑状黑云母花岗闪长岩	
		英云闪长岩单元	$C_2Q^2\gamma o$	粗中粒黑云母英云闪长岩	UP-zi 313±0.9
		英云闪长岩单元	$C_2Q^1\gamma o$	细粒角闪石黑云母英云闪长岩	UP-zi 327±1.4
C_1	野鸭湖序列	二长花岗岩单元	$C_1Y^5\eta\gamma$	细中粒黑云母二长花岗岩	
		二长花岗岩单元	$C_1Y^4\eta\gamma$	中粗粒（角闪石）黑云母二长花岗岩	UP-zi 353±6.5
		花岗闪长岩单元	$C_1Y^3\gamma\delta$	粗中粒（角闪石）黑云母花岗闪长岩	
		英云闪长岩单元	$C_1Y^2\gamma o$	细中粒角闪石黑云母英云闪长岩	
		石英闪长岩单元	$C_1Y^1\delta o$	石英闪长岩	
	木孜鲁克—叶桑岗蛇绿混杂岩		$C_1O\Phi$	蛇纹岩、单斜辉橄岩、单斜辉石岩	

续表 3-1

时代	序列、混杂岩	岩石单元、组	代 号	岩 性	同位素年龄(Ma)
O_3	艾沙汗托海序列	正长花岗岩单元	$O_3A^4\xi\gamma$	细粒黑云母正长花岗岩	
		二长花岗岩单元	$O_3A^3\eta\gamma$	细粒云英岩化黑云母二长花岗岩	
		二长花岗岩单元	$O_3A^2\eta\gamma$	细中粒(少斑状)黑云母二长花岗岩	UP-zi 445±5.9
		花岗闪长岩单元	$O_3A^1\gamma\delta$	中细粒黑云母花岗闪长岩	
Z_2	哈底勒克序列	二长花岗岩单元	$Z_2H^3\eta\gamma$	中细粒黑云母二长花岗岩	
		花岗闪长岩单元	$Z_2H^2\gamma\delta$	细中粒角闪石黑云母花岗闪长岩	RS-w 575
		英云闪长岩单元	$Z_2H^1\gamma o$	中粒角闪石黑云母英云闪长岩	
Jx_2	木纳布拉克蛇绿混杂岩	卡子岩群上组	Jx_2K^2	基性熔岩、深海沉积物	SN-w 924,946
		卡子岩群下组	Jx_2K^1	变质橄榄岩、堆积杂岩、浅色岩	SN-w 1118

注:UP-zi 为锆石铀铅模式年龄;UP-z 为锆石一致性曲线年龄;RS-w 为全岩铷-锶等时线年龄;SN-w 为全岩钐钕模式年龄。

几点说明:

(1) 虽然研究区侵入岩野外特征符合单元—超单元填图方法要求,但由于图幅比例尺较小,高原自然地理条件差,通行条件困难,岩基解体程度较差,不适宜归并超单元,故本图幅采用序列表示,代号为时代加序列第一个字的汉语拼音第一个字母表示,如晚震旦世哈底勒克序列用"Z_2H"表示。

(2) 无人区地名很少,单元名称表示困难,岩体的基本单元采用岩性单元代替,为了避免同一单元中有相同岩性不好区别,则在序列的代号右上角加数字,数字由小到大表示单元由老到新依次排列。如晚奥陶世艾沙汗托海序列中两个二长花岗岩单元,代号分别为"$O_3A^2\eta\gamma$"和"$O_3A^3\eta\gamma$",前者为较老单元,后者为较新单元。

第一节 蛇 绿 岩

研究区共发现具有蛇绿(混杂)岩特征的构造岩带 3 条,即阿尔金南缘蛇绿构造混杂岩带的木纳布拉克蛇绿岩、木孜鲁克—叶桑岗蛇绿构造混杂岩带的叶桑岗蛇绿混杂岩及横条山—岩碧山蛇绿构造混杂岩带的岩碧山蛇绿混杂岩。其中木纳布拉克的蛇绿岩分布范围最广,组成的岩石单元出露最全。叶桑岗蛇绿岩和岩碧山蛇绿岩均呈小构造透镜体状分布(长一般百余米,宽仅几十米),组成的岩石单元出露不全,但从区域地质特征及构造背景等分析,它们都具有蛇绿岩的某些基本特征。叶桑岗蛇绿岩和岩碧山蛇绿岩由于呈构造残片出现,无法恢复其原始层序,不宜建组,在地质图上暂以时代加代号表示(如叶桑岗蛇绿岩为 $C_1O\Phi$)。

一、木纳布拉克蛇绿岩

(一) 地质特征

木纳布拉克蛇绿混杂岩带分布在阿尔金山南缘断裂带的北侧,呈北西(290°)—南东(110°)方向展布,往北东东方向延伸至吐拉北侧,出露长约 24km,宽约 6km,总面积 102km² 左右。目前共发现超镁铁质—镁铁质杂岩体 4 处,其中以木纳布拉克超镁铁质杂岩体最大(约 35km²),组成蛇绿岩下部岩石的主体部分,《新疆地质志》称其为境内最大的蛇绿混杂岩体,岩石单元出露最全;后三者均为较小的镁铁质岩体。

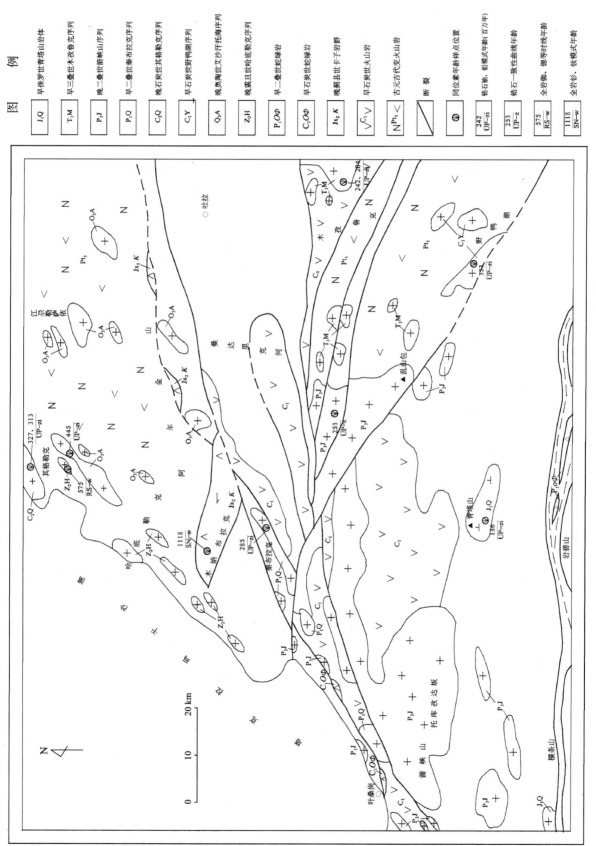

图3-1 岩浆岩分布图

木纳布拉克蛇绿混杂岩带主要受两条北西西向背冲式逆冲断裂控制，混杂岩带内部构造极为复杂，早期为向北东东倾斜的断片组成叠瓦式构造式样，后来又受近东西向的韧脆性右旋剪切带和晚期北东向构造的破坏，致使蛇绿岩中各组成单元及围岩的原生层序遭到严重破坏，蛇绿岩中的岩石单元呈断块（或构造包体）无序地分布在基质（陆壳岩石）中，均为构造接触，无法恢复其原始层序，相当于"构造-混杂岩类"。根据蛇绿岩组成单元的特点和蛇绿混杂岩带填图等级体制划分原则，本图幅将其统称为卡子岩群，下部洋壳组成的岩石（包括超镁铁质—镁铁质岩、浅色岩）称为卡子岩群下组，上部洋壳组成的岩石（包括基性熔岩、深海沉积物）称为卡子岩群上组，两者在地质图上分别以 Jx_2K^1、Jx_2K^2 表示（图3-2）。

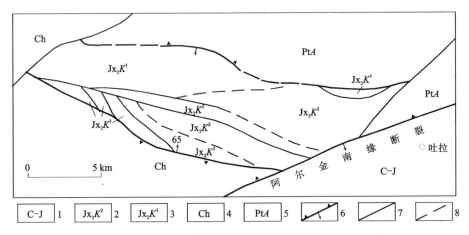

图3-2 木纳布拉克蛇绿岩分布图

1.石炭—侏罗系；2.上蓟县统卡子岩群上组；3.上蓟县统卡子岩群下组；
4.长城系；5.古元古界阿尔金群；6.主干逆冲断裂；7.断裂；8.推测断裂

蛇绿岩中的超镁铁质岩石在地貌上大多呈负地形，远观以灰黑色为特征。各组成岩石单元因受强烈的构造作用影响，构造无序，原始层序无法恢复，大致由超镁铁岩残片、镁铁质岩残片、浅色岩残片和基性熔岩＋深海沉积物残片组成（图3-3）。

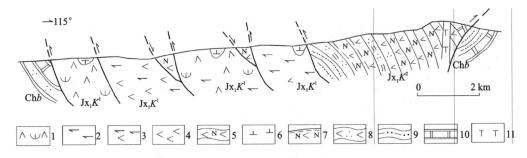

图3-3 木纳布拉克蛇绿岩剖面

Chb.长城纪什库尔干岩群贝克滩组；Jx_2K.蓟县纪卡子岩群；1.蛇纹岩化方辉橄榄岩；2.辉石岩；3.辉石角闪岩；
4.角闪岩；5.斜长角闪岩；6.闪长岩；7.斜长角闪片岩；8.角闪石英片岩；9.二云片岩；10.大理岩；11.石英正长岩

超镁铁质岩以蛇纹岩化的方辉橄榄岩（或蛇纹岩）为主，纯橄榄岩和二辉橄榄岩少见。构造变形主要为脆性剪切破碎变形作用，劈理和挤压面理极为发育。在遭受强烈的构造应力作用和变形变质后，含 H_2O 较高的超镁铁质岩石发生了风化蚀变，大多为蛇纹岩、滑石片岩，其岩石结构、构造以及原岩的成分面貌全非，野外很难辨别出其岩石类型，宏观上总体色调呈灰绿—墨绿色。在挤压强烈的地段，糜棱面理发育，岩石有滑感，较松软，呈浅灰色—黄绿色。超镁铁质岩中常见有辉石岩、闪长岩、斜长花岗岩等呈透镜体分布，形成眼球状构造，具左旋剪切指示特征（图3-4）。

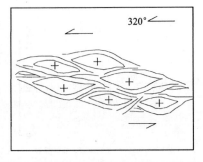

图3-4 超镁铁岩中斜长花岗岩透镜体

（见于1313-6地质点）

镁铁质岩较发育,以堆积橄榄岩、角闪辉石岩、辉石角闪岩为主,呈灰色、灰绿色,普遍见有透辉石化、阳起石化、葡萄石化等蚀变。辉长岩(已蚀变成透闪石岩)、辉绿岩墙极不发育,甚至缺失,此为木纳布拉克蛇绿岩的特征之一。

中酸性浅色分异物以闪长岩、暗色闪长岩为主,斜长花岗岩次之,一般零星分布在超镁铁质—镁铁质岩中,与其呈侵入接触或构造接触。

基性熔岩(枕状玄武岩)较发育,主要分布在超镁铁质岩中或附近或混杂在基质岩石中,由于变形变质程度较深,岩石全为斜长角闪岩,原生结构、构造在野外很难辨认。难以确定基质部分是否有块状玄武岩。常见有绿泥石化、帘石化、钠长石化、碳酸盐化、葡萄石化和硅化。

由于构造肢解,上部洋壳的深海沉积物中至今未发现放射虫硅质岩,仅有方解石大理岩。大理岩中常见有密集的泥质条带或纹层,反映较深海沉积环境。

蛇绿岩的上述地质特征与 Mores(1982)扩大的蛇绿岩组合概念相似。本节只就蛇绿岩建造部分的特征进行讨论。

(二) 岩石学特征

木纳布拉克蛇绿岩由于受构造肢解或俯冲下插消亡等作用的影响,岩石组合以缺失上部放射虫硅质岩、中部二辉橄榄岩和席状辉绿岩墙为特征。原生的岩石组合层序受到严重破坏,但各组成单元均有不同程度的保留,经恢复后的蛇绿岩建造(套)层序从下而上有:蛇纹岩化、滑石化、碳酸盐化超镁铁质岩(方辉橄榄岩、辉橄岩)—堆积橄榄岩,层状辉石(长)岩、角闪辉石岩、辉石角闪岩、角闪岩—(蚀变、暗色)闪长岩,斜长花岗岩等浅色分异物—基性熔岩(枕状玄武岩)。

1. 超镁铁质岩

超镁铁质岩岩石种类主要为方辉橄榄岩,经蚀变后有蛇纹岩、(弱)蛇纹石化方辉橄榄岩、弱滑石化方辉橄榄岩、强碳酸盐化方辉橄榄岩。岩石多呈灰绿色、墨绿色,粗粒自形晶、变余自形晶、变余粒状、交代残余、交代假象等结构,块状构造。蚀变较弱的方辉橄榄岩,主要由橄榄石(65%～71%)、斜方辉石(23%～26%)组成,其次有蛇纹石、滑石、铬尖晶石(<1%)、铬铁矿(<1%)、磁铁矿(1%～2%)等。橄榄石无色,平行消光,干涉色高(二级末),偶见双晶,(+)2V 较大(>0°),为镁—铁橄榄石系列。斜方辉石,无色,干涉色低,最高不超过一级黄,见聚片双晶,正延性,属顽火辉石,解理纹受应力作用影响,有弯曲或错断现象,说明岩石经历了塑性变形。蚀变较强的岩石中蛇纹石高达 75%～95%、滑石 5%～25%,个别岩石中方解石高达 25%。蛇纹石一般无色,叶片状、细粒状集合体,平行消光,干涉色一级灰白,沿解理方向为正延性,属磷蛇纹石。方解石呈晶质脉状定向分布,而叶片状、纤状蛇纹石则垂直方解石脉生长,为应力作用的结果。

2. 镁铁质堆积岩

(1) 橄榄辉石岩

岩石蚀变后有碳酸盐化蛇纹石化橄辉岩、蚀变的橄榄辉石岩、强蛇纹石化(橄榄)辉石岩。岩石呈灰绿色,变余粒状结构,块状、堆积构造,大多蛇纹石化。造岩矿物主要有:蛇纹石(15%～50%)、斜方辉石(10%～40%)、橄榄石(5%～10%),部分岩石出现少量透闪石(10%)、方解石(1%～35%)、滑石(微～10%)、磁铁矿(5%)、黄铁矿(1%～2%)等。斜方辉石无色,柱状切面为平行消光,蛇纹石化后可以观察到解理残迹,负延性,2V 较大。橄榄石无色,粒状或短柱状,无解理,见裂纹。

(2) 橄榄角闪辉石岩

岩石呈深灰色,粗中粒自形—半自形粒状结构,块状构造。主要矿物成分有单斜辉石(≤50%)、普通角闪石(≥22%)、橄榄石(≤10%)和少许黑云母。次生蚀变有滑石化(5%)、阳起石化(10%)。单斜辉石被滑石交代后呈假象轮廓,蛇纹石化很少见。角闪石部分被阳起石所取代。

(3) 角闪辉石岩

岩石呈灰黑色,半自形晶结构,块状构造。主要由单斜辉石或透辉石(51%~52%)、普通角闪石(43%~45%)、斜长石(1%~5%)、黑云母(3%)组成。透辉石和普通角闪石呈半自形柱状、板柱状晶体;透辉石无色,可见一组或两组近正交解理,$Ng' \wedge C = 38° \sim 40°$。普通角闪石镜下呈淡绿色,可见一组或两组角闪石式解理,多色性:Ng'绿色,Nm'浅绿色,Np'很浅淡绿色,$Ng' \wedge C = 18° \sim 22°$。黑云母 Ng' 暗褐色,Np' 浅黄色,$Ng' = Nm' > Np'$。

(4) 辉石岩

岩石主要呈浅灰绿色,等粒半自形晶结构,块状构造。主要由透辉石(77%)、黑云母(12%)、普通角闪石(≤10%)及少量斜长石(≥1%)组成。黑云母晶片分布不均匀,往往是以条带状断续定向分布在透辉石、角闪石之间。斜长石星点状填充于暗色矿物之间隙中。透辉石可见一组解理或两组近于正交解理,$Ng' \wedge C = 40° \sim 50°$。普通角闪石 $Ng' \wedge C = 23° \sim 25°$。黑云母 $Ng' = Nm' > Np'$。

(5) 透闪石岩

由于蛇绿岩各单元组分均普遍遭受强烈蚀变,斜长石及辉石常被绢云母、阳起石、绿泥石、透闪石等不均匀替代,其原岩成分、结构完全消失。透闪石岩很可能为辉长岩类蚀变而来。岩石呈淡灰色,柱粒状变晶结构,块状构造。主要由透闪石、阳起石、绿泥石、铬铁矿组成,见微量的辉石残余颗粒。透闪石为无色纤柱状,细小柱粒状,作定向排列分布。绿泥石分布不均匀呈团状出现。

(6) 辉石角闪岩

岩石呈灰绿色,半自形粒状、嵌晶结构,块状构造。矿物成分主要由普通角闪石(45%)、透闪石(38%)、斜长石(<10%)、黑云母(3%)等组成。普通角闪石柱状、柱粒状,颜色较浅,$Ng' \wedge C = 23° \sim 25°$,包裹有透辉石晶体构成嵌晶结构。透辉石柱状、柱粒状,具弱多色性,$Ng' \wedge C = 40° \sim 45°$。黑云母定向不均匀分布,$Ng' = Nm' > Np'$。斜长石晶体粗大,为他形晶,$Np = 1.5614$,$An = 82$。

(7) 斜长黑云角闪岩

岩石呈浅黄色,筛状变晶、柱粒状变晶结构,块状构造。由斜长石(45%)、普通角闪石(27%)、黑云母(23%)、单斜辉石(1%~2%)组成。角闪石、斜长石粒径粗大,一般都大于5mm。角闪石属棕褐色种属,略带淡绿。斜长石双晶纹宽而少,$Np' = 1.5505$,$An = 44 \sim 45$。单斜辉石无色,可能为透辉石。

(8) 弱硅化角闪岩

岩石呈暗灰色,变余中粒半自形结构,块状构造。几乎全由半自形柱状、板柱状普通角闪石组成。受次生蚀变交代作用,显晶质石英呈细脉交代角闪石、斜长石。普通角闪石多色性明显,Ng' 深蓝色,Nm' 黄绿色,Np' 浅黄绿色,吸收性 $Ng' \geq Nm' > Np'$,$Ng' \wedge C = 15° \sim 16°$。

3. 浅色岩分异物

(1)(暗色)闪长岩

岩石多呈暗灰绿色,普遍遭受蚀变,与超镁铁质岩共生,呈脉状体或团块状分布。具变余自形粒状、半自形粒状结构,块状构造。矿物成分由中性斜长石($An32 \sim 42$)、普通角闪石组成,副矿物有磁铁矿、磷灰石等。斜长石多蚀变成为绢云母、黝帘石。角闪石具绿泥石化。

(2) 斜长花岗岩

斜长花岗岩多呈团块出现在超镁铁质岩中,变形变质强烈,为初糜棱岩化斜长花岗岩。岩石呈灰白色,糜棱片理发育。主要由斜长石、石英、黑云母组成,含少量钾长石、角闪石。副矿物有磁铁矿、钛铁矿、锆石、磷灰石。

4. 基性熔岩

基性熔岩(枕状玄武岩)遭受中、深变质后为斜长角闪岩、角闪片麻岩,此为木纳布拉克蛇绿岩的特征之一。原岩结构、构造、物质成分全部发生改变,但它们常与超镁铁质岩石共生。多种岩石化学图解表明其为正变质岩。岩石多呈淡灰绿色,柱粒状变晶结构,片状、片麻状构造。主要由普通角闪石、基性斜长石(An55~59)组成。常见有绢云母化、绿泥石化、帘石化、葡萄石化,部分岩石的破碎裂隙或片理中经常有葡萄石细脉穿插。

5. 岩石的变质作用

由于遭受大洋区早期热变质作用及后期造山作用产生的动力热变质作用的叠加,能干性差的超镁铁质岩—镁铁质岩石易破碎,经过大洋热水作用及风化蚀变,岩石结构、构造发生改变,矿物成分发生变化,生成新的变质矿物。

超镁铁质岩均有不同程度的蛇纹石化、绢石化、绿帘石化,岩石内的透闪石、滑石、绿泥石、碳酸盐岩等蚀变矿物常见。

镁铁质岩主要有透辉石化、透闪石化、阳起石化、绿泥石化、方解石化。

浅色岩常见有绿泥石化、绢云母化、阳起石化、黝帘石化、葡萄石化等。

基性熔岩蚀变矿物有蛇纹石、葡萄石、帘石等。

上述岩石的变质作用特征与Coleman R G(1977)对蛇绿岩研究的变质作用特征相似。根据其变质矿物组合和生成顺序,可将木纳布拉克蛇绿岩划分为葡萄石-绿纤石相、绿片岩相、低角闪岩相3个变质相,代表着岩石由大洋热水变质作用—俯冲变质作用的渐变过程。玄武岩的葡萄石化现象,据Goodge J W(1990)研究,代表发生于洋脊环境的大洋热水变质作用,具有重要的环境指示意义。

(三)岩石重矿物特征

方辉橄榄岩中重矿物组合较简单,含量低,以铬铁矿、磷灰石、锆石、金红石为主,含微量的方铅矿、黄铁矿(表 3-2)。

表 3-2 岩石重矿物组合分析结果(g/t)

序列(岩体)	岩性	钛铁矿矿物类					稀有、稀土、放射性矿物类					金属硫化物类		蚀变及其他矿物类	
		磁铁矿	钛铁矿	榍石	褐铁矿	宇宙尘	锆石	磷灰石	独居石	褐帘石	磷钇矿	黄铁矿	方铅矿	石榴子石	绿帘石
青塔山岩体	石英闪长岩	8.34	25.01				8.34	25.01		0.01				0.01	0.01
木孜鲁克	花岗闪长岩	0.07	0.2	112.5			0.75	2.5		10		0.03			0.15
	英云闪长岩	0.01	0.03	37.5			0.75	2.5				0.03			0.2
箭峡山	英云闪长岩	0.4	0.2				0.4	0.6	0.6	0.4		黑电气石0.16		60	
秦布拉克	花岗闪长岩	0.01		7.5	1.25		1.25	10		7.5		0.01		5	
其格勒克	英云闪长岩	1417	5	16.67			0.33	33.34	0.33			0.01	0.01	1.67	1000.2
	英云闪长岩	500.1	16.67	10			3.33	16.67		5				0.03	
野鸭湖	二长花岗岩	0.03	0.01		100	0.02	1.25	0.5		40		0.03		0.01	2.5
	二长花岗岩	0.03		5			5	0.04		5		0.1		0.03	2.5
	花岗闪长岩	0.05	0.02		0.75	0.01	1	2		7.5		0.15			37.5
	英云闪长岩	0.01	100	0.13			0.01	12.5	0.25			0.03			
艾沙汗托海	二长花岗岩	0.01	0.01	毒砂 0.01			0.1	0.5	0.5		0.01	0.1		2375	
	二长花岗岩	0.01					0.1	1.25	12.5			0.01		650	
	花岗闪长岩	0.03	3.75				0.03	0.1	30	1		黑电气石6.25		0.03	112.5
木纳布拉克蛇绿岩		铬铁矿10		金红石0.01			0.02	0.1				0.01	0.01		

铬铁矿:他形颗粒,少数半自形八面体;粒度大者可达 0.4mm。

磷灰石：六方柱状，柱长可达 0.4mm；无色—淡黄色，透明。

锆石：双锥柱状至短柱状，个别针状，柱长≤0.2mm；无色及微带褐色，晶体清晰透明。

（四）岩石地球化学特征

1. 超镁铁质岩岩石化学特征

木纳布拉克蛇绿岩中的超镁铁质岩岩石化学分析结果、CIPW 标准矿物成分及部分特征参数值见表 3-3 中的 1～4 号样。从表中可以看出，该区的超镁铁质岩岩石化学成分与世界典型同类岩石十分相似，同刘若新计算出的我国地槽 A 型超镁铁质岩及北疆塔克札勒等地蛇绿岩中的超镁铁质岩岩石化学成分也非常接近。

表 3-3 木纳布拉克蛇绿岩中超镁铁—镁铁质岩岩石化学成分(%)及特征参数

序号	样号	岩性	SiO_2	TiO_2	Al_2O_3	Cr_2O_3	Fe_2O_3	FeO	MgO	MnO	NiO	CoO	CaO	Na_2O	K_2O	SO_3	P_2O_5	灼失
1	907-1	蛇纹岩	37.98	0.01	0.61	0.341	4.71	2.33	39.32	0.12	0.232	0.012	0.93	0.04	0.01		0.11	0.01	13.34
2	920	方辉橄榄岩	39.25	0.01	0.50	0.362	4.32	2.92	39.57	0.11	0.241	0.012	0.64	0.03	0.01		0.11	0.01	11.79
3	1313-2	辉橄岩	42.43	0.03	0.75	0.436	1.16	6.77	42.82	0.11	0.243	0.012	0.60	0.03	0.03			0.02	4.00
4	1313-4	橄榄角闪辉岩	44.83	0.09	2.79	0.311	2.09	3.77	28.98	0.09	0.162	0.008	7.98	0.19	0.03			0.03	8.03
5	1117-2	辉石角闪岩	49.11	0.71	6.61	0.034	0.93	4.60	13.77	0.14	0.014	0.004	14.96	0.62	3.72			0.81	2.38
6	1306-2	角闪辉石岩	48.92	0.94	8.35	0.094	0.78	6.65	12.16	0.14	0.024	0.006	17.87	1.01	0.47	0.72	0.06	1.38

序号	CIPW 计算标准矿物											特征参数					
	Or	Ab	An	Fa	Fo	Fs	En	Wo	Cm	Il	Mt	Ap	B/S	M/F	2Ca/B	M/(M+F)	M/MF	K_2O/Na_2O	h
1		0.52	1.67	14.06	121.14	16.13	20.27	0.58	0.67	0.15	1.6		1.75	10.41	3.1	0.86	0.91	0.25	0.65
2		0.52	1.11	2.04	101.02	0.53	26.50	0.81	0.45		6.25		1.70	10.16	2.0	0.85	0.91	0.33	0.57
3		0.52	1.39	0.41	104.96		23.08	1.39	0.45		6.95		1.71	9.69	1.8	0.85	0.91	1.00	0.13
4		1.57	6.68	3.67	51.50	2.50	35.43	13.70	0.45	0.15	3.01		1.35	9.13	28.2	0.84	0.97	0.16	0.33
5	21.70	2.10	4.45	4.28	19.56	3.96	20.38	27.06	1.7	1.37	1.39	2.02	1.15	4.39	57.0	0.71	0.82	6.00	0.16
6	2.78	7.6	16.97	5.3	13.79	6.73	20.48	29.62	0.67	1.82	1.16	0.34	1.17	2.88	67.3	0.62	0.75	0.47	0.10

在 $MgO\text{-}CaO\text{-}Al_2O_3$ 和 FAM 图解中，1、2、3 号样落在变质橄榄岩区，4 号样落在超镁铁质堆积岩区（图 3-5、图 3-6），明显地看出超镁铁质岩中大多数为变质橄榄岩，少数为超镁铁质堆积岩。

在 Ringwood(1975) $TiO_2\text{-}Cr_2O_3\text{-}P_2O_5$ 图解中变质橄榄岩位于上方，是超镁铁质岩中最富镁、富铬和贫铁、铝、钙、碱质、钛、磷的岩类。B/S（岩石的基性度）比值为 1.7～1.75；M/F（岩石镁铁比）比值为 9.69～10.41；M/MF 比值为 0.85～0.86；2Ca/B 比值为 1.8～3.1，均表明属高基性度、镁质方辉橄榄岩—方辉橄榄岩岩石类型，这些均与岩石特征相吻合。M/F 比值均大于 6.5(9.69～10.41)，以镁质超基性岩为主。在 $Cr_2O_3\text{-}NiO$ 图解中（图 3-7），样点均落在 A 区，表明超镁铁质岩属于阿尔卑斯型。

从 $Al_2O_3\text{-}SiO_2$ 及 $(Na_2O+K_2O)\text{-}SiO_2$ 关系图中可以判读出超镁铁质岩具有贫铝贫碱的特点（图 3-8、图 3-9）。从表 3-2 中可以看出超镁铁质岩普遍贫 CaO（均<1%）、NiO 含量较高（>0.2%）。

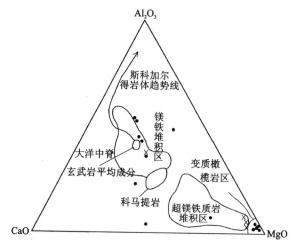

图 3-5 MgO-CaO-Al$_2$O$_3$ 图解

(据 Coleman R G,1977)

●. 木纳布拉克蛇绿岩；▲. 叶桑岗蛇绿岩；×. 岩碧山蛇绿岩

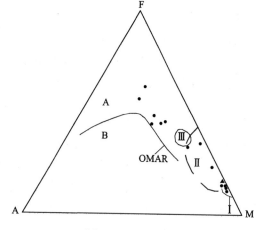

图 3-6 FAM 图解

(据欧文等,1971)

Ⅰ、Ⅱ、Ⅲ. 科尔曼圈定的变质橄榄岩、超镁铁质堆积岩、科马提岩范围；

A. 大洋拉斑玄武岩；B. 非大洋拉斑玄武岩；

OMAR. 大西洋中脊玄武岩；图例同图 3-5

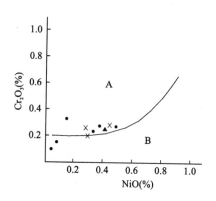

图 3-7 Cr$_2$O$_3$-NiO 相关图

(据 Malpas J 等,1977)

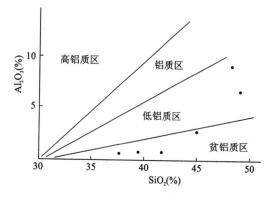

图 3-8 Al$_2$O$_3$-SiO$_2$ 相关图

A. 阿尔卑斯型橄榄岩；B. 层状侵入岩；●. 木纳布拉克蛇绿岩；

▲. 叶桑岗蛇绿岩；×. 岩碧山蛇绿岩

TiO$_2$ 含量为 0.01%～0.03%，在 TiO$_2$-FeO*/(FeO*＋MgO) 图解中（图 3-10），均落在 A 区左下角，为高钛蛇绿岩。h（氧化度）值多数大于 0.5，说明超镁铁质岩氧化度较高，岩石已受到较强的蚀变。

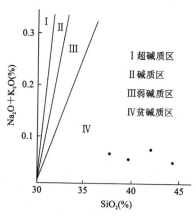

图 3-9 (Na$_2$O＋K$_2$O)-SiO$_2$ 相关图解

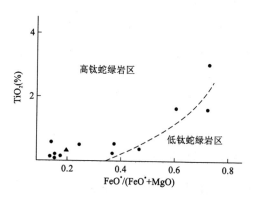

图 3-10 TiO$_2$-FeO*/(FeO*＋MgO) 图解

(据 Serri G,1981)

●. 木纳布拉克蛇绿岩；▲. 叶桑岗蛇绿岩

CIPW 计算出现 11 种标准矿物,以橄榄石、辉石为主,其中镁橄榄石远大于铁橄榄石含量,顽火辉石含量远大于铁辉石,钙长石含量高,钠长石含量低,无钾长石出现,普遍含有铬铁矿、磁铁矿。上述表明原岩的化学成分为超镁铁质岩。

综上所述,木纳布拉克蛇绿岩中的超镁铁质岩具高镁、低硅、低碱、低铝的特点,属贫铝、贫碱的镁质—镁铁质超基性岩。

2. 镁铁质岩岩石化学特征

镁铁质岩的岩石化学成分及 CIPW 标准矿物含量、部分特征参数见表 3-3。表中显示镁铁质岩(序号为 5、6 号样)的 Ca、Al、全碱均较高,为正常系列的钙碱性岩石。

M/F 值大于 2 且小于 6.5,表明辉石角闪岩、角闪辉石岩属镁铁质岩石。MgO 含量较高,全铁相对较低。h 值较低,均小于 $0.2(0.1\sim0.16)$,Fe^{2+} 大于 Fe^{3+},表明镁铁质岩的氧化度较超镁铁质岩要低。

Serri G(1981)曾根据镁铁质岩石中 TiO_2 含量将蛇绿岩分成高钛型和低钛型,认为前者形成于大洋环境,后者形成于边缘海早期,测区的镁铁质岩石均为高钛蛇绿岩(图 3-10)。

镁铁质岩的 CIPW 计算值出现 14 种矿物(表 3-3),浅色矿物有正长石、钠长石、钙长石及似长石类的霞石,以钙长石、正长石含量较高,与岩石化学成分中的 Na_2O、K_2O 含量较高有一定的关系。暗色矿物出现硅灰石、顽火辉石、铁辉石及镁橄榄石、铁橄榄石,前者含量较高,其中硅灰石在岩浆中往往以顽火辉石与铁辉石组成透辉石,这与镁铁质岩强烈蚀变有关。副矿物普遍出现磁铁矿、钛铁矿及磷灰石等。

在 Mac Donaid 等的 (Na_2O+K_2O)-SiO_2 图解(图 3-11)以及 Miyashiro(1975)的 FeO^*-FeO^*/MgO、SiO_2-FeO^*/MgO、TiO_2-FeO^*/MgO 等图解(图 3-12)中,样品一部分落在钙碱性区,一部分落在拉斑玄武岩区。综合分析该区的镁铁质岩应属拉斑玄武质,图解中的差异性应与岩石遭受交代作用导致化学成分发生改变有关,并不代表原始岩浆成分的变化。

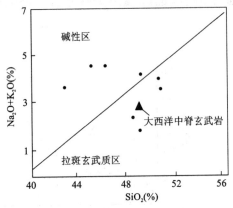

图 3-11 (Na_2O+K_2O)-SiO_2 图解

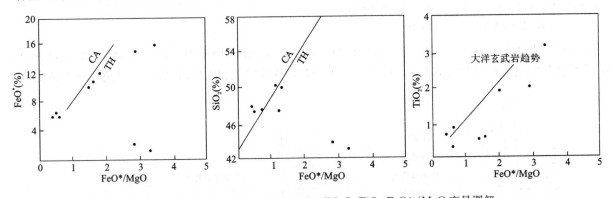

图 3-12 FeO^*-FeO^*/MgO、SiO_2-FeO^*/MgO、TiO_2-FeO^*/MgO 变异图解

CA.钙碱系列;TH.拉玫王系列

3. 浅色岩岩石化学特征

浅色岩仅在闪长岩类岩石中取得岩石化学分析结果(见表 3-4 中 7、8 号样)。在 MgO-CaO-Al_2O_3 三角图解(图3-5)中,闪长岩类岩石全部落在镁铁质堆积岩区,表明研究区的浅色岩类是木纳布拉克蛇绿岩的组成单元。

表3-4 木纳布拉克蛇绿岩中浅色岩和基性熔岩岩石化学成分(%)及标准矿物

序号	样号	岩 性	SiO_2	TiO_2	Al_2O_3	Fe_2O_3	FeO	MnO	MgO	CaO	Na_2O	K_2O	P_2O_5	灼失
7	1118-3	闪长岩	51.53	0.43	15.06	1.14	7.7	0.15	7.59	9.76	2.95	0.42	0.04	1.90
8	1306-3	暗色闪长岩	42.02	3.06	14.88	2.35	12.97	0.23	4.62	10.91	2.83	1.05	2.25	0.92
9	1306-4	蚀变闪长岩	46.42	1.97	17.71	2.02	8.60	0.17	6.40	9.93	3.35	0.81	0.22	1.10
10	1306-5	闪长岩	44.81	1.96	16.31	2.42	11.73	0.25	5.19	8.96	3.61	1.27	0.87	0.95
11	1111-4	蚀变斜长角闪岩	48.16	0.21	14.09	1.58	6.25	0.14	11.81	12.07	1.31	1.06	0.02	2.15
12	1115-2	斜长角闪岩	51.69	0.42	14.89	1.50	7.43	0.16	7.63	9.85	3.05	0.41	0.04	1.53

序号	CIPW标准矿物计算值											
	Or	Ab	An	Fa	Fo	Fs	En	Wo	Ap	Mt	Il	Ne
7	2.78	25.16	26.42	2.24	2.39	11.34	17.16	9.18		1.62	0.76	
8	6.12	19.92	24.75	20.17	12.24	4.22	2.81	6.74	5.38	3.47	5.77	2.27
9	7.23	19.92	29.76	12.22	15.76	3.16	4.72	7.43	0.67	3.01	3.79	4.54
10	7.23	21.50	24.75	20.17	13.39	3.69	3.01	6.16	2.02	3.47	3.79	4.83
11	6.12	11.01	29.48	6.72	17.87	5.67	16.66	12.66		2.32	0.46	
12	2.23	25.17	25.87	12.63	18.29	3.83	5.92	9.64		2.08	0.76	0.28

镁、铁比值(M/F)较低,均小于2,说明浅色岩类岩石属铁质岩石,MgO含量相对较低。氧化度(h)较低,小于0.2,说明Fe^{2+}远大于Fe^{3+},表明浅色岩的氧化度较超镁铁质岩低。

在FAM图解(图3-6)和(Na_2O+K_2O)-SiO_2图解(图3-11)及FeO^*-FeO^*/MgO、SiO_2-FeO^*/MgO、TiO_2-FeO^*/MgO图解(图3-12)中,浅色岩类均显示为拉斑玄武质,个别点出现相反的结果与较强的蚀变作用有关。在$FeO^*/(FeO^*+MgO)$-TiO_2图解(图3-10)中,样点全部落在高钛蛇绿岩区,这与超镁铁质—镁铁质岩石相吻合。

CIPW计算出标准矿物有12种,浅色矿物组合以钙长石、钠长石为主,普遍出现似长石类的霞石。暗色矿物组合有镁橄榄石、铁橄榄石、顽火辉石和铁辉石,前二者含量较高。副矿物有磁铁矿、钛铁矿和磷灰石。

4. 基性熔岩岩石化学特征

木纳布拉克蛇绿岩中的基性熔岩由于变质作用很强,现全部蚀变成斜长角闪岩,岩石化学分析结果及CIPW标准矿物见表3-4中11、12号样。在塔尼(1976)TiO_2-SiO_2图解中(图3-13),岩石位于火成岩区;在沃克(1960)MgO-CaO-FeO^*图解(图3-14)中,位于正斜长角闪岩区;在克列麦涅茨基(1979)(Al+TFe+Ti)-(Ca+Mg)图解中,位于基性火成岩及其变种区;而在Lebas等(1989)TAS图解中,投影在B区,为玄武岩。以上充分说明斜长角闪岩是玄武岩变质而成的。

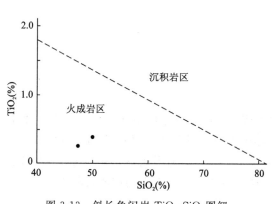

图3-13 斜长角闪岩 TiO_2-SiO_2图解
(据塔尼,1976)

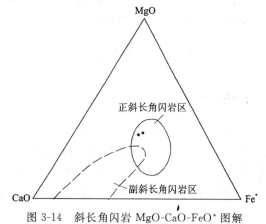

图3-14 斜长角闪岩 MgO-CaO-FeO^*图解
(据沃克,1960)

M/F 值(1.54～2.69)较高,仅次于镁铁质岩(2.88～4.39),说明 MgO 含量高,属镁铁质岩—铁质岩范畴。

h 值很低(0.15～0.19),反映 Fe^{2+} 远大于 Fe^{3+},表明基性熔岩在还原环境下形成。碱质总量(2.37%～3.46%)相对较低,Na_2O 略大于 K_2O,与超镁铁岩、镁铁质岩特征相吻合。

在 FAM 图解(图 3-6)和(Na_2O+K_2O)-SiO_2 图解(图 3-11)及 FeO^*-FeO^*/MgO、SiO_2-FeO^*/MgO、TiO_2-FeO^*/MgO 图解(图 3-12)中,基性熔岩均落在大洋拉斑玄武岩区。

基性熔岩的 TiO_2 含量为 0.21%～0.42%,平均为 0.32%,近似于深海拉斑玄武岩平均含量(0.5%)。如果和浅色岩中的闪长岩类一起讨论,闪长岩类 TiO_2 含量为 0.21%～3.06%(平均1.28%),则接近于岛弧拉斑玄武岩平均含量(1.5%)。在 P_2O_5-TiO_2 图解(图 3-15)上,基性熔岩落于洋中脊玄武岩附近,闪长岩类则分别落在洋中脊玄武岩区和岛弧拉斑玄武岩区。在(Na_2O+K_2O)-SiO_2 图解(图 3-11)中则有一部分落在碱性玄武岩区(A 区),一部分落在拉斑玄武岩区,两者较为吻合,可能反映木纳布拉克蛇绿岩中的基性岩和基性熔岩为增生的洋岛拉斑玄武岩,与夏威夷岛的情况相似,即洋岛发育在洋壳板块之上,其上部为碱性玄武岩,下部为拉斑玄武岩。

在 Pearce J A(1976)F_1-F_2 图解中,基性熔岩落在钙碱性玄武岩区(低钾玄武岩),反映为火山弧玄武岩特征。

在 $Lg\tau$-$lg\sigma$ 图解上(图 3-16)和 Pearce T H et al(Na_2O+K_2O)-Na_2O/K_2O 图解上,基性熔岩均落在造山带玄武岩区(B 区)和岛弧火山岩区。

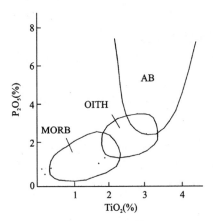 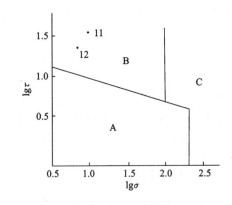

图 3-15　P_2O_5-TiO_2 图解
MORB. 洋中脊玄武岩;AB. 碱性玄武岩;
OITH. 洋岛拉斑玄武岩

图 3-16　$lg\tau$-$lg\sigma$ 图解
(据 Loffler H K,1979)
A. 非造山带火山岩;B. 造山带和岛弧火山岩;C. 由 AB 区派生的偏碱性岩

CIPW 标准矿物有 11 种,其中浅色矿物由钙长石、钠长石、正长石及霞石组成,以钙长石为主。暗色矿物由顽火辉石、铁辉石、镁橄榄石和铁橄榄石组成,另外还有硅灰石出现,说明基性熔岩遭受到蚀变。副矿物主要有磁铁矿和钛铁矿。

(五)岩石地球化学特征

1. 稀土元素特征

由于稀土元素的晶体化学性质相近,在成岩过程中和成岩后的地质作用中均具整体迁移性,根据其间出现的一些微小差异,可以反映不同物化条件和地质环境下成岩过程中的某些不同。就幔岩的主要矿物相来看,重稀土的总分配系数 $D>1$,为相容元素;轻稀土 $D>0.1$,为不相容元素。这样就可以依据稀土元素分配型式的特征,来判别不同岩浆,特别是超镁铁质岩的岩浆成岩作用和成岩环境。

(1) 超镁铁质岩稀土元素特征

超镁铁质岩的稀土元素分量分析结果及部分特征参数列于表 3-5 中(序号为 1～4)。ΣREE 值相当低,通常低于球粒陨石值的1倍以上,说明该区蛇绿岩中方辉橄榄岩、蛇纹岩均来自于幔源物质,属贫稀土元素的超镁铁质岩,为含Na_2O和K_2O极低的正常系列岩石。

表 3-5 木纳布拉克蛇绿岩中超镁铁—镁铁质岩稀土元素丰度($\times 10^{-6}$)及有关参数

序号	La	Ce	Pr	Nd	Sm	Eu	Gd	Tb	Dy	Ho	Er	Tm	Yb	Lu	Y	Σ	ΣCe/ΣY	δEu	δCe	La/Sm	Gd/Yb
1	0.14	0.35	0.05	0.17	0.06	0.02	0.05	0.01	0.06	0.01	0.04	0.007	0.04	0.007	0.15	1.18	2.11	1.20	0.95	2.3	12.5
2	0.35	0.79	0.08	0.15	0.03	0.01	0.03	0.06	0.04	0.01	0.03	0.005	0.03	0.005	0.15	1.72	4.61	0.67	0.89	11.7	1.0
3	0.24	0.42	0.05	0.19	0.05	0.02	0.05	0.01	0.07	0.02	0.05	0.007	0.04	0.006	0.38	1.60	1.53	1.20	0.83	4.8	1.2
4	1.78	3.56	0.48	1.63	0.40	0.15	0.38	0.06	0.36	0.09	0.23	0.037	0.21	0.034	2.20	11.60	2.22	1.31	0.79	4.4	1.8
5	106.4	233.2	28.46	104.9	17.88	4.19	11.90	1.48	5.58	0.91	1.90	0.258	1.30	0.198	22.38	540.95	10.80	0.90	0.87	5.9	9.1
6	9.14	23.35	3.19	15.01	3.96	1.14	4.31	0.70	4.12	0.82	2.20	0.326	1.95	0.270	22.05	92.52	1.51	0.93	0.91	2.3	2.2

注:序号对应的样号同表 3-3。

$\Sigma Ce/\Sigma Y$(轻、重稀土比值)为 1.5~4.61,表明轻稀土富集、重稀土亏损。在稀土元素配分型式图中,不具备典型超基性岩的球粒陨石配分型式,总体为向右倾斜。轻稀土吻合程度较高,而重稀土吻合程度较差,其中 3、4 号样中间族稀土较亏损,蛇纹岩中 Ho 元素严重亏损(图 3-17),其原因可能与地幔交代或者在大洋热水俯冲过程中的变质作用有关。

δEu 值大多接近 1 或大于 1(0.67~1.2),显正异常。但方辉橄榄岩(2 号样点)为 0.67,为较严重的铕亏损,可能是地壳物质进入地幔或被地幔交代作用的结果。δCe 均大于 1(1.0~1.11),为铈正异常。

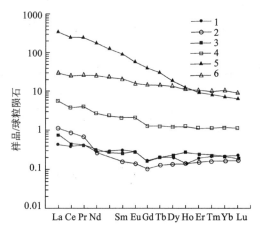

图 3-17 稀土元素配分型式图
图中样品序号对应表 3-5

La/Sm 比值一般较大,Gd/Yb 一般较小(蛇纹岩例外),表明轻稀土分馏程度较高,而重稀土分馏程度低。La_N/Yb_N 比值中等,为 2.2~5.5,与地幔柱洋中脊玄武岩(P-MORB)比值相近(4.3~6.8),说明橄榄岩物质来源较深。

(2) 镁铁质岩稀土元素特征

镁铁质岩稀土元素总量相对较大,远高于超镁铁质岩,最高达 540.9×10^{-6}(表 3-5)。$\Sigma Ce/\Sigma Y$ 值各有不同,辉石角闪岩(5 号样)为 10.8,反映重稀土重度亏损,以轻稀土为主;而角闪辉石岩(6 号样)为 1.51,说明重稀土略有亏损。在稀土配分型式图中,5 号样为向右陡倾斜,6 号样向右缓倾斜(图 3-17)。

δEu 值为 0.93~1.31,为正铕异常或略有铕亏损。δCe 值均接近 1(0.97~0.98),略显铈的负异常。这些与超镁铁质岩的 δEu 和 δCe 特征一致。虽然球粒陨石配分曲线不一致,但 $\Sigma Ce/\Sigma Y$、La/Sm、Gd/Yb、δEu、δCe 等值特征大体相同,总体反映出镁铁质岩与超镁铁质岩的同源性特征。

La_N/Yb_N 比值为 2.8,相当于地幔柱洋中脊玄武岩(P-MORB)与标准洋中脊玄武岩(N-MORB)的过渡类型(1.7~4.3)。

(3) 浅色岩和基性熔岩稀土元素特征

浅色岩(闪长岩)和基性熔岩(变玄武岩)的物质成分相似。它们的稀土元素特征也大体相同,其分析结果及部分特征参数见表 3-6。浅色岩类(7~10 号样点)稀土总量相对较高(48.12~439.87)$\times 10^{-6}$,而基性熔岩(11~12 号样点)只有(14.6~32.49)$\times 10^{-6}$。但普遍高于(个别点例外)超镁铁质—镁铁质岩。

表 3-6　木纳布拉克蛇绿岩中浅色岩和基性熔岩稀土元素丰度($\times 10^{-6}$)及有关参数

序号	La	Ce	Pr	Nd	Sm	Eu	Gd	Tb	Dy	Ho	Er	Tm	Yb	Lu	Y	Σ	ΣCe/ΣY	δEu	δCe	La/Sm	Gd/Yb
7	3.23	7.66	1.18	5.30	1.77	0.64	2.35	0.47	2.99	0.67	1.95	0.319	1.96	0.293	17.32	48.12	0.70	1.07	0.82	1.83	1.20
8	49.49	140.20	18.69	88.23	17.87	4.70	16.88	2.46	13.05	2.56	6.86	0.958	5.69	0.788	71.43	439.87	2.65	0.90	0.96	2.77	2.97
9	12.69	33.78	4.34	20.53	5.15	1.85	5.45	0.85	4.57	0.98	2.67	0.378	2.39	0.332	26.89	122.85	1.76	1.17	0.95	2.46	2.28
10	31.21	87.08	12.27	54.43	11.11	3.29	10.73	1.64	9.19	1.81	5.04	0.720	4.50	0.645	49.95	283.61	2.37	1.00	0.93	2.81	2.38
11	0.99	1.94	0.28	1.37	0.48	0.28	0.78	0.156	0.92	0.21	0.62	0.103	0.63	0.094	5.75	14.62	0.58	1.55	0.78	2.06	1.24
12	2.58	5.38	0.81	3.30	1.08	0.38	1.51	0.28	1.98	0.43	1.34	0.208	1.39	0.209	11.62	32.49	0.71	1.01	0.77	2.39	1.09

注:序号所对应的样号同表 3-4。

ΣCe/ΣY 值浅色岩相对较大(0.7～2.65),在稀土元素配分型式图中,表现为向右缓倾斜或较平缓的曲线;而基性熔岩 ΣCe/ΣY 值则较小(0.58～0.71),表明重稀土相对较富集,在配分型式图中近于平坦型曲线,反映出大洋玄武岩稀土配分型式图的特征(图 3-18)。

δEu 值除 8 号样为 0.9 外,其余均大于 1(1.0～1.55),为正铕异常;δCe 值大多小于并接近 1(0.91～1.0),与超镁铁质—镁铁质岩基本相似。

La_N/Yb_N 比值:浅色岩类为 3.15～4.11,相当于标准洋中脊玄武岩(N-MORB)与地幔柱洋中脊玄武岩(P-MORB)的过渡型(1.7～4.3);而基性熔岩为 0.94～1.11,与标准洋中脊玄武岩(N-MORB)相当(0.35～1.1)。

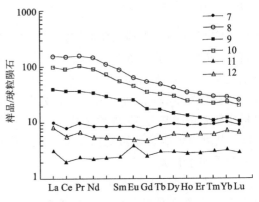

图 3-18　稀土元素配分型式图
图中样品序号对应表 3-6

总体来看,稀土元素特征表明木纳布拉克蛇绿岩中的超镁铁质岩、镁铁质岩、浅色岩、基性熔岩为完整的配套组分。总的特征是,La_N/Yb_N 的比值在超镁铁质岩中由大变小,说明橄榄岩开始为低度部分熔融,随着熔融程度增加,ΣY 进入熔体使得 La_N/Yb_N 变小。而在镁铁质岩、浅色岩中,La_N/Yb_N 比值较大,反映岩浆为分离结晶状态,随着岩浆的演化分离程度愈高,使得 La_N/Yb_N 比值愈大。ΣCe/ΣY 比值大多大于 1(个别浅色岩和基性熔岩小于 1),反映出为轻稀土相对富集型,愈往后重稀土亏损程度降低,其配分型式图为向右倾斜逐渐变为近于水平的配分曲线,反映出岩石形成环境接近于洋岛或岛弧。其中超镁铁质岩的配分曲线有些异常,这与岩石的变质程度较深有关。

按 La_N/Yb_N 比值大小与洋盆扩张速率的关系(Holnems,1989),求得古洋盆扩张速率为 1.2～1.4mm/a。

2. 岩石微量元素特征

木纳布拉克蛇绿岩各组分岩石的 26 个元素定量分析结果见表 3-7。总体来看,从(方辉)橄榄岩(或蛇纹岩)—(角闪)辉石岩(或辉石角闪岩)—闪长岩—变玄武岩的微量元素变化规律十分明显,Cr、Ni、Co 等元素由大到小,但在变玄武岩中又略有回升;Ta 元素变化甚微;Nb、P_2O_5、Zr、Hf、Rb、Sr 等元素丰度在辉石岩和闪长岩中偏高。Zr/Hf 平均比值逐渐变小(24.9～24.5～21.2～16.9);U/Th 平均比值除个别在超镁铁质岩中出现高含量值外,总体由小到大(1.95～0.38～0.63～0.7);Rb/Sr 平均比值由大到小,而到变玄武岩中又有回升(0.21～0.19～0.04～0.28)。

表 3-7 木纳布拉克蛇绿岩岩石微量元素丰度（Au：$\times 10^{-9}$；余为 $\times 10^{-6}$）

序号	Mo	Cu	Zn	As	Bi	Ba	U	Th	Zr	Hf	Nb	Ta	Ag
1		11.2	42	1.45	0.10		<0.5	<0.5	6.8	0.2	<1	<0.5	0.393
2		7.3	41	0.43	<0.05		<0.5	<0.5	14.2	0.7	<1	<0.5	0.009
3	1.6	164.0	50	2.60	<0.05	30	0.3	<0.5	12.0	0.7	4.4	<0.5	0.01
4	0.2	29.0	47	2.00	<0.05	37	0.4	<0.5	14.0	<0.5	5.8	<0.5	0.031
5	0.4	302.0	72	3.60	0.14	6359	4.9	58.7	166.0	6.6	17.1	0.7	0.023
6		68.5	53	0.46	0.10		1.0	1.5	78.2	3.3	3.1	<0.5	0.071
7	2.0	401.0	116	1.80	0.08	143	0.4	0.6	43.0	2.4	6.7	<0.5	0.035
8		38.3	143	0.86	<0.05		1.0	1.6	141.3	7.2	23.0	0.7	0.110
9		103.0	94	0.83	0.10		1.0	1.8	92.0	4.1	12.5	0.5	0.111
10		26.0	136	0.72	0.10		0.8	1.2	191.0	7.6	29.4	1.4	0.088
11		137.0	48	0.72	<0.05		<0.5	<0.5	11.5	1.2	<1	<0.5	0.078
12	1.9	695.0	132	2.00	<0.05	119	0.8	0.9	29.0	1.2	5.8	0.7	0.034

序号	Sb	Pb	V	Sr	Rb	Cr	Ni	Co	Au	Pt	Sc	Se	Te
1	1.26	<1	31.8	9.7	2.0	2333	1820	93.8	1.7		6.2	0.61	0.010
2	4.47	<1	23.5	18.4	2.0	2478	1890	98.0	1.1		9.3	0.44	0.012
3	0.55	11.3	23.0	4.0	<3	2983	1908	93.1	1.3	11.5			
4	0.70	8.8	71.0	33.0	3.8	2130	1274	62.2	2.3	8.6			
5	0.22	81.2	113	1121	190.9	234	112	33.1	1.4				
6	0.15	2.3	286	61.6	13.0	643	186	45.2	1.3		50.9	0.54	0.011
7	0.31	32.0	261	149	8.4	66	35	31.6	1.2				
8	0.10	2.7	130	706	22.0	13	16.6	46.4	1.0		1.6	0.4	0.009
9	0.12	6.3	206	606	19.0	21	34	38.1	1.1		24.4	0.46	0.016
10	0.13	2.7	93.1	625	21.0	31	24	32.3	1.2		17.8	0.46	0.010
11	0.40	<1	173	199	41.0	375	164	48.3	7.8		48.4	0.46	0.019
12	0.41	38.8	215	112	10.1	246	89	36.9	3.5				

注：序号所对应的样号同表 3-3、表 3-4；空格为未分析。

在微量元素比值蛛网图中（图 3-19），其分配型式除超镁铁质岩的起伏较大外（1、4 号样）；镁铁质岩、浅色岩和变玄武岩的曲线近于平坦，起伏变化相对较小，总体相似，大体相当于岛弧拉斑玄武岩变化曲线（Pearce，1982）。其中超镁铁质岩的分配型式异常，可能与其本身蚀变交代作用有关。

闪长岩类和基性熔岩（变玄武岩）在 Pearce（1982）Zr/Y-Zr 图解中（图 3-20），大多落在洋中脊玄武岩区，部分则落在火山弧玄武岩区。

变玄武岩在 Pearce（1982）Ti-Zr 判别图解（图 3-21）中和 Beccaluva（1980）Ti/Cr-Ni 图解中（图 3-22），均落在岛弧拉斑玄武岩区内，与岩石化学特征判别的构造环境相吻合。

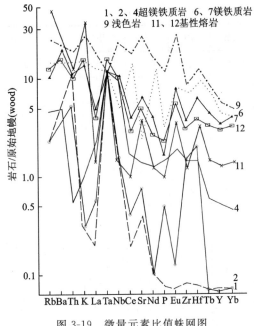

图 3-19　微量元素比值蛛网图

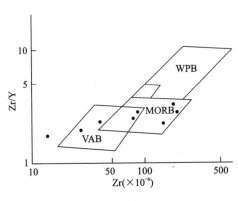

图 3-20　Zr/Y-Zr 图解
（据 Pearca,1982）

MORB. 洋中脊玄武岩；WPB. 板内玄武岩；VAB. 火山弧玄武岩

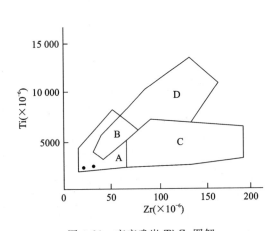

图 3-21　变玄武岩 Ti-Zr 图解
（据 Peare,1982）

A、B. 岛弧拉斑玄武岩；B、C. 钙碱性玄武岩（岛弧）；
B、D. 洋中脊拉斑玄武岩

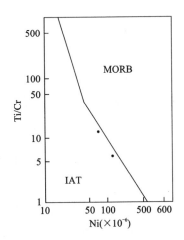

图 3-22　变玄武岩 Ti/Cr-Ni 图解
（据 Beccaluva,1980）

MORB. 洋中脊玄武岩；
IAT. 岛弧拉斑玄武岩

（六）形成时代及构造环境

1. 形成时代探讨

在弱蛇纹石化方辉橄榄岩中获全岩 Sm-Nd 模式年龄为 1118Ma，相当于中元古代。据区域地质资料，在研究区东部的清水泉一带也有近于同时代的蛇绿岩存在，如吉日迈蛇绿岩中蚀变橄榄岩的全岩 Sm-Nd 模式年龄为 1027~1331Ma（解玉月等，1998）。以上表明沿阿尔金山与东昆仑山接合部位还存在有较多的中元古代蛇绿岩，因此将木纳布拉克蛇绿岩的形成时代定为中元古代晚蓟县世。

蛇绿岩最终定位在古元古界阿尔金群变质岩系中，它的来源可能为中小型弧后扩张中心形成的次生洋壳，其迁移的距离不会太远，下部洋壳与上部洋壳形成的时差也不会太长。在上部洋壳的基性熔岩（斜长角闪岩）中获取全岩 Sm-Nd 模式年龄为 924Ma、946Ma，相当于新元古代早期产物，与下部洋壳形成的年龄很接近,故将该蛇绿岩的侵位时代定为新元古代早青白口世。

2. 构造环境分析

根据木纳布拉克蛇绿岩岩石化学、地球化学及其构造环境分析,超镁铁质岩贫SiO_2、Al_2O_3、(Na_2O+K_2O),为镁质超基性岩;从Cr_2O_3-NiO图中(图3-7)可以看出,属阿尔卑斯型超镁铁质岩,为地幔部分熔融的残留体。堆积镁铁质岩为高钛蛇绿岩(图3-10),形成于大洋环境,与ДМЦТРцеь Л В(1992)研究的地幔成因的超基性岩和北疆塔克札勒超镁铁岩岩石化学特征很相似,具有典型的岛弧和大陆边缘的超基性岩特征,同时又有向洋底超基性岩过渡的特点。

基性熔岩在KO_2-KA图解中(图3-23)显示为大陆拉斑玄武岩。在FAM图解中(图3-6),样点落在大洋与非大洋拉斑玄武岩分界线附近的大洋拉斑玄武岩一侧。在(Na_2O+K_2O)-SiO_2图解(图3-11)及FeO^*-FeO^*/MgO、SiO_2-FeO^*/MgO、TiO_2-FeO^*/MgO变异图解中,主体反映为大陆拉斑玄武岩,个别具有向碱性玄武岩演化的特点。以上表明基性熔岩不具备典型岛弧和大陆边缘的特征,有向洋底玄武岩过渡趋势。

在TiO_2-P_2O_5图解(图3-15)中,基性熔岩样点分别落在洋中脊玄武岩附近及洋岛拉斑玄武岩区内,很可能具备增生洋岛的特点。

蛇绿岩带中变质橄榄岩的稀土配分型式图与科尔曼 R G(1977)研究的典型蛇绿岩相似,REE丰度较低,其分配型式图趋于"W"型(图3-17)。而镁铁质熔岩多为REE丰度较高的富集型(T、P型)(图3-24),据Leroex(1985)为大洋扩张脊外其他构造环境产物。

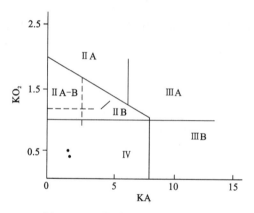

图3-23 基性熔岩KO_2-KA图解
(据 ЛМчтрчеъ Л В,1975)

ⅡA、ⅡB.碱性橄榄玄武岩;ⅡA-B.裂谷带过渡玄武岩;
ⅢA.大洋中脊斜长玄武岩;ⅢB.岛弧安山—玄武岩系列的高铝玄武岩;
Ⅳ.大陆拉斑玄武岩;(暗色岩和高原玄武岩)

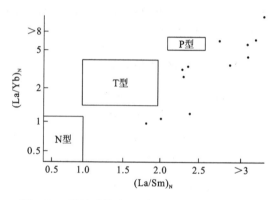

图3-24 镁铁质熔岩$(La/Yb)_N$-$(La/Sm)_N$图解
(据 Leroex,1985)

基性熔岩稀土元素配分型式为近于平坦型曲线(图3-18),总体反映为轻稀土富集、重稀土亏损,类似于夏威夷岛玄武岩特征,而不是洋脊环境的产物。

综上所述,木纳布拉克蛇绿岩形成环境为大陆边缘—岛弧附近,而不是正常的大洋中脊。即蛇绿岩形成于弧后或弧间有限洋盆小扩张脊的构造环境。

二、叶桑岗蛇绿岩

(一)地质特征

叶桑岗蛇绿岩产出在木孜鲁克—叶桑岗蛇绿构造混杂岩带内,在叶桑岗和库拉木拉克两地各见一处,均呈断块出现。库拉木拉克仅见有蛇纹岩,岩石破碎蚀变厉害。叶桑岗的岩性和层序保留稍好,两侧与二叠纪叶桑岗组呈断裂接触。所测的叶桑岗组剖面特征如下。

叶桑岗组:深灰色厚层块状粗中粒长石石英砂岩与灰绿色中层状含凝灰质板岩互层

═══════════════ 断层 ═══════════════

4. 深灰色、灰黑色强蛇纹石化单斜辉橄岩	18.8m
3. 深灰色单斜辉石岩	34.4m
2. 灰绿色强碳酸盐化超基性岩	16.0m
1. 灰黑色、灰绿色块状蛇纹岩	25.6m

═══════════════ 断层 ═══════════════

叶桑岗组:紫红色块状中岩块质砾岩夹透镜状含砾砂岩

在叶桑岗剖面上,蛇纹岩(或辉橄岩)与单斜辉石岩形成的堆积构造清晰,岩石以超镁铁—镁铁质岩为主,表明这套岩石为典型的蛇绿岩组成部分——堆积杂岩。

岩石因受断裂影响片理化现象较强,变质程度较高,均有很强的蛇纹石化。

(二) 岩石学特征

1. 蛇纹岩

黄绿—灰绿色,鳞片变晶结构,块状构造。由蛇纹石(95%～99%)、磁铁矿、钛铁矿(0.5%～3%)组成,个别含不高于5%的铁质。蛇纹石全由蚀变作用生成,呈叶片状、(鳞)片状,无色—浅绿色,Ng'—浅绿色,Np'—浅黄色;近于平行消光,干涉色Ⅰ级灰至Ⅰ级浅黄,沿叶片延长方向正延性。局部可见原岩的残留结构,呈自形粒状结构残迹,但无残留矿物;偶见假象辉石轮廓中包有呈橄榄石轮廓假象的残留包橄结构。原岩很可能为辉橄岩类岩石。

2. 强蛇纹石化单斜辉橄岩

浅黄绿—灰绿色,变余自形粒状结构,块状构造。岩石由蛇纹石(75%)、单斜辉石(<10%)、磁铁矿(5%)、滑石(10%)组成。原岩为辉石橄榄岩类,现存岩石中的橄榄石因全部被叶蛇纹石、磁铁矿及少许滑石交代、置换而不复存在,但可见橄榄石外形轮廓假象。单斜辉石呈粒状、短柱状不完整晶形,无色,$Ng' \wedge C = 38° \sim 41°$;粒度为0.4～1.5mm。

3. 单斜辉石岩

灰绿色,自形粒状结构,块状构造。矿物成分由单斜辉石(77%)、斜长石(数粒)、黝帘石(10%)、滑石(12%)、磁铁矿(<1%)组成。单斜辉石呈自形粒状、短柱状,无色;纵切面见一组发育的解理,横切面见两组近于正交解理;Ⅱ级干涉色,$Ng' \wedge C = 39° \sim 40°$;粒度为0.2～0.8mm。次生黝帘石呈柱状,平行消光,分布不均匀,呈团状、脉状。滑石主要呈团状出现交代辉石,局部发育。

(三) 岩石化学特征

目前仅获得蛇纹岩的岩石化学分析结果(见表3-8中1号样)。其成分与木纳布拉克的蛇绿岩相似,以富镁、铬,贫铝、钙、碱质、钛、磷为特征;M/F比值大于6.5(为8.7);B/S比值为1.57;M/MF比值为0.9;2Ca/B比值为0.76%,说明蛇纹岩属高基性度的镁质超基性岩类。h值较高,为0.67,指示岩石风化和蚀变程度较强。

表3-8 叶桑岗蛇绿岩和岩碧山蛇绿岩岩石化学成分(%)

序号	样号	岩性	SiO_2	TiO_2	Al_2O_3	Cr_2O_3	Fe_2O_3	FeO	MnO	MgO	NiO	CoO	CaO	Na_2O	K_2O	P_2O_5	灼失
1	21-10	蛇纹岩	40.50	0.04	1.88	0.378	5.41	2.58	0.06	36.55	0.244	0.013	0.21	0.06	0.04	0.01	12.37
2	1375-1	蛇纹岩	41.94	0.03	2.00	0.492	2.14	5.52	0.08	34.82	0.246	0.015	0.93	0.06	0.03	0.01	11.74

续表3-8

序号	样号	岩性	SiO_2	TiO_2	Al_2O_3	Cr_2O_3	Fe_2O_3	FeO	MnO	MgO	NiO	CoO	CaO	Na_2O	K_2O	P_2O_5	灼失
3	164-1	蛇纹岩	40.70	0.11	3.21	0.374	5.04	2.40	0.10	33.56	0.197	0.010	3.01	0.21	0.05	0.02	11.18
4	164-2	蛇纹岩	40.28	0.09	2.90	0.364	5.45	2.20	0.10	35.68	0.205	0.011	1.37	0.11	0.04	0.02	11.70
5	164-5	绿泥石透闪石岩	48.58	1.02	12.45	0.020	2.00	10.75	0.22	9.55	0.020	0.006	9.18	2.03	0.58	0.09	2.15

注:1为叶桑岗蛇绿岩;余为岩碧山蛇绿岩。

在$MgO-CaO-Al_2O_3$图解中(图3-5),样点落在变质橄榄岩区;在FAM图解中(图3-6),位于超镁铁堆积岩区,紧靠变质橄榄岩分界线附近,指示蛇纹岩是橄榄岩蚀变而来。

在Cr_2O_3-NiO图解中(图3-7),样点落在阿尔卑斯型橄榄岩区;在图3-10中蛇纹岩显示为高钛蛇绿岩组分。

(四) 岩石稀土元素特征

岩石稀土元素丰度总量较低(表3-9)。属贫稀土元素的超镁铁质岩,其来源可能为幔源物质。$\Sigma Ce/\Sigma Y$比值为0.93,说明重稀土元素较富集;δEu值为1,不具铕亏损;δCe值为0.52,显铈的负异常,亏损较严重。在稀土配分型式图中(图3-25中的样品1),为一条较平坦的曲线,Ce处形成低谷,具典型超镁铁质岩石的球粒陨石配分型式。其特征与东昆仑鸭子泉一带的蛇绿岩稀土元素配分型式十分相似。

La_N/Yb_N比值为2,指示原岩物质为标准洋中脊玄武岩(N-MORB)—地幔柱洋中脊玄武岩(P-MORB)的过渡类型(1.7~4.3)。

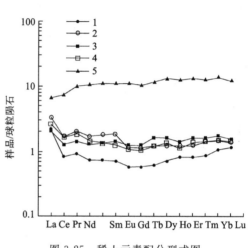

图3-25 稀土元素配分型式图
样品序号对应表3-9

表3-9 叶桑岗蛇绿岩和岩碧山蛇绿岩岩石稀土元素丰度($\times 10^{-6}$)及有关参数

序号	La	Ce	Pr	Nd	Sm	Eu	Gd	Tb	Dy	Ho	Er	Tm	Yb	Lu	Y	Σ	$\Sigma Ce/\Sigma Y$	δEu	δCe	La/Sm	Gd/Yb
1	0.71	0.76	0.11	0.44	0.14	0.04	0.17	0.03	0.22	0.06	0.17	0.028	0.2	0.036	1.45	4.56	0.93	1.0	0.52	5.07	0.85
2	1.03	1.61	0.24	1.02	0.36	0.08	0.35	0.06	0.39	0.09	0.26	0.047	0.28	0.043	2.13	8.00	1.19	0.75	0.27	2.86	1.25
3	0.66	1.17	0.17	0.77	0.29	0.09	0.39	0.08	0.5	0.1	0.34	0.053	0.33	0.048	3.02	8.01	0.65	0.86	0.69	2.28	1.18
4	0.81	1.59	0.22	0.88	0.25	0.08	0.32	0.06	0.42	0.08	0.28	0.047	0.28	0.046	2.57	7.95	0.38	0.96	0.79	3.24	1.14
5	2.12	6.8	1.18	6.3	2.22	0.81	3.11	0.57	4.03	0.88	2.65	0.406	2.61	0.376	22.48	56.54	0.52	1.05	0.88	0.96	1.91

注:序号对应的样号同表3-8。

(五) 岩石微量元素特征

蛇纹岩的微量元素丰度总体较低(表3-10),与幔岩平均丰度(据Bougault,1974)相比较,过渡族中相容元素Cr高出2.5倍,Ni、Co则略低;不相容元素Ti、V均很低,Ti低于5倍以上;大离子亲石元素除Sr低于1倍以外,其余元素均高于幔岩的平均丰度(Wood,1979)1~2倍。与董显扬等(1995)列出的北祁连山及藏南等蛇绿岩带岩石微量元素特征不一致,此为本蛇绿岩岩石微量元素不同特征之一。

在微量元素比值蛛网图中(图3-26中1号曲线),曲线起伏较大,呈锯齿状,总体反映Ba、Ta、Nb、Zr为正异常,而La、Ce、Sr、Nd、Tb、Y等为负异常,大体与岛弧拉斑玄武岩曲线相当。

表 3-10　叶桑岗蛇绿岩和岩碧山蛇绿岩岩石微量元素丰度（Au：$\times 10^{-9}$；余为 $\times 10^{-6}$）

序号	Mo	Cu	Zn	As	Bi	Ba	U	Th	Zr	Hf	Nb
1	0.2	121	61	3.5	0.48	1478	0.5	<0.5	66	1.6	6.2
2	<0.2	57	62	8.9	0.06	38	0.8	1.1	21	<0.5	4.4
3	0.2	52	54	1.8	<0.05	47	0.6	<0.5	17	0.6	4.4
4	0.2	17	56	0.7	<0.05	34	0.4	<0.5	14	<0.5	5.0
5	0.2	70	111	1.3	0.07	146	0.9	<0.5	59	3.1	7.4
序号	Ta	Ag	Sb	Pb	V	Sr	Rb	Cr	Ni	Co	Au
1	<0.5	0.031	1.50	8.9	47	12	<3	2583	1918	98.3	3.2
2	<0.5	0.041	1.46	10.4	48	30	<3	3368	1932	118.7	2.8
3	<0.5	0.027	0.49	6.6	65	44	<3	2555	1549	81.0	1.3
4	<0.5	0.02	0.19	5.2	59	23	<3	2490	1612	85.8	2.0
5	<0.5	0.048	0.32	16.9	313	80	12.6	135	156	48.7	0.9

注：序号所对应的样号同表 3-8。

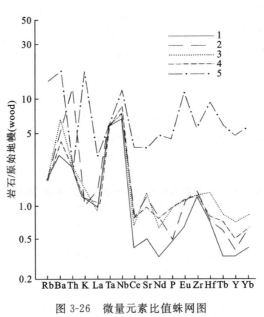

图 3-26　微量元素比值蛛网图

样品序号对应表 3-10

（六）形成时代及构造环境

1. 形成时代

叶桑岗蛇绿岩与二叠纪叶桑岗组为断裂接触。附近的花岗岩多为二叠纪岩体，在叶桑岗断裂北侧见花岗岩侵入于蛇绿岩中，说明蛇绿岩形成应早于二叠纪。结合区域资料，本区的蛇绿岩与东部鸭子泉一带的早石炭世蛇绿岩特征相似，故其形成时代定为早石炭世较合适。

2. 构造环境

晚古生代研究区所处大地构造背景为前造山阶段，属多岛小洋盆东特提斯一部分。叶桑岗蛇绿岩的稀土元素显示洋脊玄武岩特征，而微量元素显示岛弧拉斑玄武岩性质；岩石化学有关图解（图 3-27）

同样显示有洋脊和岛弧信息。因此,该蛇绿岩的形成环境很可能为岛弧+洋中脊(或小洋盆扩张脊)。

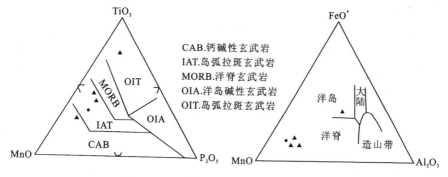

图 3-27　不同构造环境火山岩判别图解
(据 Mallen E D,1983)
●.叶桑岗蛇绿岩;▲.岩碧山蛇绿岩

三、岩碧山蛇绿岩

(一)地质特征

岩碧山蛇绿岩主要分布在研究区南部边缘的横条山—岩碧山近东西向构造带中,该断裂带最宽达 2.5km,往南东延伸至图外。蛇绿岩组分在构造带中呈断续的透镜体状展布,围岩为二叠纪树维门科组碎屑岩及碳酸盐岩。由于多期构造活动的影响,围岩及蛇绿岩组分片理化极强,岩性有构造片岩、糜棱片岩、石英片岩、蛇纹岩化构造角砾岩等。

蛇绿岩组分保存极不完整,支离破碎,经恢复为堆积杂岩(辉橄岩、辉长岩)。岩石蚀变较强,可见岩性为蛇纹岩、绿泥石透闪石岩等。岩石仅保留一些原有矿物晶形的残迹。根据其岩石组合及室内资料综合整理,认为这套岩石是蛇绿岩的组成部分。

(二)岩石学特征

1. 蛇纹岩

黄绿色,片状变晶、鳞片变晶结构,块状、斑杂状构造。矿物成分有蛇纹石(75%~90%)、方解石(约 10%)、滑石 1%~10%、磁铁矿(约 15%)等。蛇纹石呈纤维状、片状、叶片状集合体,属叶蛇纹石,干涉色一级灰,近于平行消光,正延性。局部仍保留有橄榄石、辉石残晶,属超镁铁质岩类(辉橄岩)蚀变而来。方解石分布不均匀呈团状出现。磁铁矿呈网脉状或脉状交代镁铁质矿物。

2. 绿泥石透闪石岩

属次生蚀变岩石。呈黄绿—灰黑色,粒状变晶结构,块状构造。主要由透闪石(60%)、绿泥石(25%)、黝帘石(10%)、绢云母(4%)、斜长石(<1%)及少许石英组成。透闪石为大小不等的粒状、柱粒状或柱状,粒径 0.2~3mm;无色,定向分布。绿泥石呈团状出现。黝帘石、绢云母主要为交代斜长石产物,可见残留斜长石。石英则是交代置换过程中的析出物。岩石应为辉长岩类的蚀变产物。

(三)岩石化学特征

各岩石的化学成分结果列于表 3-8 中。成分与叶桑岗、木纳布拉克蛇绿岩中的超镁铁质岩总体相似,但硅、铝、全碱的含量稍高,而镁铁质较低。

蛇纹岩 M/F 比值为 8.34～8.88，均大于 6.5；B/S 比值为 1.47～1.6；M/(M+F) 比值为 0.8～0.9；2Ca/B 比值为 3.3%～10.2%，均指示原岩为高基性度超镁铁质岩石类型。而绿泥石透闪石岩的 M/F 比值为 1.32，MgO 含量较高，表明原岩属镁铁质岩石。

在 $MgO-CaO-Al_2O_3$ 图解中（图 3-5），蛇纹岩落在超镁铁堆积区靠近变质橄榄岩的分界线附近，绿泥石透闪石岩则落于镁铁堆积区。在 Cr_2O_3-NiO 图解中（图 3-7），多数落于阿尔卑斯橄榄岩区；而透闪石岩落在层状杂岩区，应为岩石强蚀变所致。

上述岩石化学特征总体显示蛇纹岩、透闪石岩是高镁、贫铝、贫碱的镁质—镁铁质超基性岩，属蛇绿岩中部组分的堆积杂岩。

（四）岩石稀土元素特征

各岩石稀土元素丰度列于表 3-9 中。蛇纹岩稀土总量较低，但比木纳布拉克和叶桑岗蛇绿岩要高出 2～5 倍；透闪石岩的稀土总量中等。$\Sigma Ce/\Sigma Y$ 比值较小（0.38～1.19），说明重稀土较富集；δEu 值为 0.75～1.05，一般为铕的正异常，个别略显负异常；δCe 值较小，为 0.65～0.88，铈呈负异常。反映在稀土配分型式图中（图 3-25 中的 2～5 号曲线），为一组平行的平坦型曲线，Ce 负异常形成低谷。此与典型的超基性岩球粒陨石曲线相似。

$(La/Yb)_N$ 比值为 1.24～2.1（透闪石岩为 0.48），显示原岩物质为标准洋中脊玄武岩（N-MORB）与地幔柱洋中脊玄武岩（P-MORB）的过渡类型。

（五）岩石微量元素特征

岩石微量元素丰度见表 3-10。蛇纹岩和透闪石岩有较大的差异，与幔岩平均成分相比较，过渡族中相容元素 Cr 在蛇纹岩中高 1～3 倍以上，而在透闪石岩中则低 8 倍左右；Ni、Co 在两者中都低，特别在后者中低近 15 倍。不相容元素 Ti、V 在蛇纹岩中都低（其中 Ti 低 3～5 倍），而在透闪石岩中高 3～5 倍。上述微量元素变化与蛇纹岩层序中部的堆积超镁铁杂岩—辉长岩相符，显示出向上亏损相容元素、富集不相容元素的演化趋势。

在微量元素比值蛛网图中（图 3-26 中 2～5 号曲线），蛇纹岩曲线（2～4 号曲线）起伏较大，与叶桑岗蛇纹岩曲线相似，为不对称的"W"型；透闪石岩的曲线（5 号曲线）起伏变化相对较小，分布在蛇纹岩的上方，显 Th、La 负异常，大体与岛弧拉斑玄武岩类同。

（六）形成时代及构造环境

1. 形成时代

岩碧山蛇绿岩分布在南昆仑地块北侧。从区域构造背景来看，本区石炭纪仍属前造山阶段多岛小洋盆东特提斯的一部分，晚石炭世—早二叠世发生强烈拉张作用，一直延至二叠纪末（海西末期）洋盆闭合消亡，形成一个多岛弧。蛇绿岩组分直接定位在早—中二叠世树维门科组碎屑岩中，其岩石地球化学特征与东部阿尼玛卿蛇绿岩带十分相近，阿尼玛卿蛇绿岩带中发现有早二叠世早期的放射虫硅质岩（朱云海等，1999）。据上，将岩碧山蛇绿岩形成时间定为早二叠世早期。

2. 构造环境

岩碧山蛇绿岩具有洋脊玄武岩—岛弧拉斑玄武岩的岩石地球化学特征。主元素图解（图 3-27）显示出构造环境的多样性，总体兼具有岛弧—洋脊—洋岛的性质。因此，该蛇绿岩的形成环境应为岛弧＋有限洋盆的扩张脊。

第二节 中性—酸性侵入岩

中性—酸性侵入岩在研究区岩浆岩中占主体，呈岩带、岩基、岩株、岩滴产出（参见图3-1）。岩浆活动时间较长，从晚震旦世—早侏罗世各构造岩浆期都有岩石出露。岩石类型从中性闪长岩、石英闪长岩—中酸性英云闪长岩、花岗闪长岩—酸性的二长花岗岩均有发育。

一、各时代中性—酸性侵入岩的基本特征

（一）变质侵入体

在阿尔金地块中，分布有较多的黑（二）云母二长片麻岩、黑云母斜长片麻岩、含石榴石黑云母二长变粒岩、含石榴石矽线石黑云母二长片麻岩等岩石块体。它们经过强烈的变形变质作用，原岩矿物特征与结构构造均被改造得面目全非。根据野外残余的接触关系及室内岩石变余结构构造研究，结合岩石化学、地球化学综合分析，这类岩石块体应为花岗岩类岩石经变质而成，故称之变质侵入体或变质长英质侵入岩，为正常的钙碱性系列岩石。

1. 地质特征

变质侵入体主要以一套长英质片麻岩、变粒岩为主。常与辉长岩、斜长岩、斜长角闪岩及不同性质的变质表壳岩石共生，以二长花岗岩、花岗闪长岩成分的长英质片麻岩占优势。主要由斜长石、石英、钾长石及铁镁质矿物组成，大部分已强烈变形，片麻理或条带状构造发育。在野外局部仍可见花岗闪长岩渐变过渡到具片麻理的长英质片麻岩、条带状片麻岩，保留有原始未变形或轻微变形状态。

2. 岩石学特征

（1）黑（二）云母二长片麻岩

具鳞片粒状—鳞片花岗变晶结构，片麻状构造。主要由斜长石（30%~35%）、微斜长石（14%~28%）、石英（25%~38%）、黑云母（10%~12%）、白云母（2%~6%）组成，含少量绿泥石、绢云母、蠕英石。长英质矿物粒径为0.3~2.5mm，略具定向分布。副矿物为锆石、磷灰石。

（2）黑云母斜长片麻岩

鳞片花岗变晶结构，片麻状构造。主要矿物成分有斜长石（42%~45%）、微斜长石（3%~5%）、石英（30%~45%）、黑云母（18%~20%），含角闪石、白云母、绿泥石、绿帘石、黝帘石、褐帘石少量，副矿物锆石、磁铁矿等。岩石中长英质矿物颗粒多为半自形—他形板状、粒状变晶，粒径0.6~4mm。黑云母断续或连续条带状定向排列，显示片麻状构造。

（3）含石榴石黑云母二长变粒岩

鳞片粒状变晶结构，长英质矿物粒径一般小于0.5mm。矿物成分主要有微斜长石（40%~45%）、斜长石（17%~22%）、石英（28%~34%）、黑云母（5%），含少量白云母、绢云母、绿泥石及石榴石，副矿物为锆石、磁铁矿等。石榴石呈0.04~0.1mm细小等轴粒状，浅红色—玫瑰红色，属铁铝榴石。

（4）含石榴石矽线石黑云母二长片麻岩

该类岩石是侵入体遭受高角闪岩相变质的产物。岩石呈浅色长英质矿物聚集体和暗色矿物黑云母集合体构成的"粗大结构"，并显定向排列分布，构成片麻状构造。主要矿物有微斜长石（25%~30%）、斜长石（20%~25%）、石英（25%~30%）、黑云母（15%~20%）、白云母（3%~5%），含标志矿物石榴

石、矽线石等，副矿物为锆石。石榴石浅红带褐色，铁铝榴石、矽线石呈毛发状，常被白云母包裹交代。

3. 岩石地球化学特征

岩石化学分析结果见表2-2中序号为3、6、9、20、22、23等。岩石中SiO_2大多在70%以上，富钾而贫钙，K/Na比值较大（$K_2O/Na_2O>1$），为一套钾质系列的岩石，反映出正常的钙碱性系列岩石化学特征。在塔尼（1976）TiO_2-SiO_2图解中（图2-2），样品落入火成岩区。通过CIPW标准矿物计算，可以确定原岩为黑云母二长花岗岩、花岗闪长岩。

稀土元素特征变化范围较窄（分析结果见表2-6中序号为4、7、11的样品）。ΣREE为$221.4\times 10^{-6}\sim 240.3\times 10^{-6}$；$\delta Eu$为0.54~0.59，具铕的负异常；La/Lu为6~6.9，说明稀土元素分馏程度较高；$\Sigma Ce/\Sigma Y$比值较大（6.94~12.15），重稀土明显亏损，显示花岗岩类岩石稀土元素模式特征，说明岩石以部分熔融或分离结晶方式形成。

微量元素丰度特征反映出大离子亲石元素（Rb、Sr、Ba、Th、U）较高，高场强元素（Sc、Ti、V、Mn、Nb、Y、Zr、Hf、Ta）中等，过渡型元素（Ni、Co、Cr）较低（参见表2-4中序号为4、7、11的样品）。

在二云母二长花岗岩中获锆石模式年龄，经一致性曲线处理后得上交点年龄（1311±66）Ma，下交点年龄（463±25）Ma，前者代表侵入体原岩形成年龄，后者为主要热事件年龄。

（二）晚震旦世哈底勒克序列侵入岩

1. 地质特征

晚震旦世侵入岩分布在阿尔金山北西缘北东向断裂带附近，共发现有6个小岩体，呈岩株、岩滴状产出，北东向展布。多数被北东向断裂破坏，部分岩石已碎裂岩化或初糜棱岩化。从老到新可划分为英云闪长岩、花岗闪长岩、二长花岗岩3个岩性单元，根据野外地质特征及室内研究，归并成哈底勒克序列。较大的岩体一般有2个以上的岩性单元，较老的单元多分布于岩体边部；较小的岩体一般只有1个岩性单元出露。相邻单元之间多为涌动接触（图3-28），局部为脉动接触。在英云闪长岩、花岗闪长岩中见有少量闪长质包体，岩体边部有角岩、片岩包体（捕虏体）产出。

各单元与围岩之间均呈侵入接触，侵入的地层为古、中元古界变质岩系（图3-29）。花岗闪长岩全岩Rb-Sr等时线年龄值为575Ma，应为晚震旦世产物，相当于震旦构造旋回晚期。

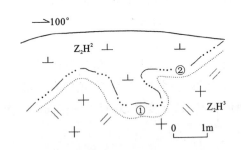

图3-28 二长花岗岩与花岗闪长岩呈涌动接触
（见于8-50地质点）
Z_2H^2.晚震旦世哈底勒克序列花岗闪长岩；Z_2H^3.晚震旦世哈底勒克序列二长花岗岩；①细粒二长花岗岩边；②涌动接触界线

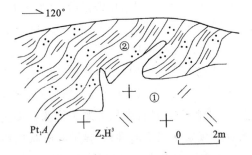

图3-29 二长花岗岩与围岩呈侵入接触
（见于8-48地质点）
①晚震旦世哈底勒克序列二长花岗岩（Z_2H^3）；
②古元古代阿尔金群石英云母片岩（Pt_1A）

2. 岩石学特征

哈底勒克序列各单元岩性及岩石矿物平均含量见表3-11。在QAP三角图解中落于3b、4、5区（图3-30），分别属二长花岗岩、花岗闪长岩、英云闪长岩类。

表 3-11 哈底勒克序列各单元岩性及矿物成分平均百分含量

岩 石 单 元	样品数	斜长石(An)	钾长石	石英	黑云母	角闪石
细中粒黑云母二长花岗岩	2	30	31.5	34	4.5	
中细粒(角闪石)黑云母花岗闪长岩	2	46.5	14	31	8.5	微
细粒角闪石黑云母英云闪长岩	2	54.7(37～40)	3.7	30.3	≥8	≤4

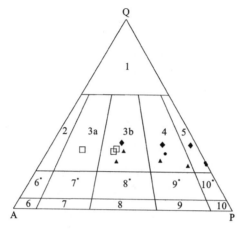

图 3-30 QAP 三角图解

3a.正长花岗岩；3b.二长花岗岩；4.花岗闪长岩；5.英云闪长岩；10*.石英闪长岩；其他略；

◆.哈底勒克序列；□.艾沙汗托海序列；▲.野鸭湖序列；●.其格勒克序列

岩石结构分带有边部略细的规律,英云闪长岩以细粒结构为主,个别为中细—中粒结构；花岗闪长岩为中细粒结构,个别薄片为似斑状结构,含3%左右的微斜微纹长石斑晶。由于受构造影响,个别花岗闪长岩和二长花岗岩为碎斑结构。

斜长石在各岩石单元中由老到新含量依次减少,An(斜长石牌号)值依次降低,属中—更长石,英云闪长岩中 An 为 37～40,花岗闪长岩中为 31,二长花岗岩为 22。呈半自形板状,见钠氏、卡钠双晶,具环带构造(6～18 环),多有绢云母化、泥化现象。

钾长石：含量在各单元中由老到新依次递增,他形板状；早期以微斜长石为主,晚期以微斜微纹长石为主。

石英：他形不规则粒状,具波状消光,呈团状或粒状集合体状分布。

黑云母：含量在各单元中相近,为 7%～9%。半自形片—细小鳞片状,多具褪色化、绿泥石化。

角闪石：在早两次单元中出现,但分布不均匀。英云闪长岩中个别高达 10%,也有不出现者；花岗闪长岩中仅在个别薄片中含几粒。细小短柱状,属绿色种属,多具帘石化。

副矿物普遍出现锆石、磷灰石、磁铁矿,早次单元出现榍石。

上述岩石学特征反映哈底勒克序列总体由中酸性—酸性的演化规律,从早次—晚次单元,斜长石、暗色矿物由多到少,角闪石由有到无,钾长石、石英由少到多。

3. 岩石化学特征

各单元岩石化学分析结果、CIPW 标准矿物计算值及部分特征参数见表 3-12。从早次—晚次单元中各氧化物呈明显的规律变化,硅、铝、铁、全碱逐渐增加,钙、镁、磷、钛等逐渐减少。CIPW 标准矿物组合、含量及长石的端元组成变化规律也非常明显,反映出他们之间具有同源岩浆演化特征。随着岩浆结晶分异作用的进行,DI(分异指数)值随之增大,SI(固结指数)值逐渐减少,说明岩浆具良好的分异性。Ox'(氧化系数)值变化较大(0.18～0.3),说明各岩体出露部位和剥蚀程度不一,而二长花岗岩的剥蚀深度较大。

表 3-12　哈底勒克序列岩石化学成分(%)、CIPW 标准矿物及有关参数

序号	样号	岩 性	SiO₂	TiO₂	Al₂O₃	Fe₂O₃	FeO	MnO	MgO	CaO	Na₂O	K₂O	P₂O₅	灼失
1	Y2	中粒黑云母二长花岗岩	72.40	0.29	13.47	0.81	3.23	0.04	0.57	1.54	2.85	4.40	0.11	0.09
2	518	细中粒黑云母花岗闪长岩	69.36	0.38	14.28	1.29	2.75	0.05	1.12	2.67	3.32	3.26	0.13	1.20
3	1510	角闪石黑云母英云闪长岩	68.81	0.35	15.67	1.28	1.87	0.05	1.41	3.85	4.29	1.70	0.14	0.35

序号	CIPW 标准矿物								特征参数							
	Q	Or	Ab	An	Di	C	Mt	Il	Ap	A/NCK	DI	SI	δ	AR	Mg′	Ox′	(N+K)/A
1	32.91	26.16	24.12	6.68	6.29	1.53	1.16	0.61	0.34	1.10	83.2	4.8	1.79	2.22	12.36	0.18	0.54
2	28.65	19.48	28.31	12.52	6.24	0.61	1.85	0.76	0.34	1.02	76.4	9.5	1.64	2.27	21.71	0.29	0.46
3	26.49	10.02	36.18	18.36	5.49	0.10	1.85	0.61	0.34	0.99	72.7	13.4	1.39	1.89	30.92	0.37	0.38

在硅-碱图中(图 3-31),样点全落在亚碱性系列区。在赖特的 AR-SiO₂ 图解(图 3-32)中对亚碱性系列岩石进行细分属钙碱性岩石系列。σ(里特曼指数)值为 1.37～1.79(平均为 1.61),碱度类型为强太平洋型(钙性);Mg′(镁质指数)值从早到晚依次为 30.9～221.7～112.36,说明岩石由早期较基性向晚期较酸性演化。CIPW 标准矿物中出现微量的 C 值(刚玉,多数小于 1%),说明岩石为 SiO₂ 和铝过饱和类型。

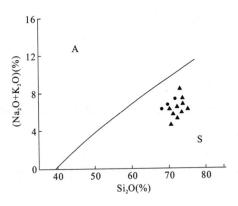

图 3-31　硅-碱图(据 Trine T N,1971)
S. 亚碱性系列;A. 碱性系列;
●. 哈底勒克序列;▲. 艾沙汗托海序列

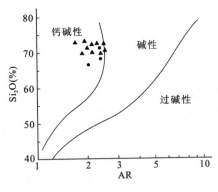

图 3-32　AR-SiO₂ 图解
(据赖特,1969)
●. 哈底勒克序列;▲. 艾沙汗托海序列

在 ACF 图解(图 3-33)中,岩石从早到晚有由 I 型花岗岩向 S 型花岗岩变化的趋势。英云闪长岩和花岗闪长岩落在 I 型花岗岩区,Na₂O 含量大于 3.2%;K₂O 含量小于 5%,A/NCK 值小于 1.1,证明岩浆可能来源于下地壳。二长花岗岩则靠近分界线的 S 型花岗岩一侧,A/NCK 值为 1.1,C 含量大于 1(1.53),说明岩浆演化到后期(或上升到浅部)有壳源物质加入,岩浆在上侵过程中发生了强烈的同化混染作用。

据上述岩石化学特征,该序列岩石类型为钙碱性系列,岩石有从中酸性向酸性的演化规律,物质为壳幔混合来源。

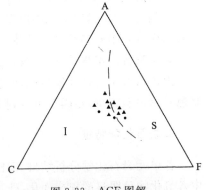

图 3-33　ACF 图解
(据中田节边,1979)
I. I 型花岗岩;S. S 型花岗岩;
●. 哈底勒克序列;▲. 艾沙汗托海序列

4. 岩石稀土元素特征

岩石稀土元素丰度见表 3-13。稀土总量中等,变化不大,有随 SiO₂ 含量的增高而增高的特点。ΣCe/ΣY 值较大,轻稀土较富集,

反映岩浆分异程度较高。δEu 值变化较大,较早次单元为 0.79～0.91,显弱铕负异常;末次单元为 0.39,铕亏损严重,说明早期岩浆起源较深,演化至后期存在大量斜长石结晶分离。在稀土配分型式图中(图 3-34)总体为右倾曲线,二长花岗岩铕异常明显,出现低谷。La/Sm 比值递减。上述均反映同源岩浆演化特征。在 $(La/Yb)_N$-δEu 变异图解中(图 3-35),显示壳幔型—壳源型花岗岩成因。

表 3-13 哈底勒克序列岩石稀土元素丰度($\times 10^{-6}$)及有关参数

序号	La	Ce	Pr	Nd	Sm	Eu	Gd	Tb	Dy	Ho	Er	Tm	Yb	Lu	Y	Σ	ΣCe/ΣY	δEu	δCe	La/Sm	Gd/Yb
1	46.23	107.6	11.25	39.9	7.53	0.64	5.36	0.7	2.95	0.49	1.09	0.14	0.8	0.12	12.61	237.42	8.79	0.39	0.96	6.14	6.7
2	29.57	58.97	5.83	20.39	3.67	0.81	3.01	0.47	2.55	0.49	1.37	0.22	1.37	0.21	14.3	143.22	4.97	0.79	0.89	8.06	2.2
3	29.27	56.03	5.49	18.82	2.87	0.71	2.14	0.29	1.52	0.32	0.82	0.13	0.78	0.12	8.24	127.57	7.87	0.91	0.87	10.2	2.74

注:序号所对应的样号同表 3-12。

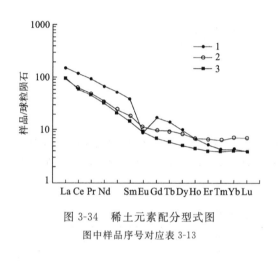

图 3-34 稀土元素配分型式图

图中样品序号对应表 3-13

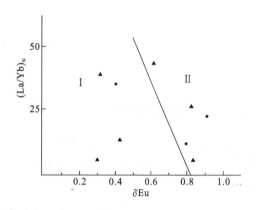

图 3-35 $(La/Yb)_N$-δEu 图解

Ⅰ.壳源;Ⅱ.壳幔源;

●.哈底勒克序列;▲.艾沙汗托海序列

5. 岩石微量元素特征

岩石微量元素定量分析结果列于表 3-14 中。总体上各元素丰度均不高,和维氏(维诺格拉多夫,1962,下同)花岗岩及闪长岩平均值相比较,铁族元素、稀有、分散元素总体偏低;钨钼族、亲铜成矿元素略高。Rb/Sr 比值从早到晚依次上升(0.07～0.5～1.7);Nb/Ta、Li/Be 比值依次递减(6.45～6.2～4.05;15～7.68～5.33),反映岩浆分异性良好。

表 3-14 哈底勒克序列岩石微量元素丰度(Au:$\times 10^{-9}$;余为$\times 10^{-6}$)

序号	W	Sn	Mo	Bi	Cu	Pb	Zn	Ag	As	Sb	Hg	Sr	Ba	V	Th	U
1	2.36	7.6	1.63	0.53	16.6	42.8	63.3	0.017	1.45	0.19	0.026	141	469	20.5	29.1	6.13
2	1.30	3.3	1.44	12.50	26.3	27.4	49.8	0.041	1.93	0.16	0.034	206	787	36.7	17.0	4.14
3	0.68	1.0	0.46	0.08	13.4	15.2	50.9	0.038	0.94	0.08	0.01	509	721	44.3	7.0	1.00

序号	Co	Ni	Li	Be	Ta	Nb	Zr	Hf	Rb	Au	Cs	Cr	Sc	Cd	Ga
1	5.4	17.4	31.7	5.95	4.3	17.4	153.8	5.6	240	2.5	16	194	4.2	0.16	17.4
2	8.2	28.1	17.2	2.24	3.0	18.6	168.7	6.6	98	2.7	9	146	6.4	0.12	23.7
3	8.4	12.8	17.7	1.18	1.1	7.1	110.3	3.6	36	2.0	6	36	7.1	0.09	15.9

注:序号所对应的样号同表 3-12。

在微量元素比值蛛网图上(图 3-36),各岩石单元曲线变化不大,形态接近,与 Poli 等(1984)列出的造山带环境正常大陆弧花岗质岩石相一致，具 Sr、P、Ti、Nb 等元素亏损和微量元素变化较大的特点，反映该序列岩石具有大陆壳的特征，为增生的大陆边缘环境。图中显示英云闪长岩以富 Ba、二长花岗岩以富 Th 为特征，也说明前者具 I 型花岗岩特征，后者具 S 型花岗岩特征。

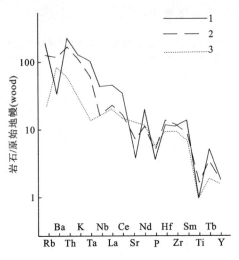

图 3-36　微量元素比值蛛网图

6. 同位素地球化学特征

花岗闪长岩全岩 Rb-Sr 同位素分析结果见表 3-15。等时线见图 3-37，年龄值为 575Ma，说明哈底勒克序列侵入岩的形成时代应为晚震旦世。$(^{87}Sr/^{86}Sr)_0$ 值较大，为 0.7126，暗示深部岩浆在上升过程中有地壳物质加入。

表 3-15　哈底勒克序列 Rb-Sr 同位素分析结果

分析物	样号	Rb(μg/g)	Sr(μg/g)	$^{87}Rb/^{86}Sr$	$^{87}Sr/^{86}Sr$	±2σ
花岗闪长岩	Rb1	1.897×10^2	2.027×10^2	2.710	0.736 190	11
	Rb2	2.502×10^2	1.284×10^2	5.645	0.755 746	13
	Rb3	1.872×10^2	2.037×10^2	2.660	0.734 366	11
	Rb4	2.507×10^2	1.024×10^2	7.092	0.770 163	12
	Rb5	2.530×10^2	9.665×10^2	7.578	0.777 201	14

测试单位：中国地质科学院地质研究所。

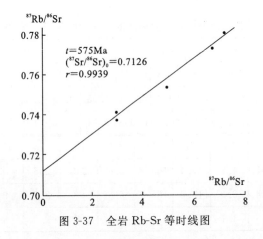

图 3-37　全岩 Rb-Sr 等时线图

全岩氧同位素 $\delta^{18}O‰$(SMOW)：末次的二长花岗岩单元为 +4.6，中次的花闪长岩为 +9.79（表 3-16），属泰勒划分的正常 $\delta^{18}O$ 花岗岩；二长花岗岩属低 $\delta^{18}O$ 范畴，可能与热液蚀变有关。

表 3-16　全岩氧同位素分析结果（$\delta^{18}O$‰ SMOW）

序号	序列	样号	$\delta^{18}O$	序号	序列	样号	$\delta^{18}O$
1	哈底勒克	8-45	4.60	8	野鸭湖	T3	8.51
2		518	9.79	9	其格勒克	10-4	7.79
3	艾沙汗托海	8-21	9.53	10		10-2	6.91
4		8-40	7.34	11	秦布拉克	729	9.28
5		8-46	9.57	12		917-1	3.16
6	野鸭湖	T5	10.80	13	箭峡山	730	9.03
7		T4	9.44				

7. 岩石成因类型分析

哈底勒克序列岩石类型主要为角闪石黑云母英云闪长岩—黑云母花岗闪长岩—黑云母二长花岗岩，未出现闪长岩类岩石。A/NCK≤1.1；CIPW 标准分子中出现微量刚玉分子。

在 ACF 图解中（图 3-33），主要落在 I 型花岗岩区，末次单元落于近 S 型花岗岩区。在 $(La/Yb)_N$-δEu 图解中（图 3-35），同样反映主要为壳幔源型，末次具壳源型特征。

在 Na-K-Ca 图解上（图 3-38），显示出岩浆成因的特点，样点全落在岩浆花岗岩区。在 La/Sm-La 图解上（图 3-39），样点近于平行部分熔融线分布。

从 Rb-Sr 地壳厚度网络图（图 3-40）上显示岩浆形成时地壳厚度接近 30km，表明物质来源于下地壳或上地幔。

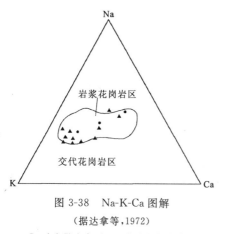

图 3-38　Na-K-Ca 图解
（据达拿等，1972）
●.哈底勒克序列；▲.艾沙汗托海序列

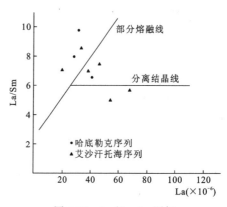

图 3-39　La/Sm-La 图解
●.哈底勒克序列；▲.艾沙汗托海序列

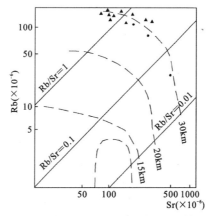

图 3-40　Rb-Sr 地壳厚度网络图
（据 Condie，1973；图例同图 3-39）

综上所述,该序列岩石成因应为下地壳物质部分熔融,经后期分离结晶作用形成以Ⅰ型花岗岩为主要特征,在上侵过程中对上地壳岩石有部分熔融,为壳-幔混合源。

8. 形成构造环境分析

在 Batchelor R A 等(1985)R_1-R_2 图解(图3-41)中,早期英云闪长岩—花岗闪长岩落在消减的活动板块边缘,晚期的二长花岗岩位于同碰撞区。

在不同岩石的 Rb-(Yb+Nb)和 Rb-(Yb+Ta)图解中(图3-42),早期岩石为火山弧花岗岩,晚期为同碰撞花岗岩。在 Rrittmann A(1970) lgτ-lgσ 图解中(图3-43),所有岩石均落在 B 区,为造山带环境。

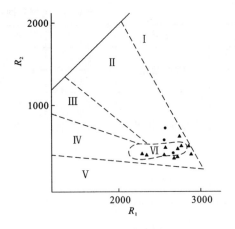

图 3-41 R_1-R_2 图解

(据 Batchelor R A 等,1985)

Ⅰ.幔源;Ⅱ.碰撞前俯冲;Ⅲ.碰撞前隆升;Ⅳ.造山晚期;
Ⅴ.非造山期;Ⅵ.同碰撞;●.哈底勒克序列;▲.艾沙汗托海序列

据上,本序列花岗岩形成的构造环境可能为聚合背景下的岛弧晚期—同碰撞。

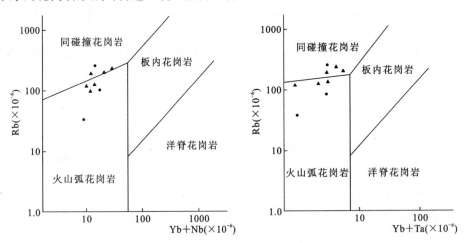

图 3-42 不同类型的花岗岩 Rb-(Yb+Nb)和 Rb-(Yb+Ta)图解

(据 Pearce 等,1984)

●.哈底勒克序列;▲.艾沙汗托海序列

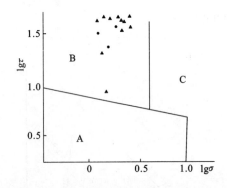

图 3-43 lgτ-lgσ 图解

(据 Rittmann A,1970)

A.板内稳定区;B.造山带;C.A、B 演化的碱性区;

●.哈底勒克序列;▲.艾沙汗托海序列

9. 岩体就位机制分析

哈底勒克序列所有岩体均呈北东向的长条状分布,总有一侧(北西或南东)与围岩间为平直断裂接触,断裂一般为区域性大断裂。岩体与围岩接触界线多不规则,呈锯齿状,热接触变质晕较窄,且围岩中有岩枝贯入。上述特征暗示该序列具被动就位特点,其形成与深大断裂扩张有关。

(三) 晚奥陶世艾沙汗托海序列侵入岩

1. 地质特征

晚奥陶世侵入岩出露在古元古—中元古界变质岩系中,主要分布在阿尔金山,共发现大小岩体11个,呈大岩基或岩株、岩滴状产出。主要由花岗闪长岩、二长花岗岩、正长花岗岩组成,按岩石结构可划分为中细粒云母花岗闪长岩、细中粒(少斑状)黑云母二长花岗岩、细粒云英岩化黑云母二长花岗岩和中细粒黑云母正长花岗岩4个岩石单元,归并为艾沙汗托海序列。

较大的岩体一般发育2个以上的岩石单元,相邻单元均呈脉动侵入接触,局部呈涌动侵入接触,界线清楚,矿物成分有过渡趋势,包体或捕虏体少见。野外地质特征和接触关系显示其为同源岩浆演化序列。

各单元与围岩均呈侵入接触,侵入地层为古元古界阿尔金岩群。外接触变质带明显,一般有角岩化和烘烤褪色化,宽一般为500~800m。在接触带附近常见伟晶岩囊状体及长英质细脉状穿插在围岩中。岩体内部或附近围岩中常有细粒花岗岩脉或花岗斑岩脉分布。

2. 岩石学特征

各单元岩性及矿物成分平均含量见表3-17。在QAP三角图解中样点分别落在3a、3b、4区(图3-30),属正长花岗岩、二长花岗岩、花岗闪长岩类。

表3-17 艾沙汗托海序列各单元岩性及矿物成分平均百分含量

岩 石 单 元	样品数	斜长石(An)	钾长石	石英	黑云母	白云母	石榴石
中细粒(石榴石)黑云母正长花岗岩	4	14.5	48.5	30.3	6.3		0.4
细粒云英岩化黑云母二长花岗岩	3	26.7(17)	36	25.7	7.0	2(次生)	微
细中粒(少斑状)黑云母二长花岗岩	7	28.7(31)	35.4	28.6	8.2	1.1(次生)	
中细粒黑云母花岗闪长岩	1	50(31)	15	25	10		

岩石结构从早次—晚次单元由细—中—细演化,较早的二长花岗岩为似斑状结构,含有少量的(<5%)钾长石斑晶;较晚的二长花岗岩出现较强的云英岩化,特征矿物出现石榴石和矽线石,次生蚀变矿物有较多的黄玉(最高达到21%)和锂云母—铁锂云母(3%)及少量的白云母、绿泥石、绢云母等。反映出岩浆为上地壳泥质岩石重熔的信息。

斜长石:其含量从早到晚由多到少变化,An值反映由中长石—更长石演化。呈半自形板状,见钠氏双晶、卡钠复合双晶等,多有绢云母化现象。

钾长石:有由微斜长石为主向由微斜微纹长石为主的演化特征,多为他形板状,格子双晶较明显—隐格状,其含量有从早到晚由少到多的变化规律。

石英:他形粒状,多见裂纹,波状—强波状消光,呈集合体状分布。

黑云母:均为细小鳞片状,具褪色化,向绿泥石过渡,其含量有由多到少的变化规律。

石榴石:淡红色,为近等轴粒状,具裂纹,大小在0.2~1.5mm之间,属铁铝榴石。

矽线石:为毛发状、纤状集合体,常被白云母交代。

白云母:鳞片状,常与黑云母平行交生,多为次生蚀变矿物。

黄玉：无色，干涉色一级黄为主，沿解理方向为负延性(＋)2V＝45°～50°；Np′＝1.6062。

锂云母—铁锂云母：板片状、鳞片状，具弱多色性，沿解理缝近于平行消光。

云英岩化作用主要以次生呈团聚集的细小石英颗粒集合体和白云母、锂云母-铁云母鳞片-绢云母交代形式显示，并伴有糖粒状、细小粒状钠长石化。

副矿物主要是锆石、磷灰石，个别单元出现金红石。

3. 岩石重矿物特征

除正长花岗岩单元未获重矿物组合分析结果外，其余单元重矿物组合为锆石-独居石-磷灰石型，普遍含微量的宇宙尘和较高的石榴石，石榴石属锰—铁铝榴石系列。矿物含量从早到晚变化均不大(参见表3-2)。

独居石：厚板柱状、短柱状，早期个别呈粒状，多为歪晶；一般为米黄色，半透明，油脂光泽；早期花岗闪长岩中晶体多见熔蚀作用呈浑圆糙面，无光泽；粒径在0.1～0.6mm之间。

磷灰石：多为柱—短柱状，晚期为六方柱状、圆柱状；白色透—半透明，柱长多在0.2～0.6mm之间。

锆石：花岗闪长岩中呈自形柱状、锥柱状，以淡黄褐—烟紫红色为主，透明，柱长0.1～0.3mm。早期二长花岗岩中自形晶到浑圆晶粒颜色多样，有浅褐、黄褐、酱褐、浅紫、灰紫色等，透明至微透明，柱长0.1～0.3mm；较晚期二长花岗岩中柱状晶体，柱长≤0.3mm，个别达0.5mm，淡黄褐色至近无色透明，粒度粗者则透明度较差。

4. 岩石化学特征

各单元岩石化学分析结果、CIPW计算标准矿物及部分特征参数列于表3-18中。从表中可以看出，该序列岩石酸性程度较高，SiO_2均大于70%，全碱含量较高，铁、镁质含量较低。总体特征是SiO_2含量变化范围小，岩石化学及特征参数变化甚微，从早到晚岩浆向酸性增大、碱性增强方向演化，符合同源岩浆演化的一般规律。

在Trvine(1971)的硅碱图(图3-31)中，样点集中落在亚碱性系列区。利用赖特(1969)AR-SiO_2图解(图3-32)进行细分，岩石显示为钙碱性花岗岩，有向偏碱性花岗岩演化的趋势。σ值均小于3.3(1.27～2.58)，(N＋K)/A均小于0.85(0.39～0.62)，同样显示为钙碱性系列岩石，相当于强太平洋型—正常太平洋型。

CIPW标准矿物均出现C值(平均大于1，0.61～14.37)；A/NCK值除1个为1.13外，其余均在1～1.1之间，为铝过饱和岩石；DI、SI、Mg′值从早到晚有一定演化规律，说明岩浆分异程度较高；Ox′变化很小，表明物化条件相似。

表3-18 艾沙汗托海序列岩石化学成分(%)、CIPW标准矿物及有关参数

序号	样号	岩 性	SiO_2	TiO_2	Al_2O_3	Fe_2O_3	FeO	MnO	MgO	CaO	Na_2O	K_2O	P_2O_5	灼失
1	19-46	细粒石榴石正长花岗岩	71.50	0.34	13.84	0.97	2.07	0.05	0.57	1.90	2.92	4.77	0.17	0.30
2	8-21	细粒云英岩化石榴石黑云母二长花岗岩	74.81	0.13	13.32	0.46	1.17	0.03	0.33	1.38	2.29	5.08	0.05	0.79
3	8-39		72.83	0.23	14.18	0.30	1.48	0.02	0.43	1.16	3.23	5.55	0.17	0.26
4	8-40		74.17	0.23	13.00	0.52	1.38	0.02	0.44	1.27	2.57	5.46	0.13	0.63
5	8-41		72.02	0.21	14.69	0.41	1.60	0.03	0.55	1.99	3.52	4.13	0.10	0.54
6	17-24		72.94	0.18	14.34	0.25	1.63	0.04	0.56	2.53	3.19	3.20	0.11	0.73
7	T2	细中粒少斑状石榴石黑云母二长花岗岩	72.28	0.18	14.52	0.58	2.07	0.05	0.5	2.45	3.21	3.24	0.08	0.63
8	8-42		73.65	0.19	14.01	0.41	1.27	0.02	0.43	1.28	2.92	5.04	0.12	0.50
9	8-45		72.62	0.25	14.18	0.45	2.03	0.05	0.60	1.98	4.07	2.84	0.12	0.63
10	8-46	细中粒黑云母花岗闪长岩	70.04	0.43	14.87	0.59	3.15	0.04	1.11	3.30	3.98	1.88	0.14	0.27

续表 3-18

序号	CIPW 计算标准矿物									特征参数							
	Q	Or	Ab	An	Di	C	Mt	Il	Ap	A/NCK	DI	SI	δ	AR	Mg'	Ox'	(N+K)/A
1	30.58	28.38	24.64	8.62	4.05	0.71	1.39	0.61	0.34	1.03	83.6	5.04	2.06	2.18	15.79	0.29	0.56
2	38.14	30.05	19.40	6.12	2.38	1.83	0.69	0.30	0.34	1.13	87.59	3.54	1.71	1.91	16.84	0.26	0.55
3	29.01	32.83	27.26	5.01	3.21	1.01	0.46	0.46	0.34	1.05	89.10	3.91	2.58	2.45	19.46	0.16	0.62
4	34.23	32.28	22.02	5.56	2.95	0.92	0.69	0.46	0.34	1.04	88.53	4.24	2.07	1.84	18.8	0.23	0.62
5	29.79	24.49	29.88	9.18	3.65	1.02	0.69	0.46	0.34	1.05	84.16	5.39	2.02	2.46	21.48	0.21	0.52
6	35.20	18.92	26.74	11.68	4.05	14.30	0.46	0.30	0.34	1.08	80.86	6.34	1.36	2.22	22.95	0.14	0.45
7	33.45	20.03	27.26	11.40	4.37	1.33	0.93	0.30	0.34	1.10	80.74	5.21	1.42	2.22	15.87	0.21	0.44
8	33.33	30.05	24.64	5.56	2.95	1.63	0.69	0.30	0.34	1.10	88.02	4.27	2.07	1.93	20.38	0.24	0.57
9	31.89	16.70	34.60	8.90	4.54	1.01	0.69	0.46	0.34	1.06	83.19	6.01	1.61	2.49	19.48	0.17	0.49
10	29.19	11.13	33.55	15.58	7.56	0.61	0.93	0.76	0.34	1.02	73.87	10.36	1.27	1.95	22.89	0.15	0.39

在 ACF 图解中(图 3-33),样点落在 I、S 型花岗岩分界线附近,早期的靠近 I 型花岗岩一侧,晚期的则分布在 S 型花岗岩一侧,具 I—S 过渡类型特征。

5. 岩石稀土元素特征

岩石稀土元素丰度见表 3-19。稀土总量中等偏高($101.3 \times 10^{-6} \sim 339.52 \times 10^{-6}$),从早期—晚期稀土元素总量有逐渐加大的趋势,说明岩浆向酸性演化的同时稀土元素不断富集。$\Sigma Ce/\Sigma Y$ 值较大,为 $3.13 \sim 8.8$,说明轻稀土相对重稀土明显富集。

表 3-19 艾沙汗托海序列岩石稀土元素丰度($\times 10^{-6}$)及有关参数

序号	La	Ce	Pr	Nd	Sm	Eu	Gd	Tb	Dy	Ho	Er	Tm	Yb	Lu	Y	Σ	$\Sigma Ce/\Sigma Y$	δEu	δCe	La/Sm	Gd/Yb
1	54.72	123.9	15.54	54.33	12.24	1.01	10.15	1.70	8.92	1.61	4.64	0.72	4.52	0.67	44.86	339.52	3.36	0.29	0.88	4.47	2.25
2	37.25	78.77	7.92	27.96	5.85	0.72	5.48	0.88	4.27	0.87	2.18	0.33	1.99	0.26	26.74	201.48	3.69	0.42	0.92	6.37	2.75
4	62.62	144.9	14.89	54.05	10.44	0.83	7.59	1.01	4.22	0.66	1.38	0.18	0.94	0.13	17.19	321.04	8.65	0.30	0.96	6.00	8.07
6	45.36	93.65	10.01	32.84	5.78	1.01	3.96	0.53	2.41	0.37	0.82	0.11	0.62	0.09	10.48	208.05	7.40	0.66	0.88	7.85	6.39
7	18.60	37.00	3.96	13.76	2.77	0.69	2.50	0.43	2.41	0.50	1.41	0.23	1.58	0.23	15.25	101.30	3.13	0.86	0.86	6.71	1.58
10	31.62	65.37	6.39	22.94	3.76	0.86	2.64	0.33	1.55	0.31	0.78	0.12	0.74	0.10	8.31	145.82	8.80	0.86	0.91	8.41	3.57

注:序号所对应的样号同表 3-18。

δEu 值从大到小,早期铕亏损不明显,到末期为铕严重亏损(0.29)。稀土配分型式图中(图 3-44),曲线总体向右倾斜,由于铕负异常出现低谷,为不对称的"V"字型。各曲线总体呈平行性较好的曲线簇;La/Sm 值逐渐依次变小。上述均指示各单元之间具有同源岩浆演化特征。

$(La/Yb)_N$-δEu 图解(图 3-35)同样显示早期为壳幔型,晚期向壳源型转化。

6. 岩石微量元素特征

各单元岩石微量元素丰度列于表 3-20 中。总体上元素丰度值均不高,和维氏花岗岩平均值相比,以略富集 Sn、Bi、

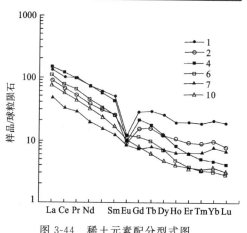

图 3-44 稀土元素配分型式图
样品序号对应表 3-19

Pb、Au、Sc 而贫 Mo、Cu、Zn、Sr 等元素为特征,大多数元素均有依次变小和加大的趋势。

表 3-20 艾沙汗托海序列岩石微量元素丰度(Au:×10⁻⁹;余为×10⁻⁶)

序号	W	Sn	Mo	Bi	Cu	Pb	Zn	Ag	As	Sb	Hg	Sr	Ba	V	Th	U
1							37.0					99	627	37.8	27.0	
2	1.06	3.4	0.61	0.82	7.1	60.3	34.0	0.057	0.78	0.06	0.006	96	651	8.7	23.7	3.78
3	2.93	6.8	0.34	0.29	4.2	56.3	58.0	0.060	0.64	0.09	<0.002	67	384	13.9	16.5	5.64
4	1.21	4.9	0.78	4.84	6.4	43.8	47.8	0.071	1.74	0.31	0.009	94	552	17.5	41.7	7.08
5	1.01	7.6	1.77	0.55	5.8	43.2	51.8	0.024	0.8	0.11	0.005	195	698	16.2	16.2	3.14
6	0.6	3.3	0.8	0.16	26.7	36.9	72.8	0.039	5.3	0.27	<0.005	258	827	8.5	20.5	1.80
7	1.06	5.3	1.14	0.69	9.9	26.2	47.7	0.033	0.97	0.30	0.013	213	711	10.6	5.5	1.88
8	2.79	6.4	0.42	1.17	115	48.1	76.0	0.039	0.53	0.08	0.005	70.6	416	15.8	15.7	3.91
9	1.35	6.0	0.59	1.53	9.9	37.1	51.9	0.022	0.54	0.12	0.005	247	480	20.9	13.7	2.88
10	1.01	4.0	0.95	0.51	9.7	22.4	66.4	0.039	1.15	0.16	0.017	394	435	28.7	14.7	2.12

序号	Co	Ni	Li	Be	Ta	Nb	Zr	Hf	Rb	Au	Cs	Cr	Sc	Cd	Ga
1	6.8	12.0			0.6	13.2	137	14.1	218		6	39.9			
2	3.5	6.1	36.2	2.40	2.6	14.1	96.9	4.2	233	2.8	13	38.2	4.6	0.11	20.3
3	3.6	6.0	126.0	2.75	2.0	18.8	103.3	4.1	351	1.0	16	21.0	6.4	0.09	22.8
4	4.6	8.9	38.6	3.10	2.7	10.9	204.1	8.3	264	4.2	11	39.4	4.8	0.16	19.7
5	5.1	7.9	80.4	5.56	3.1	12	107.8	4.4	266	1.9	20	39.7	3.2	0.08	19.8
6	5.0	5.9	32.9	1.90	0.8	14.4	144	4.9	129	1.3					
7	5.7	14.5	55.4	4.54	2.3	8.8	83.5	3.1	148	2.0	16	112.0	2.3	0.14	15.0
8	5.0	9.1	61.7	3.95	3.1	15.5	98.4	4.0	271	1.5	15	35.1	6.7	0.06	23.2
9	6.4	11.3	25.0	5.97	4.2	13.7	116.9	4.6	160	1.8	9	66.3	4.0	0.06	22.9
10	5.71	10.0	107	2.70	1.4	10.0	187.2	60	133	1.9	15	77.5	5.2	0.22	22.4

注:序号所对应的样号同表 3-18。

在微量元素比值蛛网图中(图 3-45),总体与 Poli 等(1984)总结的科西嘉岩基曲线相一致,显示为正常弧花岗岩特征。但末次单元曲线更趋同于成熟弧花岗岩曲线,说明当时形成环境为 B 型俯冲作用末期。

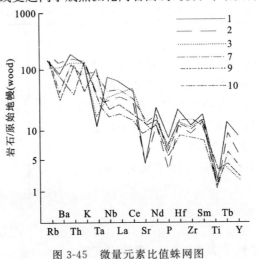

图 3-45 微量元素比值蛛网图
样品序号对应表 3-20

7. 同位素地球化学特征及时代讨论

细中粒黑云母二长花岗岩中锆石 U-Pb 模式年龄为(445 ± 5.9)Ma(表 3-21 中 1 号样)。因侵入地层仅有古元古界,岩体下限依据不足,但从岩体本身变形变质来看该年龄值较为可信。因此,将其置于晚奥陶世,为加里东构造旋回中晚期产物。

全岩氧同位素 δ^{18}O‰(SMOW)见表 3-15 中 3、4、5,花岗闪长岩为 $+9.57$,细中粒黑云母二长花岗岩为 $+9.53$、$+7.34$,属泰勒划分的正常 δ^{18}O 花岗岩范畴。

表 3-21　锆石 U-Pb 同位素年龄测试结果

序号	序列	样号	样重(μg)	U(μg/g)	Pb(μg/g)	普通铅含量(ng)	同位素原子比及误差(2σ) $^{(206/204)}$Pb	^{206}Pb/^{238}U	^{207}Pb/^{235}U	$^{(207/206)}$Pb	表面年龄及误差(Ma) ^{206}Pb/^{238}U	^{207}Pb/^{235}U	$^{(207/206)}$Pb
1	艾沙汗托海	17-42	10	57.6	10.6	0.632	57.4	0.071 58	0.576 43	0.058 40	445	462	544
								0.000 95	0.084 40	0.008 58	5.9	67.6	80
2	野鸭湖	1361	10	132.9	24.7	1.607	46.3	0.056 37	0.554 72	0.071 36	353	448	967
								0.001 04	0.092 47	0.011 97	6.5	74.7	162.3
3	其格勒克	10-1-a	10	429.1	29.5	0.565	257.4	0.052 18	0.478 25	0.066 46	327	396	820
								0.000 23	0.026 26	0.003 66	1.4	21.7	45.2
4		10-4-a	10	255.7	16	0.358	233.2	0.049 89	0.404 54	0.058 80	313	344	559
								0.000 14	0.011 39	0.001 66	0.9	9.7	15.8
5	秦布拉克	967-1	10	560.8	27.9	0.347	459.4	0.045 23	0.326 40	0.052 32	285	286	299
								0.000 10	0.007 43	0.001 19	0.6	6.5	6.8
	箭峡山	18-20-2	10	1042.5	87.2	3.797	97	0.047 42	0.385 06	0.058 88	298	330	562
								0.000 28	0.028 70	0.004 40	1.8	24.6	42
		18-20-3	10	206.2	16.5	0.216	396.7	0.065 86	0.784 27	0.086 35	411	587	1 346
								0.000 13	0.008 29	0.000 92	0.8	6.2	14.4
6		18-20-4	10	912.6	53.9	1.845	138.3	0.040 08	0.283 74	0.051 34	253	253	256
								0.000 14	0.006 61	0.001 21	0.9	5.9	6
7	木孜鲁克	1155-2	10	217.8	25.4	1.754	42.7	0.032 21	0.240 96	0.054 24	204	219	381
								0.000 50	0.022 36	0.005 10	3.2	20.3	35.8
8		1152	10	538.4	23.2	0.589	197.3	0.032 31	0.224 30	0.050 34	205	205	210
								0.000 08	0.006 51	0.001 46	0.5	5.9	6.1
9	青塔山岩体	1367-1	10	355.9	30.2	1.951	50.8	0.029 28	0.208 55	0.051 64	186	192	269
								0.000 47	0.049 22	0.012 21	3	45.3	63.8

测试单位:宜昌地质矿产研究所,2002.10。

8. 岩石成因类型分析

艾沙汗托海序列岩石酸性程度较高,岩石类型变化较窄,从早到晚由花岗闪长岩—二长花岗岩—正长花岗岩组成。岩石化学、地球化学特征显示既具 I 型(早期)又具 S 型(晚期)花岗岩特征。早期单元 $Na_2O>K_2O$,往后 K_2O 含量不断增高,并大于 Na_2O;A/NCK 比值除较晚期有 1 个样品为 1.13 外,其余均小于 1.1(1.02~1.08),大多接近 1.1;CIPW 标准矿物中刚玉分子常见,并多数在 1% 以上。在

ACF 成因分类图解中(图 3-33),样点全落在界线附近。较晚期单元出现较多的非岩浆特征矿物石榴石、矽线石等,说明晚期岩浆为泥质岩石深熔而成。

Na-K-Ca 图解(图 3-38)表明岩石均为岩浆成因,除 1 个点落在岩浆花岗岩区线外侧,其余都落在区内。在 La/Sm-La 图解中(图 3-39),早期单元样点位于部分熔融线附近,说明岩石由早期母岩经部分熔融,往后至晚期又转为分离结晶作用而形成。

Rb-Sr 地壳厚度网络图(图 3-40)指示岩浆形成时的地壳厚度为 28~32km,且 Rb/Sr 比值较高,说明母岩具富 Rb 而贫 Sr 的特点。

综上所述,该序列岩石应为晚奥陶世加里东造山阶段,经下地壳部分深熔—分离结晶作用形成的岩浆,上升到浅部又重熔了部分陆壳物质而成的 I—S 型花岗岩。

9. 形成的构造环境分析

在 R_1-R_2 图解中(图 3-41),早期花岗闪长岩显示为碰撞前产物,晚期花岗岩为同碰撞产物。微量元素 Rb-(Yb+Nb)、Rb-(Yb+Ta)图解(图 3-42)中,样点落在火山弧花岗岩区与同碰撞花岗岩分界线附近,也指示 B 型俯冲晚期。

$\lg\tau$-$\lg\sigma$ 图解(图 3-43)显示该序列形成与造山作用有关,样点全部落在 B 区,晚期有向稳定区过渡的趋势。

根据上述特征,该序列花岗岩为板块俯冲消减作用晚期,在岛弧逐渐成熟过程中,由岩浆上侵分异而成。

10. 岩体就位机制探讨

艾沙汗托海序列各岩体较分散,形态各异,岩体就位机制各地不尽一致。在板块碰撞、挤压抬升造山阶段,形成了一系列俯冲断裂带,岩浆有的沿断裂(岩墙)扩张上升被动就位,有的则在挤压环境下以底辟形式主动就位。

阿尔金山北侧的艾沙汗托海岩体、江尕勒萨依附近的小岩体呈北东向长条状展布,在平面上、空间上与区域性大断裂展布相一致,各单元之间分布规律不明显,岩石变形较弱,围岩未受岩体入侵干扰变形,所含围岩捕虏体多呈棱角状,数量较少,接触界面不规则,这些特征指示岩体具被动就位机制。

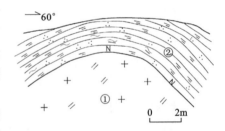

图 3-46 二长花岗岩与围岩接触关系
(见于 7-24 地质点)
①晚奥陶世艾沙汗托海序列二长花岗岩(O_3A);
②古元古代阿尔金群长英质(云母)片岩(Pt_1A)

阿尔金山南侧的依斯吾塔哈岩体在平面上呈椭圆状,形态较规则,热接触变质带较宽,围岩受岩体入侵干扰明显,构造面理形态为与接触界面相一致的同心环状,随接触界面变化而变化(图 3-46),显然是岩体上侵时的顶压作用所造成。围岩近岩体附近混合岩化现象明显,其特征与北爱尔兰多内加尔岩基中的阿达拉岩体就位特征相似。诸特征显示岩体就位机制应属主动就位——底辟作用。

(四)早石炭世野鸭湖序列侵入岩

1. 地质特征

该序列共发现有大小岩体 4 个,呈岩基、岩株产出,分布在图区南东角野鸭湖东西两侧,岩体多被北西向断裂切割或破坏。侵入地层为古元古界苦海岩群,被上侏罗统采石岭组沉积覆盖,采石岭组底部可见花岗质碎屑岩。岩石类型较齐全,从中性的石英闪长岩—中酸性的英云闪长岩—花岗闪长岩—酸性的二长花岗岩均有出露,显示出良好的岩浆演化特征,为同源岩浆演化产物。根据野外地质特征,结合室内综合研究归并为野鸭湖序列。

在野狼沟达坂西侧岩体中,从岩体边部向中心分布有石英闪长岩、英云闪长岩、花岗闪长岩,其间无突变界线,宏观上仅能从颜色上大致分开。石英闪长岩色率大、颜色深,往花岗闪长岩过渡长英质矿物增加,颜色较浅,在百米之内可观察到三者为典型的涌动侵入接触。野鸭湖西侧岩体分布有花岗闪长岩单元和2次二长花岗岩单元,它们之间为脉动侵入接触,界线较清晰,较晚单元边部有较早单元的捕虏体。野鸭湖东侧墨龙山岩体,断裂破坏较严重,为碎裂岩化二长花岗岩,绿泥石化较强,岩石呈灰绿—黄绿色。墨龙山岩体北侧小岩体中的中粒(角闪石)黑云母二长花岗岩中含有3%~5%的钾长石斑晶。局部地段岩体被断裂破坏后片理、片麻理较发育。

较早次单元中有少量的暗色闪长岩和富云包体,大小在2~4cm,呈椭圆体状分布。岩体内部有闪长(玢)岩脉,呈北西向展布。岩石内蚀变常见有绿泥石化、绢云母化及帘石化。外接触变质主要为角岩化,变质带宽一般500~800m。

2. 岩石学特征

各单元岩性及矿物平均含量见表3-22。在QAP三角图解(图3-30)中,样点分别落在3b、4、5、10*区,属二长花岗岩、花岗闪长岩、英云闪长岩和石英闪长岩类。

表3-22 野鸭湖序列各单元岩性及矿物成分平均百分含量

岩石单元	样品数	斜长石(An)	钾长石	石英	黑云母	角闪石
细中粒黑云母二长花岗岩	2	33 (13)	32.5	30	4.5	
中粗粒(角闪石)黑云母二长花岗岩	2	33 (25)	37	24	5.5	0.5
粗中粒(角闪石)黑云母花岗闪长岩	2	48 (26)	18	22.5	8	少许
细中粒角闪石黑云母英云闪长岩	1	55(30)	20	15	10	
石英闪长岩	2	55(32)	5.5	10.5	9	20

岩石结构从早到晚有由细—粗—细的变化,块状或弱片麻状构造。

斜长石:从早到晚具由多—少变化,早期单元中为半自形板状、粒状;较晚期单元中为半自形—自形板柱状,多见有钠氏、卡钠复合双晶。早期为中长石(An32~35),晚期为更长石(An13~26),多有被绢云母交代的现象。

钾长石:在石英闪长岩和英云闪长岩中含量甚微或不出现,往后逐渐增加,为微斜微纹长石,呈他形—半自形板状,见卡氏双晶。格子双晶在末次单元中明显,钠长石微纹呈细脉状或条纹状定向分布。

石英:他形粒状或充填状,多数具裂纹,波状—强波状消光。

黑云母:含量较高,一般都大于5%,往后有减少的趋势。半自形晶,褐色—棕色种属,$Ng'\wedge C=15°$左右,多色性明显,常被绿泥石、帘、阳起石交代。

常见副矿物有磷灰石、磁铁矿、锆石、榍石等。

次生蚀变有绢云母化、绿泥石化、黝帘石化、方解石化、钠长石化、阳起石化等。

3. 岩石重矿物特征

除英云闪长岩无分析结果外,其余各单元的重矿物组合均为钛铁矿-磷灰石-锆石型。各单元之间矿物组合及含量变化均较小,早次石英闪长岩出现微量的榍石,末次单元出现微量的尖晶石、矽线石、重晶石(参见表3-2)。

磷灰石:石英闪长岩中为白色柱状晶体,柱长≤0.3mm;花岗闪长岩中为淡褐黄色、灰白色、无色等,柱状晶体,柱长0.1~0.5mm不等;粗粒二长花岗岩中为黄白色柱状半透明晶体,个别无色透明,柱长0.1~0.3mm;细粒二长花岗岩中为无色透明的圆柱状晶体,柱长≤0.3mm。

锆石:一般均为短—长柱状,以含有较多的暗色包裹体为特征。

4. 岩石化学特征

各单元岩石化学成分、CIPW 标准矿物含量及部分特征参数列于表 3-23 中。岩石化学成分从早到晚具明显规律变化,硅、全碱依次增加,镁铁质含量依次减少,反映岩浆从基性—酸性演化特征。DI 值从小到大,SI、Mg' 值从大到小,说明岩浆的分异良好。

表 3-23　野鸭湖序列岩石化学成分(%)及特征参数

序号	样号	岩性	SiO_2	TiO_2	Al_2O_3	Fe_2O_3	FeO	MnO	MgO	CaO	Na_2O	K_2O	P_2O_5	灼失
1	T5	细中粒黑云母二长花岗岩	75.87	0.23	12.12	0.60	1.07	0.02	0.24	0.98	3.49	4.03	0.03	0.89
2	1361	(角闪石)黑云母二长花岗岩	71.69	0.41	12.94	0.66	3.30	0.06	0.81	2.39	2.85	3.11	0.13	1.28
3	T4	(角闪石)黑云母花岗闪长岩	69.81	0.50	13.79	0.91	3.70	0.06	1.39	1.99	3.03	3.12	0.19	1.30
4	1365-3	角闪石黑云母英云闪长岩	59.58	0.59	15.57	2.87	3.07	0.11	3.35	6.43	2.95	2.63	0.45	1.50
5	T3	石英闪长岩	53.80	0.99	16.55	1.82	8.13	0.16	4.74	6.76	2.96	1.64	0.21	2.04

序号	CIPW 计算标准矿物									特征参数						
	Q	Or	Ab	An	Di	Hy	C	Mt	Il	Ap	A/NCK	DI	SI	δ	AR	Mg'	Ox'	(N+K)/A
1	37.48	23.93	29.36	4.17	1.79			0.51	0.93	0.46	0.34	1.02	90.77	2.55	1.72	3.28	12.57	0.33	0.62
2	34.89	18.34	24.12	11.13	7.02			0.82	0.93	0.76	0.34	1.04	77.35	7.55	1.24	2.18	16.98	0.15	0.46
3	33.81	18.36	25.69	9.18	4.30		2.04	1.39	0.91	0.34	1.14	77.86	11.44	1.41	2.25	23.05	0.18	0.45
4	14.89	15.58	25.17	21.97	6.01	8.10		4.17	1.06	1.01	0.81	55.64	22.53	1.88	1.67	36.06	0.44	0.35
5	4.86	9.46	25.17	26.98	4.15	12.18		2.55	1.50	0.67	0.87	39.49	13.93	1.96	1.50	32.27	0.16	0.28

在 Irvine T N 等(1971) AFM 图解中(图 3-47),样点全落在钙碱性岩石区,有由弱钙碱性向强钙碱性演化的趋势。σ 值为 1.24～1.96,(N+K)/A 值小于 0.85(0.28～0.62),均反映为钙碱性系列岩石特征,为强太平洋型—正常太平洋型碱度类型岩石。

ACF 图中多数样点落在 I、S 分界线附近的 I 型花岗岩一侧,个别点则落在 S 型花岗岩一侧(图 3-48),总体反映为 I 型花岗岩特征。末次单元可能因岩浆在上升过程中有陆壳物质加入而显示 S 型花岗岩特征。

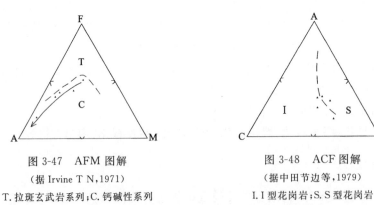

图 3-47　AFM 图解 　　　　　　　图 3-48　ACF 图解
(据 Irvine T N,1971)　　　　　　　(据中田节边等,1979)
T.拉斑玄武岩系列;C.钙碱性系列　　　I.I 型花岗岩;S.S 型花岗岩

CIPW 标准矿物早期单元出现紫苏辉石(Hy),晚期则出现少量刚玉(C)。A/NCK 比值大多小于 1.1(0.81～1.04),个别为 1.14,指示初始岩浆来源较深(下地壳),在上侵过程中受围岩同化混染。Ox' 值变化较大,说明岩体剥蚀深度和风化程度不一。

5. 岩石稀土元素特征

各单元内岩石稀土元素丰度见表 3-24。总体上稀土总量中等偏高。$\Sigma Ce/\Sigma Y$ 值较大,表明轻稀土富集,愈往后期轻稀土有愈富集的特点。δEu 值早期接近 1(0.9～0.99),铕亏损程度不大,至晚期 δEu 值变小(0.79～0.46),铕亏损程度愈来愈大,说明岩浆起源较深,在上升过程中斜长石产生大量的结晶分离;稀土配分型式图中(图 3-49)总体表现为右倾曲线,Eu 呈"V"字型谷有向晚期单元加大趋势。δCe 值为 0.83～1.0,存在铈的低度亏损。

表 3-24　野鸭湖序列岩石稀土元素丰度(×10⁻⁶)及有关参数

序号	La	Ce	Pr	Nd	Sm	Eu	Gd	Tb	Dy	Ho	Er	Tm	Yb	Lu	Y	∑	∑Ce/∑Y	δEu	δCe	La/Sm	Gd/Yb
1	42.06	99.27	10.34	35.95	5.54	1.16	3.85	0.54	2.91	0.57	1.50	0.25	1.57	0.24	14.99	220.73	7.36	0.79	0.97	7.59	2.45
2	73.93	154.90	17.55	60.85	10.69	1.36	8.44	1.29	6.98	1.30	3.78	0.57	3.52	0.51	35.78	381.45	5.14	0.46	0.87	6.92	2.40
3	29.45	72.53	7.50	27.40	5.69	0.98	5.04	0.86	4.65	1.03	2.88	0.46	3.10	0.45	29.96	192.33	2.94	0.58	1.00	5.18	1.74
4	27.83	60.52	8.21	32.05	7.16	1.75	5.43	0.80	4.04	0.70	1.97	0.31	1.84	0.28	21.20	174.07	3.76	0.90	0.83	3.89	2.95
5	16.04	37.57	4.81	19.37	4.20	1.25	4.14	0.65	3.84	0.82	2.40	0.38	2.48	0.36	23.17	121.49	2.18	0.99	0.87	3.82	1.67

注:序号所对应的样号同表 3-23。

La/Sm 比值递增,暗示各单元岩石为同源岩浆。$(La/Yb)_N$-δEu 变异图解(图 3-50)也反映岩浆早期具幔源性质,晚期则显壳源特征。

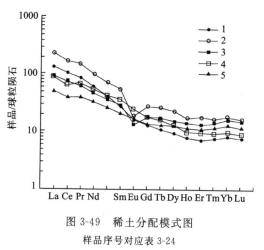

图 3-49　稀土分配模式图
样品序号对应表 3-24

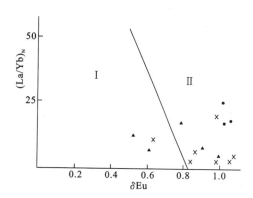

图 3-50　$(La/Yb)_N$-δEu 图解
Ⅰ.壳源;Ⅱ.壳幔源;▲.野鸭湖序列;
●.其格勒克序列;×.秦布拉克序列

6. 岩石微量元素特征

各单元岩石微量元素丰度列于表 3-25 中。该序列岩石微量元素丰度不高,与维氏花岗岩及闪长岩类平均值相比较,除个别元素(如 Bi、Ba、Co、Au)丰度略高外,其余均与之相近或略低于其平均值。

表 3-25　野鸭湖序列岩石微量元素丰度(Au:×10⁻⁹;余为×10⁻⁶)

序号	W	Sn	Mo	Bi	Cu	Pb	Zn	Ag	As	Sb	Hg	Sr	Ba	V	Th	U
1	1.83	2.5	1.03	0.43	7.1	10.9	17.1	0.053	2.25	0.20	0.007	136	2980	8.3	12.0	1.23
2	1.00	3.0	0.90	0.40	35.3	25.8	97.4	0.032	2.00	0.30	0.014	167	1518	30.7	14.2	1.70
3	0.77	3.8	0.56	0.21	12.3	14.7	71.0	0.044	0.89	0.23	0.008	228	790	56.7	1.2	1.98
4	1.00	5.8	0.80	0.12	52.9	40.6	101.5	0.030	3.20	0.35	0.021	585	2224	113.8	9.5	4.20
5	1.16	3.3	0.73	0.08	15.6	6.8	114.0	0.039	2.73	0.32	0.013	285	535	198.0	3.2	1.28

续表 3-25

序号	Co	Ni	Li	Be	Ta	Nb	Zr	Hf	Rb	Au	Cs	Cr	Sc	Cd	Ga
1	2.8	4.0	4.2	1.3	0.9	6.2	137	4.2	78.8	9.0	9.0	39.4	4.6	0.09	14.0
2	9.5	14.1	10.8	1.7	1.5	16.3	506	13.0	70.6	1.1	3.8				
3	10.1	12.4	17.4	2.4	1.4	12.2	217	7.3	102.0	3.7	9.0	48.6	12.6	0.15	16.1
4	18.1	19.9	20.2	2.3	<0.5	15.1	391	11.5	71.4	0.9					
5	27.8	15.9	22.8	1.9	0.8	7.8	98	3.8	58.1	2.3	11.0	55.2	27.7	0.13	17.3

注：序号所对应的样号同表3-23，空格为未分析。

Sr^* ($2Sr_N/Ce_N+Nd_N$)<1(0.1～0.9)，为锶亏损型，可能与交代蚀变作用使 Sr 迁移有关，反映岩石抗交代蚀变能力差；Rb/Sr 比值依次增大，反映岩浆具良好的分异性。Nb/Ta 比值有依次升高的趋势，Zr/Hf 比值有依次降低趋势，反映岩石在低度部分熔融条件下形成；Nb^* ($2Nb_N/(K_N+La_N)$)、P^* ($2P_N/(Nd_N+Hf_N)$)值均小于 1（分别为0.1～0.3 和 0.1～0.8），为 Nb、P 亏损，暗示岩浆为具同化混染的玄武岩浆分异而成。

微量元素比值蛛网图中（图 3-51）各曲线相似性较好，均为 Nb、P、Ti 等元素亏损，La、Zr、Ba 等元素富集，显示与正常弧（造山）花岗岩曲线特征一致，其成因为Ⅰ型花岗岩。

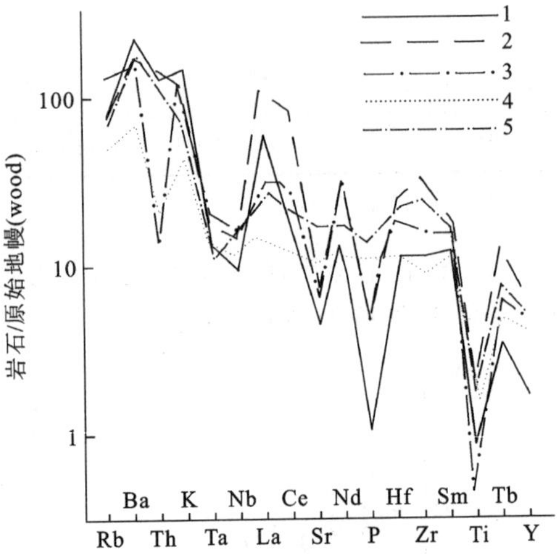

图 3-51 微量元素比值蛛网图

7. 同位素地球化学特征及时代讨论

在粗粒二长花岗岩中获得锆石 U-Pb 模式年龄为(353±6.5)Ma（表 3-21）。尽管围岩时限跨度很大，侵入于古元古界而被侏罗系沉积覆盖，但据岩体本身的变质变形特点及区域对比，该年龄值作为本序列的形成时间合适，即形成时间为早石炭世，相当于海西构造旋回早期。

全岩氧同位素 $\delta^{18}O$‰(SMOW)，细中粒二长花岗岩为+10.8，粗粒二长花岗岩为+9.44，石英闪长岩中为+8.51（见表 3-16）。$\delta^{18}O$ 值除末次单元偏高外，其余均属正常 $\delta^{18}O$ 范畴，末次单元偏高可能与岩浆演化上升到后期熔融了地壳中高 $\delta^{18}O$ 的砂泥质岩石有关。

8. 岩石成因类型分析

从序列内岩石化学及地球化学特征和部分图解（图 3-48，图 3-50）可知，原始岩浆为Ⅰ型花岗岩特征，至晚期显 S 型花岗岩特征。在 Na-K-Ca 图解中（图 3-52），样点大多落在岩浆花岗岩区，还有点落在交代花岗岩区，与微量元素特征提供的信息相吻合，应与同化混染（或交代成因）玄武岩浆有关。

在 La/Sm-La 图解中（图 3-53），样点多具部分熔融特征分布。$(Rb/Yb)_N$ 异常值远大于 1（11～28），为强不相容元素富集型，显交代地幔源特征。

综上所述，该序列岩石应为交代地幔低度熔融后经强烈分离结晶形成的残余熔体演化而成。

9. 形成的构造环境分析

在 R_1-R_2 图解中（图 3-54）投影点全部落在碰撞前俯冲区，显示该序列从早到晚有向造山晚期演化趋势。Lgτ-lgσ 图解（图 3-55）显示岩石形成于造山带环境。

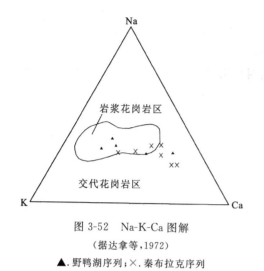

图 3-52　Na-K-Ca 图解
(据达拿等,1972)
▲.野鸭湖序列；×.秦布拉克序列

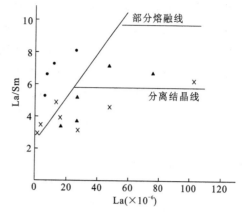

图 3-53　La/Sm-La 图解
▲.野鸭湖序列；●.其格勒克序列；×.秦布拉克序列

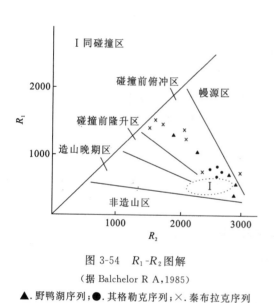

图 3-54　R_1-R_2 图解
(据 Balchelor R A,1985)
▲.野鸭湖序列；●.其格勒克序列；×.秦布拉克序列

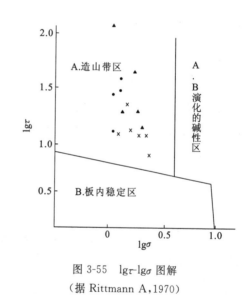

图 3-55　$\lg\tau$-$\lg\sigma$ 图解
(据 Rittmann A,1970)
▲.野鸭湖序列；●.其格勒克序列；×.秦布拉克序列

据 Nakamura 等(1985)研究,K^*($2K_N/(Ta_N+La_N)$)值大小可提供岩石形成构造环境的信息,K^*值大于1,一定分布在岛弧区,且成分受消减作用的影响,其原因是消减作用能携带活动性元素 K 进入地幔楔形区并交代这种源区物质。本序列 K^* 值为 1.5~3.4,为钾富集型,具岛弧性的花岗质岩石特征。

综上所述,野鸭湖序列岩石的形成应与板块的消减作用有关,所处构造环境为聚合背景下的岛弧晚期。

(五) 晚石炭世其格勒克序列侵入岩

1. 地质特征

晚石炭世侵入岩仅发现 1 个岩体,呈岩基产出,分布在研究区北侧,出露不全。北西侧被塔克拉玛干沙漠掩盖,往北东延伸出图,南西侧侵入于中元古界长城系变质岩中(图 3-56),南东侧被侏罗纪陆源碎屑岩沉积覆盖。

目前,在图区内发现的岩石类型较简单,仅有英云闪长岩和花岗闪长岩,但从岩石结构上可划分为 3 个岩性单元,从早至晚为细粒黑云母英云闪长岩、粗中—中粒黑云母英云闪长岩和细粒斑状黑云母花岗闪长岩,根据野外地质特征和接触关系归并为格勒克序列。由于构造、剥蚀、沉积等作用破坏,平面上分布规律不明显，略有较老单元分布在边部的趋势。

各单元之间接触关系清晰，相邻单元多呈脉动接触，局部呈涌动接触（图3-57），较晚单元边部有较早单元的捕虏体。岩体由于受后期近东西向构造的影响，由黑云母组成的暗色条带构造发育，形成的面理清晰，面理产状多为10°∠50°。岩石中有较多的暗色闪长质包体，大小2～4cm，一般呈椭圆状定向排列，长轴方向和黑云母条带相一致。

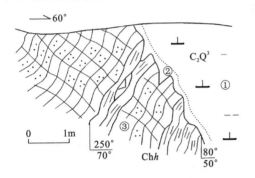

图3-56 花岗闪长岩与围岩呈侵入接触
（见于10-1-1地质点）
①晚石炭世其格勒克序列斑状花岗闪长岩（C_2Q^3）；②细粒边；③长城系巴什库尔干群红柳泉组角、片岩（Chh）

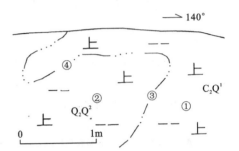

图3-57 两种英云闪长岩接触关系
（见于10-2地质点）
①晚石炭世其格勒克序列细粒英云闪长岩（C_2Q^1）；②晚石炭世其格勒克序列中粒英云闪长岩（C_2Q^2）；③脉动接触界线；④涌动接触界线

岩体内部有较多的肉红色黑云母二长花岗岩脉和灰绿色石英闪长（玢）岩脉分布，岩脉多切割黑云母条带。岩体内蚀变多为绿泥石化、帘石化、绢云母化，外接触变质作用为角岩化。

2. 岩石学特征

序列内各岩石单元的岩性及矿物平均含量列于表3-26中。在QAP三角图解中样点落在4、5区（图3-30），属英云闪长岩、花岗闪长岩类。

表3-26 其格勒克序列各单元岩性及矿物成分平均百分含量

岩 石 单 元	样品数	斜长石（An）	钾长石	石英	黑云母	角闪石
中细粒斑状黑云母花岗闪长岩	1	50（42）	15	26	9	
粗中—中粒角闪石黑云母英云闪长岩	3	63.7（42～43）	微	21.7	≥14	微
细粒角闪石黑云母英云闪长岩	2	≤64（50～47）		22.5	11.5	2

岩石结构早期为细粒花岗结构，中期为粗中—中粒花岗结构，晚期为似斑状结构；基质为细粒花岗结构。片麻状、块状构造。

斜长石含量多在50%以上，有依次递减趋势。An值从50～42递减，为中长石。呈半自形板状，具钠氏双晶、卡钠复合双晶等。部分见环带构造，最多可达20余环，个别被绢云母交代。在花岗闪长岩中呈斑晶出现（6%±），大小在2.6mm×5mm～5mm×5.4mm之间。

钾长石：在英云闪长岩中几乎不出现，在花岗闪长岩中呈他形板状，为微斜长石，个别为细小粒状集合体填充在斜长石、黑云母颗粒间隙处，镜下还可见微斜长石熔蚀交代斜长石迹象。

石英：他形粒状，强波状消光，常具裂纹。在花岗闪长岩中多为集合体形式出现，未见波状消光，说明经历了静态重结晶过程；定向排列，应为后期构造应力作用的结果。

黑云母：由少—多—少变化，以板片状为主，部分为细小鳞片状集合体，Ng'褐—棕褐色，Np'浅黄色。

角闪石：从多到少到无，属绿色种属，纵切面见一组柱面解理，横切面有两组角闪石式解理，$Ng' \wedge C = 20°$左右，常被绿帘石交代。

副矿物主要有锆石、磁铁矿、榍石、磷灰石、独居石等。

次生蚀变主要有绿帘石化、黝帘石化、绢云母化、白云母化、蠕英石化、方解石化等。

3. 岩石重矿物特征

在早两次英云闪长岩中获得重矿物组合结果(参见表 3-2),为磁铁矿—磷灰石—榍石组合型,以重矿物组合简单而含量较高为特征。从早到晚,磁铁矿、榍石含量增加,钛铁矿、磷灰石、锆石减少。

4. 岩石化学特征

各单元岩石化学成分、CIPW 计算标准矿物含量及部分特征参数列于表 3-27 中。化学成分变化规律性明显,从早到晚 SiO_2、全碱逐渐升高,Al_2O_3 及镁铁质含量逐渐降低,显示出岩浆从较基性—较酸性演化。Na_2O 均大于 K_2O。DI 值依次上升,SI 值、Mg' 依次下降,说明岩浆演化分异良好。

表 3-27 其格勒克序列岩石化学成分(%)及特征参数

序号	样号	岩性	SiO_2	TiO_2	Al_2O_3	Fe_2O_3	FeO	MnO	MgO	CaO	Na_2O	K_2O	P_2O_5	灼失
1	10-1-1	斑状黑云母花岗闪长岩	70.81	0.33	14.39	1.22	2.33	0.06	1.17	3.15	3.78	2.02	0.11	0.43
2	10-4	中粒黑云母英云闪长岩	67.77	0.41	15.76	1.52	2.28	0.06	1.71	4.20	3.83	1.64	0.12	0.47
3	10-2	中粒黑云母英云闪长岩	66.84	0.43	16.04	1.93	2.55	0.06	1.70	4.54	3.88	1.36	0.16	0.35
4	10-1-a	细粒黑云母英云闪长岩	66.31	0.43	16.14	1.45	2.63	0.06	1.69	4.65	3.83	1.22	0.16	0.63

序号	CIPW 标准矿物								特征参数						
	Q	Or	Ab	An	Di	C	Mt	Il	Ap	A/NCK	DI	SI	δ	AR	Mg'	Ox'	(N+K)/A
1	35.14	11.67	31.98	14.74	5.68	0.61	1.85	0.61	0.34	1.02	78.8	11.12	1.21	1.78	24.79	0.33	0.40
2	27.03	9.46	32.51	20.03	6.59	0.41	2.32	0.76	0.34	1.01	69.0	15.57	1.21	1.76	31.03	0.38	0.35
3	26.00	7.79	33.03	21.69	6.86	0.20	2.78	0.76	0.34	0.99	66.8	14.89	1.15	1.68	27.51	0.39	0.33
4	25.71	7.23	32.51	22.25	7.36	0.31	2.08	0.76	0.34	1.00	64.4	15.62	1.09	1.64	29.29	0.32	0.31

在赖特 AR-SiO_2 图解中(图 3-58),样点全落在钙碱性岩类区。(N+K)/A 值均小于 0.85(0.31~0.58),σ 值均小于 3.3(1.09~2),均显示为钙碱性岩石特征,为强太平洋型—正常太平洋型(钙碱性)。

在 W J Collins 等(1982)Na_2O-K_2O 图解中,样点较集中地落在 I 型花岗岩区(图 3-59),变化范围很小。CIPW 标准矿物均出现 C 值,但含量均小于 1(0.12~0.61),为 SiO_2 和铝过饱和型岩石。A/NCK 值小于 1.1(0.99~1.02),符合 I 型花岗岩特征。Ox' 值较大而变化较小(0.32~0.39),说明岩浆分异较好,形成深度较大,剥蚀较浅,形成的物化条件和氧逸度相同。

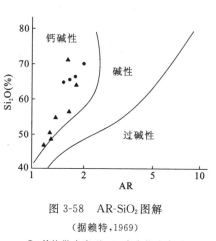

图 3-58 AR-SiO_2 图解
(据赖特,1969)
●.其格勒克序列;▲.秦布拉克序列

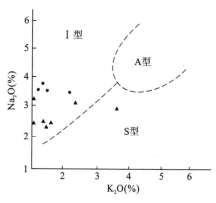

图 3-59 Na_2O-K_2O 图解
(据 Collins W J 等,1982)
●.其格勒克序列;▲.秦布拉克序列

5. 岩石稀土元素特征

各单元岩石稀土元素丰度列于表 3-28 中。该序列岩石稀土元素总量较低($63.91 \times 10^{-6} \sim 99.63 \times 10^{-6}$),且变化不大。$\Sigma Ce/\Sigma Y$ 值较大($4.42 \sim 5.6$);Ce_N/Yb_N 比值从早到晚依次降低。这是因为 $D_O^{REE} < D_O^{HREE}$,在早期低度部分熔融时,ΣCe 等轻稀土元素优先进入熔体,使熔体中的 Ce_N/Yb_N 比值较大,随熔融程度增加,ΣY 也逐渐进入熔体,导致 Ce 等轻稀土元素在熔体中浓度相对降低,使得 Ce_N/Yb_N 比值减小。

表 3-28 其格勒克序列岩石稀土元素丰度($\times 10^{-6}$)及有关参数

序号	La	Ce	Pr	Nd	Sm	Eu	Gd	Tb	Dy	Ho	Er	Tm	Yb	Lu	Y	Σ	$\Sigma Ce/\Sigma Y$	δEu	δCe	La/Sm	Gd/Yb
2	14.66	29.77	3.05	10.57	1.98	0.61	1.68	0.25	1.37	0.28	0.74	0.13	0.81	0.12	7.82	73.81	4.59	1.1	0.89	7.40	2.07
3	12.40	25.47	2.65	9.14	1.83	0.63	1.57	0.23	1.26	0.24	0.65	0.11	0.69	0.10	6.93	63.91	4.42	1.2	0.89	6.78	2.28
4	21.64	40.05	4.23	15.14	2.67	0.79	2.1	0.32	1.65	0.31	0.87	0.14	0.82	0.12	8.76	99.63	5.60	1.1	0.83	8.1	2.56

注:序号所对应的样号同表 3-27。

δEu 值较大($1.07 \sim 1.2$),不具铕亏损,为正异常;δCe 值小于 1($0.83 \sim 0.89$),为铈的弱负异常,指示岩浆形成较深,未受表生作用干扰,此与岩石化学特征相一致。在稀土配分型式图中(图 3-60)为右陡倾曲线,各曲线之间相似性很好。La/Sm、Gd/Yb 比值依次下降,表明序列内岩石具同源岩浆演化特征。

在 $(La/Yb)_N$-δEu 图解中(图 3-50),样点全落入壳幔源岩石区。

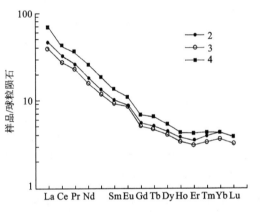

图 3-60 稀土元素配分型式图
样品序号对应表 3-28

6. 岩石微量元素特征

岩石微量元素丰度列于表 3-29 中。各元素丰度均不高,与维氏闪长岩平均值相比较,仅 Bi、Pb、Co、Li、Ta、Cr 等元素略高,其余均低于维氏平均值。

大离子亲石元素 Rb、Cs、K 等晶体化学性质十分相近,它们的变化能提供岩浆作用的信息。K/Rb、K/Cs 比值规律性不明显,说明岩浆不具备分离结晶的特点。非活动性元素在岩石中丰度的变化可以推测岩石所处的地球化学动力学背景,从而获取有关岩石成因信息。Nb/Ta 比值依次变小($41.2 \sim 5.92 \sim 5.25$),Ti/V 比值逐渐加大($40.38 \sim 41.2 \sim 42.2$),显示部分熔融特征。Th/Ta 比值大于 0.3($4.81 \sim 10.49$),Ti/Zr 比值小于 85($22.24 \sim 29.43$),La/Ta 比值小于 50($10.33 \sim 42.8$),按照 Condie(1989)的不同构造环境玄武岩判别方法,该序列岩石为岛弧钙碱性玄武岩浆分异而成。

表 3-29 其格勒克序列岩石微量元素丰度(Au:$\times 10^{-9}$;余为 $\times 10^{-6}$)

序号	W	Sn	Mo	Bi	Cu	Pb	Zn	Ag	As	Sb	Hg	Sr	Ba	V	Th
1	0.73	1.7	0.93	0.05	12.9	22.5	52.4	0.04	1.60	0.19	0.005	323	707	46.7	7.4
2	0.73	3.6	0.56	0.15	16.0	20.1	60.0	0.04	0.86	0.14	0.008	445	662	58.3	3.9
3	0.68	0.6	0.83	0.12	19.4	10.8	57.9	0.02	0.86	0.15	0.006	523	597	62.9	4.1
4	0.40	1.4	3.40	0.08	31.9	22.1	80.2	0.04	1.70	0.19	<0.005	500	588	63.9	8.6

续表 3-29

序号	U	Co	Ni	Li	Be	Ta	Nb	Zr	Hf	Rb	Au	Cs	Cr	Sc	Ga
1	1.98	9.2	15.9	32.8	1.76	1.6	10.2	79.2	3.4	70.3	2.1	11	106.0	7.6	15.6
2	2.09	11.1	14.5	27.9	1.49	1.3	7.7	83.6	3.0	44.1	1.1	7	45.8	7.5	20.0
3	1.85	11.0	19.6	20.3	1.25	1.2	6.3	99.3	3.4	35.3	1.4	10	99.3	7.7	14.2
4	1.30	12.8	18.3	19.3	1.10	<0.5	10.3	116.0	3.6	30.6	0.9	5			

注：序号所对应的样号同表 3-27，空格为未分析。

在微量元素比值蛛网图中（图 3-61），各曲线相似，与 Poli 等（1979）总结的造山环境下的正常弧花岗岩接近。从图中可以看出，Ba 为富集型，Th 为亏损型，表明岩石具 I 型花岗岩特征。

值得注意的是，该序列岩石主元素及微量元素地球化学特征与埃达克岩（Adakite）相似（表 3-30），相当于张旗等（2001）划分的 O 型埃达克岩。利用 Martin(1999)CaO-SiO_2图解和 Defent and Drummond(1993)Sr/Y-Y 图解，样点均全部落在 Adakite 区，表明其格勒克序列为形成于岛弧环境下的高铝高锶而贫重稀土的一种特殊类型的岩石组合。在微量元素比值蛛网图上（图 3-61），具明显的 Sr 元素正异常，通常情况下的岛弧岩石则不具备这一特征，如研究区内其他序列岩石都为 Sr 元素负异常。

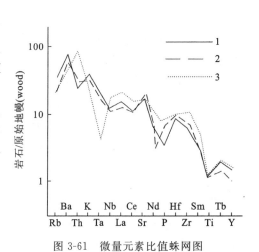

图 3-61 微量元素比值蛛网图

表 3-30 其格勒克序列岩石地球化学特征与经典埃达克岩对比表

元 素	经典埃达克岩	本区埃达克岩	元 素	经典埃达克岩	本区埃达克岩
$SiO_2(\times 10^{-2})$	≥56	66.31～67.77	$Yb(\times 10^{-6})$	≤1.9	0.69～0.82
$Al_2O_3(\times 10^{-2})$	≥15	15.76～16.14	$Sr(\times 10^{-6})$	>400	445～523
$MgO(\times 10^{-2})$	≤3	1.69～1.71	La/Yb	>20	18～26.4
Na_2O/K_2O	>1	2.34～5.24	Sr/Y	>20	56.9～75.47
$Sc(\times 10^{-6})$	<10	7～11	L/H	LREE 富集	LREE 富集
$Y(\times 10^{-6})$	≥18	6.93～8.76	Eu 异常	无或不明显	无

7. 同位素地球化学特征及时代讨论

两个英云闪长岩中的锆石 U-Pb 模式年龄分别为(327±1.4)Ma 和(313±0.9)Ma（表 3-21），2 个年龄值相差甚微，作为该序列的形成年龄可信。鉴此，将其置于晚石炭世（或早石炭世末—晚石炭世早期），相当于华力西构造旋回的中晚期。

晚次英云闪长岩全岩氧同位素 $\delta^{18}O‰$(SMOW)分别为+6.19、+7.79（表 3-16 中 6、7），属泰勒划分的正常 $\delta^{18}O$ 花岗岩范畴。

8. 岩石成因类型及形成的构造环境分析

综合上述岩石学、岩石地球化学及同位素地质特征，该序列岩石基性程度相对较高，岩浆从早到晚演化规律明显，岩石的成因类型显 I 型花岗岩特征，物质来源以幔源为主。$\lg\tau$-$\lg\sigma$ 图解（图 3-54）和 R_1-R_2 图解（图 3-55）显示岩石形成于板块汇聚边缘，为活动大陆边缘型钙碱性侵入岩。

依照埃达克岩的属性可推断，该序列是下地壳深部岩石（相当于角闪岩—榴辉岩过渡带）发生部分熔融形成的中酸性火山岩,为洋壳俯冲(B型俯冲)作用下的产物。

(六) 早二叠世秦布拉克序列侵入岩

1. 地质特征

早二叠世侵入岩仅分布在昆南地块与阿尔金地块接合部位,靠近昆南地块一侧的秦布拉克南,呈北东向长条状产出,与区域北东向断裂走向一致,有大小岩体5个。岩石基性程度相对较高,主要由中性的暗色闪长岩、石英闪长岩、中酸性的浅色英云闪长岩和花岗闪长岩4个单元组成,将其归并为秦布拉克序列。

岩体侵入的最新地层为早石炭世托库孜达坂群,被下—中侏罗统大煤沟组沉积覆盖,岩体内部各单元接触关系清楚。闪长岩、石英闪长岩暗色矿物含量较多,颜色较深;英云闪长岩长英质矿物含量较高,颜色较浅,两者无突变界线,呈过渡关系,为典型的涌动侵入接触关系。英云闪长岩与花岗闪长岩界线较清晰,粒度上有过渡趋势,为脉动侵入接触。各单元间接触关系符合同源岩浆演化规律。

岩体多被断裂破坏而保存不全,平面上有较老单元分布在边部的趋势。断裂通过之处岩石多为碎裂花岗岩,局部为碱交代岩(正长岩、二长岩),如在秦布拉克岩体中部即常见。

岩体内部常见有闪长质包体,大小3～5cm,呈椭圆—长条状。内蚀变多见绢云母化、帘石化、绿泥石化、钾(红)化等。外接触变质岩石多为角岩类、大理岩化灰岩类。变质带一般较窄,为300～500m。

2. 岩石学特征

各单元岩性及矿物平均含量列于表3-31中。在QAP三角图解中,各样点分别落在4、5、10*、10区(图3-62),属花岗闪长岩、英云闪长岩、石英闪长岩、闪长岩类。

岩石具块状构造。闪长岩类为半自形粒状结构,英云闪长岩和花岗闪长岩多为细—细中粒花岗结构,极个别为变余中粒花岗结构。

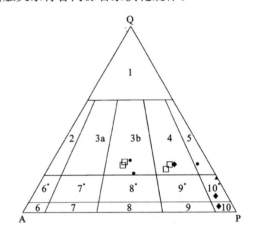

图3-62　QAP图解
3b.二长花岗岩;4.花岗闪长岩;5.英云闪长岩;
10*.石英闪长岩;10.闪长岩;其他略;◇.秦布拉克序列;
□.箭峡山序列;●.木孜鲁克序列;▲.青塔山岩体

表3-31　秦布拉克序列各单元岩性及矿物成分平均百分含量

岩石单元	样品数	斜长石(An)	钾长石	石英	黑云母	角闪石	透辉石
中粒角闪石黑云母花岗闪长岩	1	51.5(42～43)	14	25	5.5	4	
细中粒角闪石黑英云闪长岩	3	54.3(46)	4	22.3	5.7	13.7	
石英闪长岩	3	64(41～57)	3.5	6		10.5	16
(暗色)闪长岩	2	55(61)		1.5	7	35	1.5

斜长石:含量在各单元中相差不大,但An值依次降低(61～49～46～41),说明岩石酸性程度逐渐增强。早期为半自形板状、粒状,较晚期为板状、板柱状,多被绢云母交代。

钾长石:早次单元中未见,往后逐渐增加,为微斜长石和微斜微纹长石,见格子双晶。钠长石条纹呈点状或线状分布,与斜长石接触处有蠕英石析出物。

石英:他形粒状,早期单元常以填充状出现,颗粒细小。

黑云母:半自形板片状,常被绿泥石交代,Ng'褐—棕红色,Np'浅黄色。

角闪石:含量早次单元中高,往后逐渐减少。早期为棕褐色种属,晚期为绿色种属。半自形柱状,常被阳起石、绿泥石、帘石交代。

透辉石：仅在早次闪长岩及石英闪长岩中出现，无色，$C \wedge Ng'=38°\sim40°$，边缘具角闪石反应边。

副矿物主要有磁铁矿（闪长岩中达1%～2%）、磷灰石、锆石，晚期出现褐帘石、榍石。

次生蚀变常见有绿泥石化、绢云母化、黝帘石化、绿帘石化、阳起石化、方解石化等。

上述岩石学特征表明该序列岩石基性程度较高，从早到晚岩石具良好的演化规律，斜长石牌号依次降低，反映岩浆演化过程中酸性程度不断增加。

3. 岩石重矿物特征

仅在花岗闪长岩中获重矿物组合分析结果（表3-2），以矿物组合较简单、含量较低为特征，属磷灰石-榍石-锆石组合类型。

4. 岩石化学特征

各单元的岩石化学成分、CIPW标准矿物含量及部分特征参数见表3-32。从早次单元—晚次单元，演化规律明显，SiO_2依次增加，全碱也有递增的趋势，镁铁质成分逐渐下降。CIPW标准矿物组合、含量及长石的端元组成变化规律也十分明显，指示岩浆从早到晚具同源岩浆演化特征。DI值依次增大，而SI值逐渐降低，表明岩浆具良好的分异性。Ox'值变化较小，说明序列内各单元形成的物理、化学条件相近。

表3-32 秦布拉克序列岩石化学成分（%）及特征参数

序号	样号	岩 性	SiO_2	TiO_2	Al_2O_3	Fe_2O_3	FeO	MnO	MgO	CaO	Na_2O	K_2O	P_2O_5	灼失
1	972	中粒黑云母花岗闪长岩	70.21	0.39	12.85	1.47	5.13	0.08	0.82	3.49	3.30	0.99	0.10	0.20
2	729		66.24	0.64	14.48	1.32	3.72	0.07	2.14	3.13	2.59	3.65	0.24	1.52
3	971-1	细中粒角闪石	57.60	0.85	16.07	2.40	4.12	0.12	3.62	6.99	3.01	2.39	0.54	1.53
4	1216-1	黑云母英云闪长岩	55.66	0.87	15.85	3.00	5.70	0.14	4.01	8.50	2.57	1.62	0.29	0.88
5	238-d		50.00	1.10	17.11	2.15	7.37	0.16	6.11	7.35	2.24	1.5	0.39	3.43
6	1216-2	石英闪长岩	49.62	1.27	16.60	4.05	8.10	0.23	4.49	7.41	2.60	1.4	0.96	1.85
7	917	暗色闪长岩	47.55	1.63	16.82	4.81	7.83	0.15	5.36	10.37	2.56	0.6	0.12	1.96

序号	CIPW 计算标准矿物									特征参数						
	Q	Or	Ab	An	Di	Hy	C	Mt	Il	Ap	A/NCK	DI	SI	δ	AR	Mg'	Ox'	(N+K)/A
1	35.38	6.12	27.79	16.41	9.66		0.31	2.08	0.76	0.34	1.00	69.29	7.00	0.68	1.71	11.05	0.20	0.33
3	25.65	21.7	22.02	13.91	10.20		0.10	1.85	1.21	0.67	1.04	69.37	15.95	1.68	1.83	29.81	0.23	0.43
4	11.77	13.9	25.69	23.36	6.54	10.10		3.70	1.67	1.35	0.79	51.36	23.29	2.0	1.61	35.70	0.35	0.34
2	11.50	9.46	21.50	26.98	11.14	11.31		4.40	1.67	0.67	0.74	42.46	23.73	1.39	1.42	31.55	0.32	0.26
5	3.12	8.90	18.87	32.26	1.36	15.86		3.01	2.12	1.01	0.92	30.89	31.56	2.00	1.36	39.09	0.20	0.22
6	4.86	8.35	22.02	29.48	1.98	20.47		5.79	7.43	2.35	0.86	25.23	21.75	2.42	1.39	26.98	0.30	0.24
7	0.96	3.34	21.50	32.82	14.52	14.31		6.95	3.03	0.34	0.71	25.80	25.33	2.19	1.26	29.78	0.35	0.19

在AR-SiO_2图解中（图3-58），岩石为钙碱性，但早期样点落在钙碱性与碱性区分界线上，略显碱钙性特征。(N+K)/A值小于0.85（0.19～0.33），σ值小于3.3（0.68～2.42），均反映为钙碱性岩石特征。根据σ值的显著变化，岩石的碱度类型从早到晚变化范围较大，从极强太平洋型向强太平洋型、正常太平洋型演化。

在 Na_2O-K_2O 图解中(图 3-59),样点大多落在Ⅰ型花岗岩区。729点落在S型花岗岩区,野外查明该点由于受断裂影响,可能为岩石受到碱交代影响 K_2O 含量偏高所致。

CIPW 标准矿物大多出现 Hy 值,且含量较高,晚期则出现微量的 C 值(均小于1,为 0.1%~0.31%);A/NCK 比值均小于 1.1(0.71~1.04),符合Ⅰ型花岗岩特征。

5. 岩石稀土元素特征

各单元的稀土元素丰度见表 3-33。稀土元素总量变化较大,大多为中等偏低,石英闪长岩中含量最高达 $530.59×10^{-6}$。$\sum Ce/\sum Y$ 比值大于 1.5(1.69~4.81),为轻稀土富集型,但该值较其他序列偏小,说明该序列岩石重稀土更富集。$(Ce/Yb)_N$ 比值为 2.16~8.86,配分曲线为右倾,也说明为轻稀土富集型。

表 3-33 秦布拉克序列岩石稀土元素丰度($×10^{-6}$)及有关参数

序号	La	Ce	Pr	Nd	Sm	Eu	Gd	Tb	Dy	Ho	Er	Tm	Yb	Lu	Y	$\sum$	$\sum Ce/\sum Y$	δEu	δCe	La/Sm	Gd/Yb
1	7.33	15.45	1.84	8.15	2.03	0.89	2.08	0.38	2.23	0.47	1.36	0.22	1.45	0.23	12.70	56.80	1.69	1.44	0.86	3.61	1.43
2	18.43	38.34	4.34	17.26	3.97	1.15	4.03	0.64	3.63	0.77	2.23	0.36	2.44	0.36	22.95	120.90	2.23	0.96	0.86	4.64	1.65
3	46.03	98.34	12.81	48.16	9.91	2.26	7.05	1.03	5.09	0.90	2.46	0.38	2.24	0.32	25.75	262.73	4.81	0.86	0.83	4.64	3.15
4	19.16	41.03	5.31	21.96	4.83	1.36	4.44	0.74	4.14	0.83	2.28	0.35	2.11	0.31	21.73	130.57	2.54	0.97	0.84	3.97	2.10
5	24.73	55.26	7.81	33.35	8.02	1.89	6.60	1.01	5.85	1.05	3.10	0.47	2.93	0.43	30.34	182.84	2.53	0.84	0.83	3.08	2.25
6	105.20	197.80	23.75	87.72	16.49	2.81	12.96	1.96	10.70	1.91	5.75	0.87	5.28	0.74	56.65	530.59	4.48	0.62	0.80	6.38	2.45
7	7.77	17.77	2.19	9.15	2.03	0.89	1.97	0.29	1.56	0.34	0.89	0.15	0.88	0.13	9.09	55.10	2.60	1.47	0.89	3.83	2.24

注:序号所对应的样号同表 3-32。

δEu 值较大,大多为铕的轻微负异常,部分为铕的正异常;δCe 值均近于一致,显弱的铈负异常,均指示岩浆来源深度较大,未受表生作用干扰。在稀土配分型式图中(图 3-63),各单元岩石为拟合度较好的右倾曲线。

在 Balashov(1976) δEu-$\sum REE$ 关系图解(图 3-64)中,除一个样点落在花岗岩区外,其余均落在壳幔源区,暗示该序列岩浆来源深度较大,具Ⅰ型花岗岩特征。

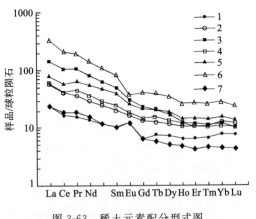

图 3-63 稀土元素配分型式图
样品序号对应表 3-33

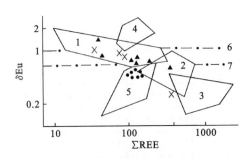

图 3-64 δEu-$\sum REE$ 图解
(据 Balashov,1976)

1.偏基性花岗质岩石;2.花岗岩;3.碱性花岗岩;4.中、基性片麻岩;
5.酸性片麻岩;6.地幔和下地壳平均值;7.沉积岩(P_2—N);
▲.秦布拉克序列;●.箭峡山序列;×.木孜鲁克序列

6. 岩石微量元素特征

各单元岩石微量元素丰度见表3-34。钨钼族元素和亲铜成矿元素丰度普遍较高,和维氏闪长岩平均值比较,W、Sn、Bi、Cu、Pb、Zn、Au等元素丰度一般高出1倍以上,个别地段受断裂影响W、Sn、Cu元素丰度高出15~20倍。稀有元素和分散元素Nb、Rb、Ta、Sr等丰度较低,低于维氏闪长岩平均值0.5~10倍;而Ba、Be等元素丰度较高,高出0.5~3倍。特别是238-d、1216-2地质点(5、6号样)出现W、Cu、Pb、Mo、Zn、Au等元素的异常值,均与断裂有关。未受后期改造的新鲜岩石Sr^*值一般接近1或大于1(0.89~3.56),为锶富集型,暗示岩石形成与消减作用有关,抗风化和蚀变能力较强。

表3-34 秦布拉克序列岩石微量元素丰度($Au: \times 10^{-9}$;余为$\times 10^{-6}$)

序号	W	Sn	Mo	Bi	Cu	Pb	Zn	Ag	As	Sb	Hg	Sr	Ba	V	Th	U
1	2.2	3.5	12.0	<0.05	45.8	16.0	83.2	0.032	8.60	0.87	<0.005	166	352	35.2	3.0	1.1
3	0.6	2.1	0.5	0.05	53.3	27.2	139.0	0.014	1.60	0.16	<0.005	396	643	204.3	4.5	1.4
4	0.73	4.5	0.8	0.13	40.3	20.6	40.3	0.062	4.97	0.29	0.006	258	1200	79.4	7.4	3.4
2	0.8	4.3	0.8	0.16	30.4	38.8	108.3	0.042	5.00	0.54	0.007	589	1794	132.4	17.9	5.0
5	2.3	38.3	0.8	0.10	544.2	35.9	156.4	0.054	9.20	1.09	<0.005	320	561	194.9	7.1	2.4
6	20.6	9.6	2.5	0.25	95.0	37.6	139.0	0.098	10.20	0.76	0.017	531	856	216.0	45.0	3.2
7	1.0	1.2	0.3	0.08	53.5	6.6	111.0	0.098	2.18	0.26	0.009	547	282	437.0	<1	1.37

序号	Co	Ni	Li	Be	Ta	Nb	Zr	Hf	Rb	Au	Cs	Cr	Ga	Sc	Cd	Cs
1	11.4	15.6	10.3	1.1	<0.5	9.6	222	6.8	34.1	1.6	4.9					
2	31.5	26.9	13.7	2.1	<0.5	11.0	152	4.8	73.6	1.3	9.4					
3	10.5	18.0	18.8	24.7	1.6	12.9	200	7.8	124.0	1.0	9.0	63.1	24.5	14	0.12	9
4	23.2	23.8	26.0	2.4	1.6	19.8	348	11.0	84.7	1.1	3.8					
5	32.4	26.6	56.1	2.0	1.4	15.5	297	9.1	86.7	1.9	7.2					
6	35.2	28.5	60.5	2.6	<0.5	19.8	502	13.8	83.2	1.6	10.5					
7	34.8	20.7	13.7	2.3	<0.5	3.5	48	2.3	20.4	1.2	11.0	30.4	21.1	36	0.07	11

注:序号所对应的样号同表3-32,空格为未分析。

在微量元素比值蛛网图上(图3-65),与正常弧花岗质岩石曲线特征相似,总体为Nb、P、Ti亏损而La、Zr、Ba富集型曲线。

Th/Yb比值大于0.3(1.1~12.3)、Ti/Zr比值小于85(6.7~34.3),指示原始熔浆为岛弧钙碱性玄武岩(CABI)分异而来。$(Rb/Yb)_N$比值大于1(8.5~32.4),为强不相容元素富集型,反映岩浆为来源于富集地幔源、熔融程度低、分离程度强的残余熔融体。

7. 同位素地球化学特征及时代讨论

花岗闪长岩中锆石U-Pb模式年龄为(285 ± 0.6)Ma(表3-21),结合岩体侵入最新地层为下石炭统,将其形成时代置于早二叠世,相当于华力西构造旋回中期。

全岩氧同位素$\delta^{18}O‰$(SMOW),英云闪长岩中为+9.28,属正常$\delta^{18}O$花岗岩范畴。早期的闪长岩为+3.16(表3-16),为低$\delta^{18}O$花岗岩,可能与早期正常$\delta^{18}O$岩浆与贫$\delta^{18}O$围岩间发生氧同位素交换有关。

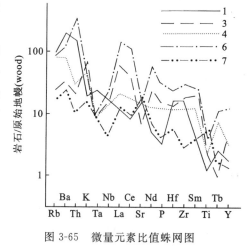

图3-65 微量元素比值蛛网图
样品序号同表3-34

8. 岩石成因类型

秦布拉克序列岩石从闪长岩开始到花岗闪长岩结束，比其他序列岩石的基性程度高。CIPW 标准矿物中大多数出现 Hy 值，晚期出现 C 值较低，A/NCK 比值小于 1.1，且大多数小于 1，与 Na_2O-K_2O 图解（图 3-59）结果相吻合，均指示 I 型花岗岩成因。在 Na-K-Ca 图解中（图 3-52），岩石明显地反映为岩浆花岗岩向交代花岗岩过渡。

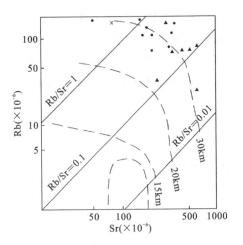

图 3-66　Rb-Sr 地壳厚度网络图
（据 Condie，1973）
▲．秦布拉克序列；●．箭峡山序列；
×．青塔山序列

δEu 值大多接近 1 或大于 1，为铕的正异常。$(La/Yb)_N$-δEu 图解（图 3-50）反映出壳幔源型岩浆特征。δEu-$\sum REE$ 图解（图 3-64）指示偏基性的花岗质岩浆特征。

图 3-50 显示本序列花岗岩主要具部分熔融成因。$(Rb/Yb)_N$ 比值大于 1，暗示岩浆来源于富集地幔源。Rb-Sr 地壳厚度网络图（图 3-66）反映岩浆形成时地壳厚度 30km 左右。

从以上分析结果不难看出，该序列的岩浆母物质来源于富集地幔（或下地壳的玄武岩浆）经分异而成，同时在上侵过程中与成熟陆壳物质发生了弱的同化混染作用。

9. 形成的构造环境分析

在岩石化学参数图解中，本序列岩石位于消减的活动板块边缘（图 3-51），从板块俯冲开始一直延伸至同碰撞发生才结束。$Lg\tau$-$lg\sigma$ 图解（图 3-55）也反映为造山带环境。K^* 值大于 1，反映岩石具受消减作用影响的岛弧型花岗岩特征。

综上所述，秦布拉克序列应为俯冲板块碰撞时富集地幔与下地壳物质发生交代所形成。

10. 岩体就位机制分析

秦布拉克序列的岩体在平面图上呈长条状北东 50°左右方向展布，宽度为 1.5～1.8km，长度在 10km 以上，与秦布拉克北东向断裂带平行分布，并受其制约，限制在断裂的北西侧。

岩体与围岩接触界线呈锯齿状，热接触变质带较窄，一般宽 400～500m，且岩石变质程度不深，一般为角岩化砂岩、大理岩化灰岩、绢云母板岩等。岩体中的岩性分布有由老到新从北西往南东迁移的趋势。

上述特征反映该岩体具被动就位机制，应与断裂扩张有关。

（七）晚二叠世箭峡山序列侵入岩

1. 地质特征

晚二叠世侵入岩在图区分布范围最广，平面图上呈向北东凸起狭长的带状分布，西起图边的古大奇，沿托库孜达坂山北坡经阿克苏河中游到乱山包，全长 90km 以上，最宽达 20km 左右。岩体从老到新由中细粒角闪石黑云母英云闪长岩、细中粒角闪石黑云母花岗闪长岩、粗中粒黑云母二长花岗岩和细粒—中细粒黑云母二长花岗岩 4 个单元组成，据室内资料综合整理归并为箭峡山序列。

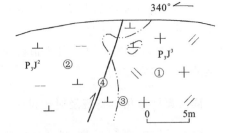

图 3-67　二长花岗岩与花岗闪长岩呈脉动侵入接触
①晚二叠世箭峡山序列粗中粒二长花岗岩（P_3J^3）；
②晚二叠世箭峡山序列细中粒花岗闪长岩（P_3J^2）；
③脉动侵入接触；④小断裂

岩体内部各单元之间接触关系较清楚，早期的英云闪长岩与花岗闪长岩主要呈脉动侵入接触，局部呈涌动侵入接触；其余各单元相邻之间为脉动侵入接触，如图 3-67 中二长花岗岩与花岗闪长岩间即呈脉动侵入接触；晚次单元边部还有早次单元的捕房体。相邻单元界线附近多无明显的突变界线，不存在烘烤蚀变现象，符合同源岩浆演化特征。

岩体侵入的地层主要为古元古界苦海岩群、下石炭统托库孜达坂群、上石炭统哈拉米兰河群；侵入的最新地层为下—中二叠统树维门科组、叶桑岗组；与白垩系呈断裂接触。

在西部叶桑岗到矿萨依一带，岩性单元分布有从北向南变新的趋势，英云闪长岩仅断续分布在北部边缘，范围较窄。而阿克苏河中游到乱山包一带，由于后期北东向断裂活动较强，岩性单元分布规律不明显。这一带岩体片理、片麻理较发育，片麻理走向大致平行断裂走向，局部岩石具初糜棱岩化现象。岩体内部常见有闪长（玢）岩脉、花岗闪长斑岩脉分布，在阿克苏河一带还有酸性花岗斑岩脉、基性的闪斜煌斑岩脉分布，岩脉走向以北西向为主。包体不甚发育，早期单元中见少量的闪长质包体。

岩石内蚀变多见绢云母化、绿泥石化、帘石化等现象。外接触变质带一般小于1000m，变质岩石以角岩化、斑点状板岩化及大理岩化为主。

2. 岩石学特征

序列内各岩性单元的矿物平均含量列于表3-35中。QAP三角图解中（图3-62）各单元分别落于3b、4、5区，属二长花岗岩、花岗闪长岩、英云闪长岩。

表3-35　箭峡山序列各单元岩性及矿物成分平均百分含量

岩 石 单 元	样品数	斜长石(An)	钾长石	石英	黑云母	角闪石
中细粒黑云母二长花岗岩	4	31.3 (23)	34.3	28.5	6.7	
粗中粒黑云母二长花岗岩	9	31.3(17~30)	36.4	25.2	7.1	
细中粒(角闪石)黑云母花岗闪长岩	15	48.4 (30~35)	15.7	24.6	10.1	1.2
中细粒角闪石黑云母英云闪长岩	10	59.3(32~45)	2.3	24.7	8.6	4.9

英云闪长岩为中细粒变余花岗结构，花岗闪长岩为中粒—细中粒花岗结构，中次的二长花岗岩为粗中粒花岗结构，末次的二长花岗岩为细—中细粒花岗结构。块状构造，局部为弱片麻状构造。

斜长石：含量从早到晚依次降低，An值也依次减小，早期为中长石（$An_{32~45}$），晚期为更长石（$An_{17~30}$），表明岩石从较基性向较酸性演化。多为半自形板状，见钠氏双晶，晚期见卡钠复合双晶等。蚀变较强，多数被绢云母交代。

钾长石：早期多为微斜长石，晚期多为微斜微纹长石，他形板状，常见卡氏双晶，格子双晶为隐格状，钠长石微纹为微细脉状、细脉状，偶见滴状。晚期的二长花岗岩中还可见钾长石包裹石英、斜长石现象。

石英：他形粒状，波状消光—强波状消光，常见裂纹、变形纹等变形亚颗粒。

黑云母：在花岗闪长岩中含量最高，往后依次降低。半自形板片状，Ng'棕红—褐色，Np'浅黄色。常被绿泥石、帘石等交代。

角闪石：仅在早两次单元中出现。半自形柱状晶体，绿色种属，$Ng' \wedge C=14°~15°$，常被绿泥石、帘石、黑云母等交代。

副矿物常见有锆石、磷灰石、磁铁矿等。榍石、金红石仅在早次单元中出现。

次生蚀变常见有绢云母化、绿泥石化、黝帘石化、绿帘石化、白云母化、钠长石化、方解石化、蠕英石化等。

3. 岩石重矿物特征

仅在英云闪长岩中获重矿物组合分析结果（表3-2），其组合较简单，为锆石-磷灰石-独居石型，出现少量的黑电气石。

4. 岩石化学特征

各单元岩石化学成分分析结果、CIPW标准矿物及有关特征参数列于表3-36中。化学成分整体变化不甚明显,但除 18～20 点岩石化学成分有异常外(薄片鉴定有弱片麻状硅化现象),其余尚有一定规律可寻,镁铁质成分明显依次降低,硅、全碱则依次升高,岩石有由较基性向较酸性演化趋势。DI 平均值从早到晚逐渐升高(65.41→74.16→81.98→83.09);SI 平均值却依次降低(12.71→11.68→8.56→6.22),表明序列内岩石具同源岩浆演化关系,并有较好分异特征。Ox' 值变化较小,表明岩体形成物化条件及岩石风化剥蚀程度相近。

表 3-36 箭峡山序列岩石化学成分(%)及特征参数

序号	样号	岩 性	SiO_2	TiO_2	Al_2O_3	Fe_2O_3	FeO	MnO	MgO	CaO	Na_2O	K_2O	P_2O_5	灼失
1	783-5	中细粒黑云	75.41	0.16	12.21	0.73	1.73	0.04	0.25	0.36	3.68	4.54	0.30	0.30
2	18-23	母二长花岗岩	70.07	0.29	14.80	0.38	2.73	0.08	0.97	2.89	2.53	2.96	0.09	1.55
3	1173-2	粗中粒黑云	73.79	0.22	13.25	0.32	2.17	0.05	0.54	0.99	3.56	3.92	0.06	0.60
4	967-2	母二长花岗岩	68.70	0.58	14.64	1.26	2.38	0.06	1.40	1.94	2.44	4.21	0.20	1.65
5	782	细中粒(角闪石)	67.70	0.50	14.46	0.29	4.03	0.07	1.75	2.26	2.84	4.04	0.13	1.03
6	1396	黑云母花岗闪长岩	65.99	0.57	14.76	0.40	4.77	0.09	2.10	2.46	2.56	3.84	0.18	1.38
7	968		68.10	0.45	14.73	1.25	3.03	0.06	0.78	1.62	3.00	4.59	0.18	1.68
8	18-20	中细粒角闪石黑	70.61	0.36	13.89	0.35	3.10	0.10	0.99	3.50	2.25	2.97	0.15	1.15
9	730	云母英云闪长岩	68.03	0.54	14.47	1.37	3.20	0.06	1.86	3.43	2.90	3.01	0.18	0.71

序号	CIPW 计算标准矿物								特征参数						
	Q	Or	Ab	An	Di	C	Mt	Il	Ap	A/NCK	DI	SI	δ	AR	Mg'	Ox'	(N+K)/A
1	35.01	26.71	30.93	0.83		2.97	1.02	1.10	0.30	0.34	1.06	92.65	2.29	2.08	3.83	9.23	0.29	0.67
2	34.77	17.25	21.50	13.63		6.76	2.45	0.46	0.61	0.34	1.17	73.52	10.14	1.11	1.80	23.77	0.09	0.37
3	33.93	23.37	29.88	4.17		4.73	1.63	0.46	0.46	0.34	1.12	87.18	5.14	1.82	3.00	17.82	0.11	0.56
4	31.29	25.04	20.45	8.90		6.02	2.85	1.85	1.06	0.34	1.21	76.78	11.98	1.72	1.83	27.78	0.32	0.45
5	25.65	23.93	24.12	10.29	0.78	1.63	0.46	0.91	0.34	1.10	73.70	13.51	1.92	2.03	28.83	0.07	0.48
6	24.92	22.82	21.50	11.40	12.74		2.24	0.69	1.06	0.34	1.15	69.24	15.36	1.78	1.85	28.89	0.07	0.43
7	27.09	27.27	25.17	7.23	5.52	2.14	1.85	0.91	0.34	1.14	79.53	6.17	2.30	2.16	15.42	0.27	0.52
8	35.27	17.81	18.87	16.41	7.39	0.92	0.46	0.76	0.34	1.05	71.95	10.34	0.99	1.70	22.76	0.08	0.38
9	27.99	17.81	13.07	16.13	8.58	0.51	2.08	1.06	0.34	1.01	58.87	15.07	1.40	1.96	28.92	0.28	0.41

在 AFM 图解中(图 3-68),样点全部落在钙碱性系列区,并且从早到晚有由弱钙碱性向强钙碱性演化趋势。σ 值均小于 3.3(0.99～2.08),(N+K)/A 比值小于 0.85(0.37～0.56),均反映为钙碱性系列岩石。根据 σ 值细分,岩石碱度类型为极强太平洋型(过钙性)向强太平洋型(钙性)、正常太平洋型(钙碱性)演化。

在 ACF 图解(图 3-69)中样点多数落在 S 型花岗岩一侧,早次单元英云闪长岩则分布在 I 型花岗岩一侧,暗示早次单元岩浆为 I 型,在上升过程中同熔了成熟陆壳物质而显 S 型花岗岩特征。在 Na_2O-K_2O 图解中,全部样点落在 S 型花岗岩区(图 3-70),说明岩石中的 K 受重熔物质影响显著增高。

A/NCK 比值均大于 1(1.01～1.21),而早次单元均小于 1.1;CIPW 标准矿物都出现 C 值,愈往后含量愈高,为硅、铝过饱和型岩石,也反映晚期岩浆有较多高铝泥砂质物质加入,与上述图解特征相吻合。

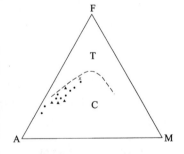

图 3-68 AFM 图解
(据 Irvine T N 等,1971)
T.拉斑玄武岩;C.钙碱性系列;
●.箭峡山序列;▲.木孜鲁克序列;
×.青塔山岩体

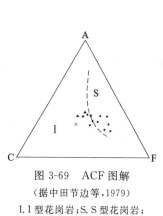

图 3-69 ACF 图解
（据中田节边等,1979）
I.I 型花岗岩；S.S 型花岗岩；
●.箭峡山序列；▲.木孜鲁克序列；×.青塔山岩体

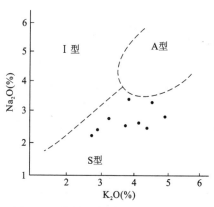

图 3-70 箭峡山序列 Na_2O-K_2O 图解
（据 Collins W J 等,1982）

5. 岩石稀土元素特征

岩石稀土元素丰度列于表 3-37 中。各单元稀土元素总量中等且相近。$\Sigma Ce/\Sigma Y$ 比值较大(2.93～5.97)，为轻稀土富集型。δEu 值大多变化不大，为轻度的铕亏损，末次单元铕亏损较严重。在稀土配分型式图上为一簇拟合较好的曲线，总体向右缓倾斜，在 Eu 处形成沟谷(图 3-71)。铈亏损不明显，为轻度的负异常。

表 3-37 箭峡山坂序列岩石稀土元素丰度($\times 10^{-6}$)及有关参数

序号	La	Ce	Pr	Nd	Sm	Eu	Gd	Tb	Dy	Ho	Er	Tm	Yb	Lu	Y	Σ	$\Sigma Ce/\Sigma Y$	δEu	δCe	La/Sm	Gd/Yb
1	36.48	70.78	7.58	23.12	4.25	0.38	3.25	0.58	3.27	0.70	2.04	0.37	2.50	0.37	21.17	176.86	4.16	0.33	0.85	8.58	1.30
2	44.99	86.75	9.51	34.46	6.22	1.30	4.76	0.82	4.42	0.96	2.79	0.44	2.77	0.42	28.83	229.44	3.97	0.77	0.84	7.23	1.72
3	30.21	62.76	6.99	24.81	4.69	0.96	3.52	0.57	3.08	0.57	1.74	0.29	1.88	0.29	16.62	158.97	4.57	0.76	0.87	6.44	1.87
4	34.42	67.94	8.73	31.79	6.82	0.99	5.80	1.00	5.70	1.04	3.17	0.47	2.91	0.42	30.99	202.17	2.93	0.52	0.80	5.01	1.99
5	36.94	73.59	8.70	30.89	6.30	1.00	5.20	0.86	4.79	0.86	2.61	0.41	2.53	0.36	25.57	200.6	3.65	0.57	0.83	5.86	2.06
6	26.61	58.69	6.53	25.00	5.20	1.03	4.61	0.78	4.57	0.88	2.43	0.38	2.37	0.35	24.44	163.87	3.02	0.69	0.91	5.12	1.95
7	34.41	67.45	8.51	31.25	6.53	1.07	5.68	0.99	5.32	1.00	3.00	0.44	2.75	0.38	28.66	197.44	3.10	0.58	0.80	5.27	2.07
8	43.60	81.40	8.90	30.80	5.09	0.98	3.87	0.60	2.99	0.55	1.59	0.27	1.65	0.24	16.86	199.39	5.97	0.71	0.82	8.57	2.35
9	42.65	89.55	9.39	35.06	6.18	1.19	4.84	0.69	3.65	0.71	1.88	0.31	2.03	0.30	19.87	218.29	5.37	0.70	0.90	6.90	2.38

注：序号所对应的样号同表 3-36。

$(La/Yb)_N$-δEu 图解（图 3-72）反映岩浆物质来源以壳源为主。在 δEu-ΣREE 图解中，样点全落在酸性片麻岩区（图 3-64），则指示岩浆重熔物质可能为古元古代苦海岩群的深变质岩。

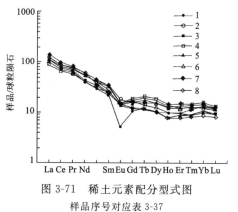

图 3-71 稀土元素配分型式图
样品序号对应表 3-37

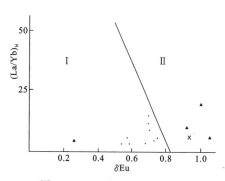

图 3-72 $(La/Yb)_N$-δEu 图解

6. 岩石微量元素特征

各单元岩石微量元素丰度列于表 3-38 中。总体上各元素丰度普遍不高，与维氏同类岩石平均值相比较，仅有钨钼族元素和部分亲铜成矿元素（如 Pb、Zn、Au）偏高，其他元素都略低或接近。微量元素比值蛛网图上（图 3-73），各单元代表性岩石的曲线与正常弧花岗质岩石相一致，相互间曲线拟合度很好，为 Nb、Ta、Sr、P、Ti 等元素亏损，Ba、K、Th、La、Zr 等元素富集型。其中 Nb 具负异常，说明岩浆遭受混染的特征；Ba、Th 同时富集，表明岩浆具 I—S 型花岗岩特征。

表 3-38　箭峡山序列岩石微量元素丰度（Au：$\times 10^{-9}$；余为 $\times 10^{-6}$）

序号	W	Sn	Mo	Bi	Cu	Pb	Zn	Ag	As	Sb	Hg	Sr	Ba
1	2.3	4.8	8.9	0.15	13.6	26.7	24.9	0.057	7.4	0.72	<0.005	33	232
2	0.6	4.1	0.6	0.16	18.4	30.0	78.2	0.047	0.8	0.16	0.016	233	759
3	0.7	2.9	0.8	0.25	14.3	50.2	64.7	0.125	3.8	0.33	0.006	124	1160
4	1.1	3.7	0.5	0.13	26.7	38.6	76.2	0.038	1.8	0.25	0.005	162	750
5	2.0	4.2	5.9	0.21	18.6	32.2	64.8	0.039	1.9	0.21	<0.005	172	697
6	0.7	3.4	5.9	0.46	62.9	27.3	189.8	0.031	2.6	0.38	0.024	183	652
7	2.9	6.7	10.4	0.93	37.3	31.5	53.9	0.059	15.2	0.87	0.020	145	1062
8	0.5	5.3	0.4	0.48	30.1	26.8	122.7	0.078	1.3	0.16	0.005	224	772
9	0.8	2.7	0.9	0.21	12.4	21.7	64.2	0.065	3.1	0.16	0.008	283	963

序号	V	Th	U	Co	Ni	Li	Be	Ta	Nb	Zr	Hf	Rb	Au	Cs
1	10.3	46.6	4.3	4.3	6.7	17.0	3.6	4.9	24.0	129	5.4	290.6	1.4	10.5
2	21.1	15.9	1.9	6.6	10.3	52.9	1.8	1.8	14.1	142	5.3	86.9	1.4	3.8
3	18.6	12.0	2.4	5.7	7.9	13.5	2.1	0.7	11.5	253	7.4	78.8	1.9	4.9
4	57.5	16.2	2.6	12.4	20.3	13.5	2.2	2.0	17.8	224	6.9	153.3	0.6	3.8
5	66.3	17.8	2.2	13.3	20.8	34.2	3.1	1.8	17.9	161	5.5	162.4	1.0	7.2
6	81.6	11.6	1.5	15.8	22.6	34	2.7	0.9	15.4	173	5.6	147.3	1.0	6.1
7	40.1	14.8	3.1	10.9	20.7	21.9	2.8	1.1	17.7	175	5.9	187.0	1.8	6.1
8	21.2	14.8	1.1	6.7	8.8	76.6	1.6	1.6	18.2	189	6.0	128.5	1.1	6.1
9	80.6	13.0	5.7	12.5	17.5	24.3	2.9	1.5	11.1	145	5.3	115.0	1.5	9.0

注：序号所对应的样号同表 3-36。

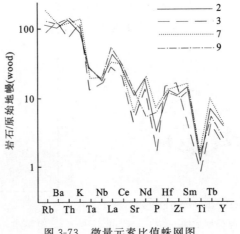

图 3-73　微量元素比值蛛网图

La/Ta<50(7.5~4.32),Ti/Zr<85(5.2~22.3),Th/Yb>0.3(4.9~18.6),指示岩浆为岛弧钙碱性玄武岩浆分异而来。$(Rb/Yb)_N$远大于1(17.4~64.5),指示岩浆可能为来源于交代地幔源并经强烈分离结晶的残余熔体。

微量元素比值蛛网图显示,K^*值大于1(1.85~4.39),指示序列内各单元岩石为花岗质岩石及与消减作用有关具岛弧性质的火山岩;Nb^*值(0.22~0.29)、P^*值(0.14~0.780)均小于1,反映岩浆为来源于亏损地幔的玄武岩浆同化混染地壳物质演化而来。

7. 同位素地球化学特征及时代讨论

早次英云闪长岩锆石U-Pb模式年龄为(411±0.8)Ma、(298±1.8)Ma、(253±0.9)Ma(表3-21),经一致性曲线处理后所得到的上交点年龄为(2119±50)Ma,下交点年龄为(253±4)Ma,谐和年龄为253Ma,MSWD9.606 35(图3-74)。上交点年龄2119Ma代表源岩年龄,这与围岩古元古界苦海岩群年龄相一致,说明岩浆重熔地壳物质主要是苦海岩群的酸性片麻岩类,此与岩石地球化学分析结论相吻合。下交点年龄应为岩体的形成年龄,据此将本序列形成时代置于晚二叠世,相当于华力西构造旋回晚期,此与岩体侵入最新地层为下—中二叠统叶桑岗组相吻合。

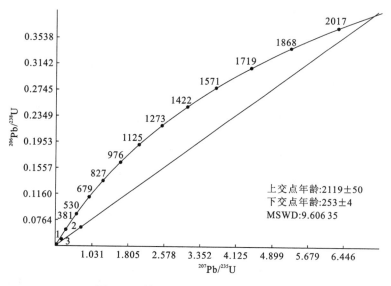

图3-74 锆石U-Pb同位素年龄谐和图

英云闪长岩获全岩氧同位素$\delta^{18}O$‰(SMOW)为+9.03,属泰勒划分的正常$\delta^{18}O$花岗岩范畴。

8. 岩石成因类型

上述岩石主元素、稀土元素、微量元素地球化学特征等表明,岩石酸性程度较高,CIPW标准矿物均出现较高C值,大多大于1%;A/NCK值除英云闪长岩为1.01~1.05外,其余大于1.1。

在Na-K-Ca图解中(图3-75)各单元岩石均为岩浆花岗岩成因;在ACF图解(图3-70)和Na_2O-K_2O图解(图3-71)中大多数反映为S型花岗岩特征,仅早次单元有向I型花岗岩过渡趋势;δEu-ΣREE图解(图3-64)显示花岗岩为酸性片麻岩熔融而来;La/Sm-La图解(图3-76)反映岩浆具部分熔融特征。在Rb-Sr地壳厚度网络图中(图3-66),样点落在30km线两侧,据此推测岩浆来源深度大于40km,岩石重熔深度主要在28~30km。

综上所述,箭峡山序列岩石应为下地壳同化混染较强的玄武岩浆,而后上升重熔陆壳物质并经分异而成。

9. 形成构造环境分析

在$\lg\tau$-$\lg\sigma$图解中(图3-77),样点落在造山带区,反映为活动大陆边缘——岛弧环境;在R_1-R_2图解中(图 3-78),早期样点落在碰撞前俯冲区,稍后期则落在同碰撞区,说明 B 型俯冲已趋于结束。鉴此,箭峡山序列形成于板块俯冲作用下的岛弧晚期——同碰撞环境。

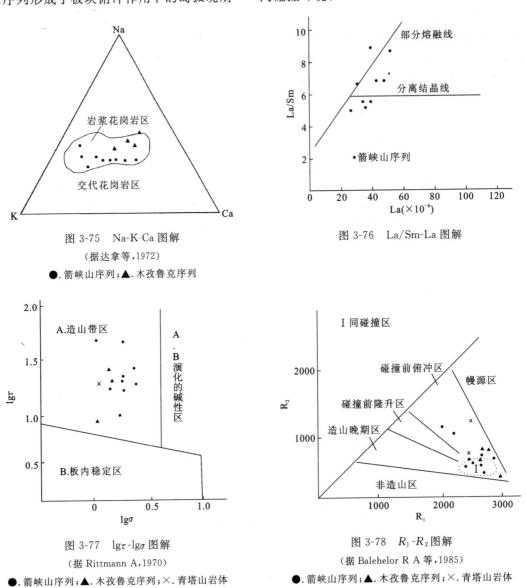

图 3-75　Na-K-Ca 图解
（据达拿等,1972）
●.箭峡山序列；▲.木孜鲁克序列

图 3-76　La/Sm-La 图解

图 3-77　lgτ-lgσ 图解
（据 Rittmann A,1970）
●.箭峡山序列；▲.木孜鲁克序列；×.青塔山岩体

图 3-78　R_1-R_2 图解
（据 Balehelor R A 等,1985）
●.箭峡山序列；▲.木孜鲁克序列；×.青塔山岩体

10. 岩体就位机制分析

箭峡山序列呈弧形带状分布,延伸百余千米,与围岩界线呈折线状,围岩中常有岩枝沿层（劈）理贯入,在叶桑岗一带边部可见岩体呈"似层状"产出,捕房体呈棱角状。

岩性单元总体有由老到新从北向南分布的特征,在古大奇—叶桑岗一带规律性明显,反映岩体充填的空间有向南迁移的趋势。

鉴上,该序列应为岩浆沿断裂扩张形成的空间入侵而被动就位。

（八）早三叠世木孜鲁克序列侵入岩

1. 地质特征

早三叠世侵入岩分布在图区的东部边缘,仅出露岩体的一角,大部分分布在图外,面积约 40km²。岩性单元有浅色中细粒黑云母英云闪长岩、中粒角闪石黑云母花岗闪长岩和细中粒（斑状）黑云母二长花岗岩。岩石有从较基性向较酸性演化规律,符合一般同源岩浆演化特征,故将其归并为木孜鲁克序列。

野外能见到英云闪长岩和花岗闪长岩呈脉动侵入接触,花岗闪长岩一侧有宽约50cm的细粒边,岩性为中细粒黑云母花岗闪长岩,相对形成时间比英云闪长岩要晚。二长花岗岩分布在两者的外侧,根据岩浆岩演化一般规律,暂将其置于上部单元。

岩体侵入地层仅有下石炭统托库孜达坂群下、中组,围岩热接触变质明显,一般为角岩化、大理岩化,变质带宽1km左右。

2. 岩石学特征

根据矿物含量(表3-39)及QAP图解(图3-62)而确定的岩石类型,有从中酸性—酸性变化规律,分别属英云闪长岩、花岗闪长岩、二长花岗岩类。岩石结构有由粗—细的变化趋势。

表3-39　木孜鲁克序列各单元岩性及矿物成分平均百分含量

岩石单元	样品数	斜长石(An)	钾长石	石英	黑云母	角闪石
细中粒(斑状)黑云母二长花岗岩	2	33(32)	31	28.5	7.5	
(片麻状)中粒(角闪石)黑云母花岗闪长岩	2	50(25～45)	45	25.5	10.5	1
粗中粒黑云母英云闪长岩	1	61(40)	5	25	9	

自早单元至晚单元,斜长石依次由多到少,An值由大到小(40～35～32),说明晚次岩石的酸性程度增加。半自形—他形(后期)板状、板柱状,具钠氏、卡钠复合双晶,早期个别见环带构造或环状消光。多有绢云母交代现象。

钾长石:含量逐渐增加,他形—半自形板状,格子双晶呈隐格状,时而可见微细脉状的钠长石微纹。

石英:他形粒状,有时包裹着细小斜长石嵌晶,见裂纹。

黑云母:半自形板片状,Ng'褐色,Np'浅黄色。次生蚀变成绿泥石。在二长花岗岩中有金红石析出。

角闪石:分布不均匀,含量小于1%。半自形柱状,属绿色种属。

副矿物有磷灰石、锆石。

次生蚀变有绢云母化、绿泥石化、绿帘石化、蠕英石化、方解石化等。

3. 岩石重矿物特征

英云闪长岩和花岗闪长岩重矿物组合分析结果见表3-2,其特征是矿物组合简单,含量低,单元之间的变化较小,为磁铁矿-榍石-磷灰石型。

4. 岩石化学特征

各单元岩石化学成分、CIPW标准矿物及部分特征参数列于表3-40中。其变化规律为:从早到晚,硅、全碱增加,镁铁质减少;CIPW标准矿物早次单元出现Hy值,往后则出现C值;DI值依次升高,SI值逐渐降低。以上符合一般岩浆的演化规律。Ox'值变化较大,说明岩体剥蚀深度和风化程度不尽相同。

表3-40　木孜鲁克序列岩石化学成分(w_B%)及特征参数

序号	样号	岩性	SiO_2	TiO_2	Al_2O_3	Fe_2O_3	FeO	MnO	MgO	CaO	Na_2O	K_2O	P_2O_5	灼失
1	546	(斑状)黑云母二长花岗岩	76.70	0.24	11.35	0.36	2.92	0.06	0.70	2.24	2.87	1.40	0.06	0.68
2	1155-1		70.26	0.32	15.36	0.40	2.27	0.05	0.81	3.58	3.9	2.01	0.08	0.38
3	1155-2	角闪石黑云母花岗闪长岩	69.59	0.53	14.48	0.45	3.05	0.08	1.18	3.04	3.38	3.04	0.11	0.40
4	1152	浅色黑云母英云闪长岩	69.25	0.44	14.98	0.43	2.50	0.06	1.01	3.83	3.70	2.22	0.20	0.90

续表3-40

序号	CIPW 计算标准矿物									特征参数							
	Q	Or	Ab	An	Di	C	Mt	Il	Ap	A/NCK	DI	SI	δ	AR	Mg'	Ox'	(N+K)/A
1	47.03	8.35	24.12	10.29	6.59	1.33	0.46	0.46	0.34	1.10	79.50	8.48	0.54	0.84	17.59	0.69	0.38
2	29.85	11.69	33.03	16.97	5.44	0.61	0.69	0.61	0.34	1.02	74.57	8.62	1.28	1.91	23.28	0.15	0.38
3	28.35	17.81	28.84	14.19	7.26	0.41	0.69	1.06	0.34	1.01	74.99	10.63	1.55	2.16	25.21	0.12	0.44
4	28.11	13.36	31.46	17.52	0.46	Hy 5.97	0.69	0.76	0.34	0.97	72.93	10.26	1.34	1.92	25.63	0.14	0.40

在 AFM 图解中(图 3-68)样点落在 C 区,属钙碱性系列;σ 值小于 3.3(0.54～1.55),(N+K)/A 小于 0.85(0.38～0.4),均为钙碱性系列岩石,岩石碱度类型属过钙性—钙性。

在 ACF 图解中(图 3-69),样点落于 I 区,属 I 型花岗岩,末次单元落在 I、S 分界线上。A/NCK≤1.1(0.97～1.1),符合 I 型花岗岩特征。

5. 岩石稀土元素特征

各单元岩石稀土元素分析结果见表 3-41。稀土总量早期单元偏低,末次二长花岗岩则出现异常,总量偏高。$\Sigma Ce/\Sigma Y$ 比值反映总体为轻稀土富集型。δEu 值除二长花岗岩为负异常外,其余单元均为铕的正异常。稀土元素配分型式图(图 3-79)显示早期为向右倾斜吻合较好的曲线,末期近于"V"字型曲线。

$(La/Yb)_N$-δEu 图解(图 3-72)反映岩浆主要具壳幔源特征。

表 3-41 木孜鲁克序列岩石稀土元素丰度($\times 10^{-6}$)及有关参数

序号	La	Ce	Pr	Nd	Sm	Eu	Gd	Tb	Dy	Ho	Er	Tm	Yb	Lu	Y	Σ	ΣCe/ΣY	δEu	δCe	La/Sm	Gd/Yb
1	57.82	116.1	14.99	53.46	13.38	0.98	15.23	2.71	17.65	3.53	10.64	1.48	9.19	1.26	111.3	429.73	1.48	0.23	0.81	4.32	1.66
2	19.48	37.97	4.07	14.39	2.71	0.72	1.84	0.27	1.22	0.21	0.59	0.09	0.53	0.08	5.97	90.15	7.35	1.00	0.85	7.19	3.47
3	19.36	38.62	3.87	14.86	2.64	0.64	1.98	0.30	1.56	0.34	0.91	0.16	1.06	0.17	9.71	96.17	4.94	0.90	0.89	7.33	1.87
4	8.37	18.33	2.36	9.94	2.27	0.72	1.96	0.30	1.54	0.27	0.77	0.12	0.78	0.12	8.34	56.19	2.96	1.12	0.85	3.69	2.51

注:序号所对应的样号同表 3-40。

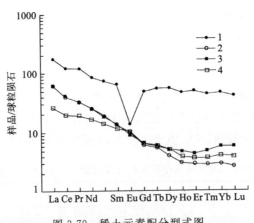

图 3-79 稀土元素配分型式图
样品序号对应表 3-41

6. 岩石微量元素特征

该序列岩石微量元素总体贫乏(表 3-42),与维氏同类岩石平均值相比较,大多数低于或近于相等,亲铜成矿元素 Pb、Zn、Bi、Au 及稀有元素 Li 丰度略高 0.5～1 倍。

表 3-42　木孜鲁克序列岩石微量元素丰度（Au:×10^{-9};余为×10^{-6}）

序号	W	Sn	Mo	Bi	Cu	Pb	Zn	Ag	As	Sb	Hg	Sr	Ba
1	0.6	2.0	0.4	0.12	17.5	21.7	72.4	0.045	1.2	0.16	0.013	183	378
2	0.4	1.5	3.0	0.07	19.1	20.4	91.2	0.042	1.9	0.21	<0.005	541	778
3	0.4	2.7	0.4	0.17	11.0	39.3	98.9	0.057	2.0	0.25	<0.005	362	662
4	11.0	3.7	0.4	0.31	36.9	27.6	93.3	0.136	2.9	0.27	0.013	420	621
序号	V	Th	U	Co	Ni	Li	Be	Ta	Nb	Zr	Hf	Rb	Au	Cs
1	24.5	21.1	1.3	6.9	9.2	25.1	1.7	1.1	14.8	179	7.1	45.4	0.9	2.7
2	19.5	6.1	0.2	7.3	7.5	30.2	1.5	<0.5	10.6	139	4.1	52.6	0.7	7.2
3	32.3	9.6	0.8	9.1	8.4	40.1	1.6	1.0	13.1	142	4.6	100.4	0.8	9.4
4	29.6	5.1	0.6	8.8	8.5	35.7	1.4	1.0	10.7	264	7.8	64.4	0.6	3.8

注:序号所对应的样号同表 3-40。

微量元素比值蛛网图（图 3-80）中曲线总体与 Toli 等（1984）正常弧花岗质岩石相似,末次更趋向于成熟弧花岗质岩石。

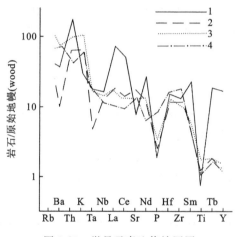

图 3-80　微量元素比值蛛网图
样品序号对应表 3-42

该序列岩石的(Rb/Yb)$_N$ 比值大于 1(2.7～45.8),指示岩浆主要来源于地幔低度熔融物质。K* 值大于 1(1.25～4.17),为钾富集型,表明花岗质岩石具有与消减作用有联系的岛弧火山岩特征。Nb* 值小于 1(0.33～0.38),暗示花岗质岩石可能为下地壳玄武质岩浆与地壳物质混染而成。

7. 同位素地球化学特征及时代讨论

英云闪长岩中锆石 U-Pb 模式年龄为(242±5.9)Ma,花岗闪长岩中锆石 U-Pb 模式年龄为(204±3.2)Ma(表 3-21)。考虑到花岗闪长岩具片麻状构造,可能受后期构造影响,年龄值可能略偏低。采用 242Ma 作为木孜鲁克序列岩石的形成年龄,将其置于早三叠世,相当于印支构造旋回早期(或早期末)产物。

8. 岩石的成因类型

在 Na-K-Ca 图解中(图 3-74),样点全落在岩浆花岗岩区,说明本序列花岗岩类岩石属岩浆成因。上述岩石主元素、稀土元素、微量元素特征表明原始岩浆主要为 I 型(幔源型),且岩浆演化至晚期或上升到地壳浅部有与围岩同化混染的现象。δEu-ΣREE 图解（图 3-64）指示岩浆可能来源于偏基性的花岗质岩石。

鉴上，本序列岩石应为受下地壳同化混染的玄武质岩浆分异而成。

9. 形成构造环境分析

微量元素部分特征参数指示该序列岩石与消减作用下的岛弧火山岩有关。在 lgτ-lgσ 图解中（图3-76），样点全部落在造山带区（岛弧及活动大陆边缘）；在 R_1-R_2 图解中（图 3-77），样点则落在碰撞前俯冲与同碰撞区的交界部位，说明岩浆形成时消减作用已近尾声。

综上所述，木孜鲁克序列岩石可能形成于 B 型俯冲晚期——岛弧趋于成熟阶段。

（九）早侏罗世青塔山岩体

1. 地质特征

青塔山岩体出露在图区南部甘泉河西侧，呈椭圆状北西向展布，北东侧被断裂破坏，面积约 18km²。根据航、卫片解译，在图区西南隅应还有岩体分布。岩石类型为石英闪长岩。

岩体侵入的围岩是下—中二叠统树维门科组碎屑岩，岩石热变质现象明显，变质岩石主要为角岩化砂岩、斑点状板岩、绢云母板岩。

采获的锆石 U-Pb 模式年龄为(186±0.3)Ma（表 3-20），结合地质产状，将其置于早侏罗世（或早—中侏罗世），相当于燕山构造旋回早期产物。

2. 岩石学特征

据两块薄片统计，岩石主要由斜长石（53%～55%）、石英（10%～15%）、黑云母（8%～20%）、角闪石（10%～29%）组成；据 QAP 三角图解（图 3-62）为石英闪长岩类。岩石具半自形粒状结构、块状构造。矿物粒径在 0.3～2mm，为细粒级。

斜长石：为中长石（An45～48）。半自形柱状、板柱状，见钠氏双晶、卡纳复合双晶、穿插双晶等，个别还见环带构造（10 环左右）。部分有钠黝帘石化，一般从晶体中心部位向外发展。

石英：他形填充粒状，分布在斜长石、角闪石、黑云母的间隙处。

黑云母：半自形板片状，Ng′褐色，Np′浅黄色。常与角闪石共生，并交代角闪石。

角闪石：半自形柱状，绿色种属，Ng′∧C=14°～16°。常被帘石、透闪石交代。

副矿物主要有锆石、磷灰石、磁铁矿。

次生蚀变常见有绢云母化、绿泥石化、绿帘石化、黝帘石化、透闪石化等。

3. 岩石重矿物特征

青塔山岩体以重矿物组合简单、含量低为特征，组合类型为磁铁矿-钛铁矿-磷灰石型。

4. 岩石化学特征

岩石化学分析结果见表 3-43。岩石基性程度相对较高，硅、全碱含量较低，而镁铁质含量较高。

表 3-43 青塔山岩体及脉岩岩石化学成分（%）

序号	样号	岩性	SiO_2	TiO_2	Al_2O_3	Fe_2O_3	FeO	MnO	MgO	CaO	Na_2O	K_2O	P_2O_5	灼失
1	1367-1	青塔山石英闪长岩体	61.60	0.62	16.29	1.23	4.87	0.10	2.76	6.03	2.95	1.55	0.16	0.90
2	T1	蚀变暗色闪长岩脉	49.45	0.95	15.66	2.54	7.07	0.16	7.98	9.37	2.76	1.16	0.26	2.43
3	1382-3	蚀变闪长玢岩脉	50.62	0.98	16.90	2.19	7.45	0.18	6.31	8.35	2.78	1.42	0.22	1.35

续表 3-43

序号	样号	岩 性	SiO_2	TiO_2	Al_2O_3	Fe_2O_3	FeO	MnO	MgO	CaO	Na_2O	K_2O	P_2O_5	灼失
4	10-6	蚀变石英闪长玢岩脉	61.22	0.62	16.16	2.45	3.52	0.10	2.97	5.33	3.64	1.75	0.43	1.53
5	10-8	石英闪长玢岩脉	65.62	0.49	15.24	2.19	2.65	0.06	2.40	4.33	4.10	1.44	0.22	1.01
6	1550	蚀变花岗闪长玢斑岩脉	60.27	0.48	17.52	0.45	3.52	0.06	2.58	4.96	3.92	2.22	0.12	3.03
7	1368-1	花岗闪长斑岩脉	70.53	0.15	15.67	0.14	1.67	0.02	0.57	2.11	4.55	1.9	0.08	2.13
8	725	花岗闪长斑岩脉	64.86	0.37	15.53	1.43	3.22	0.07	2.42	3.85	4.11	2.39	0.13	1.21
9	18-5	花岗闪长斑岩脉	70.44	0.21	12.00	1.12	3.05	0.10	1.91	1.51	2.25	3.95	0.05	2.88
10	18-7	花岗斑岩脉	74.28	0.11	11.33	1.10	4.00	0.05	0.21	0.60	2.52	4.50	0.02	0.35
11	1113	石英正长岩脉	57.04	0.82	15.31	3.94	2.43	0.14	0.97	5.84	2.79	7.86	0.26	1.51

根据部分图解，岩石属钙碱性系列(图 3-68)。σ 值为 1.09，属强太平洋型(钙性)。A/NCK 比值为 0.93。在 ACF 图上(图 3-69)均显示为 I 型花岗岩。

5. 岩石稀土元素特征

岩石稀土元素丰度值列于表 3-44 中(序列号为 1)。稀土总量中等，轻稀土相对重稀土富集($\Sigma Ce/\Sigma Y$ 值为 1.68)。δEu 值为 0.93，铕亏损很小。在稀土元素配分型式图中，反映为向右倾斜的曲线(图 3-81)。上述稀土特征暗示岩石来源为壳幔源(图 3-72)。

表 3-44 青塔山岩体及脉岩岩石稀土元素丰度($\times 10^{-6}$)及有关参数

序号	La	Ce	Pr	Nd	Sm	Eu	Gd	Tb	Dy	Ho	Er	Tm	Yb	Lu	Y	Σ	$\Sigma Ce/\Sigma Y$	δEu	δCe	La/Sm	Gd/Yb
1	14.10	29.4	3.59	14.5	3.09	0.83	2.79	0.43	2.30	0.41	1.25	0.19	1.16	0.17	12.38	86.64	1.68	0.93	0.85	0.33	2.41
2	17.47	42.7	4.80	19.4	4.01	1.22	3.65	0.55	3.04	0.62	1.61	0.26	1.60	0.23	16.87	118.03	3.15	1.05	0.96	4.36	2.28
3	13.58	32.2	4.26	16.8	3.87	1.15	3.39	0.54	3.21	0.65	1.81	0.28	1.68	0.25	17.30	100.91	2.47	1.04	0.88	3.51	2.02
4	57.18	117.4	11.33	38.4	5.61	1.34	3.89	0.55	2.90	0.55	1.46	0.24	1.48	0.22	14.76	257.32	8.88	0.90	0.91	10.19	2.63
5	36.43	70.9	6.79	22.1	3.41	0.88	2.62	0.36	1.98	0.39	1.09	0.18	1.05	0.16	10.61	158.87	7.62	0.95	0.79	10.68	2.50
6	14.60	29.1	3.54	13.0	2.61	0.84	2.20	0.35	1.58	0.27	0.73	0.11	0.63	0.09	7.49	77.16	4.73	1.14	0.83	5.59	3.49
7	0.92	1.9	0.19	0.9	0.24	0.10	0.22	0.03	0.15	0.03	0.08	0.01	0.06	0.01	0.84	5.71	2.99	1.47	0.93	3.83	3.67
8	23.84	48.8	5.16	18.2	3.23	0.87	2.51	0.36	2.04	0.41	1.12	0.19	1.22	0.18	11.15	119.09	5.28	0.98	0.88	7.38	2.06
9	19.22	35.3	4.08	12.7	2.76	0.47	2.36	0.41	2.54	0.51	1.60	0.27	1.79	0.28	15.26	99.59	2.98	0.60	0.80	6.96	1.32
10	26.99	57.7	7.34	28.3	6.83	1.07	6.73	1.17	7.39	1.40	4.44	0.67	4.41	0.65	41.52	196.65	1.86	0.53	0.84	3.95	1.53
11	271.50	492.9	49.48	180.4	34.52	9.11	27.11	3.75	16.69	3.01	7.01	1.00	5.57	0.75	80.38	1183.17	7.15	0.96	0.83	7.87	4.87

注：序号所对应的样号同表 3-43。

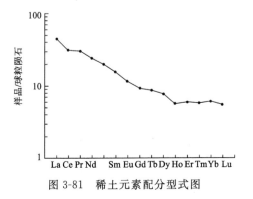

图 3-81 稀土元素配分型式图

6. 岩石微量元素特征

岩石微量元素丰度列于表 3-45 中。微量元素丰度较低,与维氏闪长岩平均值比较,绝大多数低 0.5～1.5 倍以上,仅 Bi、Pb、Li、Au 等元素高出 2～5 倍。

表 3-45 青塔山岩体及脉岩岩石微量元素丰度($Au:\times10^{-9}$;余为$\times10^{-6}$)

序号	W	Sn	Mo	Bi	Cu	Pb	Zn	Ag	As	Sb	Hg	Sr	Ba	V	Th	U
1	0.90	1.4	0.70	0.47	17.0	82.6		0.121	3.7	0.55	0.006	184	299	68	6.8	0.9
2	0.82	1.4	0.68	0.10	22.1	6.2	92.6	0.043	0.8	0.11	0.004	422	355	173	2.6	0.9
3	0.6	6.2	0.40	0.29	148.4	26.3	114.3	0.070	7.5	1.00	0.016	438	458	206	3.7	0.7
4	0.77	1.6	1.46	0.12	45.6	16.2	74.2	0.029	0.9	0.11	0.018	766	921	114	14.9	5.5
5	0.68	1.0	0.80	0.15	29.8	13.4	66.7	0.025	1.2	0.24	0.011	561	789	81	10.2	2.9
6				0.07	24.0	18.8	82.0	0.029	19.2	0.42		301	491	40	<0.5	1.1
7				0.48	121.0	14.0	61.0	0.046	3.5	0.48		612	1478	8	<0.5	0.5
8	1.30	1.6	1.31	0.13	16.3	52.6	57.3	0.040	1.2	0.23	0.009	968	1870	65	9.4	3.8
9	1.30	3.3	5.30	0.26	19.9	48.8	350.2	0.067	1.8	0.78	0.616	116	717	46	8.9	2.5
10	3.00	3.5	11.5	0.58	38.8	15.0	27.4	0.044	5.5	0.77	0.014	78	1220	10	10.8	3.6
11	1.21	6.6	0.80	0.92	16.5	460.0	75.7	0.058	1.6	0.34	0.006	2490	9156	222	90.1	21.1
维氏①	1		0.9	0.01	35	15	72	0.07	2.4	0.2		800	650	100	7	1.8
维氏②	1.5	3	1	0.01	20	20	60	0.05	1.5	0.26	0.08	300	830	40	18	3.5

序号	Co	Ni	Li	Be	Ta	Nb	Zr	Hf	Rb	Au	Cs	Cr	Sc	Cd	Ga
1	17.2	24.3	42.1	1.30	0.6	11.0	181.0	5.7	61.1	1.5					
2	36.4	92.7	30.3	1.63	0.9	7.6	98.7	3.3	49.5	2.0	14	304	26.5	0.15	16.7
3	36.9	42.2	23.9	1.70	<0.5	10.9	93.0	4.5	60.2	1.3					
4	17.1	33.3	24.5	1.67	1.0	15.1	175.1	5.5	47.3	2.8	10	94.6	14.6	0.14	16.4
5	14.0	40.5	18.3	1.35	0.9	11.5	163.4	4.4	40.4	1.2	13	114	10.7	0.13	18.4
6	11.7	37.0			1.1	9.9	15.0	<0.5	88.0	2.2		79			
7	3.7	11.0			<0.5	6.2	66.0	1.6	69.1	2.2		111			
8	10.1	19.8	12.9	2.12	1.0	7.1	122.5	4.4	57.7	4.0	10	168	10.7	0.06	18.0
9	10.9	25.9	14.3	1.80	1.4	12.3	83.0	3.6	148.5	1.3					
10	7.1	23.3	4.2	2.50	1.9	15.0	151.0	5.7	132.6	2.7					
11	13.2	15.2	7.5	5.87	7.4	68.9	542.2	18.2	206	0.9	15	34.4	11.3	0.23	17.6
维氏①	10	55	20	1.8	0.7	20	260	1	100			50	2.5		20
维氏②	5	8	40	5.5	3.5	20	200	1	200	4.5	5	25	3	0.1	20

注:序号所对应的样号同表 3-43;空格为未分析;维氏①、维氏②分别代表维诺格拉多夫(1962)闪长岩及花岗岩平均值。

在微量元素比值蛛网图中(图 3-82),曲线与正常弧花岗岩相似。$(Rb/Yb)_N$ 值为 2.92,说明岩浆来源于地幔源,为强不相容元素富集型;K^* 值为 3.01(大于 1),指示岩石为与消减作用有关的岛弧性火成岩;Nb^* 小于 1(0.5),说明花岗质岩石形成与混染的玄武质岩浆有关。部分元素的比值,如 Th/Yb 为 5.9,Ti/Zr 为 2.4,La/Ta 为 23.5,同样反映岩石与岛弧性的玄武岩浆有关。

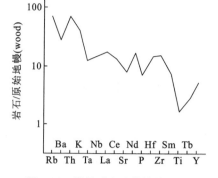

图 3-82 微量元素比值蛛网图

7. 岩石成因类型及形成的构造背景分析

据上述特征,岩石应为下地壳玄武岩浆经部分熔融结晶而成。Rb-Sr 地壳厚度网络图(图 3-66)指示岩浆形成深度约 30km。

在 $lg\tau$-$lg\sigma$ 图解中(图 3-76)样点落于 B 区,显示造山带环境。在 R_1-R_2 图解中(图 3-77),样点落于碰撞前俯冲区内。鉴此,青塔山岩体形成构造背景应为昆仑洋闭合阶段 B 型俯冲。

8. 岩体就位机制分析

青塔山岩体在平面图上形态规则,呈椭圆状分布,面积约 18km²。在岩体北侧,岩体的围岩构造面理与接触面产状一致,岩体边部普遍发育与接触面平行一致的面状构造。接触面产状较陡(80°～85°),下部倾向围岩,上部超覆使围岩翻转外倾,岩体下小上大呈蘑菇状超覆在围岩之上(图 3-83)。围岩近岩体有宽约 500m 的热接触变质带,带内岩石强烈片理化,愈近岩体愈强烈,随接触面产状变化而变化,说明岩浆给围岩以热力影响的同时,还有强烈的向外挤压作用。

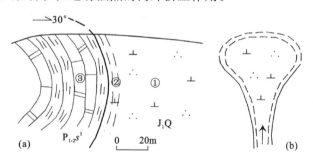

图 3-83 青塔山岩体接触带特征(a)及岩体形成机制示意图(b)
①早侏罗世青塔山岩体石英闪长岩(J_1Q);②黑云母片理化带;
③早—中二叠世树维门科组上段绢云母板岩夹大理化灰岩($P_{1-2}s^1$)

岩体内部特别是岩体边部,由黑云母、角闪石优选定向表现的面理十分发育,在空间展布上大体平行接触面,致使岩体轮廓似同心圆状分布。

据上述特征推断青塔山岩体的就位方式为:深部岩浆在构造应力的诱导下呈强力底劈方式上涌,进入上部地壳的花岗质岩浆由于冷凝结晶形成与围岩强度相当的外壳,而内部仍处于熔融状态的以及新的熔浆像气球一样膨胀、挤压外壳和围岩,形成 Ramsay J G(1981)提出的"气球膨胀强力侵位"。

(十)时代不明的岩脉、岩墙

研究区内时代不明的岩脉、岩墙及岩滴状侵入岩较为发育,岩石种类从基性—中性—酸性岩均有出露,尤以中性岩类居多。主要有拉辉煌斑岩、闪斜煌斑岩、(橄榄)辉绿岩、(暗色)闪长岩、石英闪长岩、(石英)闪长玢岩、花岗闪长斑岩、花岗斑岩、(石英)正长岩、细粒花岗岩、花岗伟晶岩、石英脉等。

众多的脉岩类虽未获取同位素定年数据,但从野外观察到的产出状态、接触关系、蚀变、变形变质、地质分布等分析,其为多构造岩浆期产物。分布在古元古界、中元古界变质岩系中的岩脉以基性—中性岩为主,变形变质强烈,一般均为强蚀变—蚀变、片理化很强的岩石。野外观察表明这些变形变质不是由单纯的构造作用引起的,是区域变质、动力变质、热接触变质等综合作用的结果,显然它们的形成时间较早。而另一部分中性—酸性脉岩类,不论是产在古、中元古界的变质岩系中,还是产在下古生界正常岩系中,变形变质作用都很弱或无,局部变形变质亦为纯构造(断裂)作用引起,故其形成时间明显晚于前者。

1. 基性脉岩类

基性脉岩类主要有蚀变(橄榄)辉绿岩、拉辉煌斑岩、闪斜煌斑岩等,侵入于古元古界、中元古界变质岩系中(图3-84)。一般呈岩墙、岩脉产出,宽50～120cm不等,走向以北北东向为主,北北西向次之;倾角一般较陡,多为60°～75°,个别45°～50°。

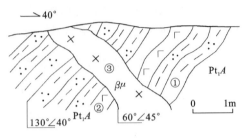

图3-84 橄榄辉绿岩脉剖面
(见于8-40地质点)
Pt_1A.古元古代阿尔金群;①黑云母石英片岩;
②斜长角闪岩;③橄榄辉绿岩($\beta\mu$)

(1) 拉辉煌斑岩

新鲜岩石呈灰绿色,全自形粒状结构,块状构造。矿物成分由斜长石(36%)、普通辉石(25%)、角闪石(21%)、黑云母(18%)组成。斜长石为已蚀变的细小条状。普通辉石浅黄略带淡紫红色,可能为含钛普通辉石,呈柱状,$Ng'\wedge C=42°$左右,个别呈斑晶出现,常被蛇纹石交代;角闪石为褐色种属,针柱状、细长柱状,Ng'红褐,Nm'褐,Np'浅褐,$Ng'\wedge C=16°$左右。副矿物有磷灰石、磁铁矿。

(2) 闪斜煌斑岩

新鲜岩石呈墨绿色,斑状结构,基质全自形粒状结构,块状构造。斑晶由角闪石(5%)、斜长石(2%)组成。大小为0.4mm×0.6mm～0.8mm×1.6mm。基质由自形细小条状斜长石(50%)、自形细小粒状角闪石(40%)和少量黑云母(2%)、石英(1%)组成。副矿物见磷灰石、磁铁矿。岩石常被绢云母、黝帘石等矿物交代。

(3) 蚀变(橄榄)辉绿岩

岩石呈灰绿—墨绿色,辉绿结构,块状构造。主要由斜长石(65%)、普通辉石(21%)、橄榄石(10%)及少量磁铁矿(4%)、微量黑云母组成。其中由自形板条状斜长石杂乱排列构成的格架中有他形粒状辉石或自形程度高于辉石的橄榄石晶体充填,形成典型的辉绿结构。橄榄石无色,短柱状;普通辉石淡褐色,具极弱多色性,$Ng'\wedge C=39°～42°$。斜长石板条状,大小在0.4～2mm,可见钠氏、卡钠双晶。岩石被绢云母、方解石、黝帘石等矿物交代。

2. 中性脉岩类

中性脉岩类主要有(暗色)闪长岩、石英闪长岩、(石英)闪长玢岩、(石英)正长岩等。在大多数岩体内及其附近的围岩以及变质岩系中均有分布,呈岩脉、岩滴状产出,脉宽一般为10～110cm;走向多为近东西向—北西西向,倾角一般较缓,多为45°～55°。变质岩系中的中性脉岩均见不同程度的蚀变现象,斜长石、角闪石被绢云母、绿泥石、帘石类矿物交代。

闪长岩类的矿物成分基本相似,主要由斜长石、角闪石组成,次要矿物有黑云母、石英、辉石等。不同的岩石薄片中矿物含量、矿物种属或矿物粒径不尽一致,如闪长岩中不含或含微量石英(<1%),石英闪长岩中则含有5%～8%的石英;闪长玢岩中斑晶为基性斜长石。

(石英)正长岩脉:呈岩脉、岩滴状产出,岩石多为肉红色,由微斜长石、微斜微纹长石(>65%)、石英、斜长石、黑云母组成,个别出现角闪石(3%)。分布在断裂带附近的(秦布拉克—库拉木拉克一带)正长岩应为二长花岗岩碱交代的结果,石英含量甚微(1%左右)。

岩石化学成分分析结果见表3-43。从表中可以看出,蚀变较强(形成时间较早)与未蚀变(形成时间较晚)的闪长岩类相比较,前者SiO_2、Na_2O+K_2O含量较低,而TFe、MgO、CaO、P_2O_5含量较高,说明早期闪长岩类脉岩相对较基性,较晚形成的岩脉略偏酸性,此与岩石学特征相吻合。

岩石稀土元素总量中等(表 3-44),轻稀土相对较富集,$\Sigma Ce/\Sigma Y$ 比值一般多在 3 以上(2.47～8.88);δEu 值较大(0.9～1.14),为正铕异常;δCe 值 0.83～0.96,为铈的负异常。在稀土元素配分型式图中,所有闪长岩类曲线形态近乎一致,为向右倾斜的曲线(图 3-85)。

岩石微量元素丰度(表 3-45)除二号样产在断裂带附近出现异常外,总体偏低,与维氏闪长岩平均值相比较,Bi、Pb、Hf、Sc、Cr、Co 等元素丰度略高,其余均较低,一般低于维氏值 1～2 倍。

3. 酸性脉岩类

酸性脉岩类分布与中性岩类相似,主要有花岗闪长斑岩、花岗斑岩、细粒花岗岩、花岗伟晶岩、石英脉等,尤以前

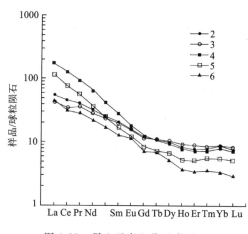

图 3-85 稀土元素配分型式图
样品序号对应表 3-44

三者甚多。走向多为北西西向,脉宽一般十几厘米至几十厘米不等。石英脉多分布在变质岩系中。

花岗闪长斑岩脉:变余斑状结构,基质霏细结构,块状构造。斑晶含量为 20%,其中蚀变斜长石(主)+蚀变钾长石(次)14%、蚀变黑云母 6%。基质由长英霏细物与黑云母组成。

花岗斑岩脉:斑状结构,基质微粒—霏细结构,块状构造。斑晶含量一般在 35%～40%,成分主要是长石(斜长石为主)、石英、黑云母,个别岩石为尖棱角状斑晶,应为潜火山岩类。基质主要为长英质。

细粒花岗岩脉:主要有黑云母型、二云母型,分布在不同侵入体中的细粒花岗岩脉有一定差异,与相伴随的花岗岩单元有一定成因上的联系,应属岩浆演化后期产物。

花岗伟晶岩脉:主要见于阿尔金山南坡齐齐哈勒克—羊布拉克一带。由石英、微斜长岩、斜长石(钠、更长石)、白云母、黑云母等组成,伴生有少量电气石、石榴石、绿柱石、锂云母、黑云母等矿物。局部白云母、锂云母集中呈囊状分布,片径在 10cm 以上,形成云母矿床。

石英脉:多分布在变质岩系中和岩体接触带附近,部分充填在不同方向的断裂带中,脉宽大小不一,几厘米至数十厘米均有。无色至灰白色,个别为灰黑色,玻璃光泽至油脂光泽,产状多样。

花岗斑岩的岩石化学成分见表 3-43,SiO_2 及 Na_2O+K_2O 含量较高,而镁铁质含量较低;石英正长岩 SiO_2 含量较低,Na_2O+K_2O 含量很高。

稀土元素丰度值见表 3-44。花岗斑岩的 δEu 值较小,为明显的负铕异常,在稀土元素配分型式图中(图 3-86),呈近于"V"字型分布。石英正长岩的稀土元素丰度总量高达 1183.17×10^{-6},δEu 值为 0.96,铕亏损不明显,稀土元素配分型式为向右倾斜的圆滑曲线。

花岗斑岩的微量元素丰度(表 3-45)大多低于维氏花岗岩平均值 1～2 倍,但 Sn、Mo、Bi、Cu、Au 等元素丰度较高,高出维氏花岗岩平均值 1～10 倍以上。石英正长岩微量元素丰度则普遍很高,其中 Pb、Zn、Sr、Ba、Li、Nb、Ta、Zr、Cs、Sc、U、Th 等元素丰度一般高出维氏花岗岩平均值几至十几倍。

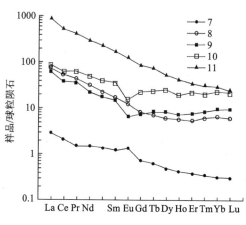

图 3-86 稀土元素配分型式图
样品序号同表 3-44

二、中性—酸性侵入岩的内蚀变及外接触变质作用

在多期次构造、岩浆活动的影响下,各类侵入岩体的内蚀变及外接触变质作用明显,主要表现为在原岩物质成分、结构构造上发生改变。一般来说变质作用的强弱与受变质岩石类型、侵入岩体成岩时代、就位方式、构造方式等有关。

(一) 内蚀变作用

由于造山带内构造活动频繁,在岩浆热液、动力作用、区域变质等的综合影响下,中性—酸性侵入岩体的内蚀变作用在各类岩体中普遍存在,岩体时代愈老蚀变愈强。主要反映在岩石中的黑云母常被绿泥石、白云母取代,长石类矿物被黝帘石、钠黝帘石、绿泥石、绢云母取代,角闪石被透闪石等矿物取代,在中酸性岩中尤为突出,如其格勒克岩体等一些较老岩体中,上述蚀变矿物在个别薄片中达20%以上。偏酸性的岩石中除有绿泥石化、帘石化、绢云母化外,还普遍见有蠕英石化、葡萄石化等现象。

岩浆岩的物质来源不同,岩体内蚀变作用也不尽一致,如乌恰克萨吾特—哈底勒克萨依一带的黑云母二长花岗岩,物质来源反映以壳源为主,在研究区反映出特殊的内蚀变作用,其内云英岩化较强,伴生的蚀变矿物以黄玉、钠长石、锂云母、铁锂云母、石榴石、白云母等矿物为主,个别岩石中黄玉含量高达21%。钠长石化作用也很强,局部已蚀变成钠长石化岩。

分布在断裂带附近的花岗岩,常有较强的硅化、绢云母化、绿泥石化,同时碱交代作用还使岩石"红化",石英溶解后全部或部分流失,形成石英正长岩、正长岩、二长岩等。这在木纳布拉克蛇绿岩南界断裂带附近的石英正长岩、秦布拉克一带北东向断裂带附近的二长岩均较为典型。

(二) 外接触变质作用

每一次岩浆活动中受其侵入的围岩都有不同程度的热接触变质作用产生,变质作用的类型随围岩岩性而异。研究区各侵入体的围岩大多是泥砂质岩石,变质作用的类型以热接触变质作用为主,接触交代变质作用、混合岩化、烘烤等接触变质作用次之。

外接触变质带宽度受岩体规模、产状、就位方式等因素的控制,一般宽100~300m,较大岩基(如托库孜达坂岩基)一般宽400~800m,其格勒克岩体南西侧最宽达1800m左右。个别小岩体(如克克嗯格北岩体、木孜鲁克北岩体)接触面产状较陡,变质带宽仅几十米。一般来说,热蚀变作用的强弱由接触面向围岩一侧由强到弱直至消失。

热接触变质作用分布最为广泛,各类岩体周围的围岩均受不同程度影响,变质后的岩石主要有角岩、钙硅酸盐变粒岩、片(麻)岩、石英岩、角岩化砂岩、角岩化粉砂岩、斑点状板岩、斑点状千枚岩等。

角岩类岩石主要有斜长石角闪石角岩、长英质角岩、黑云斜长角岩。变余斑状结构、筛状变晶结构、变余细粒花岗结构、角岩结构、块状构造、定向构造。变质矿物主要由斜长石、角闪石、石英、黑云母及微量的磁铁矿组成,具典型的平衡变晶结构。

角岩化砂岩类:变余细粒砂状结构,定向构造。原砂岩中的泥质杂基均已变质为黑云母雏晶并作定向排列,主要由黑云母雏晶(42%)、石英(48%)、斜长石(10%)、方解石(2%)组成,副矿物有磁铁矿、锆石等。

接触交代作用主要产生在碳酸盐类围岩中,这些岩石在古元古界、下古生界发育较多,蚀变后的岩石主要为透闪石白云石大理岩、大理岩、白云质大理岩、大理岩化灰岩、大理岩化云质灰岩等。

透闪石白云石大理岩:粒状变晶结构、斑杂状构造、弱定向构造。变晶矿物主要有白云石(45%~50%)、方解石(17%~20%)、透闪石(21%~25%)、硅灰石(4%~5%)、水镁石(3%)及少量透辉石、石英等。白云石呈半自形细晶;方解石粗—中晶;透闪石柱状或呈针状、放射状集合体;硅灰石呈板状、柱状;水镁石呈叶片状;石英等轴粒状;透辉石浅绿色,柱状。它们在岩石中分布不均匀,以团块状、脉状聚

集构成斑杂构造。岩石具弱蛇纹石化、滑石化。

混合岩化作用主要见于阿尔金山、木孜鲁克等地古元古界变质岩系中，一般分布在二长花岗岩体边部。岩石有黑云母二长混合花岗岩、黑云条带混合岩、（条痕状）黑云二长混合片麻岩等。花岗变晶、鳞片花岗变晶结构，条带（痕）状构造。由微斜长石（≥41%）、斜长石（≤20%）、石英（≤32%）、黑云母（4%～7%）、石榴石（≤1%）、蠕英石（2%）等组成，副矿物有锆石、磷灰石。矿物大小不等，分布不均，形态不规则，均为他形。微斜长石有交代斜长石现象，微斜长石边缘发育蠕英结构。石榴石变晶等轴粒状，浅粉红色，具裂纹，属铁铝榴石，大小在0.2～1mm。岩石具绢云母化、白云母化等蚀变。

烘烤变质作用一般表现在岩脉、岩墙、岩床等侵入体的边部围岩中，以花岗岩类围岩尤为突出，如其格勒克英云闪长岩中的肉红色二长花岗岩脉边部围岩就有厘米级的烘烤边，岩石呈黑褐色。

综上所述，接触变质带岩石中变质矿物主要以斜长石、钾长石、黑云母、白云母、石英、角闪石、石榴石、透闪石、透辉石、水镁石为特征，属低—中（高）温变质矿物，根据其矿物组合，接触变质带从接触界面向围岩一侧由强到弱可划分3个变质相，即辉石角岩相、角闪石角岩相、钠长石—绿帘石角岩相；形成温度下限为400℃，上限为660℃左右；压力为2～10kPa。

第三节 火 山 岩

火山岩地层分布往往受区域构造格局和沉积环境控制。测区位于南昆仑地块与阿尔金地块接合部位，祁曼塔格裂陷槽呈楔形插入其中，地质构造背景极为复杂，同时经历了多期构造活动和火山作用。就区内出露地层而言，火山活动始于古元古代，结束于早石炭世中期。其中古元古代—中元古代早世、早石炭世中期火山活动最强，火山岩厚度最大，分布范围广泛。从南向北可划分为阿尔金山、木孜鲁克山、托库孜达坂山3个火山地层分布区（图3-1）。

阿尔金山、木孜鲁克山分布区主要有古元古代阿尔金群、苦海岩群及中元古代巴什库尔干群，形成时代较早，以基—中基性火山岩为主。由于受动力热变质、岩浆侵入热接触变质、区域变质等影响，火山岩全部变为斜长角闪岩、斜长角闪片岩、斜长角闪片麻岩、阳起石帘石片岩等，详细特征见第四章。

早石炭世托库孜达坂群中组（C_1TK^2）以中酸性—酸性火山岩为主，是海相火山-沉积体系中较为典型的火山-沉积地层，作用相以内力事件相为主，环境相为浅海相—陆相。本节仅就这一部分火山岩地层进行描述。

托库孜达坂群中组火山岩很发育，主要分布在托库孜达坂山岩浆弧的南北两侧及吐拉盆地南侧。火山沉积体系岩层一般（除局部外）未发生变质变形，以中性—中酸性火山岩为主，局部夹少量基性熔岩。火山岩石以溢流相为主，厚度大，分布广；爆发相、潜火山岩相次之。

一、火山-沉积岩石组合特征

根据所测制的曼达里克河剖面（7号）、阿克苏河剖面（6号）资料，托库孜达坂群中组火山岩由下而上经历了3个火山活动旋回，下部为溢流相—次火山岩相—沉积相；中部为爆发相—溢流相—次火山岩相—沉积相；上部为溢流相—沉积相。其中以中、上部旋回火山作用最强。由于构造破坏，各地均出露不全，中部旋回仅在曼达里克河上游出露较全，其余各地均只见及下、上部旋回出露。

下部旋回为灰绿色、灰色英安玢岩、安山岩、流纹岩、流纹英安斑岩、辉绿玢岩、潜花岗闪长斑岩、硅质岩夹灰绿色薄—中层状含凝灰质板岩、砾质不等粒砂岩。

中部旋回为灰色、浅紫红色安山质火山角砾岩、英安质火山角砾岩、火山角砾状凝灰岩为主夹流纹英安质凝灰熔岩、潜花岗闪长斑岩、凝灰质板岩、细粒砂岩。

上部旋回为紫红色、灰绿色块状流纹斑岩、安山玢岩、英安玢岩、安山岩、流纹岩及灰绿色凝灰质砂岩、泥岩,安山玢岩中常见有火山角砾岩捕虏体。

其中辉绿玢岩、潜花岗闪长斑岩呈脉状体贯入,大多与原始火山岩层产状一致,局部低角度斜交。

二、岩石学特征

1. 爆发相火山岩

爆发相火山岩有英安质火山角砾岩、火山角砾凝灰岩。以前者为主,后者较少。

(1) 英安质火山角砾岩

岩石呈灰色、浅紫红色,火山角砾状结构,块状构造。岩石主要由角砾、晶屑和胶结物组成,角砾含量80%,大小一般2~20mm,少量大的达30cm。角砾多呈次棱角状—次圆状。角砾成分以英安斑岩、安山岩、凝灰岩等火山角砾为主,另有少量灰岩、砂岩和花岗岩角砾。晶屑含量5%,为长石晶屑,颜色为白色,大小1~3mm,呈棱角状,具阶梯状裂开。胶结物含量15%,主要为火山灰及方解石。偶见杏仁状构造,杏仁体十分细小(<0.4mm),由绿泥石构成,呈细小的圆状、椭圆状。

(2) 火山角砾凝灰岩

岩石呈灰褐色、灰绿色,火山角砾状凝灰质结构,块状构造。由岩屑和晶屑组成,其中岩屑含量89%,大小一般0.3~2mm,部分大的达2~13mm。岩屑成分有英安斑岩、安山岩、英安岩等,略具定向排列。晶屑含量11%,呈灰白色,多呈熔蚀状、阶梯状,成分主要由中酸性斜长石组成,大小0.2~1mm,较均匀的分布于岩屑之间。

2. 溢流相火山岩

溢流相火山岩以英安玢岩、英安岩为主,安山岩、流纹英安质凝灰熔岩次之,另有少量流纹岩、流纹斑岩。

(1) 英安玢岩

岩石呈灰绿色,斑状结构,基质玻晶交织结构,杏仁构造。岩石中斑晶含量40%,大小0.2~3mm,成分为斜长石(30%)、普通角闪石(10%)、其他暗色矿物(5%)。基性斜长石微晶和玻璃质构成玻晶交织结构。杏仁体含量2%,其内充填物为方解石、石英、氧化铁,呈同心层状、皮壳状、球粒状,大小0.4~2mm;气孔3%左右,大小0.3~2mm。副矿物有磁铁矿、锆石、磷灰石。岩石中的斑晶、杏仁体及气体均显定向排列。

(2) 英安岩

岩石呈灰绿色、浅肉红色,斑状结构,基质显微嵌晶结构、霏细结构,块状构造。斑晶含量28%,大小0.4~3mm,成分为斜长石(20%)、黑云母(8%)。基质含量72%,成分为显晶长英质(20%)、长英霏细物(28%)、黑云母(4%)。可见磁铁矿、锆石等副矿物。

(3) 安山岩

岩石呈灰紫色、灰色,玻晶交织结构、隐晶质结构,块状构造。岩石中见少量角闪石斑晶,含量3%~5%,呈自形长柱状,大小0.5~5mm。

(4) 流纹英安质凝灰熔岩

岩石呈灰紫—紫红色,凝灰熔岩结构,块状构造。岩石中晶屑51%,大小一般0.15~1.2mm,少数1.2~4mm,成分为斜长石(25%)、钾长石(2%)、石英(16%)、黑云母(8%)。胶结物含量44%,由长英霏细物组成,呈霏细结构。外来碎屑5%,有石英粉砂岩、细粒石英砂岩、酸性斑岩及流纹岩,均被熔浆熔蚀而圆化,粒径1.3~4mm。副矿物可见磁铁矿和锆石。

(5) 流纹岩

岩石呈灰紫红—浅紫红色,斑状结构、基质霏细结构,块状构造。岩石中斑晶少而小,含量4%,大小0.15~0.4mm,主要为钾长石,其次是石英、斜长石和黑云母。基质含量96%,主要由长英霏细物组成,局部见长石石英呈纤状集合体组成的球粒。副矿物见有锆石、磁铁矿。岩石具流纹构造和颜色条带，由浅色结晶的长石石英和（暗色）的霏细物定向分布构成。

(6) 流纹斑岩

岩石呈灰紫色，斑状结构，基质霏细结构，块状构造。斑晶含量13%，基质含量83%。其他特征与流纹岩相近。

3. 潜火山岩相火山岩

潜火山岩在下、中部旋回中较为发育，主要为辉绿玢岩、潜花岗闪长斑岩和黑云母石英闪长玢岩。一般宽十余米，最宽达80～100m。呈岩床、岩脉产出。

(1) 辉绿玢岩

岩石呈灰绿色，变余斑状结构，基质变余辉绿结构，块状构造。斑晶（23%）由蚀变斜长石（15%）和单斜辉石（8%）组成，斜长石已完全被绢云母、白云母、少许石英取代，仅保留自形轮廓假象，粒径一般0.8～2mm，少量大于2mm。单斜辉石自形晶，无色；$Ng'\wedge C=40°$左右，常被绿泥石、蛇纹石不同程度交代，粒径1～2.5mm。基质由蚀变斜长石（32%）、次生绿泥石、方解石（40%）、微量石英及磁铁矿（≤5%）组成。基质由蚀变的斜长石板条微晶杂乱排列构成空隙，被次生绿泥石、方解石、微量石英充填构成变余辉绿结构。鉴于岩石分布近区域性断裂旁，蚀变应为动力作用引起。

(2) 潜花岗闪长斑岩

岩石呈浅灰色，斑状结构，基质微粒—霏细结构，块状构造。斑晶含量33%～40%不等，成分主要是斜长石（15.1%）、石英（10%）、黑云母（5%～8%），粒径一般为0.4～4mm不等，多数为自形晶，少数斜长石呈尖棱角状"晶屑"爆裂状斑晶，表明其生成环境近于超浅成。基质主要由长石、石英（或长英质霏细物）和黑云母组成。副矿物有锆石、磁铁矿、磷灰石等。

三、火山岩岩石化学特征

托库孜达坂群中组各类火山岩岩石化学成分如表3-46中所列。TAS图解（图3-87）显示火山岩种属以亚碱性流纹岩、英安岩为主，亚碱性橄榄玄武岩次之。此与岩石特征基本吻合，反映该组火山岩以酸性—中酸性岩为主，基性火山岩次之。

表3-46 托库孜达坂群中组火山岩岩石化学成分（%）

序号	样号	岩性	种属	SiO_2	TiO_2	Al_2O_3	Fe_2O_3	FeO	MnO	MgO	CaO	Na_2O	K_2O	P_2O_5	灼失
1	7-19	绿泥石方解石岩	B	52.45	0.66	12.18	2.07	17.05	0.35	1.04	4.32	0.11	1.07	0.32	6.50
2	7-6	蚀变辉绿玢岩	B	47.79	0.92	16.30	2.60	5.08	0.15	4.92	8.21	2.21	2.50	0.26	7.90
3	16-10	英安流纹岩	R	71.98	0.24	12.26	0.71	2.32	0.07	0.58	2.11	4.12	2.87	0.05	2.15
4	7-17	流纹岩	R	78.12	0.15	11.83	0.10	1.77	0.04	0.28	0.42	6.01	0.24	0.02	0.69
5	7-16	流纹质凝灰熔岩	R	76.72	0.18	11.40	0.66	1.98	0.04	0.39	0.87	5.66	0.22	0.03	1.10
6	7-11	潜花岗闪长斑岩	O_3	69.34	0.39	13.83	0.78	3.32	0.08	0.94	1.86	3.49	3.61	0.09	1.70
7	16-5	潜流纹岩	R	77.19	0.11	10.73	1.06	2.18	0.04	0.70	0.76	0.54	3.82		2.55
8	16-1	潜花岗闪长斑岩	R	71.06	0.27	14.08	0.35	2.70	0.05	0.56	1.52	3.55	3.74	0.08	1.48
9	7-7	花岗闪长斑岩	O_3	65.83	0.38	11.96	1.15	2.77	0.12	0.97	4.71	3.63	3.19	0.12	4.15

里特曼组合指数（σ）为0.56～4.63，一般为1.11～2.04，属钙碱性岩系列太平洋型。碱度率（AR）为1.5～3.08，主要属钙碱性岩。

硅碱图（图3-88）和AFM图（图3-89）同样反映该组火山岩为亚碱性系列。依照各岩石中Na_2O和

K_2O 百分含量的相对大小判别,各类火山岩大多为钾质型$((Na_2O-2)\leqslant K_2O)$,个别酸性流纹岩为钠质型$((Na_2O-2)>K_2O)$,显示活动大陆边缘火山岩特征。

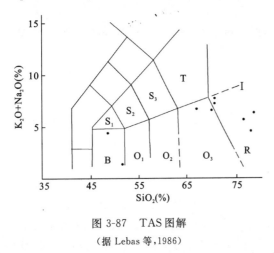

图 3-87　TAS 图解

(据 Lebas 等,1986)

B. 玄武岩;O_1. 玄武安山岩;O_3. 英安岩;R. 流纹岩;T 粗面岩或粗面英安岩(其他区代号略);I. 碱性(上部)与亚碱性(下部)分界线

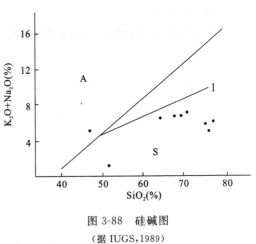

图 3-88　硅碱图

(据 IUGS,1989)

A. 碱性岩区;S. 亚碱性岩区;I. 与 TAS 图解中 I 线相同

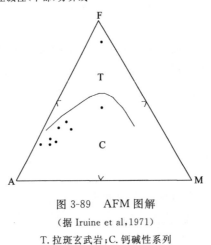

图 3-89　AFM 图解

(据 Iruine et al,1971)

T. 拉斑玄武岩;C. 钙碱性系列

四、岩石地球化学特征

1. 稀土元素特征

各类火山岩稀土元素定量分析结果及部分特征参数见表 3-47。该组火山岩稀土元素总量中等,为 $126.1\times10^{-6}\sim213.26\times10^{-6}$;$\sum Ce/\sum Y$ 比值较大,为 $1.63\sim4.26$,表明轻稀土相对较富集,而重稀土相对贫乏。δEu 值酸性火山熔岩相对较小($0.39\sim0.56$),有明显的铕异常;中酸性—基性火山熔岩相对较大($0.82\sim0.96$),铕异常不明显。在稀土配分型式图中(图 3-90)为向右倾斜曲线。δCe 值在 $1\sim1.1$ 之间,无明显的铈异常。

表 3-47　托库孜达坂群中组火山岩岩石稀土元素丰度($\times10^{-6}$)及有关参数

序号	La	Ce	Pr	Nd	Sm	Eu	Gd	Tb	Dy	Ho	Er	Tm	Yb	Lu	Y	$\sum$	$\sum Ce/\sum Y$	δEu	δCe	La/Sm	Gd/Yb
1	24.54	48.90	6.16	24.10	4.93	1.28	4.32	0.69	4.12	0.77	2.52	0.40	2.50	0.373	23.69	149.28	2.79	0.91	0.81	4.98	1.73
2	19.65	42.27	5.41	21.03	4.23	1.20	3.84	0.62	3.63	0.68	2.05	0.31	1.93	0.276	18.97	126.10	2.90	0.98	0.85	4.65	1.99
3	27.64	56.37	7.08	26.1	6.28	0.76	6.77	1.24	8.02	1.67	4.85	0.74	4.90	0.733	47.26	200.41	1.63	0.39	0.83	4.40	1.38

续表 3-47

序号	La	Ce	Pr	Nd	Sm	Eu	Gd	Tb	Dy	Ho	Er	Tm	Yb	Lu	Y	Σ	ΣCe/ΣY	δEu	δCe	La/Sm	Gd/Yb
4	33.51	73.56	7.74	25.23	4.74	0.6	3.89	0.67	4.02	0.79	2.63	0.43	2.79	0.409	23.60	184.60	3.71	0.45	0.93	7.07	1.39
5	36.87	67.59	8.64	30.95	5.97	0.77	4.84	0.77	4.54	0.83	2.65	0.41	2.63	0.390	24.34	192.20	3.64	0.46	0.77	6.18	1.84
6	36.09	70.80	8.01	28.10	5.36	0.90	4.36	0.72	4.22	0.79	2.40	0.37	2.32	0.343	23.34	188.12	3.84	0.60	0.84	6.73	1.88
7	29.81	62.77	7.23	26.48	5.63	0.79	4.93	0.81	4.44	0.85	2.75	0.43	2.92	0.426	23.99	174.26	3.19	0.49	0.87	5.29	1.69
8	41.03	77.18	9.83	33.72	6.42	1.01	5.25	0.87	4.86	0.91	2.75	0.41	2.44	0.344	26.22	213.26	3.84	0.56	0.78	6.39	2.15
9	38.96	79.37	8.67	30.12	5.57	0.84	4.35	0.69	4.01	0.74	2.30	0.37	2.34	0.351	23.20	201.89	4.26	0.55	0.88	6.99	1.86

注：序号所对应的样号同表 3-45。

La/Sm 比值较大(4.4～7.07)，说明轻稀土分馏程度相对较高，在稀土配分型式图中表现为向右陡倾斜的曲线。Gd/Yb 比值相对较低(1.38～2.15)，反映重稀土分馏程度较低，对应于平缓的曲线。火山岩和潜火山岩的稀土元素分布曲线十分相似，轻稀土一侧几乎无变化，重稀土一侧除变辉绿玢岩(2 号曲线)显示重稀土略低、英安流纹岩(3 号曲线)显示重稀土略高外，其余曲线形态均一致，暗示火山岩和潜火山岩具相同物质来源。

总之，托库孜达坂群中组火山岩由基性—中酸性—酸性熔岩组成，稀土总量逐渐增大；轻稀土相对重稀土富集；铕由弱正异常向负异常演化。以上反映该组火山岩具有扩张中心岛—岛弧过渡的构造背景。

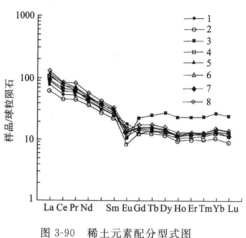

图 3-90　稀土元素配分型式图
样品序号对应表 3-47

2. 微量元素特征

各类火山岩岩石微量元素定量分析结果(表 3-48)显示，该组火山岩 Sr、Rb、Ba、Zr、Th 等元素丰度相对较高，而其他微量元素丰度则相对较低。

在微量元素分布型式图中(图 3-91)，各类火山岩的配分型式较一致，总体反映向右倾斜，其中 P、Ti、Cr 等元素呈现亏损势态，在分布型式图中构成低谷。与 Pearce(1982)的微量元素判别图对比，大致与岛弧钙碱性火山岩相当。

Rb/Yb 比值较大，为 1.29～69.62，均大于 1，为强不相容元素富集型。

表 3-48　托库孜达坂群中组火山岩岩石微量元素丰度($Au: \times 10^{-9}$；余为 $\times 10^{-6}$)

序号	Mo	Cu	Zn	As	Bi	Ba	U	Th	Zr	Hf	Nb
1	6.5	14	163	39.1	<0.05	159	2.9	4.7	169	3.9	15.8
2	0.9	43	93	1.2	<0.05	838	0.8	2.6	144	3.7	20.8
3	1.7	15	80	5.4	<0.05	719	3.5	8.0	192	4.5	11.3
4	5.2	19	21	2.6	0.08	187	3.7	18.5	241	5.3	15.6
5	2.8	26	48	4.1	0.55	206	2.3	16.9	335	7.0	16.9
6	5.8	27	73	19	0.46	757	3.4	18.4	214	4.9	20.4
7	0.5	28	73	3.2	0.24	524	2.8	10.1	150	3.2	12.8
8	6.6	15	56	2.8	0.43	1050	2.9	13.1	206	4.3	12.8
9	1.3	47	112	2.8	0.11	659	3.7	18.1	238	6.9	20.8

续表 3-48

序号	Ta	Ag	Sb	Pb	V	Sr	Rb	Cr	Ni	Co	Au
1	0.6	0.043	0.42	19.8	83	49	37.0	11	12	23.1	0.9
2	0.8	0.085	0.74	18.5	167	331	105.2	113	54	29.3	2.2
3	0.7	0.166	0.53	20.1	24	90	69.1	70	10	5.3	2.1
4	1.7	0.045	0.35	15.3	14	130	8.3	25	7	2.4	0.7
5	0.8	0.057	0.65	25.0	15	123	4.7	14	6	3.4	1.7
6	0.8	0.031	1.86	33.7	38	184	138.6	24	13	7.7	2.8
7	1.3	0.051	0.34	31.1	13	21	203.3	26	7	4.0	0.6
8	1.2	0.063	0.34	22.7	24	164	112.9	15	8	5.8	0.9
9	1.9	0.063	0.59	64.3	31	179	91.2	46	11	6.7	2.1

注：序号所对应的样号同表 3-45。

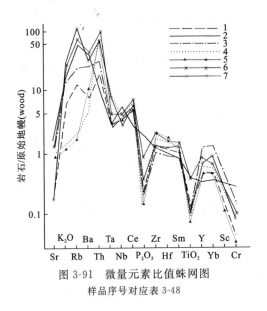

图 3-91　微量元素比值蛛网图
样品序号对应表 3-48

五、大地构造环境分析

在 lgτ-lgσ 图解中(图 3-92)，托库孜达坂群中组火山岩除 2 号样(强蚀变岩石)落在 C 区外，其余均落在 B 区，显示造山带(岛弧)构造环境。在 FeO*-MgO-Al$_2$O$_3$ 图解中(图 3-93)，1 号样(基性熔岩)落在Ⅲ区，显示造山带构造环境；其余均落在Ⅴ区，显示扩张中心岛屿构造环境(接近造山带构造环境边缘)。

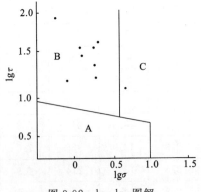

图 3-92　lgτ-lgσ 图解
(据 Rittmann A,1970)
A.消减带火山岩区；B.板内稳定区火山岩；
C.A、B 区演化的碱性火山岩区

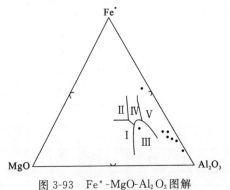

图 3-93　Fe*-MgO-Al$_2$O$_3$ 图解
(据 Pearce T H,1977)
Ⅰ.洋中脊及洋底；Ⅱ.大洋岛屿；Ⅲ.造成山带；
Ⅳ.大陆板块内部；Ⅴ.扩张中心岛屿(冰岛)

根据 French W J 等(1981)MgO-Al_2O_3 与 Ol-Pl 结晶温度及岩石类型关系图,以及 MgO/Al_2O_3-GPa 与矿物组合关系图,求得基性火山岩中橄榄石结晶温度范围为 1100～1150℃,斜长石结晶温度范围为 1100～1175℃,结晶顺序为 Pl—Ol—Cpx。结晶时的压力约为 0.30GPa,其火山岩浆来源深度约 9.9km;岩石落在三类区,反映为岛弧构造环境。

在 Sugisaki(1976)K_2O、Q 与板块运移速度关系图中求得板块扩张速度为 1.0～1.6cm/a。

第四节 岩浆岩与成矿作用的关系

研究区内所发现的矿(化)点绝大多数与岩浆岩直接相关,岩浆岩成矿占主导地位。特定的矿产与特定的岩浆岩序列(单元)有一定的联系。在所划分的岩浆岩序列中,大多数序列并未发现其与成矿作用有直接联系,而与成矿作用有关联的序列主要有早二叠世秦布拉克序列、晚奥陶世艾沙汗托海序列、晚蓟县世卡子岩群(蛇绿岩)及正长岩脉(滴)等,其成矿元素丰度明显高出其他序列岩石。

高温热液型及破碎带型的铜、铅、锌、金等多金属矿化与早二叠世秦布拉克序列有关。该序列的岩性主要由较基性的闪长岩、石英闪长岩、英云闪长岩组成,岩石中亲铜成矿元素 Cu、Pb、Zn,钨钼族元素 W、Sn、Mo、Bi,稀有元素 Li、Be,分散元素 Ba 等丰度值一般都高出维氏闪长岩平均值(或地壳平均值)1～2倍以上(表3-49),特别是 Cu、Pb、Zn、W、Bi 等元素一般高出 1.8～8 倍,而 Cu 在英云闪长岩中最高达 15.5 倍以上,Bi 高出 5～25 倍。另外 U、Th 在部分样中也有异常,高出维氏值 1～1.5 倍。野外调查表明这些岩石未受其他因素干扰,属正常岩石。目前,已经在秦布拉克—叶桑岗一带的北东向断裂带中以及秦布拉克序列侵入岩的外接触带附近的石英脉中发现有铜、金等多金属矿化现象,而其他序列侵入岩周围则无这一现象,说明秦布拉克一带的铜、金等多金属矿化带与含有较高丰度成矿元素的秦布拉克序列侵入岩有成因上的联系。

表 3-49 秦布拉克序列部分微量元素丰度值($\times 10^{-6}$)

岩 性	W	Sn	Mo	Bi	Cu	Pb	Zn	Ba	Li	Be
花岗闪长岩	0.8	4.3	0.8	0.16	30.4	38.8	108.3	1794	26.0	2.4
英云闪长岩	0.7	4.5	0.8	0.13	15.8	20.6	40.3	1200	18.8	24.7
	2.2	3.5	12.0	<0.05	45.8	16.0	83.2	352	10.3	1.1
	0.6	2.1	0.5	0.05	53.3	27.2	139.0	643	13.7	2.1
	2.3	38.3	0.6	0.10	544.2	37.6	156.4	561	56.1	2.0
平均值	1.5	12.1	3.5	0.08	164.8	25.4	104.7	689	24.7	7.48
(石英)闪长岩	20.6	9.6	2.5	0.25	95.0	37.6	139.0	856	60.5	2.6
	1.01	1.2	0.34	0.08	53.3	6.6	111.0	282	13.7	2.28
平均值	10.8	5.4	1.4	0.17	74.3	22.1	125	569	37.1	2.44
维氏闪长岩平均值	1	1.5	0.9	0.01	35	15	72	650	20	1.8

硅化破碎带型的 Cu、Au、Zn、Pb 多金属矿化与蛇绿岩有关。蛇绿岩中的镁铁质岩、变基性火山岩成矿元素丰度本身就很高,多数高出维氏基性岩平均值 0.5～6 倍以上,变基性火山岩中 Au 丰度亦为所有岩浆岩中最高的(表3-7)。在木纳布拉克蛇绿岩中的硅化破碎中即形成了明显的 Cu、Au 矿化,野外见有块状孔雀石和铜蓝矿石,Cu 含量为 0.39%～0.59%(均接近或达到工业品位),Au 含量达 0.13g/t。同样在库拉木拉克蛇绿岩中的硅化破碎带里也发现有块状铜蓝矿石。两者共同特点是矿化直接产在蛇绿岩中镁铁质岩石经破碎的硅化带里,无疑这一类矿化与蛇绿岩有成因上的联系。

分布在木纳布拉克蛇绿混杂岩带中的石英正长岩（岩脉、岩滴），稀土元素及部分微量元素丰度都很高，其中ΣREE高达1183.17×10^{-6}，$Pb\ 460\times10^{-6}$，$Zn\ 75.7\times10^{-6}$，$Sn\ 6.6\times10^{-6}$，$Sr\ 2490\times10^{-6}$，$Ba\ 9156\times10^{-6}$，$Th\ 90.1\times10^{-6}$，$U\ 21.1\times10^{-6}$，$Nb\ 68.9\times10^{-6}$，$Hf\ 18.2\times10^{-6}$，明显高出维氏花岗岩平均值1～3倍以上，故石英正长岩有形成稀有、稀土多金属矿化的有利条件，可成为这类矿化的成矿母岩。

以硬度大、质地好而久负盛名的和田玉，实际产在且末阿尔金山，主要产地在测区。玉石的成分主要是较纯的灰岩通过热接触交代作用后形成的透闪石岩。玉石矿的形成与晚奥陶世艾沙汗托海序列关系密切，即该序列侵入岩是下地壳岩浆重熔了成熟陆壳物质后以强力侵位方式形成的，岩浆的残余热液有足够的时间和空间与围岩发生交代蚀变。而具备相同地质条件的木孜鲁克一带，因岩体多数为被动就位，岩浆上升冷凝速度快，不具备形成玉石矿的条件，因此未发育此类矿产。

综上所述，岩石微量元素丰度特征表明岩浆母物质中成矿元素的含量对于成矿作用起着决定作用，有利的构造部位和后期改造作用起着诱导作用，两者结合即形成矿床。

第四章 变 质 岩

第一节 概 述

测区位于青藏高原北缘,大地构造位置为中昆仑西段的昆-金结合带。地域上包括阿尔金断裂带北侧的塔里木地块、阿尔金断隆带西段和阿尔金断裂带以南昆仑地块的昆北褶皱带、昆中断隆带,柴达木微地块呈楔状嵌入图区东部。

区内变质岩系发育,种类齐全,分布广泛,布露面积达 3700km² 以上。按原岩类型分类有变质表壳岩系、变质侵入体和变质基性火山岩系。按成因类型分类既有大片出露的区域变质岩和透镜状、条带状分布的混合岩类,又有带状分布的动力变质岩系和俯冲—碰撞所产生的高压变质榴辉岩及蛇绿混杂变质岩系,亦有由岩浆活动导致的热接触变质岩类。按变质时代划分则有古元古代阿尔金群、苦海岩群中深变质岩系、长城纪巴什库尔干岩群中浅变质岩系和古生代浅—超浅变质岩系。本章只对阿尔金岩群、苦海岩群、巴什库尔干岩群和古生代浅—超浅变质岩等区域变质岩和动力变质岩系及榴辉岩、混合岩类进行分析探讨。

阿尔金岩群中深变质岩系主要分布于阿尔金断隆带内,布露面积达 2400km²。由于遭受多期多次强烈的构造叠加改造,变形变质作用强烈,其原始的物态、形态、位态和时态均已发生了根本改变,构造变形样式极其复杂。布露区阿尔金山主峰地带山势险峻,自然气候条件十分恶劣,本区仅在 20 世纪 60 年代开展过 1:100 万区域地质调查,此后未开展较大规模的系统地质工作,由于自然地理因素的制约,其工作方法是航卫片解译后采用验证性穿越地质路线且路线间距大,工作程度较低,加之当时地质科技水平相对滞后,对阿尔金岩群的了解存在一些片面性和主观性,仅依据其变质岩性组合而划分的 3 个岩组,其接触关系不清、新老关系不清、厚度不详,亦未获得可靠的同位素测年资料。本次工作发现阿尔金岩群实际上是由哈底勒克萨依近东西向韧性剪切带分割的南北两个超岩片和其内部由韧性剪切带或断裂所围限的不同规模的岩片拼贴而成,其中含有两期以上的代表俯冲—碰撞的高压榴辉岩。

长城纪巴什库尔干岩群毗邻阿尔金岩群,分布于塔克拉玛干沙漠南缘,自然地理条件相对优越,加之变质程度相对较浅,其研究程度相对较高。

阿尔金断裂以南的阿克苏河—木孜鲁克一带发育大片古老变质岩系和带状混合岩,布露面积约 1000km²,前人将其划分为志留纪和泥盆纪,并无时代依据。本次工作查明其属古元古代中深变质岩系,是昆仑地块结晶基底的一部分,沿走向东延与青海省的苦海岩群相当。依据其变质岩石组合、构造变形样式,结合同位素年龄依据,进一步划分出 4 个岩组。

第二节 区域变质岩

图区区域变质岩类发育,广布于阿尔金山地区及阿克苏河—木孜鲁克一带,布露面积约 3700km²,占图区总面积的 25% 左右。测区变质事件可上溯至五台—吕梁期,经历了四堡、晋宁、加里东、华力西等构造期,印支—燕山期结束,反映了长期复杂的变质演化历史。在综合对比不同变质岩石、不同区域变质事件的基础上,建立图区变质地质图(图 4-1)和变形变质事件简表(表 4-1),计有 6 个主要变质旋回,12 期主要地质事件。空间上,阿尔金岩群中深变质岩系和巴什库尔干岩群中浅变质岩系广布于阿尔金

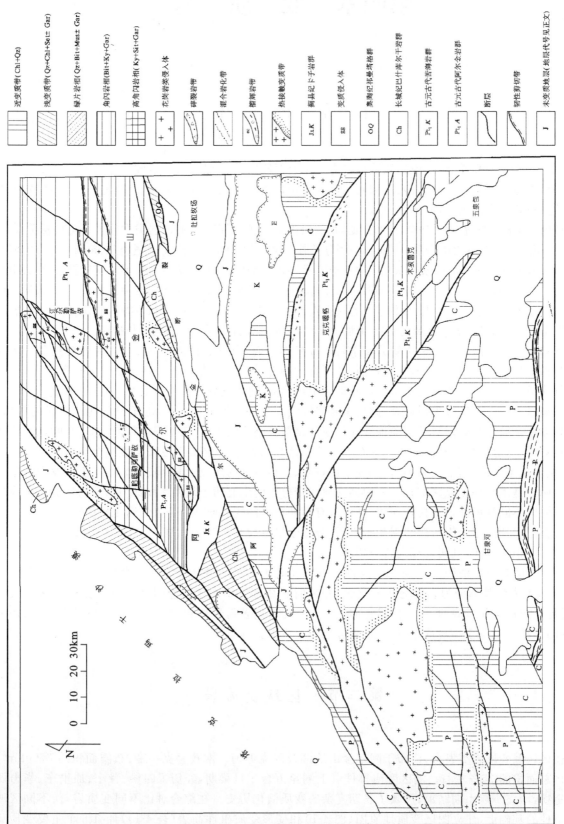

图4-1 变质地质图

断裂以北的塔里木地块阿尔金断隆带,以区域动力热流变质作用为主,中心地带因区域中高温变质作用而达高角闪岩相,局部夹高压变质作用形成的榴辉岩。苦海岩群分布于阿尔金断裂带以南的阿克苏河—木孜鲁克一带,以区域动力热流变质作用为主。古生代浅变质岩系呈小块布露于祁曼塔格微地块中,以区域低温动力变质作用为主。超浅变质岩则在图区中南部广泛分布。

表 4-1　变形变质事件简表

年代地层			构造岩石(地层)单位		变质地带	变质相带		变质作用类型	地质事件序列	构造变形序列	同位素年龄(Ma)
界	系		(岩)群	(岩)组		变质带	变质相				
古生界	二叠系			叶桑岗组	昆南变质地带	绿泥石带钠长-泥石带	低绿片岩相	区域低温动力变质	M12:250～205Ma"联合古陆"形成,低绿片岩相变质作用。	D8:近SN向脆性断裂,近SN向开阔褶皱。	284.79±2.02
	石炭系		哈拉米兰河群	上组					M11:陆内裂谷形成,沉积,D、C、P地层 320Ma海底火山喷发。	D7:NE向、NW向脆性断裂、逆冲断裂,NE向直立圆柱形开阔褶皱,非透入性面理、折劈理、节理。	294.10±3.14
				下组							
			托库孜达坂群	上组							
				中组							
				下组							468±25
	奥陶系		祁曼塔格岩群		祁曼塔格变质地带	绢云-泥石带钠长-阳起石带	低绿片岩相		M10:500Ma左右俯冲—碰撞,蛇绿混杂岩形成,高压-超高压变质带形成。低绿片岩相变质作用。	D6:脆韧性左行剪切、逆冲推覆。紧密线性褶皱。破劈理、节理。	503.9±5.3
											500±10
中元古界	蓟县系		塔昔达坂岩群		阿尔金变质地带	绢云-绿泥石带黑云母带	绿片岩相	区域低温动力变质	M9:克拉通大规模裂解,祁曼塔格海槽形成,非层序性蛇绿岩产生。	D5:脆韧性右行剪切,NE向歪斜宽阔-平缓背向形褶皱。非透入性面理、滑劈理、膝折。	
									M8:800～1000Ma绿片岩相变质,形成稳定克拉通,石英闪长岩、英云闪长岩岩浆侵位,混合岩化。		870±320
	长城系		巴什库尔干岩群	贝克滩岩组		钠长-阳起石带斜长-角闪石带铁铝榴石带	绿片岩-低角闪岩相	区域动力热流变质	M7:裂陷槽分解,塔昔达坂岩群不整合于巴什库尔干岩群之上。1324～1390Ma海底火山喷发。	D4:脆韧性左行剪切、片理紧密尖棱褶皱。透入性面理、S-C组构。	871±143.39
				红柳泉岩组							877.3±26.3
				扎斯勘赛河岩组							
古元古界			苦海岩群	大理岩组	昆南变质地带	黑云母带斜长-角闪石带铁铝榴石带	角闪岩相	区域动力热流变质	M6:1400Ma裂陷槽闭合,绿片岩-低角闪相变质。		1311±66
				变火山岩组							1235.2
				片岩组					M5:克拉通分解,中元古代裂谷带形成,滨浅海碎屑岩-火山碎屑岩-碳酸盐岩建造,非层序性蛇绿岩产生。	D3:NEE向顺片韧性剪切,塑性流变褶皱。主期透入性面理S₂。	1324
				片麻岩组							1390
			漳沱系 阿尔金岩群	变火山岩组	阿尔金变质地带	黑云母带斜长-角闪石带铁铝榴石带矽线石带榴辉岩带	角闪岩—高角闪岩相 榴辉岩相	区域中高温变质 高压—超高压变质	M4:混合岩化作用、花岗闪长岩、二长花岗岩岩浆上侵。	D2:近NW向顺层韧性剪切,固态流变褶皱。透入性面理S₁。	1525.52±5.4
				片岩组					M3:1600Ma角闪岩相—高角闪岩相变质作用。		1861.95±37.24
				大理岩组					M2:1800Ma首次克拉通化。绿片岩相变质。	D1:S₀同斜倒转-翻转平卧褶皱。	2119±50
				片麻岩组					M1:古元古代火山复理石-碳酸盐岩建造,2174Ma海底火山喷发。		2174
				变粒岩组							

一、阿尔金岩群变质岩

(一) 变质岩石组合特征

详细的剖面测制和地质填图以及岩石化学、地球化学分析表明,阿尔金岩群由变质表壳岩系、变质侵入体和变质基性火山岩系组成。其中变质表壳岩系占绝大部分,主要岩石类型有云母片岩、长英质片岩、片麻岩、变粒岩、浅粒岩、石英岩及变质碳酸盐岩类,金云母(透闪石)大理岩、金云母白云石大理岩、白云石大理岩、镁橄榄石透辉石大理岩等。

变质侵入体则主要由含石榴石黑云母二长变粒岩、黑(二)云母二长片麻岩、含石榴石矽线石黑云母二长片麻岩、黑云母斜长片麻岩等组成。

变质基性火山岩则主要表现为斜长角闪岩、斜长角闪片岩、含石榴石斜长角闪岩和韧性剪切叠加退变质的石英绿帘石岩、绿泥石片岩等。

(二) 变质岩石学特征

1. 变质表壳岩系

阿尔金岩群变质表壳岩系由云母片岩类、长英质片岩类、片麻岩类、变粒岩类、大理岩类、石英岩类等组成。现将主要变质岩及在各变质带内代表性岩石的特征简述如下。

(1) 黑云母石英片岩

黑云母石英片岩为阿尔金岩群片岩组合内最常见的一种岩石。具鳞片粒状变晶结构、片状构造。主要矿物成分为黑云母35%~50%、石英30%~35%、斜长石10%~15%,含少量白云母片等。长英质矿物颗粒0.5~1.5mm,具定向压扁拉长。鳞片状黑云母平行片理定向分布。

(2) 二云母片岩

岩石主要矿物成分为黑云母和白云母,含量达55%以上,石英25%~35%,斜长石10%~15%,含少量钾长石、绢云母等。副矿物有锆石、磁铁矿、磷灰石等。长英质矿物颗粒0.5~1.6mm,边缘较规则,呈条带状聚集相间产出,石英颗粒普遍具光性异常,变形纹、条带发育。云母类矿物定向分布并呈条带状聚集。

(3) 含石榴石堇青石云母质(糜棱)片岩

岩石主要由白云母30%~35%、黑云母20%~25%、石英40%~45%、堇青石1%~4%,及少量硅灰石、石榴石、绿泥石等组成,副矿物为磁铁矿。石英呈透镜状、眼球状碎斑,大部分石英和堇青石等粒状矿物定向压扁拉长,具拔丝状构造,发育波状消光、变形纹等变形亚结构,与鳞片状云母矿物一起连续条带状定向排列。可见云母鱼,发育S-C组构,S∧C=22°。硅灰石变晶长轴为0.4mm,具压力影。石榴石为浅红色粒状变晶,大小为0.2~1mm,属铁铝榴石。黑云母部分退变质为绿泥石,堇青石被绢云母轻度交代。

(4) 含矽线石黑云母石英片岩

岩石主要矿物成分为黑云母40%、石英30%~35%、斜长石15%~20%,含少量白云母、方解石和标志矿物矽线石,副矿物有锆石、磷灰石等。岩石主要由变晶新生矿物定向排列分布,鳞片粒状变晶结构,片理发育。黑云母呈片状或板片状,Ng'棕褐红色,Np'浅黄。斜长石、黑云母变晶内见细小浑圆石英包裹体、矽线石呈束状、毛发状变晶,有被白云母或粘土矿物交代的痕迹。

(5) 含堇青石黑云母二长片麻岩

岩石以鳞片状变晶结构为主,局部遭受韧性变形而呈碎斑状结构。主要矿物成分为微斜长石32%~

37%、斜长石 18%～23%、石英 20%～25%、黑云母 10%～20%、黝帘石 4%～5%,含少量白云母 1%～3%,绢云母、绿帘石、堇青石均为 1%～3%。副矿物有锆石、磁铁矿、磷灰石。长英矿物颗粒一般为 0.5～3mm,部分呈碎斑状、眼球状出现,达 5～6mm,具定向压扁拉长。石英见强波状消光,变形纹、变形带发育。黑云母 Ng' 深棕带红色,Np' 浅黄色。鳞片状黑云母呈断续条带状或条纹状聚集定向分布,扭曲、膝折等变形构造常见,退变质产物为绿泥石。

(6) 二云母二长(糜棱)片麻岩

该类岩石在江尕勒萨依及以东地区广有分布。岩石多呈碎斑状结构,长英质矿物碎斑含量 18%～40% 不等,粒径 0.6～2mm,具压扁拉长定向分布。少量石英出现拔丝状构造,发育变形纹、变形带等变形亚结构。基质一般 0.1～0.5mm,与鳞片状云母一起呈条带状或条痕状定向相间分布。主要由微斜长石 20%～32%、斜长石 27%～35%、石英 22%～33%、黑云母 3%～15%、白云母 5%～12% 组成,含少量金红石、绿泥石、蠕英石、绢云母等。副矿物有磁铁矿、锆石、磷灰石。微斜长石中发育条带状构造。金红石呈粒状或不规则状变晶,Nc 黄色,Ne 褐黄色。

(7) 白云母钾长(糜棱)片麻岩

该类岩石出现较少,岩石中主要矿物成分为微斜长石 42%～59%、斜长石 6%～10%、石英 25%～30%、黑云母 14%～18%,含少量绿泥石、绿帘石、绢云母等退变质矿物。副矿物为磷灰石、锆石、磁铁矿。岩石呈碎斑状结构,碎斑含量 40%～70% 不等,粒径 0.3～1mm,主要由长石和石英集合体组成,具圆化外形轮廓和压扁拉长定向分布,石英变形亚结构发育。微斜长石中见变形双晶与分离结构。基质中的长石、石英、云母定向分布显著。岩石中尚可见到显微 S-C 组构,$S \wedge C = 17°$ 左右。

(8) 含石榴石黑云母斜长(糜棱)片麻岩

该种岩石多出现在江尕勒萨依以东的阿尔金地区。岩石中普遍发育碎斑结构,碎斑由长石和石英组成,含量达 65% 以上,大小 0.8～2.6mm,普遍具圆化外形和压扁拉长定向分布。主要矿物成分:斜长石 45～47%、石英 28～30%、黑云母 15%～22%、微斜长石 1%～10%、石榴石 1%～3%。含少量绿泥石、堇青石、蠕石英。副矿物有锆石、磷灰石、磁铁矿。长石中发育变形双晶和分离结构。石英强波状消光,发育变形纹带。黑云母鳞片呈连续条带状或断续条带状定向分布,Ng' 深棕红色,Np' 浅黄色。石榴石呈 0.4～2.8mm 的等轴粒状,见裂纹,属铁铝榴石。

(9) 黑云母二长变粒岩

该类岩石广泛分布于阿尔金山西端哈底勒克等地。岩石呈鳞片粒状变晶结构,细条带状构造,显著特点是长英质矿物的定向分布性不明显,颗粒一般为 0.2～0.5mm。主要由微斜长石 34%～40%、斜长石 17%～18%、石英约 30%、黑云母 10%～17%、白云母 1%～2% 组成,含少量黝帘石、绿泥石、绢云母等。副矿物有锆石、磷灰石、磁铁矿等。微斜长石格子双晶发育,表面清晰。石英多具强波状消光和变形条纹。鳞片状黑云母大多呈细条带状断续分布,少量呈星点状散布,Ng' 深棕褐色,Np' 浅黄色,常被绿泥石、黝帘石交代。可见呈浑圆状外形的锆石。

(10) 含石榴石(黑云母)二长浅粒岩

该类岩石主要矿物成分有微斜长石 40%、斜长石 17%、石英 27%～34%、黑云母 8%～10%,白云母、普通角闪石、石榴石少量,含退变质矿物绿泥石、绢云母、黝帘石、绿帘石等。副矿物为磁铁矿、锆石等。长英质矿物粒径一般小于 0.5mm,定向分布不显著,鳞片粒状变晶结构。微斜长石表面清晰,格子双晶显著,其内可见细小石英包裹体。斜长石钠氏双晶宽或不发育。鳞片状黑云母呈条带状聚集,略显定向排列,Ng' 棕褐,Np' 浅黄,具双晶纹弯曲、膝折等印记。

(11) 含石榴石矽线石黑云母二长变粒岩

该类岩石只有哈底勒克萨依以南高角闪相带出现。鳞片粒状变晶结构,条带状构造。岩石主要由微斜长石 24%～33%、斜长石 27%～37%、石英 30%～33%、黑云母 5%～10%、白云母 1%～2% 组成,含石榴石、矽线石、绢云母、绿泥石少量。副矿物见锆石、磁铁矿等。岩石中长英质矿物颗粒一般 0.3～0.5mm,较均匀,部分达 0.8～1mm。黑云母及矽线石断续定向分布,有时呈团状或条带状聚集显细条带状构造。

(12) 二长浅粒岩

阿尔金岩群中浅粒岩类较少见，该岩石主要分布于哈底勒萨依以南。岩石主要矿物成分有斜长石 40%～45%、微斜长石 25%～30%、石英 25%～30%，黑云母、白云母及榍石均在 1%～2% 之间，含微量绿泥石、绢云母及少量黝帘石。副矿物有锆石、磁铁矿。岩石呈细粒变晶结构，长英质矿物粒径一般小于 0.5mm。微斜长石交代斜长石形成反条纹结构；斜长石被绢云母交代表面模糊不清；黑云母退变质为绿泥石。该类岩石出现在高角闪岩相中，含石榴石、矽线石，同时微斜长石和黑云母含量均大幅度增高，矿物变形作用明显增强。

(13) 金云母白云石大理岩

该类岩石在阿尔金岩群大理岩组分布最多，岩石主要矿物成分为粒状变晶白云石 75%～95% 和粒状变晶方解石 5%～15%，仅含少量金云母、绿泥石。白云石呈细—粗晶半自形粒状紧密相嵌分布，可见两组交叉解理和双晶纹，略具定向排列。方解石呈他形分布于白云石粒间或交代白云石。金云母呈细小鳞片状星散分布，具极弱的多色性。这种岩石在低角闪岩相变质带中为（透闪石）透辉石白云石大理岩。

(14) 镁橄榄石透辉石大理岩

该类岩石是大理岩类在高角闪岩相中的反映。岩石呈粒状变晶结构，矿物粒径一般为 0.5～2mm。主要由方解石 25%～30%、透辉石 38%～40%、镁橄榄石 18%～20% 组成，含少量斜长石、石英、普通角闪石、符山石、钙铝榴石，含量均为 1%～5%，榍石、黝帘石、滑石含量甚微。透辉石、镁橄榄石被滑石不同程度地交代。普通角闪石呈深蓝绿色他形晶，有交代透辉石现象。

(15)（透辉石）石英岩

这种岩石类型见于阿尔金山南缘。主要矿物为颗粒状变晶石英（85%～95%），含粒状变晶透辉石 3%～10% 及少量磁铁矿、方解石等。石英颗粒呈紧密相嵌相互以曲线接触。透辉石呈柱粒状，无色，$C \wedge Ng' = 38°～40°$。由不等粒石英或透辉石呈条带状相间聚集分布而显条带状构造。

2. 变质基性岩系

变质基性岩系在阿尔金岩群中分布十分广泛，几乎每个岩组内均见有产出，初步研究认为它们是古元古代多期多次基性—超基性岩浆作用（沉火山岩、次火山岩）的产物，但它们均表现为斜长角闪（片）岩、含石榴石斜长角闪岩、黑云母斜长角闪岩、含磁铁矿角闪岩等。将其主要变质岩石特征分述如下。

(1) 斜长角闪（片）岩

该类岩石是变质基性岩系中最常见岩石，尤以斜长角闪岩分布最广。岩石多呈粒状变晶结构。片理构造是否发育取决于它的形成时代和所处构造部位。主要由角闪石 51%～60%、斜长石 25%～35%、石英 9%～15%、黑云母 1～5% 组成，含少量黝帘石、阳起石、微斜长石、白云母、绢云母等。副矿物有锆石、磁铁矿、钛铁矿等。角闪石呈短柱状，多为绿色种属，粒径 0.4～1.2mm，常见被阳起石或棕红色黑云母交代。斜长石多已蚀变，被黝帘石交代，或被绢云母部分或全部交代。钛铁矿呈不规则粒状，偶为树枝状骸晶。黑云母多退变质为绿泥石。

(2) 含石榴石斜长角闪岩

该类岩石是变质基性岩石在角闪岩相中的主要表现。主要矿物成分为普通角闪石 50%～55%、斜长石 15%～37%、石英 3%～15%、黑云母 1%～6%，含少量透闪石、阳起石、绿帘石、榍石、黝帘石或石榴石。副矿物以磁铁矿为主，锆石、磷灰石少量。岩石呈粒柱状变晶结构，或筛状变晶结构。普通角闪石多属褐色种属，呈短柱状—柱粒状，粒径 0.4～1mm，常见其转化为绿色种属角闪石和榍石，或被阳起石、透闪石所取代。斜长石呈粒状或假象出现，粒径 0.2～0.5mm，常被钠长石、黝帘石和绢云母部分或全部替代。黑云母被退变成绿泥石。很明显，岩石中具有至少 3 个世代矿物的多世代矿物组合，早期矿物组合为斜长石＋普通角闪石＋石榴石±黑云母；第二期为斜长石＋阳起石±透闪石＋黝帘石±黑云母；第三期为绿泥石＋绢云母＋石英±白云母。

(三) 变质岩的矿物学特征

阿尔金岩群区域变质岩系中,变质岩石种类多,变质矿物多达几十种,现将主要变质矿物微斜长石、斜长石、石英、黑云母、白云母、透辉石、角闪石、堇青石、铁铝榴石、矽线石等特征分述如下。

(1) 微斜长石

该类岩石是变质表壳岩系和变质侵入体中的常见矿物,多呈半自形板状、柱粒状变晶,部分具碎斑状。粒径 0.2～3mm 者均可见及,发育卡式双晶。交代斜长石一般是从颗粒边缘或沿解理交代,使斜长石成为残晶形态,常形成反条纹和包含变晶结构、筛状变晶结构,常见变粗大的微斜长石变晶中含有斜长石、石英、黑云母包体。随着变质程度增高,微斜长石含量有增高之势。经中国地质大学(武汉)分析测试中心电子探针定量分析(下同),微斜长石化学成分见表 4-2。

表 4-2 阿尔金岩群各类变质岩中微斜长石电子探针定量分析结果(%)

样号	岩石名称	SiO_2	Al_2O_3	FeO	MnO	CaO	Na_2O	K_2O	总量
8-3	黑云钾长变粒岩	63.00	18.99	0.00	0.00	0.00	0.74	15.31	98.04
8-6	黑云二长变粒岩	64.26	17.36	0.00	0.00	0.00	0.70	15.79	98.11
		64.04	17.81	0.00	0.00	0.00	0.68	15.53	98.07
		65.71	18.22	0.00	0.00	0.00	0.61	15.58	100.10
8-9	含石榴黑云斜长片麻岩	65.44	18.45	0.00	0.00	0.04	0.93	14.71	99.57
8-14	含矽线石榴二长变粒岩	63.98	17.93	0.00	0.00	0.00	0.63	15.93	98.47
		64.77	17.50	0.00	0.00	0.00	0.77	15.87	98.92
8-20	含石榴矽线黑云二长片麻岩	64.67	18.83	0.00	0.00	0.00	0.88	15.40	99.78
8-27	二长浅粒岩	64.45	18.79	0.00	0.00	0.00	0.57	15.11	98.92
		64.17	18.72	0.00	0.00	0.00	0.42	16.20	99.50
8-31	黑云二长片麻岩	63.64	18.65	0.00	0.00	0.00	0.60	16.24	99.12
19-13	含石榴二云二长(糜棱)片麻岩	64.86	18.77	0.00	0.01	0.00	0.68	15.64	99.94
19-16	黑云二长(糜棱)片麻岩	63.29	18.67	0.00	0.00	0.00	0.80	15.19	97.95
19-29	堇青黑云二长(糜棱)片麻岩	63.93	18.50	0.00	0.01	0.00	0.36	16.63	99.42
19-34	含石榴白云母二长(糜棱)片麻岩	63.74	18.30	0.00	0.00	0.00	0.39	16.57	99.00
19-45	白云母钾长(糜棱)片麻岩	63.45	17.52	0.00	0.00	0.00	0.45	17.03	98.45
		63.14	18.58	0.00	0.00	0.00	0.30	17.68	99.72
		63.92	18.40	0.00	0.00	0.00	0.22	16.85	99.39
20-19*	黑云斜长片麻岩	63.10	18.42	0.31	0.00	0.00	0.82	16.57	99.21
20-20*	黑云斜长片麻岩	64.13	19.89	0.00	0.00	0.46	3.99	11.00	99.48

注:* 为变质侵入体。

(2) 斜长石

斜长石是阿尔金岩群中分布最广泛的矿物之一,多呈半自形—他形板状、粒状变晶,部分呈碎斑状出现。粒径 0.2～2mm,部分发育卡式双晶、卡钠双晶,多发育变形双晶、分离结构等变形亚结构。常被黝帘石、钠长石或绢云母部分或完全取代。斜长石化学成分见表 4-3。

表4-3 阿尔金岩群各类变质岩中斜长石电子探针定量分析结果(%)

样号	岩石名称	SiO_2	TiO_2	Al_2O_3	FeO	CaO	Na_2O	K_2O	总量
8-3	黑云钾长变粒岩	59.69	0.00	26.13	0.00	6.58	7.27	0.09	99.76
8-6	黑云二长变粒岩	59.00	0.00	25.41	0.03	7.29	7.08	0.07	98.88
8-9	含石榴黑云斜长片麻岩	60.26	0.00	24.58	0.00	6.46	8.13	0.09	99.51
8-11	斜长角闪岩	58.64	0.00	26.81	0.02	7.94	6.98	0.01	100.40
8-14	含矽线石榴二长变粒岩	66.70	0.00	20.58	0.00	1.59	10.70	0.08	99.65
8-20	含石榴矽线黑云二长片麻岩	61.52	0.02	24.60	0.03	5.18	7.95	0.24	99.53
		60.90	0.00	24.40	0.00	5.07	8.09	0.15	98.61
8-27	二长浅粒岩	67.95	0.00	19.82	0.02	0.03	10.99	0.03	98.93
8-31	黑云二长片麻岩	59.62	0.00	25.83	0.00	6.98	7.64	0.17	100.31
8-37	含石榴斜长角闪岩	59.86	0.00	24.99	0.00	6.20	7.97	0.03	99.04
19-13	石榴二云二长(糜棱)片麻岩	59.30	0.04	24.84	0.01	6.35	7.75	0.14	98.43
19-16	黑云二长(糜棱)片麻岩	63.45	0.00	22.16	0.00	2.22	9.24	1.60	98.67
19-29	堇青黑云二长(糜棱)片麻岩	63.50	0.00	23.22	0.01	3.85	8.60	0.20	99.38
		66.09	0.00	21.53	0.10	1.47	10.41	0.39	100.00
19-34	石榴白云母二长(糜棱)片麻岩	66.00	0.00	21.34	0.00	2.20	9.99	0.02	99.55
19-45	白云母钾长(糜棱)片麻岩	60.93	0.00	24.13	0.00	5.94	8.61	0.15	99.31
19-50	斜长角闪岩	59.48	0.00	25.20	0.00	6.08	8.03	0.02	98.81
20-19*	黑云母斜长片麻岩	60.31	0.00	25.14	0.10	6.00	7.80	0.64	99.99
		60.39	0.00	25.09	0.04	5.69	7.50	0.49	99.21
20-20*	黑云斜长片麻岩	66.11	0.00	21.61	0.00	0.96	10.27	0.68	99.64

注:*为变质侵入体。

(3) 石英

石英是阿尔金岩群中分布最广泛的矿物之一,一般呈他形粒状变晶,粒径0.2~1.5mm。不同世代矿物中均见其出现。常见压扁拉长定向分布,少量见拔丝状构造,具强波状消光,变形纹、带发育。

(4) 黑云母

黑云母在变质表壳岩系和变质侵入体中分布十分广泛,一般呈鳞片状变晶出现,具较显著的定向排列,常见其双晶纹弯曲、鳞片扭曲或膝折变形。多色性明显,在高角闪岩相中,Ng'褐—棕褐红色,Np'浅黄色;低角闪岩相中,Ng'深棕—棕红色,Np'浅黄色;绿片岩相中,Ng'棕红色,Np'浅黄色。黑云母化学成分见表4-4。

从表4-4中可以看出,随着变质程度的增高黑云母中FeO/MgO值由黑云母带的5.59下降为铁铝榴石带平均为4.00,而矽线石带平均为3.75。

表4-4 阿尔金岩群各类变质岩中黑云母电子探针定量分析结果(%)

样号	岩石名称	SiO_2	TiO_2	Al_2O_3	FeO	MnO	MgO	Na_2O	K_2O	总量
8-9	含石榴黑云斜长片麻岩	35.1	2.89	18.99	24.10	0.10	6.98	0.00	8.77	96.95
8-14	含矽线石榴二长变粒岩	36.47	2.90	19.96	21.53	0.19	6.10	0.00	9.78	96.92
8-20	含矽线石榴黑云二长片麻岩	34.75	3.09	19.55	23.06	0.19	5.80	0.00	9.62	96.05
8-37	含石榴石斜长角闪岩	34.97	3.24	17.04	22.67	0.01	10.20	0.03	6.93	95.09
19-13	含石榴石二云二长(糜棱)片麻岩	34.06	1.85	18.17	23.65	0.34	5.63	0.00	9.86	93.57
		34.24	1.50	17.53	24.71	0.46	5.65	0.00	9.53	93.62
19-29	堇青黑云母二长(糜棱)片麻岩	33.61	2.74	18.15	25.84	0.24	4.62	0.00	9.88	95.09

(5) 角闪石

角闪石在变质基性岩系中分布最广,属普通角闪石,有绿色种属和褐色种属之分。一般呈柱状或短柱状变晶,粒径 0.4～1.2mm,沿解理方向和晶体延伸方向为正延性。纵切面见一组解理,横切面具角闪石式解理。多色性明显,绿色种属,Ng'深绿色,Nm'黄绿色,Np'浅黄绿色,吸收性 Ng'≥Nm'>Np',Ng'∧C=18°～20°;褐色种属,Ng'褐色,Nm'浅褐色,Np'浅淡褐色,吸收性 Ng'>Nm'>Np',Ng'∧C=15°～17°,多出现于铁铝榴石带中。少数角闪石明显拉伸,发育解理弯曲、雁形剪切裂纹等变形亚结构,分离结构。角闪石化学成分见表 4-5。

表 4-5 阿尔金岩群变质基性岩角闪石电子探针定量分析结果(%)

样号	岩石名称	SiO$_2$	TiO$_2$	Al$_2$O$_3$	FeO	MnO	MgO	CaO	Na$_2$O	K$_2$O	Cr$_2$O$_3$	总量
8-11	斜长角闪岩	46.89	0.94	6.97	17.07	0.05	11.54	12.00	0.99	0.39	0.00	96.84
		41.75	1.62	11.28	18.45	0.05	9.22	12.09	1.13	0.81	0.00	96.40
8-37	含石榴斜长角闪岩	47.87	0.21	7.52	16.99	0.24	10.70	11.54	0.78	0.21	0.00	96.06
		47.19	0.49	6.83	18.23	0.14	11.32	12.23	0.75	0.26	0.00	97.44
19-50	斜长角闪岩	52.12	0.52	5.85	13.10	0.20	14.00	12.00	0.52	0.19	0.00	98.49
		50.54	0.51	5.74	14.99	0.26	13.56	11.82	0.48	0.21	0.00	98.10

(6) 透辉石

透辉石呈柱粒状,大小 0.1～0.8mm,无色,C∧Ng'=38°～40°。高角闪岩相中的透辉石常被普通角闪石交代,低角闪岩相—高绿片岩相的透辉石被绿泥石所取代。

(7) 堇青石

堇青石为低压型区域变质岩石中的标志矿物。呈不规则粒状—不完整柱粒状变晶,粒径大小 0.3～0.8mm,常具压扁拉长定向分布,可见解理和裂理,时见聚片双晶。被后期绢云母交代。

(8) 透闪石

透闪石多出现在变质表壳岩系和变质基性岩系中。呈柱粒状或纤状变晶集合体出现,纤状变晶集合体一般定向分布十分明显。在变质基性岩系中多交代普通角闪石出现,大理岩类中常蚀变成滑石。

(9) 石榴石

石榴石一般呈浅红—玫瑰红色细小等轴粒状变晶,粒径 0.02～1mm,具裂纹,极少量呈 2～3mm 粒径之变斑晶。其中发育一组与糜棱叶理近垂直的横张裂纹,裂隙中有黑云母充填交代,少数石榴石中有石英包裹体,属铁铝榴石,但在大理岩类和少数斜长角闪岩中为钙铝榴石。化学成分电子探针分析见表 4-6。

(10) 矽线石

矽线石为标志矿物,出现在哈底勒克萨依以南阿尔金岩群高角闪岩相中,与钾长石共生。呈无色短柱状或毛发状、束状、放射状,纵切面裂开发育呈竹节状。干涉色一级灰白—橙黄色,平行消光,正延性,(+)2V=20°～30°。常被白云母或绢云母交代或包裹。

(11) 金红石

金红石常为黄色细粒状偶为柱状,粒径一般小于 0.1mm。具不显著的多色性,No 黄色、褐黄色,Ne 褐黄色、黄绿色,有时为深血红色。见钛铁矿沿裂面交代金红石。

表 4-6 阿尔金岩群石榴石电子探针定量分析结果(%)

样号	岩石名称	SiO$_2$	TiO$_2$	Al$_2$O$_3$	FeO	MnO	MgO	CaO	总量
8-37	含石榴斜长角闪岩	38.18	0.05	21.66	23.63	0.42	4.81	9.56	98.31
		36.60	0.07	22.26	26.06	0.49	5.48	8.48	99.44
19-13	含石榴石二云二长(糜棱)片麻岩	36.53	0.00	21.47	30.38	7.61	1.46	1.34	98.79
19-34	含石榴石白云母二长(糜棱)片麻岩	36.35	0.00	21.40	26.70	14.52	0.29	0.51	99.78

(12) 白云母

阿尔金岩群变质表壳岩系中的白云母多为退变质矿物，呈细小鳞片状交代矽线石等，常见扭曲与膝折。其化学成分见表4-7。

表4-7　阿尔金岩群变质表壳岩系中白云母电子探针定量分析结果(%)

样号	岩石名称	SiO_2	TiO_2	Al_2O_3	FeO	MnO	MgO	Na_2O	K_2O	总量
8-14	含矽线石榴二长变粒岩	47.97	0.58	36.49	1.12	0.00	0.49	0.21	9.70	96.56
8-20	含矽线石榴黑云二长片麻岩	47.59	0.74	37.12	1.49	0.03	0.55	0.28	10.13	97.93
19-34	含石榴石白云母二长(糜棱)片麻岩	47.93	0.46	34.60	2.82	0.00	0.59	0.19	10.34	96.93
19-45	白云母钾长(糜棱)片麻岩	48.94	0.77	33.44	2.27	0.00	1.13	0.19	9.59	96.33

(四) 变质作用演化与 P-T-t 轨迹

阿尔金岩群变质岩石学特征和矿物学特征表明阿尔金岩群经受了自古元古代以来的多期多次变形、变质作用。

变质表壳岩系的大理岩类中，主要矿物为白云石、方解石、透辉石、透闪石等，高温矿物镁橄榄石、金云母等常见，局部尚可见硅灰石。根据透辉石＋3白云母→2镁橄榄石＋4方解石＋$2CO_2$ 及方解石＋石英→硅灰石＋CO_2 的反应温压条件，估算其峰期变质的温压条件为 $T=580\sim670℃$，$P=100\sim200Mpa$。利用Dol-Cal地质温压计测得透闪石白云石大理岩(19-23号样)温压条件为 $P=256Mpa$，$T=679℃$。大理岩类遭受后期退变质作用的影响深刻而显著，在高角闪岩相的镁橄榄石透辉石大理岩中，可以清晰地见到普通角闪石呈深蓝绿色他形变晶交代透辉石，低角闪岩相普通角闪石被透闪石交代则十分普遍，同时纤柱状变晶透闪石又被滑石部分或全部取代。测得金云母方解石白云石大理岩(8-33号样)中方解石的形成温度为455℃；测得镁橄榄石透辉石大理岩(8-17号样)中晚期方解石形成温度仅为236℃，由此可以推定大理岩类至少经历了3～4期强烈的变形变质作用。

变质表壳碎屑岩系之片麻岩类、变粒岩类中，多期变质作用形成多世代矿物共有的现象十分明显，而在云母片岩类、浅粒岩类、石英岩类中则表现不明显。片麻岩类、变粒岩类在高角闪岩相中的峰期变质矿物组合为微斜长石＋斜长石＋黑云母＋铁铝榴石＋矽线石。根据矽线石＋正长石带生成的实验温压条件，推测其形成温度为650～730℃，压力为300～500Mpa。这种黑云母多呈板片状，褐色；微斜长石和斜长石呈半自形板状，粒柱状或呈残斑出现。高角闪岩相变质岩中，大部分粗大的微斜长石变晶中有斜长石、石英、黑云母矿物包裹体，这是峰期变质前的早期绿片岩相矿物组合残体。低角闪岩相峰期变质矿物组合为微斜长石＋斜长石＋黑云母＋石英±铁铝榴石±堇青石。利用Gar-Bi矿物对求得形成温度为557℃。绿片岩相的退变质作用的代表性矿物组合为微斜长石＋斜长石＋黑云母＋石英，利用Kf-Pl矿物对(8个点)求得形成温度平均为446.5℃。石榴石沿裂隙有黑云母交代角闪石，是后期绿片岩相退变质作用的记录。这种矿物组合中的长石多与石英一起出现在基质中，黑云母呈鳞片状—细小鳞片状，褐棕—棕色。

几乎所有的长柱状、毛发状、束状矽线石都被白云母交代或包裹，云母类矿物含量较高的岩石中尚可见到斜长石被黝帘石、钠长石交代，黑云母被黝帘石、白云母交代，黑云母的普遍绿泥石化和斜长石的普遍绢云母化及蠕石英大量生成，则代表了最后一期低绿片岩相的退变质作用。利用Mus，Mus-Pl两种地质温度计获得其形成温度为275℃和292℃，此为加里东期区域低温动力变质作用的记录。据上，阿尔金岩群变质表壳岩系经受了4～5期强烈的变形变质作用，其中副矿物锆石的5个生长环带也佐证了这一认识。

在变质基性岩系中，这种变质矿物多世代共存的现象亦十分清晰，峰期变质矿物组合为斜长石＋普通角闪石＋铁铝榴石＋金红石。含石榴石斜长角闪岩中(8-11、8-37号样)利用Gar-Bi、Gar-Hb地质温度计求得平均温度为738.5℃；利用Hb-Pl地质温压计获得其形成温压条件 $P=200Mpa$，$T=607.5℃$。

在高角闪岩相岩石中,角闪石多呈棕褐色,常出现铁铝榴石和高温低压指示矿物金红石;低角闪岩相中的角闪石多呈绿色—蓝绿色。

据高角闪岩相中有些褐色角闪石转化为绿色角闪石并析出榍石,斜长石包裹蚕食角闪石而呈筛状变晶结构,以及有棕红色黑云母交代角闪石、钛铁矿沿裂隙交代金红石等,推断低角闪岩相变质时期晚于高角闪岩相时期,二者并非完全是递增变质的结果。低角闪岩相的代表性矿物组合为斜长石＋角闪石＋黑云母,利用 Hb-Pl 地质温压计获得其形成温压条件 $P=200\sim420$Mpa,$T=540$℃。斜长角闪岩类中阳起石、透闪石普遍全部或部分交代角闪石,斜长石被黝帘石、钠长石部分取代则是后期绿片岩相退变质作用的产物,代表性矿物组合为黝帘石＋阳起石＋钠长石±透闪石。本次在长城系斜长角闪岩(20-8 号样)中测得其温压条件 $P=760$Mpa,$T=430\sim480$℃,平均 455℃,代表其形成温压条件。斜长石的普遍绢云母化、黑云母的绿泥石化则是最晚期退变质作用的产物,代表性矿物组合为石英＋绢云母＋绿泥石。

综上所述,阿尔金岩群遭受了古元古代以来 5 次强烈的变形变质作用。最先为绿片岩相区域变质作用,由于其变质矿物组合多呈包裹体出现,其形成的温压条件推测为:$P=100\sim200$Mpa,$T=350\sim500$℃,其变质事件年龄无疑早于峰期变质年龄,角闪石 ^{40}Ar/^{39}Ar 法获得的等时线年龄(表 4-8,图 4-2)(1861.95 ± 37.24)Ma 可能是这一变质事件的记录。

表 4-8　^{40}Ar/^{39}Ar 阶段升温测年数据

温度 (℃)	Ar$^{(40/36)}$	Ar$^{(39/36)}$	Ar$^{(37/39)}$	(^{40}Ar$_{放}$/Ar$_K$)$_{校}$	^{39}Ar ($\times 10^{-14}$ mol)	^{39}Ar (%)	^{40}Ar$_{放}$/^{40}Ar$_{总}$ (%)	年龄 (Ma)	误差 (Ma)
750	594.9266	5.413 712	2.146 67	56.6141	0.013	2.03	50.33	871.19	143.39
900	817.0063	4.358 329	1.181 41	120.9279	0.064	9.96	63.83	1522.87	24.42
1000	867.1307	4.811 280	0.680 13	109.6011	0.133	21.25	65.92	1511.15	13.53
1100	815.3928	4.255 235	0.549 99	122.7663	0.183	28.59	63.76	1538.44	15.22
1170	917.4698	5.221 943	0.688 15	119.9701	0.154	24.18	67.79	1514.71	13.54
1250	951.9210	5.420 859	1.671 19	123.3114	0.068	10.63	68.95	1543.03	32.95
1320	933.6156	5.427 252	3.494 69	122.1461	0.024	3.79	68.35	1533.20	156.55

注:桂林矿产地质研究院测试中心,2002 年 10 月。

峰期变质作用为高角闪岩相,这期变质作用的矿物组合虽遭后期退变质作用的改造,然其矿物组合清晰可辨。形成温压条件:$P=200\sim256$Mpa,$T=607.5\sim738.5$℃。角闪石 ^{40}Ar-^{39}Ar 获得其高温坪谱年龄(表 4-8,图 4-3)(1525.52 ± 10.54)Ma,可能是本期变质作用的时间,对应于四堡运动。

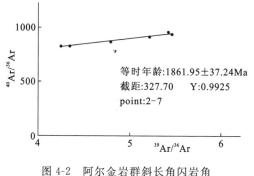

图 4-2　阿尔金岩群斜长角闪岩角闪石 ^{40}Ar-^{39}Ar 等时线图

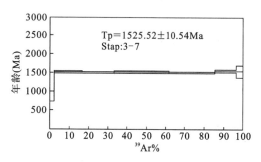

图 4-3　阿尔金岩群斜长角闪岩角闪石 ^{40}Ar-^{39}Ar 年龄坪谱图

早期退变质作用为低角闪岩相。该期变质作用的矿物组合保存较好,其形成条件为 $P=420$Mpa,$T=540\sim557$℃。江尕勒萨依变质侵入体锆石 U-Pb 等时线上交点年龄(见图 2-13)(1311 ± 66)Ma 代表了这次构造热事件的年龄,是塔里木运动的反映。

中期退变质作用为绿片岩相。$P=600\sim760$Mpa,$T=446.5\sim455$℃。角闪石 ^{40}Ar-^{39}Ar 低温坪谱年龄 871.19Ma 及变火山岩的 Sm-Nd 等时线年龄(870 ± 320)Ma(见图 2-12)是该期变质作用的反映。此与周勇等(1999)在靠近阿尔金断裂处具左行剪切流变褶皱斜长角闪岩中用 K-Ar 法测得的变质年龄(877 ± 26.5)Ma 十分接近,是晋宁运动的反映。

晚期退变质作用为低绿片岩相,是加里东、海西期区域低温动力变质作用的结果,其形成的温压条件为 $T=236\sim292$℃。形成时间以变质侵入体锆石 U-Pb 等时线的下交点年龄(463 ± 25)Ma(见图 2-13)为代表,介于许志琴等所测到的高压榴辉岩峰期变质年龄 $450\sim503$Ma 之间,同属于加里东期构造运动产物。

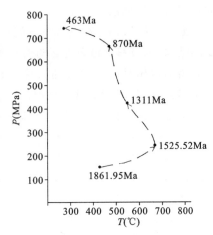

图 4-4 阿尔金岩群 P-T-t 轨迹图

根据以上建立起阿尔金岩群变质岩系变质作用 P-T-t 轨迹(图 4-4),为一条逆时针曲线,峰期变质作用前的进变质作用阶段表现为温度迅速升高,可能是地幔热流上涌的结果;峰期变质作用为低压中—高温条件,退变质阶段表现为降温快速增压,与阿尔金断裂早期左行剪切及阿尔金断隆带内多次俯冲—碰撞有关。

二、古元古代苦海岩群变质岩

(一) 变质岩石组合特征

通过详细的构造-岩石剖面测制和地质填图,结合岩石化学、地球化学综合分析,查明图区古元古代苦海岩群为一套变质陆源碎屑—碳酸盐岩表壳岩系夹镁铁质变火山岩系。沿断裂带发育带状混合岩,其中表壳岩系占绝大部分,为低角闪岩相的区域动力热流变质岩系。主要岩性组合为条带状黑云母中长片麻岩、黑云母中长片麻岩、斜长透辉石变粒岩、长石黑云母片岩、二云母石英片岩、含石榴石中长二云母片岩、透辉石方解石大理岩等。变质镁铁质变火山岩类以斜长角闪岩为主。混合岩见第四节。

(二) 变质岩石学特征

1. 变质表壳岩系

苦海岩群变质表壳岩系由云母片岩类、长英质片岩类、片麻岩类、大理岩类和石英岩类等组成。

(1) 云母片岩

岩石呈花岗鳞片变晶结构,片理构造发育。岩石主要矿物成分为黑云母 50%~55%、石英 20%~25%、斜长石 20%~25%。长英质矿物粒度 0.1~0.8mm,具压扁拉长定向分布。鳞片状黑云母呈连续或断续条纹状定向分布。

(2) 二云母石英片岩

岩石主要矿物成分为石英 72%~80%、黑云母 8%~20%、白云母 8%~12%,含少量绿泥石。副矿物为锆石、磷灰石。岩石由变晶新生石英、黑云母、白云母平行定向分布组成,石英略具压扁拉长,边缘弯曲不规则,粒径 0.1~2mm。黑云母呈连续或断续条纹状聚集出现,少数退变质为绿泥石。

(3) 含石榴石中长二云母片岩

岩石的主要矿物成分为黑云母 40%~45%、白云母 20%~25%、斜长石 20%~25%,石英约占 10%,副矿物为磁铁矿。石榴石为红色等轴粒状铁铝榴石。长英质矿物粒度 0.2~2mm,常具压扁拉长之外形。斜长石中见卡氏双晶,An=32,属中长石。

(4)（条带状）黑云母中长片麻岩

岩石主要矿物成分为斜长石 40%～55%、微斜长石约 10%、石英 23%～30%、黑云母 12%～18%，含少量白云母、蠕英石、绢云母、绿泥石等。副矿物为磷灰石、锆石。斜长石多为他形板状，发育钠氏双晶、卡钠复合双晶，An=36～39，属中长石。微斜长石为他形板状，格子双晶不明显，见蠕英结构。黑云母呈连续或断续条带状定向分布而显条带状构造和片麻状构造。

(5) 斜长透辉石变粒岩

岩石呈粒状变晶结构。岩石主要矿物成分为透辉石 38%、石英 36%，斜长石、角闪石、透闪石各占 10% 左右，黑云母、黝帘石各 3%。副矿物为磁铁矿、榍石等。岩石中透辉石、透闪石呈条带状聚集，与石英、斜长石等条带相间出现而构成条带状构造。

(6) 透辉石方解石大理岩

岩石呈粒状变晶结构，块状构造。由方解石（40%～45%）、透辉石（40%）、符山石（1%～3%）、黝帘石（1%～2%）、斜长石（3%～5%）、滑石（1%～3%）及少量石英、钾长石等粒状变晶矿物组成。

2. 变质基性岩系

苦海岩群中变质基性岩系以斜长角闪岩为典型，仅少量斜长角闪片岩。斜长角闪岩的主要矿物成分为变晶柱状角闪石 50%～55%，柱状、粒状变晶斜长石 40%～45%，少量粒状变晶石英和鳞片状黑云母。副矿物为磁铁矿。角闪石属褐色种属，$Ng' \wedge C = 20°$。斜长石中可见钠氏双晶，部分被绢云母交代。

（三）变质矿物学特征

苦海岩群变质矿物多达十几种，比较常见的有斜长石、微斜长石、石英、黑云母、白云母、透辉石、角闪石等。现将代表性矿物特征分述如下。

(1) 斜长石

斜长石是苦海岩群中最常见的矿物之一，多为板柱状—粒状变晶，粒径 0.2～0.6mm，边缘多不规整，常见卡氏双晶、卡钠复合双晶。在片岩类中压扁拉长定向分布明显，片麻岩中则不明显。普遍发育绢云母化。An=32～39，属中长石。斜长石化学成分见表 4-9。

表 4-9 苦海岩群变质岩中斜长石电子探针定量分析结果（%）

样号	岩石名称	SiO_2	Al_2O_3	FeO	CaO	Na_2O	K_2O	总量
17-1	条带状黑云斜长片麻岩	58.62	26.07	0.00	7.59	7.35	0.24	99.88
17-29	含石榴二云二长片麻岩	65.05	24.29	0.31	0.50	5.84	3.64	99.88
17-11	斜长角闪岩	45.94	33.88	0.00	17.62	2.02	0.00	99.46

(2) 微斜长石

微斜长石在变质表壳岩系片麻岩类中广泛分布。一般为他形板状变晶，格子双晶不明显，可见细小长石、石英、黑云母包裹体，常见蠕英结构，粒度大小一般为 0.5～3.5mm。化学成分见表 4-10。

表 4-10 苦海岩群变质表壳岩系微斜长石电子探针定量分析结果（%）

样号	岩石名称	SiO_2	Al_2O_3	Na_2O	K_2O	Cr_2O_3	总量
17-1	条带状黑云斜长片麻岩	65.32	19.10	1.09	14.63	0.03	100.18
		63.74	18.78	1.06	15.29	0.00	98.87
17-29	含石榴二云二长片麻岩	64.55	18.62	0.75	15.24	0.00	99.16

(3) 黑云母

黑云母是苦海岩群中最常见的矿物之一，一般呈鳞片状变晶出现，多具定向分布性，常构成变质岩中的条纹状、条带状构造。Ng'棕红色，Np'浅黄色。化学成分见表4-11。

表4-11 苦海岩群变质表壳岩系中黑云母电子探针定量分析结果（%）

样号	岩石名称	SiO_2	TiO_2	Al_2O_3	FeO	MnO	MgO	Na_2O	K_2O	Cr_2O_3	总量
17-22	含石榴斜长二云片岩	35.41	2.33	18.83	17.93	0.19	10.90	0.00	9.40	0.13	95.13
		36.22	2.53	20.16	16.69	0.25	10.90	0.16	9.56	0.00	96.47
17-29	含石榴二云二长片麻岩	35.36	1.41	18.44	24.43	0.43	4.88	0.00	9.80	0.00	94.75

（4）透辉石

透辉石是变质碳酸盐岩中的常见矿物，为无色粒状变晶，粒径$0.05\sim1mm$。发育一组较完全解理，横切面上见两组近正交解理。$Ng'\wedge C=39°\sim41°$。部分被透闪石交代。

（5）角闪石

角闪石在变质基性火山岩系和变质钙镁质表壳岩系中出现，有绿色种属与褐色种属之分。常呈柱状变晶，粒径$0.3\sim5mm$为常见，偶含细小斜长石包裹体，常被黑云母交代蚕食。化学成分见表4-12。

表4-12 苦海岩群变质基性岩系中角闪石电子探针定量分析结果（%）

样号	岩石名称	SiO_2	TiO_2	Al_2O_3	FeO	MnO	MgO	CaO	Na_2O	K_2O	总量
17-11	斜长角闪岩	46.66	0.89	9.60	15.18	0.39	13.67	10.20	0.97	0.25	97.83

（6）石榴石

石榴石为标志矿物，多呈浅红—浅紫红色细小近等轴粒状变晶出现，裂纹发育，粒径一般小于0.3mm，为铁铝榴石。化学成分见表4-13。

表4-13 苦海岩群变质表壳岩系中石榴石电子探针定量分析结果（%）

样号	岩石名称	SiO_2	Al_2O_3	FeO	MnO	MgO	CaO	总量
17-29	含石榴二云二长片麻岩	35.47	20.96	24.31	11.15	0.96	1.26	94.11
		35.68	20.88	24.40	11.18	0.92	1.21	94.27

（四）变质作用演化及 P-T-t 轨迹

苦海岩群由变质表壳岩系和变质基性火山岩系组成，发育混合岩化带。经过多期多次强烈的变形变质作用，在变质岩中留下多期不同世代的变质矿物组合，尤其在变质表壳岩系片麻岩类中更为清晰。

先期变质矿物组合经过峰期变质作用的强烈改造，已变得面目全非，但从微斜长石、斜长石及角闪石等变斑晶中可窥其踪迹，推测该期矿物组合以斜长石＋黑云母＋石英为主，属低绿片岩相。根据绿泥石＋白云母＋石英→黑云母＋堇青石的变质反应条件和钠长石的稳定上限条件，推测其形成温压条件为 $P=100\sim200Mpa$，$T=513\sim527℃$。为五台运动早期进变质阶段的产物，变质年代可能为1800Ma。

峰期变质矿物组合在各种不同岩类中均保存较好。变质表壳碎屑岩类变质矿物组合为斜长石＋黑云母＋石英±石榴石，微斜长石＋斜长石＋黑云母＋石英±石榴石；大理岩类变质矿物组合为透辉石＋镁橄榄石；变质基性火山岩系主要变质矿物组合为斜长石＋角闪石＋磁铁矿±石榴石。黑云母呈棕红色，角闪石为褐色种属，斜长石$An=37\sim39$（中长石），属低角闪岩相。利用Hb-Pl矿物对地质温度计和压力计求得斜长角闪岩（17-11号样）形成温压条件为 $P<200Mpa$，$T>650℃$。这一重大变质事件始于古元古代末—中元古代早期，时代上限为1600Ma。

早期退变质作用的变质矿物组合可以根据斜长角闪岩中棕红色黑云母交代角闪石，片麻岩中粒径粗大的峰期变晶长石周围散布着细小长石、石英颗粒和细小鳞片状黑云母绕其定向分布，鳞片状白云母呈平行和斜交主期片麻理产出,透闪石部分交代透辉石等迹象推断。具代表性的矿物组合为斜长石+黑云母+石英±白云母,属绿片岩相。利用 Gar-Bi 矿物对获得平均温度为 502℃,而利用 Kf-Pl 矿物对求得平均温度为 419℃。推测其形成压力条件为 $P=200\sim400$ Mpa。变质时代应为中元古代末,约 900Ma。

晚期退变质作用从斜长石的普遍绢云母化、黑云母部分或全部被绿泥石取代等可推断,其典型矿物组合为绢云母+绿泥石±石英,是加里东期区域低温动力变质作用所致,其形成温度可能为 $300\sim350$℃。变质年龄为 500Ma 左右,与阿尔金俯冲—碰撞所产生的榴辉岩的峰期变质时代相当。

据此,构筑起苦海岩群变质作用的 P-T-t 轨迹曲线(图 4-5)为一条逆时针曲线,早期进变质作用为近等压升温阶段,是地幔热流上涌所致;退变质作用为降温增压过程,是强烈构造运动和逐步隆升的记录。

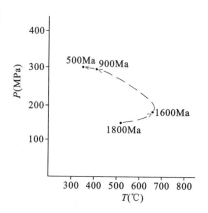

图 4-5 苦海岩群 P-T-t 轨迹图

三、长城纪巴什库尔干岩群变质岩

(一)变质岩石组合特征

巴什库尔干岩群由一套变质陆源碎屑、火山碎屑—碳酸盐岩表壳岩系、变质侵入体和变质基性火山岩系组成。遭受了绿片岩相—低角闪岩相区域动力热流变质作用,岩石组合面貌和矿物成分已发生了根本变化。其中变质表壳岩系由变质含砾不等粒长石杂砂岩、变质复成分块状砾岩、变质中细粒长石杂砂岩及含石榴石二云母石英片岩、二云母石英片岩、绿泥石白云母石英片岩、方解石化石英岩、中—细晶硅质云岩、含金云母白云石大理岩等组成。变质侵入体为二云母二长片麻岩。变质基性火山岩系由斜长角闪岩、斜长角闪片岩、阳起石片岩、斜长阳起石片岩与绿泥石帘石片岩等组成。

(二)变质岩岩石学特征

1. 变质表壳岩系

不包括变质砂岩、砂砾岩类的其他变质表壳岩系可分为长英质片岩类、大理岩类和石英岩三大类。

(1)(含石榴石)二云母石英片岩

岩石由石英 50%、黑云母 20%~25%、白云母 5%~10% 等变晶矿物组成,含少量假象斜长石、绢云母、绿泥石或石榴石。副矿物为锆石和磁铁矿。鳞片状变晶云母呈连续或断续条纹状定向分布,常见扭曲变形、膝折等变形构造。石英具定向压扁拉长特征,可见波状消光、变形纹、变形带等变形亚结构。

(2)绿泥石白云母石英片岩

岩石主要由粒状变晶石英 50%~55%、鳞片状变晶白云母 20%~30% 和绿泥石 15%~20% 等组成,含少量斜长石、方解石等。副矿物为锆石和榍石。石英具定向压扁拉长特征,可见强波状消光、变形纹、变形带。鳞片状矿物定向排列,常见扭曲和膝折等现象。

(3)含金云母白云石大理岩

岩石中以粒状变晶白云石占绝对优势,含量高达 90% 以上,其次有粒状变晶方解石和石英,含少量金云母。矿物粒径 0.3~0.8mm。白云石呈半自形粒状,见双晶。石英具强波状消光,变形纹、变形带发育。

(4)中—细晶硅质云岩

岩石由中—细粒变晶白云石 70% 和石英 25%~28% 组成,含少量方解石和泥质。石英呈脉状、团状交代白云石。

(5) 方解石石英岩

岩石由粒状变晶石英60%和方解石40%组成,含少量炭质。岩石中石英粗大粒状变晶和细小粒状变晶集合体见强波状消光,变形纹、带发育。石英碎裂后方解石充填于裂隙或穿隙处,可见石英碎粒被方解石"胶结"之现象,显然方解石是后期矿物。

2. 变质基性火山岩系

(1) 绿泥石帘石片岩

岩石主要矿物成分为黝帘石35%~40%、石英40%、绿泥石18%,次要矿物有绿帘石、磁铁矿等。黝帘石为不规则粒状或粒状集合体,呈细小条带状定向分布。绿泥石呈鳞片状定向分布,常见扭曲变形。石英变晶具明显的定向压扁拉长。

(2) 阳起石片岩

岩石呈柱粒状变晶结构、变斑状结构,片状构造。变斑晶斜长石呈板柱状,内含大量细小石英颗粒包裹体,粒径0.5~1.6mm。基质以针柱状、柱粒状变晶阳起石和石英为主,少量斜长石和黑云母呈定向分布,阳起石呈条带状聚集。岩石主要矿物成分为阳起石50%~55%、石英30%~35%、斜长石10%,黑云母、磁铁矿少量。

(3) 斜长阳起石片岩

岩石呈柱粒状变晶结构、斑状变晶结构,片状构造。岩石主要矿物成分为阳起石40%~45%、斜长石20%、黑云母12%、石英20%~25%。矿物基本特征与阳起石片岩相似,唯斜长石变斑晶增多并出现黑云母变斑晶,斑晶含量达20%左右。

(4) 斜长角闪片岩

岩石主要矿物成分为角闪石55%~60%、斜长石35%~40%,另有少量石英、黝帘石、绢云母、方解石等。副矿物为磷灰石和磁铁矿。角闪石为绿色柱状变晶,具多色性,$Ng' \wedge C = 13° \sim 15°$,呈条带状聚集并定向分布。斜长石多被绢云母交代。石英具定向压扁拉长,长英质矿物粒径0.2~1mm。片状构造发育。

(5) 斜长角闪岩

岩石主要矿物成分为角闪石55%~60%、斜长石40%~45%,含少量绿泥石、单斜辉石等。角闪石为绿色柱状变晶,粒径0.6~2mm,纵切面见一组完全解理,横切面见角闪石式解理,$Ng' \wedge C = 15° \sim 20°$,属褐色种属。部分角闪石被绿泥石交代。单斜辉石为无色柱粒状变晶,$Ng' \wedge C = 42°$左右,与角闪石共生。斜长石绢云母化强烈。

(三) 变质岩矿物学特征

巴什库尔干岩群绿片岩相变质岩中变质矿物多达十余种,比较常见的有斜长石、石英、黑云母、白云母、黝帘石、阳起石、角闪石等。现将代表性的变质矿物特征分述如下。

(1) 斜长石

斜长石是变质岩中最普遍的矿物之一。其中有一种长石呈圆状、次圆状碎屑状态出现。另一种呈变晶或变斑晶出现,变晶斜长石一般为板柱状,内含较丰富的细小石英包裹体,具典型的筛状变斑晶,粒径0.5~2mm,常被绢云母全部或部分交代。斜长石化学成分见表4-14。

表4-14 巴什库尔干岩群变质岩中矿物电子探针定量分析结果(%)

样号	岩石名称	矿物	SiO_2	TiO_2	Al_2O_3	FeO	MnO	MgO	CaO	Na_2O	K_2O	总量
20-8	斜长角闪岩	Hb	45.49	0.92	11.26	15.05	0.08	10.98	10.95	1.27	0.45	96.47
		Pl	64.85	0.00	22.14	0.16	0.00	0.07	1.74	10.04	0.66	99.65
20-15	二云二长片麻岩	Pl	64.42	0.00	23.05	0.97	0.00	0.12	0.00	11.38	0.24	100.0
		Hb	64.90	0.00	18.71	0.00	0.00	0.00	0.00	0.43	16.0	100.0

（2）微斜长石

微斜长石亦呈两种状态赋存于巴什库尔干岩群中。一种为次圆状—次棱角状，有些见格子双晶，产于变质含砾长石杂砂岩类中。另一种呈变晶出现，产于变质侵入体中，呈板状、粒状变晶，多数格子双晶不清晰或呈隐格状，少量发育格子双晶。

（3）石英

石英分布广泛，有次圆状—次棱角状砂屑石英和他形粒状变晶石英两种。变晶石英多呈定向压扁拉长，具强波状消光，发育变形纹、变形带等变形亚结构，粒径 0.2～2mm。

（4）黑云母

黑云母多呈鳞片状变晶连续或断续条纹状聚集定向分布。多色性明显，Ng' 褐色，Np' 浅黄色。常被绿帘石、绿泥石交代。

（5）白云母

白云母多呈鳞片状变晶与黑云母共生，连续或断续条纹状聚集定向分布，常见扭曲等现象。

（6）阳起石

阳起石多在变质铁镁火山岩系中出现。为浅绿色针柱状、柱状变晶。具弱多色性，$Ng' \wedge C = 10° \sim 11°$。常以条带状聚集定向分布且条带有弯曲现象。

（7）角闪石

角闪石为柱状变晶，有绿色种属与褐色种属之分。绿色种属具多色性，$Ng' \wedge C = 13° \sim 15°$。褐色种属纵切面见一组解理，横切面见角闪石式解理，$Ng' \wedge C = 18° \sim 20°$，多呈聚晶出现，常被绿泥石交代。化学成分见表 4-14。

（四）变质作用演化及温压条件

巴什库尔干岩群经历了四堡、晋宁、加里东、海西等多期变形变质作用，形成绿片岩相变质岩系，部分（含砾）长石石英杂砂岩类尚保留有原岩之变余砂状结构。红柳泉岩组、贝克滩岩组中部分原生层理构造多被保存，为一套区域动力热流变质作用形成的中浅变质岩系。其表壳变质碎屑岩系主要变质矿物组合为阳起石＋斜长石＋石英±黑云母；斜长石＋黑云母＋白云母＋石英±铁铝榴石；白云石＋方解石＋石英±金红石。变质侵入体的代表性变质矿物组合为斜长石＋微斜长石＋石英＋黑云母±白云母。变质基性岩系的代表性变质矿物组合为普通角闪石＋斜长石±单斜辉石；阳起石＋斜长石＋黑云母＋石英。通过中国地质大学（武汉）分析测试中心对斜长角闪岩多组 Hb-Pl 矿物对电子探针分析结果，求得形成温压条件 $P = 600 \sim 760 \text{Mpa}$，$T = 430 \sim 480℃$，仍属低绿片岩相之范围，但已接近其上限。

岩石中既未发现变斑晶所捕虏的早期变质矿物包裹体，亦未观察到经过调整的新的共生变质矿物组合，很难准确厘定多期变质作用形成的矿物组合。但岩石中斜长石的普遍绢云母化，绿泥石部分或全部取代黑云母、角闪石这一现象却很常见。由此看来，加里东运动所伴随的区域低温动力变质作用对区内早古生代以前形成岩石的影响普遍而又深刻。

四、古生代极浅变质岩

古生代极浅变质岩主要分布于图区东部吐拉牧场以北的柴达木微地块祁曼塔格褶皱带内和昆仑地块昆南褶皱带中，为一套区域低温动力变质作用形成的低绿片岩相变质岩系，包括奥陶纪祁曼塔格群、石炭纪托库孜达坂群、二叠纪树维门科组等。其主要岩石类型有绢云母板岩、粉砂质板岩、凝灰质板岩、板岩、变质砂岩、变质粉砂岩及变质火山岩等。

（一）奥陶纪祁曼塔格群极浅变质岩

岩石主要分布于图区东部吐拉牧场以北的阿尔金山南缘，布露面积约 10km²。下部以灰—灰黄色粉砂质板岩、炭质板岩为主夹中厚层状变质细粒石英砂岩，偶夹绢云母板岩。上部为灰绿色绢云母板岩及粉砂质板岩为主夹浅灰色中层状变质细粒石英砂岩、浅变质钙质石英粉砂岩，顶部为大理岩化泥晶灰岩。

从其岩性组合中不难看出，祁曼塔格群岩石中主要变质新生矿物为绢云母、绿泥石、变晶石英、方解石、白云石等。其中绢云母最为普遍，是轻变质细碎屑岩中的主要矿物，呈细小鳞片状变晶条带状定向分布，局部可见其扭曲或轻微膝折。绿泥石分布亦很普遍，几乎所有轻交质的碎屑岩中均可见及，呈浅黄色，具弱多色性，最高干涉色为Ⅰ级灰。石英、方解石、白云石等粒状矿物主要表现为轻度重结晶作用。上述变质矿物为加里东期区域低温动力变质作用的产物。祁曼塔格群变质砂岩及砂质板岩的地球化学特征（详见第二章）表明其形成于大陆岛弧—大洋岛弧环境。

（二）石炭纪、二叠纪极浅变质岩

石炭纪、二叠纪地层主要分布于阿尔金断裂以南昆南地块的广大地区，绝大部分为未变质的碳酸盐岩类，仅局部砂泥质岩石火山岩类具轻微变质。其变质岩石类型为粉砂质板岩、粉砂质炭质板岩、含凝灰质板岩、轻变质石英粉砂岩、钙质粉砂岩及轻变质长石石英砂岩和变火山岩等。为区域低温动力变质作用形成的极低级变质岩系，主要变质矿物为绿泥石，与华力西期变形变质作用有关。

详细的岩石化学、地球化学特征研究表明石炭纪托库孜达坂群变火山岩形成于扩张环境下中心岛弧环境（详见第三章）。

第三节 榴 辉 岩

在图区东北部阿尔金山北坡江尕勒萨依一带，许志琴等（1999）发现高压变质榴辉岩以来，已成为地学研究的热点地区之一。

本次工作对江尕勒萨依进行了较全面系统的路线剖面调查，在充分认识已发现的一类榴辉岩的基础上，又发现一种不同类型的榴辉岩。根据其产出位置，将前者称为南带榴辉岩，新发现者为北带榴辉岩。通过矿物组成、岩石化学成分、地球化学特征、形成环境及折返机制等的初步研究，认为他们都具有高压变质带的特征，是不同期次、不同环境下俯冲—碰撞带的产物。

一、榴辉岩的地质特征与分布

阿尔金山北坡主要布露经过强烈韧性变形改造的古元古代阿尔金岩群，包括变质表壳岩系、变质侵入体、变质基性火山岩系。变质表壳岩系由（含石榴石）黑（二）云母二长片麻岩、（含石榴石）黑（二）云母钾长（糜棱）片麻岩、（含石榴石）黑云母石英片麻岩夹（透闪石）透辉石白云石大理岩及石英岩组成，总体上呈不同规模的透镜状、条带状岩片拼贴堆叠而成。北带榴辉岩出露宽约200m，呈北东向带状展布，产出部位为东经86°36.674′、北纬37°55.280′以南。榴辉岩带的边界为陡倾的片理化糜棱岩带（图4-6），榴辉岩呈似层状、透镜状挟持于条带状白云石大理岩中，单体最大宽度达7m，最小宽度0.4m。主要矿物成分为石榴石30%～40%、绿辉石15%～20%、角闪石24%～27%、斜黝帘石8%～12%，石英、金红石、黑云母少量，属富铁镁型。榴辉岩呈逆冲推覆岩片产出，发育一组与区域片理、片麻理一致的透入性面理，矿物平行面理分布。

南带榴辉岩则呈透镜体出现在西瓦阔西近东西向韧性剪切带北侧花岗质片麻岩中，透镜体大小为0.2m×0.5m～2m×4m。主要矿物成分为石榴石40%、绿辉石30%、角闪石10%、蓝晶石9%、石英9%、黑云母2%，含少量金红石，属富镁铝型。榴辉岩沿走向呈串珠状分布，区域性面理不发育，透镜体边部矿物具平行定向分布，其产状与韧性剪切带产状近一致。许志琴等（1999）、刘良等（1999）对这类榴辉岩进行了深入研究和详尽报道。

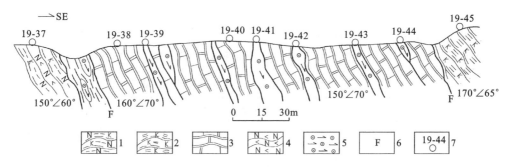

图 4-6　且末县江尕勒萨依北带榴辉岩剖面图
1. 黑云母二长(糜棱)片麻岩；2. 白云母钾长(糜棱)片麻岩；3. 白云石大理岩；
4. 斜长角闪岩；5. 榴辉岩；6. 边界断裂；7. 采样位置及编号

二、榴辉岩的岩石学特征

北带榴辉岩呈粒状变晶结构，弱片理化构造。主要矿物成分为石榴石 30%～40%、绿辉石 15%～20%、角闪石 24%～27%、斜黝帘石 8%～12%、石英 7%～15%，含少量金红石、黑云母、钛铁矿。从核部—边部，角闪石、斜黝帘石、黑云母增多。显微镜下可清晰地见到大部分石榴石呈较粗的粒状变晶，一般粒径 1～2mm，裂纹发育，多碎裂成 0.1～0.5mm 的碎粒状，为早世代石榴石。少量石榴石呈细小的等轴粒状或近等轴粒状变晶，属晚世代石榴石。绿辉石呈无色或浅绿色粒状、柱状变晶，粒径一般小于 0.5mm，具不同程度的碎裂和解理、裂理弯曲变形。角闪石部分或全部交代绿辉石或呈后生合成晶分布在绿辉石中，这种角闪石呈他形变晶，与原生自形的角闪石截然不同，很可能是折返过程中降温降压后的产物。斜黝帘石呈无色粒状、柱状变晶集合体，粒径 0.2～0.6mm，呈极细的脉状、条带状或团状聚晶出现，其颗粒的形态明显地受早世代矿物石榴石、绿辉石、金红石、钛铁矿或微裂隙控制。金红石、钛铁矿均呈细小粒状变晶出现，粒径 0.03～0.3mm。石英多沿小裂隙产出而呈细小条带状。黑云母交代角闪石，和石英等构成晚世代矿物。

显然，该榴辉岩经历了角闪岩相—绿片岩相的退变质作用，其峰期变质矿物组合为石榴石＋绿辉石＋金红石＋钛铁矿，角闪岩相的退变质矿物组合为石榴石＋角闪石＋斜黝帘石＋榍石，绿片岩相的退变质矿物组合为黑云母±透闪石＋石英。

南带榴辉岩主要矿物成分为石榴石、绿辉石、角闪石、蓝晶石，石英、金红石、黑云母少量。岩石呈粒状变晶结构和筛状变晶结构。显微镜下可见石榴石呈浅红色等轴粒状，粒径大于 2mm，裂纹发育，具碎裂结构，碎粒 0.3～2mm。绿辉石呈浅绿色柱状或等轴粒状变晶，粒径 1～2.5mm，常被角闪石交代。蓝晶石为无色柱状、粒状变晶，粒径一般为 0.04～0.5mm，一般都被绿辉石包裹构成筛状变晶结构，分布不均匀，常在局部集中出现。角闪石一般呈他形柱状变晶，为褐色种属，部分或全部交代绿辉石。金红石呈长柱状、细粒状变晶。黑云母他形板片状交代角闪石生成。石英呈显微晶质沿绿辉石解理、裂理或石榴石与绿辉石之间以不规则形态生成。见葡萄石、方解石微脉，是典型的晚世代矿物。

由上可见，南带榴辉岩同样经历角闪岩相—绿片岩相的退变质作用，其峰期变质矿物组合为石榴石＋绿辉石＋蓝晶石＋金红石，角闪岩相的退变质矿物组合为石榴石＋角闪石±斜长石±石英，绿片岩相的退变质矿物组合为黑云母＋石英。

三、榴辉岩的矿物学特征

榴辉岩中常见的矿物为石榴石、绿辉石、蓝晶石、金红石、钛铁矿、角闪石、斜黝帘石等，含少量黑云母、透闪石、石英。其主要矿物特征如下。

(1) 石榴石

石榴石呈浅红色、玫瑰红色，等轴粒状，镜下呈极高正突起的均质体，粒径一般为1~3mm。裂纹发育，大部分呈碎粒状，只有少量呈细小等轴粒状。属铁铝榴石—镁铝榴石，化学成分见表4-15。

表4-15 榴辉岩中矿物化学成分电子探针定量分析结果(%)

样号	矿物	SiO_2	TiO_2	Al_2O_3	FeO	MnO	MgO	CaO	Na_2O	K_2O	Cr_2O_3	总量
19-39 北带	Gar	37.95	0.01	22.34	24.03	0.47	6.15	8.94	0.00	0.00	0.00	99.89
	Hb-1	42.45	1.04	13.72	13.55	0.00	11.42	12.19	1.66	0.95	0.00	96.99
	Hb-2	41.70	0.97	13.45	14.83	0.00	11.19	12.34	1.79	1.03	0.00	97.29
19-42 北带	Gar	38.79	0.05	22.40	23.35	0.55	5.62	9.19	0.00	0.00	0.00	99.95
	Hb	44.12	0.53	12.63	13.59	0.04	12.87	10.19	1.92	0.71	0.00	96.60
	Bi	36.64	3.26	17.36	15.53	0.00	14.24	0.17	0.04	9.17	0.12	96.54
	Pre	38.13	0.17	28.27	6.55	0.00	0.14	23.33	0.00	0.00	0.00	96.59
19-52 南带	Gar	39.22	0.12	22.98	20.09	0.36	7.12	10.32	0.00	0.00	0.00	100.21
	Py	52.13	0.12	2.14	8.52	0.00	12.82	21.32	1.10	0.00	0.00	98.16
	Pl	63.70	0.00	23.47	0.01	0.00	0.00	3.86	8.74	0.07	0.00	99.84
	Hb	42.82	1.71	12.79	14.18	0.04	11.48	10.92	2.45	0.90	0.01	97.29
	Bi	37.32	3.13	16.12	15.86	0.00	13.10	0.00	0.04	8.83	0.04	94.44

从上表中不难看出，南带榴辉岩(19-52号样)中石榴石的SiO_2、TiO_2、Al_2O_3、CaO均高于北带榴辉岩，而FeO、MnO则明显低于北带榴辉岩中的石榴石。

(2) 绿辉石

绿辉石呈无色—浅绿色柱状、粒状变晶。多色性很弱，Ng'微绿色，Nm'微绿色，Np'无色，干涉色为Ⅱ级低部—Ⅱ级中部，$Ng' \wedge C = 40° \sim 42°$。见角闪石式解理。

(3) 角闪石

角闪石呈他形柱状、粒状变晶。北带榴辉岩内角闪石为绿色种属，Ng'绿色，Nm'黄绿色，Np'浅绿色，吸收性$Ng' \geqslant Nm' > Np'$，纵切面见一组解理，斜消光$Ng' \wedge C = 17°$，横切面见角闪石式解理。南带榴辉岩中角闪石为褐色种属，Ng'暗褐色，Nm'褐色，Np'浅褐色，中—高正突起，纵切面见一组解理，$Ng' \wedge C = 21°$，最高干涉色为Ⅱ级低部，沿柱状延长和解理为正延性。

化学成分见表4-15，结果显示南带榴辉岩中角闪石唯TiO_2、Na_2O含量明显高于北带，其他氧化物含量均较为接近。

(4) 斜黝帘石

斜黝帘石只出现在北带榴辉岩中，呈无色柱状、粒状变晶集合体，见一组或两组解理，具异常干涉色，最高干涉色不超过Ⅰ级黄，斜消光，$Ng' \wedge a = 19° \sim 22°$，$Np' \wedge C = 7° \sim 8°$。

(5) 金红石

金红石呈细小粒状变晶。具多色性，No'黄色，Ne'褐黄色，极高正突起，干涉色多为高级白常混淆有矿物本身颜色，平行消光，正延性，偶见聚片双晶。

(6) 蓝晶石

蓝晶石只在南带榴辉岩中出现，呈无色柱状、粒状变晶。正高突起，可见解理或裂理，干涉色为Ⅰ级黄白、灰白，正延性，$(010)Ng' \wedge C = 7°$，$(100)Ng' \wedge C = 28°$，$(001)Np' \wedge C = 0° \sim 1°$。偶见聚片双晶。化学成分见表4-15。

(7) 黑云母

黑云母呈他形板片状，交代角闪石生成。Ng'棕红色，Np'浅黄色。其化学成分见表4-15。

南北两带榴辉岩中均有退变质黑云母出现,南带榴辉岩黑云母的 SiO_2、FeO 略高于北带,而 Al_2O_3、MgO、CaO、K_2O 的含量明显低于北带榴辉岩中的黑云母。

四、榴辉岩的岩石化学、地球化学特征

榴辉岩尽管地表露头稀少,但具有重要地质意义。由于经历了高压—超高压变质作用,其原岩类型已很难恢复,故有必要对其进行岩石化学、地球化学特征分析,以求获得一些岩石成因和深部地壳演化的信息。

(一) 榴辉岩的岩石化学特征

采自北带榴辉岩的 2 个和南带榴辉岩的 1 个岩石化学分析样品,经湖北省地质实验研究所测试分析,结果见表 4-16。

表 4-16　榴辉岩化学成分表

序号	样品编号	岩石名称	氧化物含量(%)							
			SiO_2	Al_2O_3	Fe_2O_3	FeO	MgO	CaO	Na_2O	K_2O
1	19-41	榴辉岩(北带)	50.92	13.88	1.69	10.07	6.86	10.65	2.32	0.36
2	19-44	榴辉岩(北带)	50.14	13.52	2.66	8.95	7.64	10.67	2.01	0.22
3	19-52	榴辉岩(南带)	51.13	14.46	1.06	9.55	6.28	10.62	2.92	0.43

序号	样品编号	氧化物含量(%)						尼格里值				
		MnO	TiO_2	P_2O_5	H_2O^+	H_2O^-	Lost	Al	Fm	C	Alk	SI
1	19-41	0.19	1.38	0.13	1.17	0.19	0.33	24.2	34.5	33.9	7.4	151.2
2	19-44	0.18	1.44	0.18	1.43	0.14	1.05	18.7	49.7	26.7	4.9	118.2
3	19-52	0.15	1.53	0.19	1.05	0.53	0.15	20.6	44.3	27.6	7.5	123.8

从表中可以看出:北带榴辉岩的化学成分与黎彤(1963)的大陆拉斑玄武岩类化学成分相当,与西伯利亚雅库特地区镁铁质榴辉岩的化学成分最为接近;而南带榴辉岩的化学成分与洋中脊拉斑玄武岩类的化学成分特征相似,与欧洲华力西造山带 Moldanubian 地区起源于洋壳的富镁铝质榴辉岩相当。化学成分的尼格里参数无论是在尼格里四面体图解中,还是在西蒙南(1953)(Al+Fm)−(C+Alk)-SI 图解中均落入火成岩区。

(二) 榴辉岩的微量元素地球化学特征

采自榴辉岩的 3 个微量元素分析样品,经湖北省地质实验研究所测试分析,结果见表 4-17。从表中可以看出:北带与南带榴辉岩的微量元素地球化学特征有许多相似之处,它们均表现为 Cr、Co、Ni、Zn、Sc、V、Hf 富集,高于地壳平均丰度(克拉克值,下同),Ba、Sr、Th、Ta、Zr、Rb、Nb、B 低于地壳平均丰度,其中 Ba、Th、Ta、B 只有克拉克值的 20%~30%。两者的差别也显而易见,北带榴辉岩中微量元素 Cr、Nb 丰度大大高于南带榴辉岩,而 Sr、Zn、Zr 丰度又大大低于南带榴辉岩。榴辉岩微量元素 MORB 标准化配分曲线(图 4-7)清晰地显示,大部分微量元素表现为富集,尤以 Rb、Ba、Th 表现明显,仅少部分微量元素如 Ti、Y、Cr、

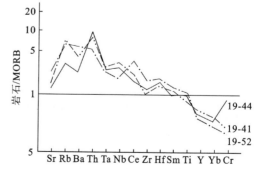

图 4-7　且末县江尕勒萨依榴辉岩的微量元素 MORB 标准化配分曲线图

Yb 等呈亏损之势。在伍德·乔朗和特里尤尔(1979)Th-Ta 图解中,榴辉岩无一例外地落入火山岛弧玄武岩类,在皮尔斯 J A(1982)Th/Yb-Ta/Yb 图解中,投入火山岛弧钙碱性玄武岩区。

表 4-17 榴辉岩微量元素含量表

序号	样品编号	岩石名称	各元素含量($\times 10^{-6}$)													
			Ba	Cr	Co	Ni	Sr	Zn	Th	Sc	V	Ta	Zr	Hf	Rb	Nb	B
1	19-41	榴辉岩(北带)	93	107.3	39.2	76	181	89	1.6	30.7	280.0	<0.5	88	3.4	14.0	12.5	4.0
2	19-44	榴辉岩(北带)	54	241.8	47.2	119	172	107	1.9	32.5	272.9	<0.5	94	3.7	6.0	12.1	4.0
3	19-52	榴辉岩(南带)	102	96.4	38.4	90	310	195	1.1	26.6	281.0	<0.5	146	4.1	13.6	7.7	1.0

(三) 榴辉岩的稀土元素地球化学特征

采自榴辉岩的稀土元素地球化学分析样品,经湖北省地质实验研究所测试分析,结果见表 4-18。

从表中可以看出:南带榴辉岩的 ΣREE 和 LREE/HREE 值明显高于北带榴辉岩,所有轻稀土元素丰度均高于北带榴辉岩,而重稀土元素大多略低于北带榴辉岩,二者均有 Eu 轻度正异常。稀土元素配分曲线(图 4-8)均表现为向右倾斜的较平坦曲线,为轻稀土富集型。但二者差别亦很明显,南带榴辉岩曲线斜率较陡,$(La/Yb)_N = 5.72$,轻稀土分异程度较高;轻稀土内部分异程度亦高于北带榴辉岩,$(La/Sm)_N = 2.19$。而北带榴辉岩$(La/Yb)_N = 2.50$,$(La/Sm)_N = 1.47$,均低于南带榴辉岩。

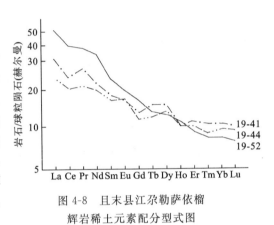

图 4-8 且末县江尕勒萨依榴辉岩稀土元素配分型式图

表 4-18 榴辉岩稀土元素含量及特征参数表

序号	样品编号	岩石名称	稀土元素含量($\times 10^{-6}$)						
			La	Ce	Pr	Nd	Sm	Eu	Gd
1	19-41	榴辉岩(北带)	9.99	23.51	3.24	13.15	3.80	1.24	4.05
2	19-44		7.41	19.01	2.58	11.97	3.53	1.24	3.79
3	19-52	榴辉岩(南带)	16.19	37.97	4.64	20.56	4.61	1.48	4.55

序号	样品编号	稀土元素含量($\times 10^{-6}$)								ΣREE	LREE/HREE	δEu
		Tb	Dy	Ho	Er	Tm	Yb	Lu	Y			
1	19-41	0.71	4.39	0.80	2.43	0.348	2.15	0.309	22.17	92.29	3.62	1.06
2	19-44	0.66	4.09	0.74	2.18	0.326	1.92	0.283	19.81	80.14	3.31	1.14
3	19-52	0.68	4.06	0.81	2.05	0.290	1.68	0.240	18.43	118.23	6.05	1.08

五、榴辉岩的时代讨论

许志琴等(1999)在南带榴辉岩中选择新鲜退变质弱的榴辉岩分别进行 Sm-Nd 全岩-矿物等时线和锆石 U-Pb 年龄学测定,获得全岩-石榴石-绿辉石的 Sm-Nd 等时线年龄为(500 ± 10)Ma,4 组锆石 U-Pb 同位素测定获得的表面年龄很好地落在一致线上,并得出其权重平均值为(503.9 ± 5.3)Ma(图 4-9)。两种方法获得基本一致的年龄数据,反映了榴辉岩的峰期变质时代。刘良等(1999)获得榴辉岩的围岩-角闪质糜棱岩的 Sm-Nd 矿物对等时线年龄为(519 ± 37.3)Ma,该年龄虽不能作为榴辉岩的峰期变质年龄,但却反映了这一时期有动力变质作用产生,推测它代表了榴辉岩的构造就位或初次隆升年龄。

六、榴辉岩的变质作用演化与 P-T-t 轨迹

许志琴等(1999)利用 Grt-Cpx 地质温度计,再根据 Ab=Jd+Qtz 变质反应压力计结合 Grt-Opm-Phe 压力计、Grt-Opm 温度计和 Geo-Calc 计算程序,求得南带榴辉岩峰期变质温压条件为 $T=860℃,P=3000Mpa$,这种温压条件已在柯石英的稳定范围内。在减压过程中,还经历了麻粒岩相($T=750℃,P=1100\sim1400Mpa$)及角闪岩相($T=619\sim718℃,P=630\sim950Mpa$)和以黑云母+石英为代表性矿物组合的绿片岩相($T=350\sim450℃,P=200\sim300Mpa$)的退变质作用,构成顺时针 P-T 轨迹(图 4-10)。

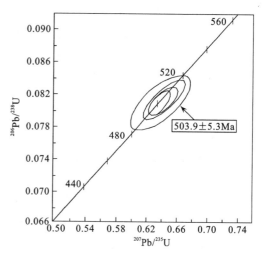

图 4-9 且末县江尕勒萨依南带榴辉岩的锆石 U-Pb 测定结果
(据许志琴等,1999)

本次工作在该榴辉岩中利用早期 Gar-Bi 矿物对地质温度计求得其形成温度为 807℃,证实麻粒岩相退变质作用的存在。

北带榴辉岩中利用多种温压计(Krogh,1988;Holland,1980)确定早期矿物温压条件为 $T=660\sim830℃,P=1400\sim1850Mpa$。利用 Gar-Hb;Gar-Bi 矿物对(早世代较粗碎裂石榴石)求得其早期角闪岩相退变质的温压条件为 $T=600\sim660℃,P=750Mpa$。目前尚未发现麻粒岩相退变质矿物组合存在。根据 Gar-Hb 矿物对(晚世代细小等轴粒状变晶石榴石)计算其绿片岩相退变质温压条件为 $T=400℃,P=200\sim300Mpa$,构成顺时针的 P-T 轨迹(图 4-11)。

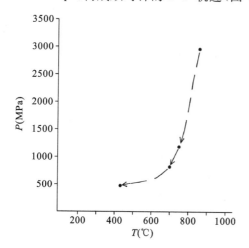

图 4-10 江尕勒萨依南带榴辉岩 P-T 轨迹
(据许志琴、刘良等,1999)

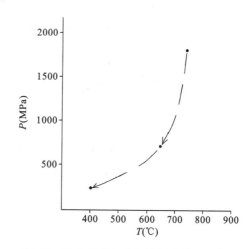

图 4-11 江尕勒萨依北带榴辉岩的 P-T 轨迹

第四节 混 合 岩

一、混合岩的地质特征与分类

区内混合岩化岩石主要布露于阿尔金山北坡哈底勒克萨依、克其克江尕勒萨依及图区中东部克克嗯格一带,多沿断裂呈带状产出。其内部不同混合程度的混合岩类相间产出,但宽度不大,难以在地质

图上划分表示,故合并表示为混合岩带。一般认为,混合岩化作用是区域变质作用的一个发展阶段,是介于区域变质作用和岩浆作用之间的一种地质作用和造岩作用,混合岩类是区域变质作用岩石就地部分熔融的产物。图区古元古代阿尔金群和苦海岩群中混合岩化较发育,一般沿断裂带呈条带状、透镜状产出,属典型的层状或带状混合岩。其表现为以多层的、不连续的以混合花岗岩类和混合片麻岩类为主的混合杂岩带,沿走向断续延伸几十千米或百余千米,内部可分为混合岩、混合片麻岩、混合花岗岩3大类混合岩石。

二、混合岩的岩石学特征

混合岩带的主要岩性组合为黑云母条带状混合岩、黑云母条痕状混合岩。混合片麻岩类由条痕状黑云母混合片麻岩、条带状混合片麻岩组成。混合花岗岩类的代表性岩石为黑云母二长混合花岗岩。将其主要岩石的岩石学特征分述如下。

1. 黑云母条带状混合岩

岩石主要矿物成分为微斜长石35%～41%、斜长石20%、石英32%～35%、黑云母4%～9%,少量白云母、石榴石,副矿物锆石等。长英质矿物粒径多为0.1～2mm,大小不等,分布不均匀,形态多为不规则的他形。微斜长石具不明显的格子双晶,边缘弯曲不规则,交代斜长石形成反条纹结构。粒度较粗的长英质矿物如微斜长石、石英等呈不明显的条带状聚集定向分布而显条带状构造。

2. 黑云母条痕状混合岩

岩石主要矿物成分为微斜长石50%、斜长石、石英含量均高于20%、黑云母7%,含少量白云母、蠕英石、石榴石及副矿物锆石、磷灰石等。岩石中长英质矿物粒径0.04～4mm者均可见及,大小混杂,多呈他形粒状,形态不规则且具曲线边缘。微斜长石交代斜长石形成反条纹结构,微斜长石边缘广泛发育蠕英结构。单个斜长石颗粒内部绢云母化不均匀。细小鳞片状黑云母呈条痕状聚集出现。

3. 条带状混合片麻岩

岩石中长石含量在60%以上,石英约占20%,黑云母15%,少量白云母、绿帘石、蠕英石等。副矿物常见锆石、磷灰石。岩石中基体与脉体界线较清晰,一般呈突变关系,脉体宽2～5mm,由板状、粒状长石组成,彼此之间齿状或不规则状相接触,表面清晰无蚀变,有光性异常、双晶纹弯曲,但变形变质作用比基体弱。脉体含量约占40%。基体由黑云母鳞片、长石、石英等平行定向分布组成,黑云母呈连续或断续条带状出现,长石、石英具明显的定向压扁拉长状。交代蚀变等常见。这类岩石多产于阿尔金岩群中。

4. 条痕状黑云母二长混合片麻岩

岩石主要矿物成分为微斜长石25%～40%、斜长石25%～30%、石英22%～25%、黑云母12%～13%,少量白云母、蠕英石。副矿物有锆石、磷灰石等。混合岩化作用强烈,岩石中基体与脉体界线不清晰。混合岩化形成的微斜长石多呈不规则的板状、粒状变晶,略具定向分布。石英呈他形粒状并略具定向压扁拉长。基体中长英质矿物颗粒较细,蚀变强烈,鳞片状黑云母呈条痕状断续定向分布。副矿物中有浑圆状锆石和针柱状锆石两种类型。

5. 黑云母二长混合花岗岩

岩石主要矿物成分为微斜长石32%～38%、斜长石23%～25%、石英25%～30%、黑云母5%～6%、白云母2%～3%,少量蠕英石。副矿物有锆石、磷灰石等。混合岩化程度高,其成分和某些特征与正常花岗岩类较相似,但所有矿物几乎都呈他形粒状。长石的长短轴比很小,斜长石普遍绢云母化但在各颗粒内部分布不均匀,蠕英结构发育。黑云母呈他形鳞片状定向分布。石英呈他形粒状,其中常见长石包裹体。副矿物中有浑圆状锆石和针柱状锆石两种类型。这类岩石在克克嗯格和克其克江尕勒萨依普遍存在。

三、混合岩的矿物学特征

混合岩化形成的新生矿物种类并不多,以微斜长石、斜长石、石英为主,黑云母少量,但其矿物特征既不同于沉积岩类,亦不同于变质岩类和花岗岩类,特征鲜明,明确地反映了混合岩化作用的某些特点和信息。现将混合岩类的主要矿物特征列述如下。

1. 微斜长石

它是混合岩化形成数量最多的矿物之一,多呈形态不规则的板状、粒状变晶,无完整晶面。粒径一般为 0.1~2mm,发育蠕英结构,部分发育格子双晶和卡氏双晶,且双晶面多弯曲。常见其中有细小黑云母、斜长石、石英包体和交代斜长石的现象,是弱应力条件下的产物。其化学成分见表 4-19。

表 4-19 混合岩中矿物的电子探针定量分析结果表(%)

样号	矿物	SiO_2	TiO_2	Al_2O_3	FeO	MnO	MgO	CaO	Na_2O	K_2O	Cr_2O_3	总量
17-8	Pl	58.77	0.00	25.74	0.00	0.00	0.00	7.13	7.36	0.40	0.02	99.42
	Kf	64.92	0.00	18.40	0.00	0.00	0.00	0.14	0.42	16.05	0.00	100.37
17-18	Gar	36.02	0.00	21.07	23.81	14.72	0.72	1.43	0.00	0.01	0.00	97.78
	Bi-1	32.73	1.62	19.28	28.36	0.36	4.86	0.00	0.00	7.43	0.00	94.65
	Bi-2	32.66	1.35	20.18	28.51	0.42	4.99	0.00	0.00	6.50	0.00	94.62
	Kf	62.62	0.00	18.80	0.04	0.00	0.00	0.76	15.85		0.00	98.08
	Pl	58.62	0.00	26.07	0.00	0.00	0.00	4.83	8.32	0.13	0.00	100.20

表中黑云母条痕状混合片麻岩(17-18 号样)和黑云母二长混合花岗岩(17-8 号样)中微斜长石的矿物成分变化显示,随着混合岩化程度加深,微斜长石中 SiO_2、CaO、K_2O 含量增高,Al_2O_3、Na_2O 降低。

2. 斜长石

在混合岩化作用岩石中,斜长石的典型特点是呈他形粒状且粒度较小,分布不均匀,发育微斜长石交代形成反条纹结构,同一颗粒内绢云母化极不均匀。其化学成分见表 4-19。

3. 石英

混合岩化形成的石英均为他形粒状,分布不均匀。一般与长石齿状相嵌接触。强烈波状消光,变形纹、变形带等变形亚结构发育,局部见定向压扁拉长。颗粒内有时见长石包裹体。

4. 黑云母

混合岩化岩石的新生矿物中亦有少量黑云母,其特点是呈细小他形鳞片状,大小一般在 0.1~0.8mm 且分布不均匀,多呈连续或断续条带状或条痕状分布。Ng' 棕红色,Np' 浅黄色。其化学成分见表 4-19。

5. 石榴石

为浅紫红—玫瑰红色细小等轴粒状,粒径一般为 0.1~1mm,晶形良好,少见裂纹。镜下呈极高正突起的均质体,折射率为 1.823,属铁铝榴石。其化学成分见表 4-19。

四、混合岩化作用的时间与期次

根据图区自古元古代以来几次重大构造热事件,图区和邻区发现混合岩产出的最新层位为中元古代末的蓟县系,结合已取得的花岗岩同位素年龄和变质岩单矿物 ^{40}Ar-^{39}Ar 坪谱年龄综合分析,区内混合岩化的时限应在古元古代末—中元古代末。古元古代末 1800Ma 左右,新疆境内首次克拉通化,以区域动力热流变质作用为主,形成阿尔金岩群角闪岩相区域变质岩,局部地幔热流值较高,以中高温热流变质作用为主,达高角闪岩相,为混合岩化提供了充分的条件,是图区最早的混合岩化阶段,但目前仅在阿尔金岩群中获得角闪石 ^{40}Ar-^{39}Ar 高温坪谱年龄(1525.52±5.4)Ma 的年代学依据,阿尔金山中、南部的混合岩应是该时期的产物。中元古代中期 1400Ma 左右,区内长城纪裂隙海槽闭合,区域动力热流变质作用伴随混合岩化,区内阿尔金山北缘的混合岩化可能就是该时期的产物。本次工作在江尕勒萨依混合花岗岩附近的变质侵入体中测得锆石 U-Pb 等时线上交点年龄(1311±66)Ma,代表了这一次构造热事件年龄。中元古代末 1000Ma 左右,区内昆仑地块演变为稳定克拉通,并发生区域动力热流变质,蓟县系发生高绿片岩相变质作用并伴随混合岩化作用,产出于长城系、蓟县系的混合岩类都可能形成于这一时期。推测发育于昆仑地块克克嗯格一带苦海岩群中的混合岩类就是该时期的产物。利用 Kf-Pl 矿物对测得其形成温度为 386～438℃;利用 Bi-Gar 矿物对测得其形成温度略高,为 481℃。

第五节 动力变质岩

一、动力变质岩的分布与分类

图区动力变质岩类分布广泛,几乎所有地质体都曾经历过动力变质史。依据《变质岩区 1:5 万区域地质填图方法指南》动力变质岩分类方案,结合图区特点,将区内动力变质岩系划分为碎裂岩和糜棱岩两大系列。碎裂岩系多伴随晚期大规模脆性断裂产出,依据基质碎裂化程度进而划分出断层角砾岩、碎裂化××岩、初碎裂岩、碎裂岩、超碎裂岩 5 类。糜棱岩系列多伴随早期脆韧性—韧性剪切带线状或带状产出,依据其基质含量及重结晶程度又可分为糜棱岩化××岩、初糜棱岩、糜棱岩、超糜棱岩及糜棱片岩 5 类。

二、动力变质岩的岩石学特征

(一)碎裂岩系

1. 构造角砾岩

岩石具砾状结构,角砾大于 2mm,碎基含量 5%～25%不等。图区内规模宏伟的构造角砾岩带主要有甘泉河构造角砾岩带、横阻山构造角砾岩带、黎滩沙河构造角砾岩带及阿尔金南缘构造角砾岩带(图 4-1)。前三者均产于图区南部石炭系、二叠系古生代盖层中,角砾成分以灰岩、云质灰岩及白云岩类为主,钙质胶结,角砾带宽 50～150m,走向延伸 15～30km。阿尔金构造角砾岩带平行阿尔金断裂带产出,宽度一般 100～200m,最大宽度达 500m,沿走向断续出露,延伸长 60～80km,带内以石英岩、云母石英片岩、片麻岩类角砾为主,斜长角闪岩少量,硅质胶结。

2. 碎裂岩化岩石

岩石在应力作用下被切割形成不规则的碎块,碎块之间基本无位移,岩石内部矿物晶粒常有破裂或晶内碎粒化,原岩的结构、构造基本保留。区内这种岩石在花岗岩类中最为发育,有碎裂石榴石黑云母正长花岗岩、帘石化碎裂花岗岩、弱碎裂正长岩等。

3. 初碎裂岩(碎斑岩)

岩石具碎斑结构,碎斑含量为50%～75%,碎斑成分多为斜长石、石英、微斜长石等,具圆化或半圆化的外形轮廓,碎粒粒径0.4～1.5mm。周围分布着粉碎磨细的长石、石英等,粒径一般小于0.2mm,且多重结晶。总体上碎斑和基质定向性不明显,局部可见圆化或半圆化的碎斑发生旋转滚动。基质中的细小鳞片状黑云母定向分布较明显。区内最常见的是阿尔金北缘构造带内的碎斑花岗岩类。

4. 碎裂岩(碎粒岩)

岩石具碎粒结构。碎斑成分多为斜长石、石英、微斜长石等,一般粒径0.05～0.5mm。基质含量50%～80%,并具有一定的定向分布或重结晶。有些碎裂岩系后期有较强的交代蚀变。区内常见花岗质碎裂岩、钾长石化碎裂岩与长英质碎裂岩等。

5. 超碎裂岩

该类岩石在图区内比较发育,常见于北东向、北西向脆性断裂中,一般呈压磨很细的泥状物,仅见少量石英碎斑(2%～10%)。无论是阿尔金岩群、苦海岩群中深变质岩系,还是古生代盖层或中新生代盖层中均有分布,并有后期硅化或褐铁矿化。

(二)糜棱岩系

1. 糜棱岩化岩石

糜棱岩化岩石是指那些经过较低级韧性剪切作用形成的岩石,岩石具碎斑结构,碎斑由斜长石、石英、微斜长石等组成,含量为65%～75%,大小一般为1～6mm,外形圆化,定向分布显著,长石碎斑中常见变形双晶、分离结构,石英颗粒见强波状消光,发育变形纹、变形带。基质中长石、石英具静态重结晶。区内最常见的岩石有糜棱岩化花岗岩、糜棱岩化正长花岗岩、糜棱岩化黑云母二长花岗岩等,在阿尔金山北缘江尕勒萨依一带分布很普遍。

2. 初糜棱岩

岩石具糜棱结构或粗糜棱结构,岩石中含碎斑60%～75%,碎斑由斜长石、石英、微斜长石等组成,大小一般为0.1～0.2mm,普遍具圆化外形和定向压扁拉长。基质中的细小鳞片状黑云母、绢云母定向分布较明显,以出现假流纹构造为特征。区内以花岗质初糜棱岩类分布最多,长英质初糜棱岩少量。

3. 糜棱岩

岩石具糜棱结构或有碎斑结构,碎斑含量一般为40%～55%,碎斑由斜长石、石英、微斜长石、方解石等组成,碎斑大小0.3～8mm,碎斑具圆化外形和定向压扁拉长,变形双晶、滑动位移、分离结构等变形亚结构发育。云母鱼、膝折等变形构造并不鲜见。

4. 长英质超糜棱岩

岩石具超糜棱结构,由于韧性剪切作用强烈,原岩成分已很难辨认。岩石中含少量碎斑(3%～5%),碎斑以微斜长石、石英为主,粒度细小,一般为0.05～0.4mm。基质中细小石英和绢云母具条纹状构造和流动构造。

5. 糜棱片岩

岩石具重结晶结构和变晶结构，原岩面貌已被改造一新，由平行糜棱面理的新生矿物组成。偶见变余碎斑结构，碎斑多为石英，具定向压扁拉长和强波状消光，发育变形纹、变形带。变晶黑云母中弯曲、膝折现象常见。分离结构普遍。由压扁拉长的石英集合体和鳞片状黑云母等相间定向分布而显示条带状构造。

三、动力变质岩的矿物学特征

碎裂岩类动力变质岩一般不出现新生矿物，而糜棱岩类则不同程度地出现新生矿物，韧性剪切变形强烈的糜棱岩和糜棱片岩中以新生矿物为主。其新生矿物种类较多，主要有黑云母、白云母、绢云母、绿泥石、黝帘石、绿帘石、石英等。它们共同的特点是粒状变晶矿物具定向压扁拉长和重结晶，矿物内部发育变形亚结构，如石英的强波状消光、变形纹、变形带、分离结构等。矿物组合向低温组合转化，如斜长石转化为黝帘石、绿帘石等。片状矿物向低温矿物组合转化更加普遍，定向分布性更明显，变形构造发育。动力变质岩中矽线石转化为白云母、普通角闪石转化为黑云母、黑云母转化为绿泥石等现象十分普遍。片状矿物中变形构造发育，如云母类矿物中的扭曲、膝折等。

第五章 地质构造

第一节 大地构造位置与区域地质构造背景

一、大地构造位置

测区位于青藏高原北缘阿尔金—昆仑山构造接合带上,地域上包括东昆仑山中西部、阿尔金山西缘和后者的山前坳陷带,构造上归属青藏高原造山复合体后陆部位(图5-1)。青藏高原北缘陆壳形成期、始造山期、早造山期和主造山期的古板块裂解、汇聚和拼合的过程及后造山期地块运动隆升的轨迹在测区的构造变形中有较为丰富的记录(图5-2)。上述决定了测区在重建大地构造格架、恢复昆-金构造接合带和阿尔金南缘断裂的形成、演化过程中的核心地位,也决定了测区构造变形的复杂多样性和解析艰难性。因此,在解析测区构造变形前,有必要简要了解区域地壳运动、区域断裂系统和深部构造特征。

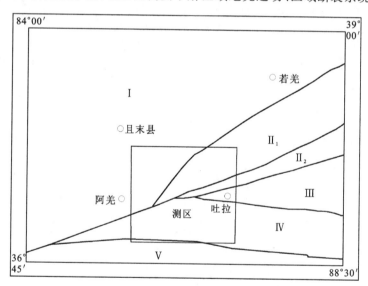

图5-1 测区大地构造位置示意图

Ⅰ.塔里木地块;Ⅱ$_1$.阿尔金地块;Ⅱ$_2$.阿尔金南缘混杂岩带;
Ⅲ.祁曼塔格裂陷槽;Ⅳ.昆中地块;Ⅴ.昆南地块

二、区域地壳运动

1. 吕梁运动

在新疆又称兴地运动,以库鲁克塔格地区的兴地塔格岩群与其上覆的杨吉布拉克群不整合为标志,在昆仑山存在埃连卡特岩群与塞拉加兹群之间的不整合,测区可见古元古代阿尔金岩群(Pt_1A)与上覆长城系巴什库尔干岩群扎斯勘赛河岩组(Chz)之间的不整合。侵入岩主要为含蓝石英的混合质闪长岩—花岗闪长岩—斜长花岗岩,同位素地质年龄为1900~2100Ma。

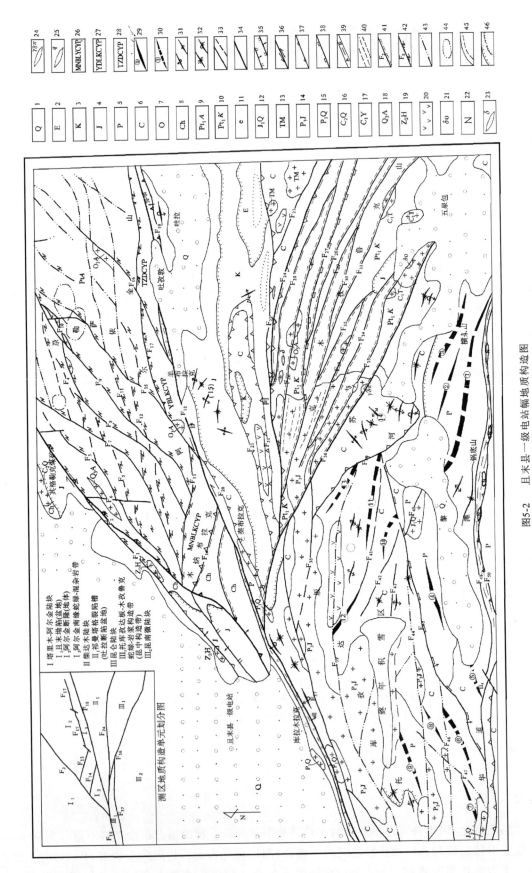

图5-2 且末县一级电站幅地质构造图

1.第四系；2.第三系；3.白垩系；4.侏罗系；5.三叠系；6.石炭系；7.奥陶系；8.长城系；9.古元古代阿尔金岩群；10.古元古代苦海岩群；11.蓟县岩；12.青塔山岩体；13.木孜鲁克序列；14.篱峡山序列；15.秦布拉克序列；16.其格勒克序列；17.野鸭湖序列；18.艾砂汗托海序列；19.哈密勒克超岩片；20.茫纪岩火山岩；21.石英闪长岩；22.基性岩；23.闪长岩；24.花岗岩；25.斑岩岩脉；26.木纳布拉克超岩片；27.丰布拉克超岩片；28.吐政墙超岩片；29.曾斜轴迹；30.向斜轴迹；31.小青斜（倒转背斜）；32.小向斜；33.实测、34.区域性断层；35.正断层与逆断层；36.平移断层；37.逆冲断层；38.滑移断层线；39.角砾岩带；40.强韧性化带；41.脆韧性断裂；42.韧性剪切带；43.遥感解译断裂；44.环形构造；45.实测推测地质界线；46.实测推测未整合地质界线

2. 晋宁运动

在新疆也称塔里木运动，区域上包括早塔里木、阿尔金与塔里木 3 个运动幕，分别以长城系与上覆的蓟县系、蓟县系与上覆的青白口系、青白口系与上覆地层之间的不整合为标志，测区存在长城系巴什库尔干岩群贝克滩岩组(Ch*b*)与奥陶纪祁曼塔格群(OQ)之间的不整合。发育蛇绿岩和中基性火山岩，其中钐-钕模式年龄为 1118Ma，大致对应第一幕活动时间；中基性火山岩钐-钕模式年龄为 924Ma、946Ma，大致对应第二幕活动时间；侵入岩有英云闪长岩—花岗闪长岩，铷-锶等时线年龄为 575Ma，大致对应第三幕活动时间。

3. 加里东运动

加里东运动发生在震旦纪—志留纪末，区域上可分早、中、晚加里东 3 个运动幕。邻区以奥陶纪祁曼塔格群(OQ)与上覆石炭纪托库孜达坂群之间的不整合为标志。发育中基性火山岩及深熔型片麻状花岗闪长岩—二长花岗岩—钾长花岗岩序列。该运动奠定了测区的基本构造格架。

4. 华力西—印支运动

区域上华力西运动以二叠系与三叠系间的不整合为标志，同位素地质年龄为 340～280Ma；印支运动以三叠系与侏罗系间的不整合为标志，同位素地质年龄为 200Ma。测区内缺失三叠系沉积，因而统称为华力西—印支运动。从此结束海相沉积史。

5. 燕山运动

区域上燕山运动包括中燕山、晚燕山两个运动幕，新疆又称之为火焰山运动和准噶尔运动，测区分别以侏罗系与白垩系、白垩系与古近系间的不整合为标志，运动时限为侏罗纪晚期和晚白垩世末。

6. 喜马拉雅运动

区域上喜马拉雅运动划分为乌恰、哈密、库姆库勒、喀什、西域 5 个运动幕，测区内第三幕与第五幕有良好的印记，即古近系与新近系间不整合、第四系下更新统西域组与中更新统的不整合。

三、区域断裂构造系统

影响测区地质构造的区域断裂构造系统主要有以下几个。

1. 阿尔金断裂构造系统

该系统是由以阿尔金山两侧断裂为主体向两端伸展的一系列走向北东—北东东(50°～75°)的压扭性断裂组成的构造系统，以明显的左行扭动、强烈的挽近活动及贯穿性和巨大的规模为其特征，它控制了青藏高原的西北边界和塔里木盆地的东南缘。主要包括阿尔金南缘断裂、阿尔金北缘断裂、米兰-红柳园断裂、且末-黑尖山断裂和罗布庄-星星峡断裂。

2. 祁曼塔格断裂构造系统

该系统在平面上呈向北突出的弧形，由一系列相互平行、总体向南倾斜的逆冲断裂组成的构造系统。断裂东段大致沿祁曼塔格山北缘分布，往西过东经 90°线转为北东东向。西延被第四系覆盖，越过吐拉盆地后，与阿尔金南缘断裂斜接。断裂控制了加里东期（以中、晚奥陶世和晚志留世为主）活动型沉积的北界。

3. 阿尔喀断裂构造系统

该系统大致沿阿尔喀山北麓分布，由多条平行的断裂组成。断裂西延至雁荡山与托库孜达坂逆冲弧相连,构成向北突出的弧形。断裂向南倾斜,为以石炭系、二叠系陆源碎屑岩和碳酸盐岩建造为主的沉积岩系,向北逆冲在祁曼塔格加里东期活动型沉积建造和上新统之上。

四、深部构造

区域范围内进行深部构造研究的资料较少,这里直接引用姜枚等(1999)深部研究成果。区域深部构造特征为:①青藏高原与塔里木盆地都是由速度不同的物质组成。总体上看,青藏高原与柴达木盆地以低速体为主,间有高速体,沿着阿尔金南缘断裂的火山活动及超基性岩的分布就是地表的显示。②塔里木盆地是以高速体为主,但深部和边缘有低速带分布。青藏高原的隆升实质上与阿尔金的隆升是一致的,在阿尔金山附近的高速与低速带上同时形成了相同的高地形,这可能也是一种地壳的均衡。③阿尔金南缘断裂具有一定的深度,产状陡,向下延深达100km,穿过了Moho面,呈现为40km宽的低速带。④软流圈位于大致100km的深度上,塔里木盆地范围内其深度大约在110km,阿尔金南缘断裂范围内其深度大约为80km,可以认为,在低速体范围内其深度略小,而高速体范围内其深度略大些。

第二节 构造单元的划分对比及基本特征

一、青藏高原北缘构造单元划分对比的研究现状

青藏高原北缘处于包括哈萨克斯坦板块、塔里木-中朝板块和青藏高原在内的中亚地区的核心部位,其研究对解决中亚地区构造单元划分、变形运动学和动力学十分关键。而构造单元对比划分是对各类地质资料如沉积建造、岩浆活动、变质作用、火山作用和构造变形等的综合成果,又对进一步研究各类地质作用起指导作用。因此,该地区的构造单元划分对比的研究已成为地学界研究热点,包括新疆本地、各科研院所及外国研究机构在内的不少专家学者对此有过研究和著述。

在诸多的著述中,对构造单元划分对比研究较为系统和较具代表性的有:新疆地矿局的新疆地质志(槽、台构造观),陈哲夫等的《新疆开合构造与成矿》(构造开合观),潘桂棠等的《东特提斯地质构造形成演化》(沟-弧-盆体系观),许志琴等的《阿尔金断裂两侧构造单元的对比及岩石圈剪切机制》(板块构造观)。另外,为了协调青藏高原北缘空白区1:25万区调填图,中国地调局3次组织专家讨论,形成青藏高原北缘构造单元划分的统一方案,2002年3月昆明会议上达成的方案集结了空白区地质研究的最新成果。总之,随着新一轮国土资源大调查的进行,新的资料不断占有,构造单元划分对比将会日趋合理、日趋完善。

二、测区构造单元划分与对比方案

综合前人成果与此次区调取得的地质资料,提出测区的构造单元划分方案(表5-1),试图与区域进行对比,现就划分作几点说明。

(1)测区属于华北-塔里木板块一级构造单元,划分出塔里木-阿尔金陆块、柴达木陆块、昆仑陆块3个二级构造单元,这与板块构造理论在青藏高原北缘划分的构造单元方案一致,即基本上沿用了2002年3月昆明会议上达成的青藏高原北缘构造单元划分方案;同时,为很好体现测区本身独有的地质特色,在三级构造单元划分上则以测区区带分划的地质特征为依据,划分出且末中—新生代盆地构造区(或称且末坳陷区)、阿尔金结晶基底构造区(或称阿尔金断隆)、阿尔金南缘蛇绿-构造混杂岩带、祁曼塔格裂陷槽区(或称吐拉盆地构造层构造区)、托库孜达坂-木孜鲁克岩浆构造带(或称昆中构造带)、昆南微陆块(或称五泉包—甘泉河构造区)6个三级构造单元。

(2) 且末中—新生代盆地构造区与阿尔金结晶基底构造区以阿尔金北缘断裂为划分界线,考虑其线性展布特征,没有单列为一个构造单元;将木孜鲁克山结晶基底划归托库孜达坂-木孜鲁克岩浆构造带内,似与一般将其划为昆南微陆块内不同,但可体现其强变形与花岗岩强入侵的特征。

(3) 横条山-岩碧山构造带是最新发现的构造带,具沉积混杂与构造混杂双重构造属性,其内又有蛇绿岩端元组分以残片形式保存,但充分考虑到该构造带两侧沉积建造及火山作用具相似性,因而没有将其作为构造单元划分界线,只是作为昆南微陆块内的一个重要构造带。

表 5-1 测区地质构造单元划分对比表

新疆地质志(1993)		许志琴等(1999)	张良臣等(2002,昆明会议)		本报告(2002)	
塔里木地台	且末-若羌断陷	塔里木地块	塔里木-阿尔金陆块	塔里木新生代盆地	塔里木-阿尔金地块	且末坳陷
	阿尔金断隆	中阿尔金地块		阿尔金断隆带		阿尔金断隆
		南阿尔金俯冲-碰撞杂岩带	茫崖-库牙克构造混杂岩带			阿尔金南缘蛇绿构造混杂岩带
东昆仑褶皱系	祁曼塔格优地槽褶皱带	柴达木-昆北地块	柴达木陆块	祁曼塔格裂陷槽	柴达木地块	祁曼塔格裂陷槽(吐拉盆地)
	阿尔喀山冒地槽褶皱带		昆仑结合带其曼于特-纳赤台结合带		昆仑地块	托库孜达坂-木孜鲁克岩浆构造带
				昆南微陆块		昆南微陆块

三、各地质构造单元基本特征

各地质构造单元在沉积建造、岩浆作用、变质作用、构造变形及成矿作用等方面具有不同的地质特征,其详情见表 5-2。

表 5-2 测区各构造单元地质特征简表

	且末坳陷	阿尔金断隆	阿南蛇绿-构造混杂岩	祁曼塔格裂陷槽	昆中构造带	昆南微陆块
沉积建造	陆相碎屑岩建造	活动型陆壳沉积、碎屑岩-火山岩建造	不同构造岩片沉积建造不同	海相岛屿型碎屑岩—火山岩—碳酸盐岩建造、陆相碎屑岩建造	元古代槽型活动带碎屑岩—碳酸盐岩建造	海相岛屿型碎屑岩、碳酸盐岩建造
岩浆活动	其格勒克序列	哈底勒克序列、艾沙汗托海序列	卡子岩群、艾沙汗托海序列		木孜鲁克序列、蛇绿岩、秦布拉克序列	野鸭湖序列、青塔山岩体、蛇绿岩、箭峡山序列
变质作用	低绿片岩相,区域低温动力变质	高绿片岩—高角闪岩相,榴辉岩相,高压超高压变质	不同性质岩片具不同的变质作用特征	低绿片岩相,区域低温动力变质	高绿片岩—低角闪岩相,区域动力热流变质	低绿片岩相,区域低温动力变质
构造变形	断陷盆地,新构造活动强烈	强弱变形呈菱形网格状配置	多类型多成因的构造岩片相互叠置	裂陷槽叠加中、新生代盆地	强、弱变形呈透镜状配置	断褶组合,推覆构造,陆块内部裂解拼贴

第三节 主干断裂系统

断裂构造是传递岩石圈构造演化、深部动力学过程和物质组成信息的最重要的构造类型。区内的区域性断裂有 F_2、F_{18}、F_{24}、F_{36}，它控制了图区的构造格架，亦是区内各构造单元的边界断裂。

一、阿尔金北缘断裂(F_2)

(一) 几何学特征

阿尔金北缘断裂位于阿尔金山北麓，构成阿尔金山与塔里木盆地的地貌分界。南东侧为海拔 3500～5000m 的阿尔金山，北西侧为海拔 2000～3000m 的塔里木盆地。呈北东向展布于托克勒克—琼库恰普一带，出露长约 75km，西端被第四系所覆，往北东延伸出图。主断裂较平直，局部略有起伏，并派生出与之同方向的次级断裂。其产状总体倾向 140°～150°，倾角 60°～70°，局部反倾向 320°。断层规模巨大，效应显著，导致阿尔金山的隆升，控制了山前中—新生代盆地的沉积，并使古元古界阿尔金岩群逆覆于长城系及侏罗系之上。

(二) 变形特征

断裂带宽 50～500m 不等，沿走向上延伸宽窄不一，表现形式也有明显差异，不同区段主导变形性质不同，具多期变形特征。在琼库恰普一带，出露较为完整(图 5-3)，且有明显的分带性。

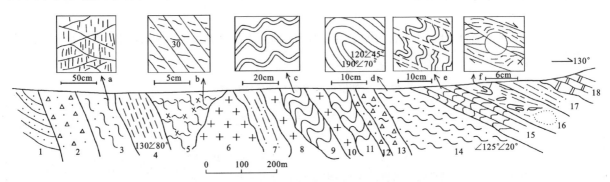

图 5-3 阿尔金北缘脆-韧性剪切带实测剖面(琼库恰普)

1.侏罗纪莎里塔什组砂岩(J_1s);2.碎裂岩;3.糜棱岩;4.陡倾劈理;5.花岗质糜棱岩;
6.花岗岩;7.片理;8.闪长岩枝;9.片理脉褶;10.基性岩脉;11.牵引褶曲;12.碎裂岩;13.糜棱质碎裂岩;
14.透入性面理;15.剪切流变;16.旋转构造;17.糜棱片岩;18.古元古代阿尔金岩群大理岩(Pt_1A);
a.共轭节理;b.晚期糜棱面理与早期糜棱面理斜交;c.宽缓近直立脉褶;d.等斜褶曲;e.剪切褶曲;f.旋转残斑

早期变形在 14～17 层中较为清晰，发育糜棱岩、糜棱片岩及矽线石糜棱片麻岩。其糜棱面理产状较为平缓 $S_1:125°\angle 20°～30°$，糜棱岩中见有 σ 型旋转残斑及剪切流变褶皱(图 5-3)，剪切流变褶皱由同构造分泌的长英质脉体组成，在剪应力作用下发生柔流褶皱作用而形成，二者均显示为右旋剪切。糜棱岩中矿物生长线理发育，由片柱状矿物如长石、云母等组成，亦见重结晶的石英沿之分布，平行于残斑的长轴方向生长，产状大致为 $220°\angle 20°～30°$，其较大的侧伏角表明在右旋剪切的同时有逆冲分量的存在，或者为后期改造的结果。中期变形在 3 层、11 层中较为清晰，发育有花岗质糜棱岩、初糜棱岩、片理化带等，并见有花岗岩脉侵位于糜棱岩中。本期变形十分强烈，发育的剪切面理产状较陡 $S_2:130°\angle 60°$～

75°,并对早期糜棱面理置换明显,糜棱岩中发育矿物生长线理 L:130°∠70°,片理带中见有同斜褶曲(图5-3),系推覆型韧性剪切变形。晚期变形如 2、12、13 层中所见,表现为碎裂岩、糜棱质碎裂岩的形式,叠加在前述剪切带之上,以脆性变形为主导,并形成一些牵引褶曲,在 2 层碎裂岩中尚发育有构造透镜体、断层泥及团块状角砾岩,并可见到明显断面,倾向 SE,倾角 60°~70°。斜列的透镜体显示为南盘仰冲,而南盘中所见的共轭节理则显示 SE-NW 方向的挤压应力,亦为其佐证。最终断层效应导致 Pt_1A 逆冲于 J_1s 之上。

在哈底勒克萨依沟所见变形带以中期变形的形迹为主导,剪切带内发育片麻状糜棱岩,平卧、斜卧剪切褶皱十分发育,其糜棱面理倾向南东,倾角 60°~70°。而在断裂西侧长城系中发育的与之同方向的次级断裂,则表现出与晚期变形相同的脆性逆冲性质,并呈倾向南东的叠瓦状冲断组合。

在库拉木拉克所见至少存在两期以上变形,相当前述的中期与晚期。主导变形为推覆型韧性剪切,带内充填眼球状花岗质糜棱岩、钾长石化花岗质糜棱岩、糜棱片岩、混合岩化糜棱岩,表明在同构造期后有岩浆热液活动的作用叠加。剪切带中发育有流变褶曲、σ 型残斑、S-C 组构、鞘褶皱,以及矿物生长线理、构造包体(石香肠状)等韧性应变构造形迹(图 5-4)。流变褶曲又有"W"、"N"、"S"型等,褶曲呈无根钩状、平卧状。上述具剪切指向的标志性形迹,总体显示为(逆冲)推覆型韧性剪切。其糜棱面理产状为 300°~320°∠60°~70°,与区域上不同,应为后期改造旋转的缘故。在上述剪切带上叠加的晚期脆性变形,则表现为角砾岩、碎裂岩及挤压透镜体的形式,并见硅化石英脉穿插,可见到明显断面,产状为 150°∠35°~50°,断面旁斜列的构造透镜体及牵引褶曲显示为逆冲性质,并最终导致 Pt_1A 逆覆于长城系 Chh 之上。

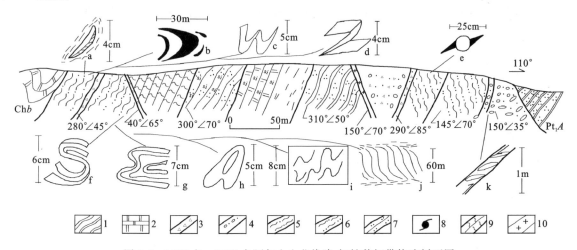

图 5-4 1128 点—1129 点阿尔金山北缘脆-韧性剪切带构造剖面图

1.石英岩;2.长城纪巴什库尔干岩群大理岩(Chb);3.角砾岩;4.碎裂岩;5.初糜棱岩;6.糜棱岩;
7.古元古代阿尔金岩群石英片岩(Pt_1A);8.残斑;9.面理流变;10.花岗岩;a.构造包体;b.无根褶皱;
c."W"型褶皱;d."Z"型褶皱;e.旋转斑;f."S"型褶曲;g.平卧小褶曲;h.鞘褶皱;I.流变褶曲;j.S-C 组构;k.构造透镜体

(三) 构造岩

阿尔金北缘断裂是一条长期活动的深大断裂,因此断裂带内表征脆性、脆-韧性、韧性应变的角砾岩、碎裂岩、初糜棱岩、糜棱岩、片麻状糜棱岩等均有发育,反映从中深层次到浅表层次的演化过程。

1. 糜棱岩

该岩石在断裂带中的早期与中期变形中十分发育,反映韧-塑韧性变形的标志。主要类型有花岗质糜棱岩、眼球状花岗质糜棱岩(图 5-5)、片麻状花岗质糜棱岩、钾长石化混合岩化及硅化花岗质糜棱岩。岩石由碎斑和碾细物质共同组成,碎斑含量一般小于 30%。其往往为圆化无棱角、眼球状或压扁拉长呈扁豆状的石英、长石等,定向排列十分明显,碎斑边缘局部可见细粒化、亚颗粒化。碾细的基质则呈显微粒状,主要由拔丝状石英、片状云母等定向排列组成,糜棱岩中片柱状矿物形成的拉伸线理常见,S-C组构发育。受后期岩浆热液活动影响,发生重结晶作用,则形成糜棱片岩及硅化混合岩化糜棱岩。

2. 初糜棱岩

岩石在本断裂中期带变形中发育,主要类型有花岗质初糜棱岩,反映脆韧性变形相。岩石由碎斑和粉细物质组成,碎斑一般含量50%以上,主要成分有长石、石英,呈椭圆、圆形,并见压扁拉长呈藕节状石香肠定向排

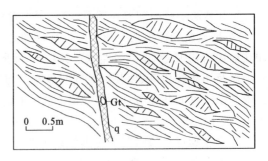

图 5-5 眼球状糜棱岩(木纳布拉克)
q. 后期石英脉;Gt. 石榴石斑晶

列,其粉细物质为石英、长石及变晶新生的绢云母等定向排列,并绕过碎斑。被压扁拉长的碎斑长短轴比一般为3∶1~4∶1,局部可见旋转现象。

3. 角砾岩与碎裂岩

岩石在断裂的晚期变形中发育,系脆性变形的产物。角砾岩中角砾成分因断层切割地层不同而不同,有紫红色砂岩、砾岩、大理岩、变质砂岩及花岗岩、花岗质糜棱岩等。其形态一般呈不规则状、似棱角状,有不同程度的磨圆,也有压扁状透镜状。角砾大小一般 5~20mm,大者 3~5cm,含量一般小于10%;胶结物多为细粉状断层泥及硅质、钙质等。碎裂岩中碎斑一般占 20%~50%,大小以 1~2mm 为主,多呈次圆状轮廓,整体无定向,局部弱定向排列。碎斑成分有长石、石英、糜棱岩块等;基质为粉碎磨细的长石、石英粉末状物质,一般有一定的重结晶作用。

(四)显微构造

重点对初糜棱岩与糜棱岩进行系统采集薄片分析,在单偏光及正交偏光下,观察到有如下现象。

1. 波状消光

波状消光十分普遍,尤其在石英碎斑及云母变斑晶中发育,石英强波状消光往往形成消光带。

2. 变形纹

常见有斜长石的变形双晶;云母的解理纹弯曲变形,形成扭折、膝折;尤其是石英碎斑中变形纹发育,其与石英 C 光轴优选方位近于垂直。

3. 丝带(拔丝状)构造

表现为原岩中晶粒被拉长成并列的丝带状。以石英的拔丝状构造最为典型(图 5-6),单偏光下观察,石英已变形为带状单晶,长宽比可达成 10~100,一般围绕碎斑(长石)呈飘带状。在正交偏光镜下,整个晶体已部分或全部细粒化。

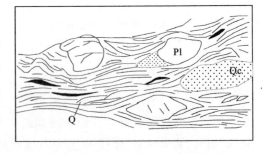

图 5-6 斜长石碎斑及石英拔丝状构造(×50)
Pl. 斜长石;Q. 拔丝状石英;Qc. 动态重结晶石英

4. 石香肠、书斜构造

石英、斜长石碎斑在剪切应力作用下,压偏拉长呈藕节状、透镜状,或剪切位移形成石香肠构造和书斜构造(图 5-7)。

5. S-C 组构

S-C 组构是不均匀非共轴剪切流变岩石中的特征性构造,可以明确指示剪切流变的方向。其中发育一组由矿物形态优选方位所体现的透入性 S 面理,以及一组位移不连续所组成的 C 面理(图 5-8)。在玉石沟口,测得其 S∧C 之夹角约为 20°,反映相应的剪应变强度。

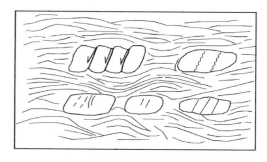

图 5-7 藕节状斜长石碎斑及石香肠构造(×50)

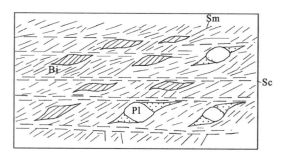

图 5-8 S-C 组构中云母鱼及旋转残斑(×50)
Bi. 黑云母;pl. 斜长石;Sm. "S"面理;Sc. "C"面理

6. 云母鱼

由先存黑(白)云母在剪切过程中破碎或旋转而成(图 5-8),也大致呈 S-C 组构的形态,可以判断剪切指向。上述二者都显示为右旋韧性剪切。

7. 碎斑系构造

由于矿物变形习性不同,容易流变的矿物强塑性变形成为基质,不易流变的矿物发生碎裂变形,呈眼球状、扁豆状,保留在基质中。碎斑两端有细粒重结晶物质组成的结晶尾。本断裂带中常见有 σ 型碎斑系。其中碎斑以长石多见,由细粒化石英、云母形成结晶尾。长石中常发育一组剪裂面,反向剪切面呈书斜状排列,形成书斜状构造(图 5-7)。

8. 动态重结晶构造

包括亚颗粒的重新定向和颗粒边界迁移形成新颗粒的过程。在正交镜下细小的晶粒以细锯齿状或港湾状的不稳定边界为特征。在本断裂中期变形所形成的糜棱岩中常见,特别是石英颗粒中重结晶现象较为普遍,测量其粒径可以估算古应力值。

9. 静态重结晶

岩石在热事件的影响下,矿物亚晶或动态重结晶颗粒,重新结晶而呈粒状镶嵌构造,其晶界面理论上呈 120°夹角。前述硅化、混合岩化糜棱岩中可见石英亚颗粒的静态重结晶构造。

(五)应力应变分析

1. 有限应变分析

选取中期变形带中的糜棱岩(位于琼库恰普一带)中的眼球状、扁豆状碎斑进行有限应变统计分析(图 5-9),镜下观察数据 100 个,求得其有限应变值为 $X:Y:Z=3.5:2.5:1$,并做 Filnn 图解和 Wood 图解,求得弗林参数 $K=0.95$,伍德指数 $U=0.28$,反映中期变形为压扁-单剪机制。

2. 古应力值估算

选取中期变形带中的糜棱岩,对其中石英动态重结晶颗粒进行统计(表 5-3),根据公式:

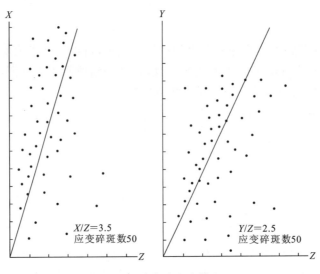

图 5-9　应变碎斑主轴比

$\Delta\sigma=6.1D^{-0.68}$MPa(Etheridge,1981),计算出韧性变形古应力值为 53.8MPa。反映中浅层次的构造环境。

表 5-3　石英动态重结晶颗粒统计表

序号	样品号	统计颗粒(个)	平均粒径(mm)	$\Delta\sigma=6.1D^{-0.68}$MPa
1	Y8	68	0.040±0.003	49.7
2	1103-2	56	0.032±0.003	58.0
平均值				53.8

（六）磁组构特征

前人已在阿尔金北缘断裂的北侧、塔里木地块东南缘,以及且末县江尕勒萨依和若羌县拉配泉两个地区系统采集了磁组构样,进行了统计整理和分析,结论如下。

1. 奥陶纪—侏罗纪的磁组构

奥陶纪与侏罗纪 L-F 弗林图解如图 5-10 所示。侏罗纪标本显示出其各向异性不大,磁面理与磁线理均不发育,在弗林图解上,数据集中于原点附近。奥陶纪标本显示出的磁线理与磁面理也是分散的,但磁面理相对发育时则以压应力为主。图 5-11 是奥陶纪与侏罗纪磁化率张量的赤平投影图,表现出多期叠加磁组构的特征。

2. 白垩纪与古近纪的磁组构

白垩纪与古近纪 L-F 弗林图解如图 5-10 所示,两者表现出明显的相似性,即两者均发育磁面理,极大部分点均落在 $L=F(E=1)$ 线的下方,磁化率椭球呈压扁状。

从青藏高原的构造运动事件出发,为便于研究,我们将这些磁组构一并表示在一张赤平投影图上(图 5-11)。由图可见,磁化率张量的极小轴的方向集中于 SSE-NNW 方向,最小磁化率主轴与岩石应变主轴平行,也平行于最大压应力方向。因此白垩纪至古近纪时,该区应力总体方向为 150°～180°。该区当时以压应力为主,又由于最小磁化率主轴倾角极大部分小于 30°,因此反映压应力接近水平,稍向南倾。基于最小磁化率倾向南,暗示断裂北盘下降、南盘上升,但由于其倾角不大,因此北盘的下降量也不大。

总之,对阿尔金断裂的磁组构分析归纳起来有如下认识:

(1) 自侏罗纪开始,阿尔金断褶系的构造应力场以压应力为主,应力方向为南北或 NW-SE 方向。

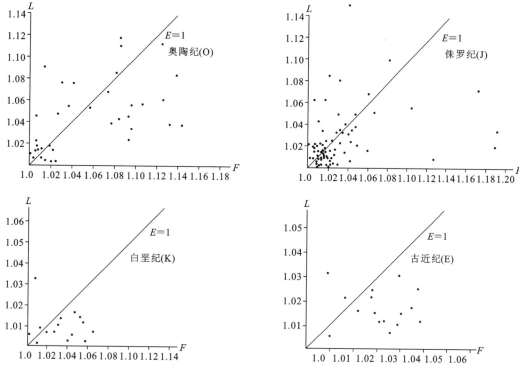

图 5-10 奥陶纪、侏罗纪、白垩纪、古近纪岩石 L-F 弗林图解

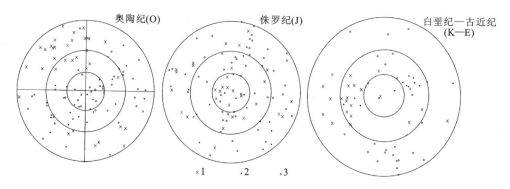

图 5-11 奥陶纪、侏罗纪、白垩纪、古近纪岩石磁化率张量赤平投影图

1. 最大磁化率；2. 中间磁化率；3. 最小磁化率

(2) 在白垩纪至古近纪期间，该地区存在一反弹南移构造事件。

(3) 古近纪时，阿尔金北缘断裂开始左行走滑，但大规模的活动还在其之后。

（七）变形时代分析

综前所述，结合区内震旦纪花岗岩展布方向与北东向断裂一致，且沿断裂旁侧斜列分布来看，断裂早期变形可追溯到晋宁运动，以中深层次的右旋韧性剪切为标志；而中期变形应发生在加里东期，切割了震旦纪及奥陶纪花岗岩体，以推覆型韧性剪切为特征；晚期变形大致发生在晚印支—燕山期，阿尔金断隆开始成生，侏罗纪盆地关闭，以脆性逆冲变形为特征；后期变形大概从始新世末开始，以左行走滑兼逆冲为特点，其应变形迹留存于新近系及第四系地层中。

二、阿尔金南缘断裂（F_{18}）

阿尔金南缘断裂在阿尔金断裂系中处于关键地位，该断裂西南起自郭扎错，往北东经库牙克、索尔库里、安南坝,越过昌马大坝、赤金堡后,转为近东西向逆冲断裂,往南西延伸,和西昆仑的北西-东西向断裂斜接复合。崔军文等(1989)认为该断裂为逆冲-左行走滑-正滑型组合断裂,走滑段基本上沿阿尔金南麓展布,全长1600余千米,阿尔金南缘断裂构成祁连山和阿尔金山、东昆仑与西昆仑的界线,沿断裂带分布有前中生代地层和基性岩、超基性岩断片及新生代断陷盆地,卫星影像清晰,宏观上表现为被间断或错断的线性构造。

因其规模巨大,性质复杂,对区域构造影响深远,从而成为地学界研究热点。已取得了不少新认识、新成果,但争议仍很大,归结为三大问题,一是形成时间及其后演化问题,二是运动学特征问题,三是对西北地质构造的影响问题。

阿尔金南缘断裂在测区中部穿过,是研究该断裂的良好地区,下面阐述本次工作对阿尔金南缘断裂在测区段的特征的认识,希望对解决该断裂存在的科学问题有所帮助。

(一)几何学特征

崔军文等(1989)认为,阿尔金南缘断裂区域上由一系列北东东向线形断裂和向北突出的弧形断裂段组合而成,具有线性和弧形叠加的几何形态。测区阿尔金南缘断裂在秦布拉克以东段呈北东东向线性展布,在秦布拉克与昆中弧形断裂叠加、复合,往西略呈北东东向往北凸出的弧形展布,长约250km,几何形态分段性特征较为明显。

(二)运动学、动力学特征

几何形态分段性特征上是由于不同段的运动学、动力学特征各异而引起的。对阿尔金南缘断裂的详细野外观察和室内综合研究发现,该断裂的运动学、动力学特征分段性和几何学特征分段性一致,可分为吐拉段、秦布拉克段、库拉木拉克段。

1. 吐拉韧性变形和走滑变形段

该段阿尔金南缘断裂控制祁曼塔格裂陷槽北界、蛇绿混杂岩带南界,断裂带宽处达10km,变形强烈,南盘为奥陶纪、石炭纪地层,北盘为蓟县纪、古元古代地层,带内变形强烈,主断面不清晰,由许多次级断裂面组成,可见角砾岩、碎裂岩、断层泥、糜棱岩、构造片岩、构造透镜体(夹块)等宏观构造标志(图5-12)。镜下可观察到X-Z面旋转残斑、倾斜消光条带、S-C组构、云母鱼、核幔构造等微观构造,显示其左旋运动性质。发育的线、面理构造反映其四期构造变形特征(图5-13)。第一期为东西向陡倾斜韧性流劈理和南北向缓倾伏线理;第二期为北东东向陡倾斜的逆冲型流劈理和逆冲型擦痕线理;第三期为北东东向陡倾斜左行走滑型劈理与剪切线理;第四期为北东东向陡倾斜正滑型劈理和正滑型擦痕线理。从四期构造变形显示阿尔金南缘断裂在该段的动力学经历了深部构造相的韧性剪切—中、深部构造向南逆冲—中、浅部构造相的左行走滑—表部构造相的正向滑动的演化历程。

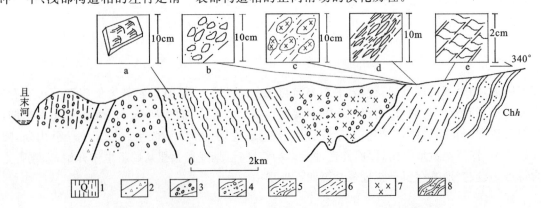

图 5-12 105点—106点—107点阿尔金南缘断裂 F_{18} 变形带剖面图

1.第四纪地层;2.角砾岩;3.碎裂岩;4.断层泥;5.糜棱岩;6.构造片岩;7.基性岩;
8.长城纪红柳泉组石英岩(Chh);a.左行擦痕;b.角砾与透镜体;c.构造包体;d.拉长矿物;e.S-C组构

2. 秦布拉克叠加变形段

该段阿尔金南缘断裂与昆中弧形断裂复合、叠加,两"峡"一"槽"反映第四系断裂强烈正滑和坳陷作用的构造地貌发育(图5-14)。局部第四系切割深达100m。断裂北部为阿尔金山,远观为小的山丘组成向西南突出的山丘群,发育中、新元古代地层,构造变形为强片理化带,构造标志有角砾岩、糜棱岩、构造片岩、构造透镜体等。韧性变形与脆性变形很发育,断裂中部为第四系槽,槽内第四系沉积层向槽中央缓倾斜,可见陡倾切割面与未松动角砾岩、断层泥。断裂南部为托库孜达坂山,发育石炭纪、二叠纪地层及花岗岩,可见角砾岩、碎裂岩、初糜棱岩、构造片岩、断层泥、牵引褶曲、杆状构造、S-C组构、构造透镜体等宏观构造标志,镜下微观构造除裂纹外,其余构造不很发育,发育的线、面理构造反映其3期构造变形特征(图5-14):第一期为北东东向陡—中等倾斜逆冲型流劈理和逆冲型拉伸线理;第二期为左行走滑型劈理和左行走滑型擦痕线理;第三期为产状近于第二期的正滑型劈理和正滑型擦痕线理。从三期变形特征分析,阿尔金南缘断裂在该段的动力学变形至少经历了中深部构造相向北逆冲—中浅部构造相(左行走滑)—表部构造相(正向滑动)3个演化阶段。

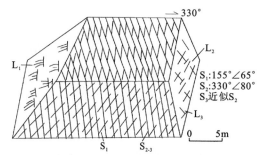

(a) 秦布拉克段叠加变形构造立体示意图

S_1、L_1.第一期流劈理和逆冲型拉伸线理;S_2、L_2.第二期左行走滑型流劈理和左行走滑型擦痕线理;S_3、L_3.产状近似于第二期S_2的正滑型劈理和正滑型擦痕线理

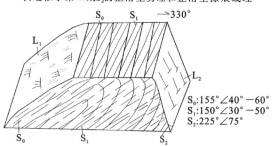

(b) 库拉木拉克段逆冲推覆变形构造立体示意图

S_0.层理(形成倒转或平卧褶皱);S_1、L_1.第一期逆冲型流劈理和逆冲型拉伸线理;S_2、L_2.第二期左行走滑型流劈理和左行走滑型擦痕线理

3. 库拉木拉克逆冲推覆变形段

该段阿尔金南缘主断面分成两支,略呈向北凸出的弧形北东东向展布,盆岭构造地貌特征明显。断裂北盘为第四系堆积,显示正滑和塌陷作用的标志清楚;南盘为花岗岩及石炭纪沉积,断裂应变带宽达到2~3km,断裂带内发育表征不同构造环境的紫红色断层泥和灰色断层泥,同时发育初糜棱岩、碎裂岩、角砾岩、构造透镜体等宏观构造标志(图5-15)。镜下观察可见白云石f双晶及岩石裂纹。通过统计100个白云石f

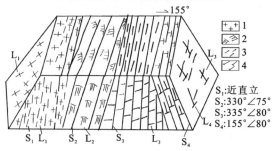

(c) 吐拉段韧性变形和左行走滑变形构造立体示意图

S_1、L_1.第一期韧性流劈理和矿物线理;S_2、L_2.第二期左行逆冲型流劈理和逆冲型拉伸线理;S_3、L_3.第三期左行走滑型流劈理与擦痕线理;S_4、L_4.第四期正滑型劈理和正滑型擦痕线理

图5-13 阿尔金南缘主干断裂F_{18}内构造立体分段特征
1.矿物拉伸;2.逆冲型拉伸线理;
3.走滑型擦痕线理;4.正滑型擦痕线理

双晶观测数据,结果表明主压应力优势方位为340°∠50°,主张应力优势方位为110°∠30°;有限应变温度为400~500℃。从发育的线理、面理构造反映断裂至少具两期构造变形:第一期与北东东向层理形成的倒转或平卧褶皱相关,形成逆冲型流劈理和逆冲型拉伸线理;第二期则形成北东东向陡倾斜的正滑型破劈理及正滑型擦痕线理。从两期变形特征分析,阿尔金南缘断裂在该段的动力学经历了浅部构造相(南北向逆冲)—表部构造相(正向滑动)两个演化过程。

(三) 形成时间和演化特征

阿尔金南缘断裂的形成时间目前流行3种观点:一是元古代就存在的长寿断裂;二是形成于加里东运动后期;三是从中新生代开始形成,并剧烈左行走滑。李海兵等(2001)通过对阿尔金南缘断裂带内糜棱岩的同位素年代学研究,认为其左行走滑活动最早是在石炭纪,换句话说,阿尔金南缘断裂形成于石

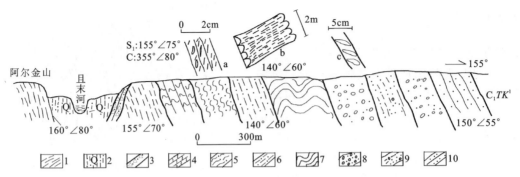

图 5-14 237 点—238 点阿尔金南缘断裂 F_{18} 变形带构造剖面图

1.片理；2.第四纪砂砾石；3.角砾岩；4.片褶；5.糜棱岩；6.构造片岩；7.牵引褶曲；8.碎裂岩；
9.断层泥；10.石炭纪托库孜达坂群下组砂岩(C_1TK^1)；a.S-C 组构；b.杆状构造；c.构造透镜体

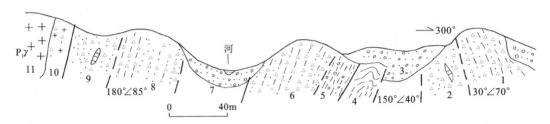

图 5-15 748 点阿尔金南缘断裂带(F_{18})变形剖面图

1.灰黄色碎裂岩带；2.黑色灰质碎裂岩；3.第四系；4.黑色片理化断层泥；5.紫红色角砾状碎裂岩；6.含角砾断层泥；
7.第四系；8.灰黑色角砾状碎裂岩；9.灰黑色含角砾灰质碎裂岩带；10.肉红色花岗质碎裂岩；11.早二叠世花岗岩($P_1\gamma$)

炭纪。通过本次工作，认为阿尔金南缘断裂形成时间为石炭纪，基本同意李海兵的观点。

从上述阿尔金南缘断裂的分段特征分析，阿尔金南缘断裂带内可能至少存在 5 期构造变形，或者说 5 次力学性质的改变。第一期为近东西向的矿物拉伸线理，为深部构造相韧性剪切机制形成产物，与区内北西西向构造的形成时间一致，大致是新元古代末期，但这并不是阿尔金南缘断裂的形成时间，只是阿尔金南缘断裂后期形成时对其改造的效应。第二期为北东东向陡倾斜的逆冲型流劈理和逆冲型擦痕线理，它为中深部构造相挤压机制的产物，形成时间为早古生代末，即加里东晚期，也不是阿尔金断裂形成时间。崔军文等（1989）认为阿尔金南缘断裂具有分段生长的特点，区内只是局部地段的断层效应，应该说它只是阿尔金南缘断裂的雏形。第三期为北东东向陡倾斜左行走滑型流劈理及线理，为中浅部构造相以脆韧性剪切为主的变形机制，形成时间在石炭纪末。此期变形在 3 个变形各异的区段都有所反映，可说明阿尔金南缘断裂的真正形成时间。第四期变形与第三期变形呈改造关系，为北东东向中倾斜逆冲型流劈理和擦痕线理，同时也可见水平擦痕线理，为浅部构造相脆性挤压兼剪切的变形机制，形成时间为晚二叠世。第五期为北东东向陡倾斜正滑型劈理及正滑型擦痕线理，系表部构造相伸展机制下的产物，形成时间为第四纪。

（四）深部运动学特征与形成机制

本次区调工作对阿尔金断裂的形成机制和深部运动学特征没有作深入研究，但是为了还阿尔金南缘断裂以全貌，同时根据其地表展露的特征分析，还是比较认同崔军文等（1989）在《阿尔金断裂系》中对阿尔金南缘断裂的形成机制和深部运动学特征的总结："假如把阿尔金南缘断裂，即通常的阿尔金断裂作用当作逆冲—左行走滑的转换断裂，而且将热隆扩展作用作为其形成的主导机制，阿尔金南缘断裂不仅平面上，而且垂向上都具有强烈的不均一性，其深部运动学（垂向）特征表现为：自地表向深部延伸，其走向由浅层的北东东向逐渐转变为和根带主断裂走向近东西向一致；左行走滑量随着逆冲扩展量递减而递减，当接近根带主断裂时，左行走滑量为零，左行走滑断裂、逆冲断裂和根带主断裂，三者归并合一，随着深度递增，转换型走滑断裂逐渐转化为东西向走滑断裂。"

三、木孜鲁克北缘断裂（F_{24}）

该断裂近东西向展布于秦布拉克—克孜勒萨依一带，图区内出露长约 95km，往西在秦布拉克与 F_{36} 联合后，终止于阿尔金南缘断裂之下；往东呈弧形略向南东偏转后出图。遥感影像标志清晰，地貌上为木孜鲁克与吐拉盆地的分野，有时可见陡峻的断层崖。断裂带宽 20～400m 不等，沿走向宽窄不一，多有残坡积掩盖。总体产状为倾向 180°～200°，倾角 50°～70°。

木孜鲁克北缘断裂于 131 点所见断裂构造带宽约 50m（图 5-16），由北往南依次为糜棱岩带、构造片岩带、脆裂化糜棱岩带、碎裂-角砾岩带、角砾岩带及强劈理化带，大致可以解析出 3 期以上的变形。早期为右旋韧性剪切，表现为糜棱岩、构造片岩的形式，糜棱面理产状为 200°∠60°～70°，其产状与苦海岩群中区域面理近一致，反映顺层（片）韧性剪切的特点，糜棱岩中的矿物拉伸线理近东西向小角度产出，其中旋转残斑及小的剪切揉皱大多指示为右旋剪切。中期为（韧）脆性变形，发育劈理化带、碎裂岩带及脆裂化糜棱岩带。碎裂岩中的石英片岩夹块存在两期劈理，S_1 可能与早期变形有关，S_2 则为中期变形的产物，改造前者。早期的糜棱岩发生脆性改造，成为构造透镜体及碎裂岩，构造透镜体中糜棱面理发生揉褶，碎裂岩的次级裂面上可见擦痕线理指示为逆冲性质；而劈理带中可见标本尺度的牵引小褶皱，均表明为南盘仰冲的挤压变形。其断层效应显著，使 Pt_1K 逆冲于 C_1TK 及 K_1s 之上。晚期变形规模甚微，以张性角砾岩的形式出现，断面切割了覆于碎裂岩之上的第四系砂砾石层，具正滑性质。

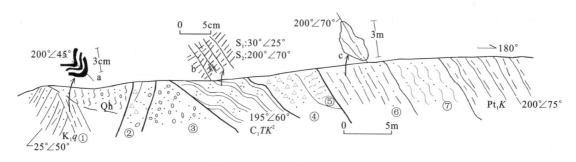

图 5-16　131 点木孜鲁克北缘断裂带（F_{24}）特征剖面

Qh. 第四纪砂砾石层；K_1q. 白垩纪犬牙沟组砂岩；C_1TK^2. 石炭纪托库孜达坂群中组变质砂岩；Pt_1K. 古元古代苦海岩群片麻岩；①强劈理化带；②角砾岩；③碎裂岩带；④碎裂岩-角砾岩带；⑤脆裂化糜棱岩；⑥构造片岩；⑦糜棱岩；a. 小揉褶；b. 两期劈理；c. 构造透镜体

在 224 点—225 点所见破碎带宽约 450m（图 5-17），在早期糜棱岩带的基础上叠加了碎裂岩。早期具顺层右旋韧性剪切的特点，矿物拉伸线理中等发育，产状为 $L_1 10°∠10°～20°$，中期（韧）脆性变形十分强烈，强劈理化带对 C_1TK 中的变质砂岩置换十分明显，其中发育露头尺度的同斜—紧闭褶曲。而碎裂岩中，其成分既有变质砂岩也有糜棱岩、片麻岩等，并形成以糜棱面理及片麻理为变形面的揉褶。碎裂岩中构造透镜体则呈左行斜列，反映南盘仰冲，并导致 K_1s 中形成较宽缓的牵引褶曲。

综上所述，并结合面上资料认为本断裂成生于加里东期，在海西期开始活跃，发生中深层次的韧性剪切变形，导致木孜鲁克山局部隆升，从而缺失晚古生代沉积，并与 F_{37} 一起控制了海西期弧形花岗岩的分布。大约白垩纪早期，受来自印度板块的南北向挤压应力作用下，断裂再度活化，南倾逆冲的断裂性质，控制了其北侧吐拉盆地内白垩纪、古近纪的沉积类型为一后退式冲断盆地。断裂持续活动并导致盆地关闭，最终使海西期花岗岩及早元古代结晶岩系逆冲于白垩系地层之上，大约新近纪中期，应力松弛，断裂带内的次级断面张性正滑，形成一些小规模的塌陷地貌。

四、木孜鲁克南缘断裂（F_{36}）

区域上为阿尔喀冲断裂的一部分。区内呈北西向略带弧形展布，西延与 F_{24} 汇合止于阿尔金南缘断裂之下；东延至五泉包被第四系沙漠覆盖，可见长约 90km，断裂带宽 50～500m 不等。其产状总体为倾

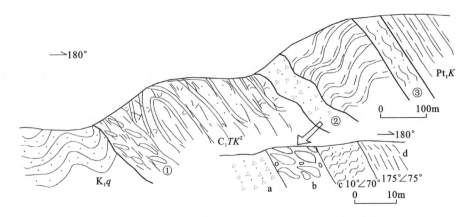

图 5-17 224 点—225 点木孜鲁克北缘断裂带（F_{24}）特征剖面

K_1q. 白垩纪犬牙沟组砂岩；C_1TK^2. 石炭纪托孜达坂群中组火山岩；Pt_1K. 古元古代苦海岩群片麻岩；
①碎裂岩与透镜体带；②破碎带；③糜棱岩带；a. 碎裂岩；b. 透镜体；c. 强劈理化带；d. 片理

向南西，倾角 50°～60°，局部反倾向北东，倾角 50°～70°。

断裂在阿克苏河以西主要切割了海西期箭峡山序列花岗岩。变形带表现为花岗质糜棱岩，呈狭长带状产出，两侧为弱片麻理化的花岗岩，局部有产状为 130°∠60°的节理切割。花岗质糜棱岩中，长石、石英形成眼球状、扁豆状残斑，片理化的基质由黑云母、亚颗粒及重结晶的石英等组成，发育平行糜棱面理的陡倾矿物拉伸线理 L_1；糜棱面理产状为 20°～30°∠60°～70°，反映断裂带的产状。旁侧花岗岩在挤压应力下形成弱的片麻理。

在阿克苏河上游，可见糜棱岩带南侧出露宽达 1km 以上的碎裂岩化花岗岩带，花岗岩中显微裂隙发育，并见后期石英脉贯入。尚见倾向南东的次级断层切割，反映后期脆性变形的叠加。

断裂在阿克苏河以东则成为古元古代基底与晚古生代盖层的边界断裂，并使 Pt_1K 大理岩逆覆于 C_1TK^3 含白云质灰岩及生物屑灰岩之上。于 146 点所见断裂带宽数百米，其中存留有多期变形的构造形迹（图 5-18）。早期变形形成花岗质糜棱岩及强片理化带（片内残存一些无根钩状褶曲、强干岩块的透镜体）以及北西方向的区域性流劈理 S_{1-2}，流劈理对 Pt_1K 大理岩的层理有明显的置换现象，流劈理面上发育高角度倾斜的石英或长石矿物拉伸线理 L_1，系逆冲型韧性剪切的产物。中期变形在早期挤压逆冲的基础上出现了走滑分量，在流劈理面上可见透入性擦痕线理 L_2，近水平产出，擦痕指示为右旋性质。随着逆冲上升，断裂带由中深层次变为浅层次，伴生发育有初糜棱岩、碎裂岩等。晚期变形不再沿先存断面，而是改造叠加于前期断裂带之上，断面反倾向北东，发育张性角砾岩及破劈理，破劈理切割了早期流劈理，在破劈理面上见有向南东侧伏的高角度擦痕线理 L_3，由方解石晶体所组成，具正滑性质。

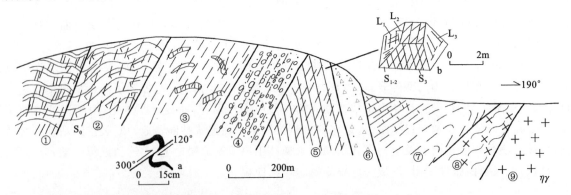

图 5-18 146 点断裂带（F_{36}）构造变形剖面图

①大理岩；②变火山岩；③强片理带及残余强干岩块；④碎裂岩；⑤两期面理改造带；⑥角砾岩带；⑦强面理化灰岩及褶曲；⑧花岗质糜棱岩；⑨二长花岗岩；a. 右行牵引小褶皱；b. 三期构造立体示意；S_{1-2}、L_1. 逆冲型流劈理及拉伸线理；S_{1-2}、L_2. 右行面理及擦痕线理；S_3、L_3. 正滑型面理及擦痕线理

综上所述,并结合区域资料,认为断裂 F_{36} 在海西期开始活动,制约了海西期弧形花岗岩的分布和古生代的沉积,三叠纪末最为活跃,开始为逆冲推覆,随后又有右旋走滑,其与 F_{24} 组成正花状构造,导致了木孜鲁克古老基底的初步隆升。大约在新近纪末期,由于应力松弛,在断裂部分区段,发生张性正滑,形成一些塌陷地貌,随后卷入导致青藏高原隆升的新构造运动之中。

总之,图区内4条区域性主干断裂均具有长期演化的历史,经历了从晋宁期到喜马拉雅期多旋回构造运动,成为构造单元的边界断裂,区域上则为板块、陆块的边界或陆内转换断层,其时空演化特征如图5-19所示,最终形成今天所见的盆岭构造格局。

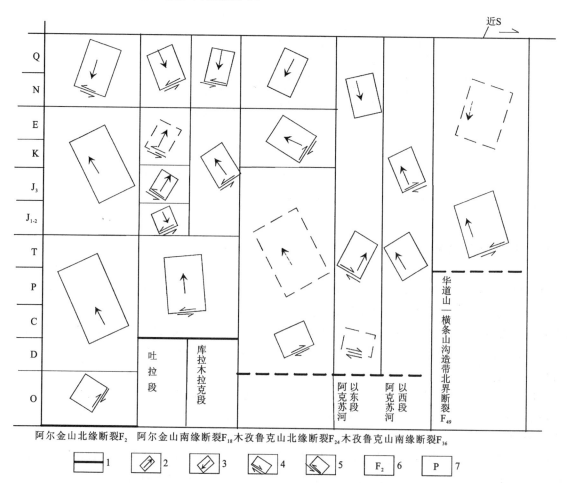

图 5-19 测区构造单元边界断裂性质及其时空演化示意图

1.断裂起始时间(虚线为推测);2.断裂面及逆冲推覆性质(虚线为推测);
3.正滑性质;4.右行走滑性质;5.左行走滑性质;6.断裂编号;7.地质时代

第四节 构造单元变形各论

图区构造图像是多旋回构造变动的产物,而其最终定型于阿尔金大型走滑断裂系所控制的应力场。因而平面上呈现出主要构造形迹往南西收敛,向北西撒开的"花状"几何形态,剖面上则呈以"正花状"构造为特征的盆、岭构造格局(图5-20)。

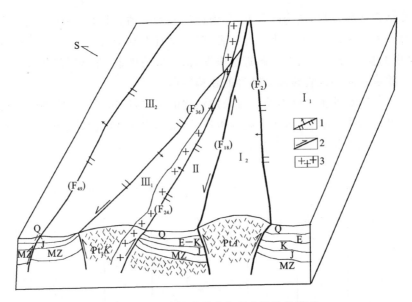

图 5-20 图区盆-山构造格架及花状构造模式
1.冲断裂;2.走滑断裂;3.海西期花岗岩;I_1.且末坳陷盆地;
I_2.阿尔金断隆;Ⅱ.吐拉断陷盆地;$Ⅲ_1$.弧形岩浆构造带;$Ⅲ_2$.昆南微陆块

一、且末坳陷盆地

且末坳陷盆地位于图区西北角,即阿尔金北缘断裂(F_2)北西侧,区域上属于塔里木盆地东南缘的一部分,是中新生代以来的断陷盆地,现今呈现海拔 2000～3000m 的沙漠地貌。塔里木盆地的基底为元古界及太古界的中深变质岩系,其上叠覆厚度巨大的古生代、中生代及新生代盖层。古生界为一套碳酸盐岩,陆源碎屑岩沉积建造,属特提斯域的一部分。早侏罗世开始接受坳陷盆地型沉积,角度不整合于古生界地层之上。

图区其格勒克煤矿一带出露的侏罗系小型盆地,盆地呈 NE 向展布,平面上呈长条状,宽 6km 左右,可见长约有 15km。往西被第四系沙漠所覆,往东延伸出图,剖面上则呈南断北超的箕状,南边为沿断裂 F_2 逆冲其上的阿尔金岩群变质岩系,往北则超覆于其格勒克海西期花岗岩及长城系之上(图 5-21)。阿尔金北缘断裂控制了侏罗系的沉积,下侏罗统为磨拉石及陆相含煤碎屑岩建造,上侏罗统为红色碎屑岩建造。由于 F_1 的冲断作用,侏罗系地层发生褶皱,形成轴面稍倾向南东的开阔向斜。

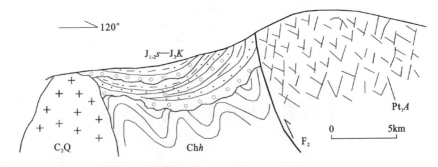

图 5-21 其格勒克侏罗系冲断小盆地结构示意图
J_1s—J_3k.侏罗纪莎里塔什组—库孜贡苏组;Chh.长城纪巴什库尔干岩群;
Pt_1A.古元古代阿尔金岩群;C_2Q.晚石炭世其格勒克序列花岗岩

大约是始新世以来,由于印度板块的碰撞,阿尔金断裂发生左行走滑挤压,使阿尔金山形成正花状构造及发育上冲断层,并发生强烈上升,同时北侧塔里木盆地迅速沉降,形成地堑、地垒式的基座,并接受巨厚的新生代沉积。从图区出露的第四系来看,以阿尔金山前洪积扇堆积及且末河冲洪积为主,总厚度上千米。

综上所述,且末坳陷盆地作为塔里木中新生代盆地的一部分,明显受阿尔金北缘断裂控制,其物源来自于阿尔金山系,而山前的侏罗系盆地则具有典型冲断盆地特征。阿尔金北缘断裂在新生代持续活动,控制了古近纪至第四纪的沉积,与其伴生的北东向断裂又对侏罗系盆地有所切割破坏。

二、阿尔金断隆

阿尔金断隆系夹于阿尔金北缘断裂 F_2 与阿尔金南缘断裂 F_{18} 之间的古老地块,主要由古元古代阿尔金群的中深变质岩系组成,仅断隆西南角有小块长城系巴什库尔干群不整合其上(不整合面大部分被断裂切割破坏)。断隆的南侧因地块的裂解与拼贴,出现了由木纳布拉克、羊布拉克、吐孜墩3个超岩片大致呈左行斜列组成及近东西向展布的蛇绿混杂岩带。阿尔金断隆构造变形强烈,强应变带与弱变形域组成网络状构造变形图像。

(一)强应变带的变形特征

强应变带主要由一系列韧性剪切带、脆韧性断裂等组成,依其展布方向可分为北(北)东向、北东东向、北西西向及近南北向4组(表5-4),依次叙述如下。

表5-4 阿尔金断隆内主要断裂特征简表

序列	编号	名称	走向	产状	规模 长(km)	规模 宽(m)	断裂带特征	性质	备注
北东东向韧性剪切带	F_4		NE	140°∠70°	25	10~15	片岩带、剪切透镜体、剪切褶曲、S-C组构	左旋韧性剪切	被北东向韧性剪切带切割
	F_5		NEE	140°∠65°	>30	5~20	片理带	左旋韧性剪切	被北东向韧性剪切带切割
	F_{11}	布拉克贝希	NEE	倾向北西,倾角陡	>37		长英质糜棱岩、压力影构造、透镜体	左旋韧性剪切	遥感解译为主断层
	F_{12}	西瓦萨依	NEE	倾向北西,倾角陡	>42		糜棱岩、强片理化带、碎裂花岗岩、次级破裂面	左旋韧性剪切	遥感解译为主断层
	F_{17}	肉孜买阔西	NEE呈弧形	340°~350°∠50°~70° 100°∠65°	>100	3~10	强片理化带、碎裂岩、断层泥、牵引褶曲	兼具韧性、脆性变形,以脆性逆冲为主	被F_{15}左行错移约12km
北(北)东向韧性剪切带	F_1	阔什喀尔—克鲁克硝尔鲁克	NE	320°∠50°~70° 120°~140°∠65°~80°	>48	5~20	片劈理化带、构造透镜体、揉皱、膝折	早期推覆型韧性剪切,晚期脆韧性逆冲	属F_2的次一级断裂
	F_3	吐格曼特勒木	NE	140°∠75°	50		零星见断层角砾岩、次级断面	晚期脆韧性逆冲变形	以遥感解译为主往南与F_2联合
	F_7	琼阿达	NNE呈弧形	120°∠70°~50°	55	200	糜棱岩化带、片褶、脉褶、S—C组构	脆韧性剪切变形为主	切割北东向韧性剪切带,终止于木纳布拉克超岩片之下
	F_8	伯克萨依	NNE呈弧形	120°~140°∠65°~80°	>60		挤压透镜体、旋转残斑、揉皱	脆韧性变形	

续表 5-4

序列	编号	名称	走向	产状	规模 长(km)	规模 宽(m)	断裂带特征	性质	备注
北（北）东向韧性剪切带	F_9	卡亚萨依—哈底勒克萨依	NE	120°～130°∠50°～65°	>55	20～100	长英质初糜棱岩、剪切透镜体、旋转残斑	左旋韧性剪切	断裂带中夹有透镜状榴辉岩
	F_{15}		NNE	130°∠55°	45	5	碎裂岩、硅化（晚期）	脆性逆冲性质	以遥感解译为主
	F_{16}		NE		50			逆冲断层	遥感解译为主，切割加里东期花岗岩
北西西向脆韧性断裂	F_{13}		NWW	20°～30°∠50°～70°	23	50～100	糜棱岩带、旋转残斑、剪切褶曲、S-C组构	脆韧性逆冲剪切兼有左行走滑	组成木纳布拉克超岩片的南北边界
	F_{14}	木纳布拉克	NWW	20°～30°∠50°～70°	18	5～10	强片理化带、糜棱岩化带、断层泥、挤压透镜体	脆韧性逆冲	
近南北向脆性断裂	F_6		SN		16		不明		以遥感解译为主

1. 北东东向韧性剪切带

代表性构造形迹有 F_4、F_5、F_{12}、F_{17} 等，系保留于阿尔金岩群中最早的一期韧性强应变带，呈 NEE—EW 走向，倾角 50°～70°，倾向北西或南东，呈正花或负花状组合样式（图 5-22）。断裂带中主期变形发育有糜棱岩、剪切褶曲、S-C 组构，以左旋韧性剪切为特点（图 5-23），可能生成于加里东期或更早。

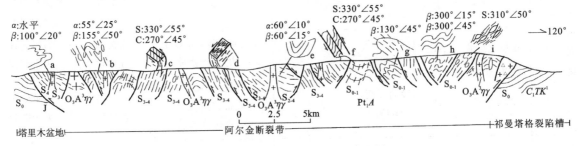

图 5-22 横穿阿尔金山实测地质构造剖面

J.侏罗纪砂页岩；C_1TK^1.石炭纪托库孜达坂群下组；Pt_1A.古元古代阿尔金群；$O_3A^3\eta\gamma$.晚奥陶世艾沙汗托海序列二长花岗岩；S_0.层理；S_1.第一期面理；S_2.第二期面理；S_3.第三期面理；S_4.第四期面理；a.掩卧褶皱；b.剪切褶皱；c.S-C组构；d.布丁构造；e.背向形构造；f.S-C组构；g.同斜褶曲；h.宽缓褶曲；I.石香肠

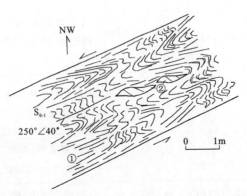

图 5-23 阿尔金岩群中流变褶曲及旋转残斑

①石英云母片岩；②变基性岩残斑

2. 北(北)东向脆韧性剪切带

该剪切带最为发育,变形强烈,切割北东东向韧性剪切带。代表性构造形迹有 F_1、F_3、F_7、F_8、F_9、F_{15}、F_{16},均呈 NE—NNE 走向,个别略呈向南东凸出的弧形,系 F_{18} 左行走滑牵引的缘故。

断裂倾角陡,倾向为北西或南东,总体呈正花状组合(图 5-22)。主期变形带中发育糜棱岩化带、初糜棱岩、挤压透镜体、揉褶带、碎裂岩,具推覆型脆韧性剪切的特点,其可能成生于加里东期,在印支期强烈活动而定型。阿尔金岩群中以区域性片理 S_1 为变形面的北东向紧闭型线状褶皱应为其同构造期产物。后期尚有脆性变形的叠加。

3. 北西西向脆韧性断裂

该断裂集中分布于木纳布拉克一带。代表性构造形迹有 F_{13}、F_{14},构成木纳布拉克超岩片的南北边界,在超岩片内部及旁侧尚见北西向的次一级断裂。其总体限制早期北(北)东向脆韧性剪切带的延伸,又被活化的北东向脆韧性断裂所切割。断裂带总体倾向北东,倾角 60°～70°,带内发育糜棱岩、构造透镜体、断层泥、揉褶等形迹,主期以脆韧性为特征,发育区域性面理 S_2,表现为流劈理、折劈理的形式,切割早期面理 S_1(图 5-24)。

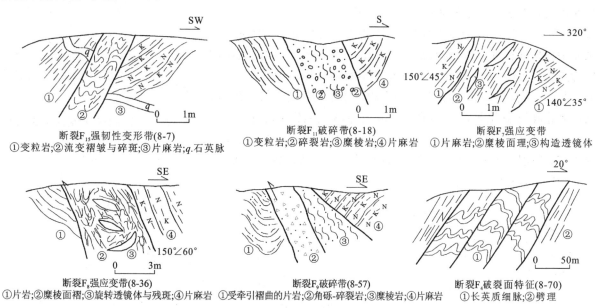

图 5-24 阿尔金断隆内(断裂)强应变形带特征简描

4. 南北向断裂

该断裂不甚发育,规模较大的代表性构造形迹有 F_6,另有少量小断层散布于阿尔金岩群中。在遥感影像上南北向线性影像切割前期所有构造形迹,具左行平移性质,以脆性变形为特征,显然为最晚期变形,可能成生于喜马拉雅期。

(二)弱应变域的变形特征

阿尔金岩群系一套区域变质作用所形成的高绿片岩相—高角闪岩相变质岩系,岩石类型有云母石英片岩、花岗质片麻岩、斜长角闪岩及大理岩、变粒岩等。弱应变域中变形也较强烈,主要发育各种面状、线状、褶皱构造,它们的形态各异,而且相互干扰、叠加、改造。

1. 褶皱构造

通过构造解析,认为阿尔金岩群中至少有 4 次以上的褶皱变形。

(1) 韧性流变褶曲

阿尔金岩群中最早的一次褶皱变形,属深构造环境下的产物。以柔流褶曲的形式残存于区域性面理 S_1 中,由于流劈理 S_1 普遍置换了原生层理,原生层理已经模糊难辨,取而代之的是新生矿物形成的片理与片麻理。因此这种早期褶曲往往依稀难寻,然而在一些地段的露头尺度上尚存留其踪迹,如在江尕勒萨依沟中,依次见有"W"、"N"、"I"型褶曲,显示逐渐增强的置换形式,其转折端形态,从紧闭同斜—"N"型无根钩状—逐渐消亡,反映剪切流变褶曲的递进变形的最终结果为普遍被流劈理所置换。从现今所见的流变褶曲来看,多为露头尺度,呈现陡倾的竖直褶皱形态,显然为水平韧性剪切的产物。其剪切指向大部分显示为左旋剪切,暗示其变形机制为垂直褶皱轴的水平纯剪—单剪作用。

(2) 北东向褶皱

由于断裂切割,阿尔金岩群完整的大型褶皱已不复存在。通过统计分析,对岩群中区域性面理 S_1 进行 π 图解投影后,显示有两个极密中心,代表性产状分别为:140°~150°∠55°;320°~330°∠50°~60°,应组成以片理 S_1 为变形面的中常-紧闭型背向斜,其轴向北东,轴面稍倾向北西或南东,与其断层牵引有关(图 5-22)。除此之外,主要为露头尺度小的褶皱,显示片理 S_1 在不对称挤压下形成的同斜褶皱(图 5-25),其中长英质片岩形成褶皱的同时,强干层(斜长角闪岩夹层)则被压扁拉长成石香肠状、透镜体状,估测其拉伸应变为 200%~300%;另在片麻岩、变粒岩及大理岩中均可见诸如此类的平卧褶皱、紧闭同斜或中常歪斜褶皱,尚见侵入的伟晶岩脉亦形成北东向的平卧褶曲(图 5-26)。

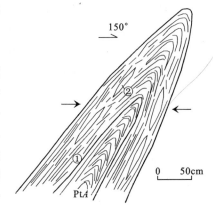

图 5-25 非共轴挤压形成的同斜褶曲
(阿尔金岩群中)
①长英质片岩;②石香肠状斜长角闪岩

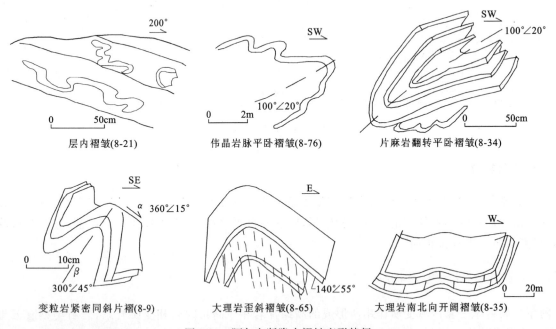

图 5-26 阿尔金断隆内褶皱变形特征

(3) 北西西向褶皱

仅局限于木纳布拉克超岩片及其应变波及的范围之内。在木纳布拉克超岩片之北东,哈底勒克萨依—哈底勒克达坂一带,明显可见北东向构造有北西西向构造的叠加,并且往北东其强度逐渐减弱至湮灭,反映源于超岩片拼贴过程中北东向单侧挤压的结果,其形成的北西西向褶皱横跨叠加于早期北东向褶皱之上。通过对这一带的片理S_1统计分析并作π图解投影,显示存在两个主极密中心与两个次极密中心。主极密代表性产状分别为:140°～150°∠60°,290°～310°∠60°,应组成北东向褶皱;次极密产状分别为:20°～30°∠50°,190°～200°∠60°,显然代表北西西向褶皱的两翼,组成中常—紧闭型线状褶皱,轴面倾向北东,枢纽略向南东侧伏,且往北东其两翼有从紧闭—中常—开阔递变的趋势,实地观测其褶幅一般为500～1000m,延伸数千米。

北西向褶皱露头尺度上的小褶皱十分常见。在木纳布拉克超岩片中,北西向片内褶曲十分发育,随处可见由变基性岩中肉红色石英正长岩脉、石英脉组成的片内同斜、无根钩状褶曲(图5-27)。在木纳布拉克以南的长城系中,亦可见诸如此类的以片理S_1为变形面的揉褶与膝折(图5-28)。

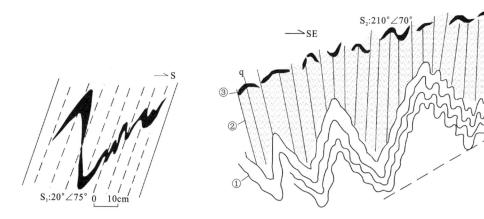

图5-27　1120点变辉长岩中石英脉褶

图5-28　1516点片理S_1形成膝折与揉褶
①石英片岩;②石英云母片岩;③石英脉

(4)南北向褶皱

不甚发育,零星散布于阿尔金岩群中。表现为两翼开阔、轴面近直立的褶皱形态(图5-26),一般规模不大,系纵弯褶皱作用的产物,大致代表最晚期褶皱变形。

2. 面理构造

阿尔金岩群中的面理构造十分丰富,前述已经涉及,主要类型有流劈理、折劈理及破劈理3种形式。流劈理十分发育,是一种韧性变形的标志,形成区域性面理S_1,表现为片理或片麻理的形式,由新生矿物定向组成,对原生层理置换十分强烈;折劈理代表脆韧性变形,不均一发育,往往对流劈理进行改造,形成膝折与揉褶(图5-26);破劈理系脆性变形的标志,分布于碎裂化岩石及断裂带中。

3. 线理构造

阿尔金岩群中的线理构造较常见,归纳起来主要有3期性质各异的线理颇具代表性(图5-29)。在区域性陡倾的流劈理面上发育高角度倾斜的石榴石矿物拉伸线理(L_1)、透入性擦痕线理(L_2)、近于水平的左行走滑型擦痕线理(L_3)。

矿物拉伸线理(L_1),代表性矿物除了石榴石之外,尚有斜长石形成的石香肠、石英杆状构造等,是地壳深层韧性变形的标志。

透入性擦痕线理(L_2),为地壳中浅层脆韧性变形的重要标志,在XZ面上发育垂向右旋剪切应变,形成旋转碎斑系,在

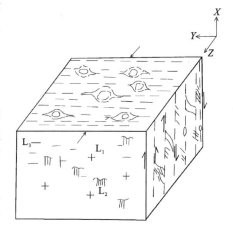

图5-29　阿尔金岩群微构造示意图
L_1.矿物拉伸线理(韧性变形);L_2.渗透性擦痕线理(脆韧性变形);L_3.擦痕线理(脆性变形)

XY面上长英质矿物则往往呈等轴粒状。

左行走滑型擦痕线理（L_3），切割了陡倾的矿物拉伸线理L_1，呈东西走向。近水平产出，为一种非透入性、断续的擦痕线理，反映更浅层次的脆性变形。

综前所述，阿尔金岩群的变形经历了晋宁运动，使长城系不整合其上，加里东期造山运动之后，阿尔金断隆已经基本形成，随后一直处于隆升状态，缺失晚古生代及其以后的沉积，大约在晚新生代，受喜马拉雅运动的影响，发生大规模的抬升，从而成为现今青藏高原的一部分。

三、阿尔金南缘蛇绿-构造混杂岩带

阿尔金南缘蛇绿-构造混杂岩带是青藏高原北缘蛇绿-构造混杂岩带的重要组成部分，前人对阿尔金北缘蛇绿-构造混杂岩带研究较为详细，但对南缘混杂岩带尤其是测区这段多有提及但研究不详。许志琴等（1999）著文推论，阿尔金南缘蛇绿-构造混杂岩是一条高压俯冲—碰撞带；崔军文等（1989）在论述青藏高原北缘的构造演化时推断，阿尔金南缘蛇绿混杂岩吐拉岩段与其他茫崖、阿尔金山主峰南和当金山口蛇绿混杂岩段在深部可能是相连的，是由于以中昆仑断裂为根部的强烈深层剪切和逆冲推覆作用而被肢解、移置的昆仑洋盆的残体。

本次工作采用构造岩片-超岩片的工作方法，以构造岩片四维拼合复原理论为指导，对阿尔金南缘蛇绿-构造混杂岩带测区区段进行了详细解剖。

（一）构造超岩片划分

阿尔金南缘蛇绿构造混杂岩是含有众多蛇绿岩块的构造混杂岩带，带内组成复杂，包含了不同时代与类型的蛇绿岩岩块、沉积岩系和基底岩块，并经历了不同程度的变形、变质、变位和构造混杂作用，形成现今总体构造为向南推覆叠置的叠瓦状构造。因此，解剖它，首先要将其分解，进行超岩片划分，在超岩片划分的基础上再进行岩片的详细研究，根据混杂岩带现今的构造特点，遵循以下几条原则：①区域分划原则；②主干断裂分割原则；③构造就位的时限和机制原则，将混杂岩带划分为木纳布拉克超岩片（MNBLKCYP）、羊布拉克超岩片（YBLKCYP）和吐孜敦超岩片（TZDCYP），见图5-30。

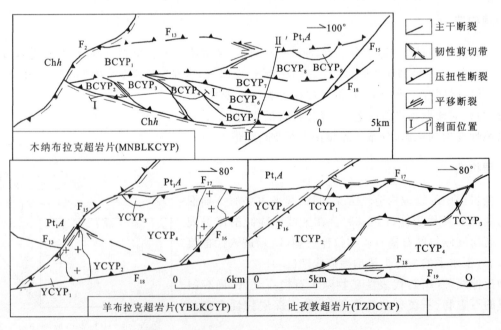

图5-30 蛇绿混杂带中各超岩片划分平面图

（二）构造岩片划分

构造岩片划分是在构造超岩片划分基础上，遵循以下几条原则：①时代原则，构造超岩片内不同地质体时间跨度很大，将不同时代岩石建造划归不同的岩片；②岩石建造和构造环境原则；③以构造强应变带（包括剪切带、逆冲挤压带、片理化带）为划分边界原则来进行划分。共划分出构造岩片17个，分为3种基本类型，即基底岩片、蛇绿岩片和沉积岩片。岩片以构造超岩片为单位进行编号（表5-5）。

表5-5 阿尔金南缘蛇绿-构造混杂岩片特征简表

构造超岩片	岩片及编号	展布形态	长轴长度(km)及方向(°)	面积(km²)	岩片内部变形特征	边界结构面特征	物、时、相、变质特征	岩片性质及类型
木纳布拉克超岩片（MNBLKCYP）	MCYP1	菱形	12.5, 90～270	25	不均一的片（面）理化、蛇纹石化	韧性剪切面	Jx_2橄辉岩，动力变质、热变质	蛇绿—走滑逆冲复合岩片
	MCYP2	椭圆形	5, 110～290	3	透入性面理、矿物拉伸线理、长英质脉、眼球状残斑	压扭性断面	Jx_2辉橄岩，动力变质、热变质	蛇绿—走滑为主岩片
	MCYP3	菱形	2.5, 150～330	1.5	正长花岗岩脉、混合岩化	脆韧性剪切面、压扭性断面	Jx_2橄辉岩，动力变质、热变质	蛇绿—走滑为主岩片
	MCYP4	菱形	5, 140～320	3	透入性面理、矿物拉伸线理、S-C组构	脆韧性剪切面、压扭性断面	Jx_2石英闪长岩，动力变质、热变质	蛇绿—走滑为主岩片
	MCYP5	长条形	5, 100～280	3.5	弱的片理化、正长花岗岩脉贯入、混合岩化	压扭性断面	Jx_2闪长岩，动力变质、热变质	火山沉积—叠瓦为主岩片
	MCYP6	长条形	4, 95～275	5	片理、透入性面理、矿物拉伸线理、石香肠构造、S-C组构	压扭性断面	Jx_2斜长花岗岩，区域变质、动力变质	火山沉积—叠瓦为主岩片
	MCYP7	长条形	5, 95～275	5	节理、破劈理	压扭性断面	Jx_2大理岩，区域变质、动力变质	沉积—叠瓦为主岩片
	MCYP8	菱形—长条形	6, 100～280	17	透入性面理、紧闭—同斜褶曲	压扭性断面	Jx_2片岩，区域变质、动力变质	沉积—叠瓦为主岩片
	MCYP9	半椭圆形	4, 350～260	1.5	弱的片理化、正长花岗岩脉贯入	压扭性断面	Jx_2辉橄岩，动力变质、热变质	蛇绿堆垛岩片
羊布拉克超岩片（YBLKCYP）	YCYP1	三角形	10, 60～240	15	流变褶曲、片麻状构造、S-C组构	脆韧性剪切面、压扭性断面	Pt_1片麻岩，区域变质、动力变质	基底—走滑逆冲复合岩片
	YCYP2	似菱形	27, 75～255	80	片理、紧闭—同斜褶曲、花岗岩侵位	压扭性断面	Pt_1大理岩，区域变质、动力变质	沉积—走滑逆冲复合岩片
	YCYP3	椭圆形	5, 75～255	5	片理、片麻理A型褶皱、石香肠构造、花岗岩侵位	脆韧性剪切面、张扭性断面	Jx_2辉绿岩，动力变质、热变质	蛇绿堆垛岩片
	YCYP4	似菱形	37, 80～260	120	存留阿尔金群变形特征	脆韧性剪切面、张扭性断面	Pt_1片岩，区域变质、动力变质	基底—走滑逆冲复合岩片

续表 5-5

构造超岩片	岩片及编号	展布形态	长轴长度(km)及方向(°)	面积(km²)	岩片内部变形特征	边界结构面特征	物、时、相、变质特征	岩片性质及类型
吐孜敦超岩片（TZDCYP）	TCYP1	三角形	7，85~265	5	弱的片理化、蛇纹石化	压性断面	Jx_2辉橄岩,动力变质、热变质	蛇绿堆垛岩片
	TCYP2	菱形	25，60~240	55	片理、矿物拉伸线理、石香肠构造、掩卧褶皱	脆韧性剪切面、压扭性断面	Ch片岩,区域变质、动力变质	沉积—走滑—逆冲复合岩片
	TCYP3	椭圆形	5，60~240	6	弱的片理化、蛇纹石化	脆韧性剪切面	Jx_2辉橄岩,动力变质、热变质	蛇绿堆垛岩片
	TCYP4	长条形	23，70~250	57	片麻状构造、片内同斜褶曲、脉褶	压扭性断面	Pt_1片岩,区域变质、动力变质	基底—走滑逆冲复合岩片

（三）构造超岩片基本特征

1. 木纳布拉克超岩片（MNBLKCYP）

木纳布拉克超岩片北西向展布在测区中部，从且末县到吐拉公路近走向穿过该超岩片，长22km，宽6km，展布面积80km²，由断裂F_2、F_{13}、F_{14}、F_{15}、F_{18}所围限。构造样式总体上为向南推覆叠置的叠瓦状构造（图5-31、图5-32），断裂F_{13}是一条力学性质复杂的断裂（图5-33），断裂带内发育碎裂岩、初糜棱岩、糜棱岩，可见近直立紧闭褶曲、膝折构造、"A"型褶皱、σ型旋转残碎斑，主断面不甚清晰，由多条次级断裂面组成，次级断裂面以陡倾斜北北东向为主，也可见陡倾斜向南的断裂面，从发育的构造标志分析，断裂至少经过了早期左行韧性剪切—主期向南逆冲—后期脆性改造3个过程。断裂F_{14}为木纳布拉克超岩片南部边界断裂，它与北部边界断裂F_{13}一样属力学性质复杂断裂，显示的混杂岩带特征更为明显（图5-34），在不足100m的断裂带内可见糜棱岩化的闪长岩、石英岩、云母石英岩、大理岩化灰岩等多种岩石混杂。该断裂的主要断裂标志有菱形网格状糜棱面理带、糜棱岩化岩、构造角砾岩、构造透镜体等，主断面不清楚，多条次级断面产状近于一致，陡倾斜向北。从发育的指向性构造标志分析，断裂具以向南逆冲推覆为主的力学形式表现。

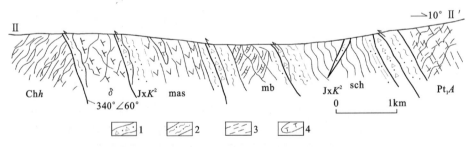

图5-31 布纳木拉克构造超岩片Ⅱ—Ⅱ′剖面图

Pt_1A.古元古代阿尔金岩群；Chh.长城纪红柳泉岩组；JxK^2.蓟县纪卡子岩群上组；
δ.闪长岩；mas.变火山岩；mb.大理岩；Sch.片岩；1.角砾—碎裂岩；2.糜棱岩；3.片理；4.石英正长岩脉

木纳布拉克超岩片内部发育与边界断裂F_{13}、F_{14}近平行的逆冲型断裂，同时发育具共轭特征的两组剪切型断裂，剪切型断裂内可见旋转斑与糜棱岩化，具指向性意义。3组断裂交叉、复合、改造，将超岩片划分出9个岩片，形成平面上的菱形透镜状—网格状的构造格局。

2. 羊布拉克超岩片（YBLKCYP）

羊布拉克超岩片呈北东东向近菱形状展布在测区中部，由断层F_{15}、F_{16}、F_{17}、F_{18}所围限，其北为阿尔

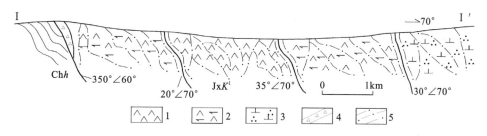

图 5-32 布纳木拉克构造超岩片 Ⅰ—Ⅰ′剖面图

Chh.长城纪红柳泉岩组;JxK^1.蓟县纪卡子岩群下组;

1.橄榄岩;2.辉橄岩;3.石英闪长岩;4.碎裂岩;5.强糜棱面理

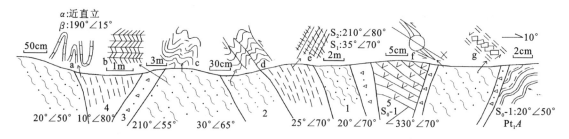

图 5-33 布纳木拉克构造超岩片北界断裂(F_{13})剖面图

Pt_1A.古元古代阿尔金岩群;1.糜棱岩;2.初糜棱岩;3.碎裂岩;4.强片理带;

5.变基性岩;a.近直立紧闭褶皱;b.膝折构造;c."A"型褶曲;d.剪切褶曲;e.两期面理;f.旋转残斑;g.书斜构造

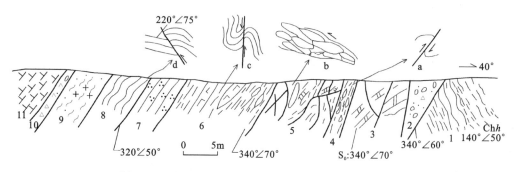

图 5-34 木纳布拉克构造超岩片南界断裂(F_{14})剖面图

Chh.长城纪红柳泉岩组;1.片理带;2.碎裂岩带;3.含云母透辉石白云石大理岩残块;

4.强片理化带;5.共轭型破碎面及构造残块;6.强片理化带;7.石英岩;8.云母石英片岩;9.糜棱岩化斜长花岗岩;

10.大理岩化碎裂岩;11.闪长岩;a.显示逆冲牵引现象;b.构造透镜体;c.显示左行走滑褶曲;d.显示左行走滑的牵引现象

金岩群,南为石炭纪、第四纪地层,西接木纳布拉克超岩片,东部为吐孜敦超岩片,长轴长达 30km,短轴长 12km,展布面积约 230km²。南北边界断层为逆冲型断层,东西边界断裂则主要为剪切型断层。内部由走滑型断裂分隔成 4 个岩片,从而构成图面上菱形状构造格局。在超岩片内有艾沙海托海序列侵位,同时,该序列又受到了边界断裂所改造。

3. 吐孜敦超岩片(TZDCYP)

吐孜敦超岩片呈北东东向长条状展布在测区中部东缘,往东延伸出图外,由断裂 F_{16}、F_{17}、F_{18} 围限,其北为阿尔金岩群,南为奥陶纪地层,西接羊布拉克超岩片,测区内长 16km,宽约 8km,展布面积约 240km²。南北边界为逆冲-走滑型断裂,西边界为剪切型断裂,内部由逆冲-走滑型断裂分隔成 4 个岩片,从而构成图面上菱形状—三角状构造格局。

(四)构造岩片的变形特征及物、时、相变质特征

阿尔金南缘混杂岩带以糜棱质的构造岩为基质,外来岩片包括古元古代地层,中、新元古代地层,卡子岩群及后来侵入的火山岩、岩浆岩,成分复杂,变质变形强烈。通过详细填图,采用四维拼合复原法,对各个岩片的变形特征进行了研究,对各个岩片的物态、时态、相态、变质作用进行了拼合复原,其研究复原结果详见表 5-5。

(五)构造岩片的构造成因类型归纳

构造岩片的构造成因类型研究与非史密斯的地层类型研究,二者应是同一涵义而不同的提法,对构造岩片的构造成因类型进行归纳是研究混杂岩带形成的基础。根据阿尔金南缘混杂岩带的构造属性,各构造岩片内部变形及边界结构面特征,以非史密斯地层的 8 种层型为思维基点,将测区构造岩片的构造成因归纳为 4 类,即走滑岩片、叠瓦岩片、走滑-叠瓦复合岩片和堆垛岩片,模型见图 5-35。

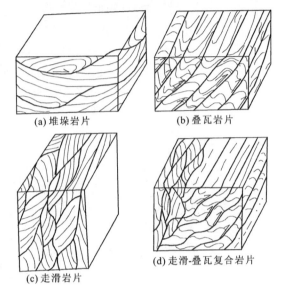

图 5-35　阿尔金南缘蛇绿-构造混杂岩片构造成因类型示意

1. 堆垛岩片

岩片立体形态呈堆垛体,与其他岩片的边界结构面是平缓压扭性面,岩片内部变形以平缓褶曲为主,测区内此种类型的岩片有:$MCYP_9$、$YCYP_3$、$TCYP_2$、$TCYP_3$,全部为蛇绿岩片。

2. 叠瓦岩片

岩片立体形态呈陡倾斜推覆体,与其他岩片的边界结构面是较为陡倾斜的压扭性断面,岩片内部变形以破劈理、紧闭—同斜褶曲为主,测区内此种类型的岩片有:$MCYP_5$、$MCYP_6$、$MCYP_7$、$MCYP_8$,全部为木纳布拉克超岩片中呈长条状展布的岩片。

3. 走滑岩片

岩片立体形态呈透镜体,与其他岩片的边界结构面是较陡倾斜的弧形脆韧性剪切面,岩片内部变形以矿物拉伸线理、S-C 组构、旋转残斑为主。测区内此种类型的岩片有:$MCYP_2$、$MCYP_3$、$MCYP_4$,全部为木纳布拉克超岩片中呈透镜状展布的岩片。

4. 走滑—逆冲复合岩片

岩片立体形状较为复杂,一般呈半透镜体,与其他岩片的边界结构面是略呈弧形陡倾斜的脆韧性剪切面和挤压断面,岩片内部变形强烈,可见糜棱岩、碎裂岩、破劈理、褶曲、拉伸线理等构造标志。测区内此种类型的岩片有:$MCYP_1$、$YCYP_1$、$YCYP_2$、$YCYP_4$、$TCYP_2$、$TCYP_4$。从严格意义上讲,测区内岩片都是走滑—逆冲复合岩片。

四、吐拉断陷盆地

吐拉盆地位于阿尔金山南麓,阿尔金南缘断裂东南侧,盆地呈狭长的带状 NEE-SWW 向展布,面积达到 8200km²,与柴达木盆地相通。图区出露其西半部,面积约占 2000km²,系夹于阿尔金南缘断裂(F_{18})与木孜鲁克北缘断裂(F_{24})之间的楔状盆地。

(一)盆地的沉积特征

吐拉盆地可划分为 3 个构造层:前中生界基底、中生界(侏罗—白垩系)和新生界盖层。前中生界基底主要由元古界与石炭系—二叠系构成,与塔里木盆地一致。元古宇由大理岩、石英岩、片岩和片麻岩组成,厚度可达 4000m;晚古生界由浅变质的碎屑岩、灰岩和火山岩组成,厚度可达 3000m;中生界盖层主要为侏罗系,为山间磨拉石及陆相含煤碎屑岩建造,沿阿尔金山前发育,在不同的部位分别不整合于前中生界和海西期岩体之上;白垩纪—古近纪为陆相红盆沉积,发育红色碎屑岩建造;第四系以喀拉米兰河的冲洪积及山前洪积扇堆积为主。

(二) 盆地的构造演化

1. 盆地的结构原型

盆地内侏罗系总体呈倾向南东的单斜状产出,野外及物探资料均表明,侏罗系在阿尔金山前沉积最厚,呈长条状展布,向南很快减薄,并有向南超覆的特点。大煤沟组($J_{1-2}d^1$)下段在不同部位分别不整合于 C_1TK^1、OQ 及海西期花岗岩岩体之上,下侏罗统下部以粗碎屑岩为主,底部为灰绿色块状砾岩,砾石大小混杂,具近源堆积特征。物源分析表明,其源区在北侧的阿尔金山。晚侏罗系采石岭组及白垩系、古近系分别呈不整合接触,并有沉积中心往南东迁移的趋势。

综上所述,吐拉盆地侏罗纪开始沉积在阿尔金山前断陷中,早—中侏罗世原型盆地为北断南超的箕状盆地。

2. 盆地内部变形

吐拉盆地内部变形相对较弱,出露脆性逆冲断裂及控盆断裂所派生的次级褶皱。

1) 断裂

控盆断裂有 F_{18} 与 F_{24},已在上一节详述,其在中新生代的活动和发展控制了吐拉盆地的成生与演化。盆内的主要断裂有 F_{21} 和 F_{20},后者为盆地的基底断裂。

蔓达里格断裂(F_{21}):分布于秦布拉克—蔓达里格一带,可见长约 80km,为复合断裂,平面上为两条平行展布的 NEE 向断层,在蔓达里格汇合而圈闭,剖面则呈正花状组合样式(图 5-36)。其北支倾向 180°~200°,倾角 40°~60°,断裂带中充填角砾岩及构造透镜体,并见擦痕线理,指示北俯南冲;南支倾向内 0°~20°,倾角 40°~60°,断裂带宽 50~100m,表现为劈理化带与断层碎裂岩,并发育牵引揉皱,指示北盘仰冲。总之,二者剖面上呈正花状组合,在近南北向挤压应力作用下,使其所夹持的断块隆升,并导致基底中 C_1TK 出露且逆覆于 J_3c 与 K_1q 之上。

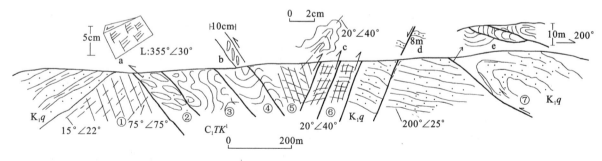

图 5-36　125 点—127 点地质构造信手剖面

K_1q.白垩纪犬牙沟组;C_1TK^1.石炭纪托库孜达坂群下组;①两期面理;
②构造透镜体;③揉皱;④牵引褶曲;⑤两期面理;⑥劈理带;⑦平卧褶皱;
a.擦痕;b.拉长砾石(显示左行);c.擦痕(指示逆冲);d.岩层滑动;e.断层面复合

2) 褶皱

褶皱不很发育。以次级褶皱形式布露于盆地南北边缘及邻区。

(1) 北缘褶皱(群)

分布于阿尔金南缘断裂南侧约 12km 的范围内,多表现褶幅在 500~1000m 之间的小褶皱。如在吐勒塔格（3号剖面）一带，$J_{1-2}d$中发育一系列轴面近直立、两翼倾角30°～40°的中常-开阔型短轴背向斜。其轴迹有 NW、NS、近EW 向 3 组，通过玫瑰花图（图5-37）分析表明，其轴向有两个优势趋向，分别为80°方向、160°方向，代表北西向与近东西向小褶皱为其主体变形。在吐拉牧场以北的科勒哎格勒一带，阿尔金南缘分支断裂的旁侧，侏罗系大煤沟组（$J_{1-2}d$）形成一系列褶幅300～500m的近东西向小褶皱，空间上由北往南，其轴面由倾斜变为近直立，褶皱形态则由同斜—紧闭—中常—开阔—平缓。暗示挤压应力来自北侧的阿尔金断裂，其变形由强至弱，整体来说，盆地具边部变形强、中间变形弱的特点（图5-38）。

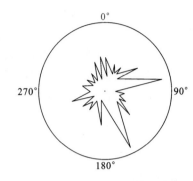

图5-37 侏罗纪砂岩中揉皱轴向玫瑰花图

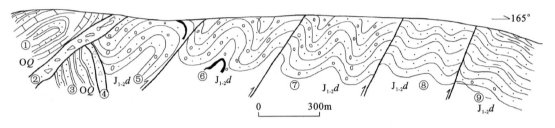

图5-38 2号地层剖面上观测到的侏罗纪岩层褶皱变形演化特征

OQ.奥陶纪祁曼塔格群；$J_{1-2}d$.侏罗纪大煤沟组；①奥陶纪灰岩组成的平卧褶皱；②碎裂岩与透镜体；③奥陶纪变质砂岩；④张性角砾岩；⑤侏罗纪砾岩平卧褶皱；⑥倒转紧密褶皱；⑦斜歪褶皱；⑧平缓褶皱；⑨挠曲—单斜

（2）南缘褶皱

分布在木孜鲁克一带，即盆地南缘断裂F_{24}的北侧，与上述不同，其规模较为显著，形成一个近东西向的宽缓型向斜，出露长大于30km。核部地层为$E_{1-2}l$，翼部为K_1s、K_1q。两翼倾角15°～20°，邻近断层变陡为30°～40°，由于断层切割，其南翼大部分缺失。

（3）节理

为脆性变形的一种标志，在盆地内侏罗系及白垩系砂泥岩中较为发育，不均一分布。节理一般较平直光滑，呈闭合缝，延伸较远，有时见剪切滑动留下擦痕（图5-39）。节理产状较稳定，往往呈共轭节理产出（图5-40），不同地段两组节理的发育程度有差异，粗略统计其优势产状分别为：210°∠80°～70°；150°∠75°～70°，求得其主压应力为160°～170°方向，稍倾向南，反映白垩纪后的应力场特点。

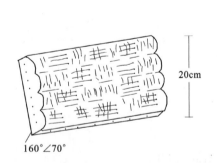

图5-39 侏罗纪砂页岩中滑动岩块擦痕特征

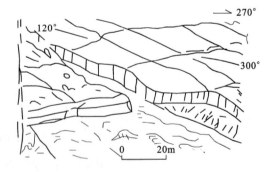

图5-40 侏罗纪砂岩中共轭节理

3. 演化序列

从前述分析不难看出，吐拉中新生代盆地为主要受阿尔金南缘断裂控制的断陷盆地，早侏罗纪时，阿尔金山沿断裂向南发生仰冲，断裂上盘快速抬升，下盘相对拗陷，抬升部位成山成岭，遭受剥蚀，坳陷部位接受沉积，形成北断南超的单侧式断陷盆地。大约J_3晚期，在来自南侧F_{24}的挤压应力作用下，盆内近东西向的断裂开始成生，形成"垒"、"堑"相间的对冲式格局，致使K_1q分别不整合于J_3c及C_1TK^2

之上，$K_1—E_1$ 的沉积中心往东南迁移。表明白垩纪以后的沉积主要受 F_{24} 控制的冲断盆地，且其物源主要来自南侧的木孜鲁克山而不是北侧的阿尔金山。大约是始新世以来，印度板块与欧亚板块的碰撞，施加了强大的南北向挤压应力，导致盆地两侧山体进一步隆升，阿尔金南缘断裂发生左行走滑，盆缘次级褶皱开始形成，盆内断裂活化，随后接受第四系山前洪积扇及河流冲洪积堆积。

五、木孜鲁克-托库孜达坂(蛇绿)岩浆构造带

近东西走向，呈凸向北的弧形展布于托库孜达坂—木孜鲁克一带，主体由晚二叠世箭峡山序列花岗岩及古元古代苦海岩群中深变质岩系组成。区域性断裂 F_{24}、F_{36} 为其南北边界，本带则为海西期的碰撞造山带。

（一）强应变带（断裂）的变形

强应变带主体于蛇绿-岩浆弧形构造带的东段发育，其西侧为托库孜达坂山花岗岩体占据，仅有断裂 F_{37} 分布于岩体北界。该带由断裂 F_{24}、F_{36} 所夹持的一系列总体北西西向展布、往西收敛的脆韧性剪切带及压扭性逆冲断层组合，其平面上呈帚状几何形态，剖面上则呈正花状构造样式（图5-41），构成一幅以强烈收缩与右行旋扭作用所共同控制的构造图像。

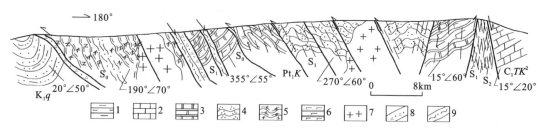

图 5-41 木孜鲁克(蛇绿)岩浆构造带地质构造剖面图（131—146 点）

K_1q. 白垩纪犬牙沟组；C_1TK^2. 石炭纪托库孜达坂群；Pt_1K. 古元古代苦海岩群；1. 砂泥岩；2. 灰岩；3. 大理岩；4. 变质砂岩；5. 片麻岩；6. 变火山岩；7. 花岗岩；8. 角砾岩与碎裂岩；9. 糜棱岩；S_0. 层理；S_1. 早期面理；S_2. 晚期面理

主要构造形迹如表 5-6 所示，其中 F_{24}、F_{36} 作为区域性的边界断裂，前面已详细论述，二者控制了带内其他断裂的成生与演化。断裂 F_{24}、F_{25}、F_{26}、F_{27}、F_{28}、F_{29}、F_{30}、F_{31}、F_{32}、F_{33}、F_{34}，其产状均倾向南东，总体呈叠瓦状逆冲组合。而在逆冲过程之中或稍后，由于块体运移速度、幅度的差异，其中 F_{25}、F_{26}、F_{27} 组成叠瓦状滑覆组合。

表 5-6 木孜鲁克-托库孜达坂(蛇绿)岩浆构造带内断裂特征简表

序列	编号	走向	产状	规模		断裂带特征	性质	备注
				长(km)	宽(m)			
北西西向脆韧性剪切带	F_{25}	NWW	210°∠65°～70°	>50	10～20	糜棱岩、旋转残斑、次级破裂面	脆韧性右旋剪切为主	往西与 F_{24} 交会
	F_{26}	NWW	190°～200°∠60°～70°；350°∠70°（个别）	52	10～30	糜棱岩、片理化带、挤压揉皱、布丁构造	早期右旋走滑剪切、后期正滑剪切	往西与 F_{24} 交会
	F_{27}	NWW	190°～200°∠50°～60°	>34	10～30	糜棱岩片理化带、构造透镜体、剪切褶曲	正滑型韧性剪切为主导	

续表 5-6

序列	编号	走向	产状	规模 长(km)	规模 宽(m)	断裂带特征	性质	备注
北西西向脆韧性剪切带	F_{28}	NWW	30°∠80°	>32	>5	片理化带、剪切褶曲、旋转残斑	早期右旋走滑剪切、后期脆韧性滑脱	往西与F_{27}交会
	F_{29}	NWW	倾向南，倾角不明	>46	3~20	构造片岩、流变褶曲、碎裂岩	早期右旋韧性剪切、晚期逆冲挤压	分别与F_{27}、F_{30}交会
	F_{30}	NWW	210°~220°∠60°~70°	55	50	强片理化带、角砾岩、碎裂岩、牵引褶曲、摩擦镜面、阶步	压扭性逆冲变形为主导	分别与F_{27}、F_{30}交会
	F_{31}	NWW		>18			早期韧性变形	遥感解译为主
	F_{32}	NWW	215°∠70°	14	50	构造透镜体、摩擦镜面、阶步	早期右旋韧性剪切、后期脆性逆冲	与F_{31}交会
	F_{33}	NWW	210°∠50°	41	50	片理化带、硅化碎裂岩、构造透镜体	脆韧性挤压逆冲为主	与F_{34}交会
	F_{34}	NWW	200°~210°∠50°~55°	28	3~5	强片理化带、碎裂花岗岩、次级破裂面	脆韧性逆冲兼有右行走滑	
	F_{35}	NWW	30°∠55°	42	30	碎裂岩、断层泥、次级断面	脆性逆冲为主兼有右行走滑	与F_{36}交会
北东东向韧脆性断裂	F_{37}	NEE略呈弧形	130°~150°∠50°~55°	>28	30~100	断层泥、碎裂岩、透镜体、片理化带、硅化	压扭性逆冲	与F_{36}、F_{24}一起组成弧形构造带，海西期花岗岩沿断裂南侧侵位

前者(逆冲组合)主期变形为推覆兼右旋脆韧性剪切，变形带中发育有糜棱岩、片理化带、旋转残斑、剪切褶曲。后期发生脆性逆冲变形，发育有碎裂岩、牵引褶曲、摩擦镜面及阶步(图5-42)。

后者(滑覆组合)早期尚有右旋转韧性剪切的雏形，主期为滑脱型脆韧性剪切。尤其是断裂F_{27}规模最为显著(图5-43)，变形带中依次发育强流变带、糜棱岩带、片理化带及碎裂-角砾岩带；露头尺度的流变褶曲、"σ"型碎斑系、S-C组构、片褶等均可见及，且其剪切指向均显示为正滑，而碎裂岩中右行斜列的构造透镜体同样佐证了这一结论，暗示断裂从中层次到浅层次的演化。断裂F_{26}亦表明其有较深层次的滑脱拆离，在断裂带中夹有透镜状顺片理带产出的基性岩脉，说明有上地幔物质的渗入。

断裂F_{35}、F_{36}为断面总体倾向北西的组合，其倾角50°~70°，主期为推覆兼右旋韧性剪切，后期为脆性逆冲，晚期局部有脆性滑移。

总之，上述组成一幅以F_{24}、F_{36}为代表的背冲式正花状构造，在水平近南北向挤压收缩、垂向伸展的机制下(因F_{36}与其斜交，亦存在走滑分量)，造山带得以形成。此后经历盆山耦合与演化，才最终形成今日海拔五六千米以上的托库孜达坂山与木孜鲁克山。

(二) 古元古代苦海岩群的变形

古元古代苦海岩群为一套中深变质岩系，呈构造岩片(弱应变域)的形式与上述强应变带相间分布。

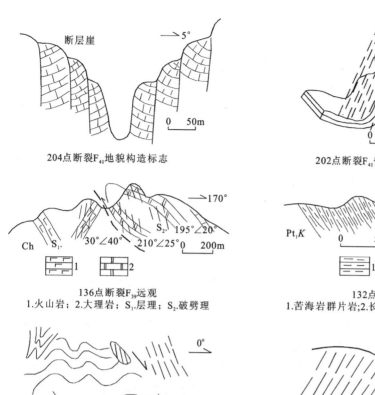
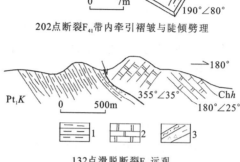
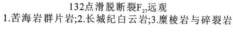
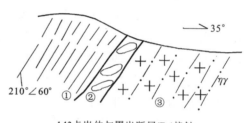

图 5-42 木孜鲁克(蛇绿)岩浆构造带内强应变带(断裂)特征

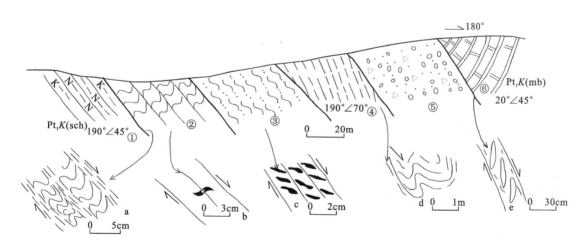

图 5-43 231点滑脱断裂带(F_{27})构造变形特征剖面

①Pt_1K(sch)古元古代苦海岩群云母石英片岩;②强流变带;③糜棱岩带;④片理化带;⑤角砾碎裂岩带;
⑥Pt_1K(mb)苦海岩群大理岩;a.流变褶曲;b.σ型残斑;c.S-C组构;d.片褶;e.构造透镜体

岩片类型有:片麻岩岩片、变火山岩岩片及大理岩岩片。系区域动力热流变质作用形成的高绿片岩相—角闪岩相变质岩组合,由于强烈的变形改造,岩片中的大型褶皱转折端荡然无存,偶见露头尺度的片内无根钩状剪切流变褶曲及断层效应所导致的片褶、脉褶等,面状构造则十分发育,主要有两期区域性面理。

1. 流劈理 S_1

流劈理系区域变质和动力变质共同作用下,韧性变形的产物,由变晶矿物定向排列所形成的面状构造,表现形式有片理、片麻理等。面理走向北西西—北西向,倾角 30°～65°(图 5-17)。

2. 应变滑劈理 S_2

应变滑劈理系在造山过程中,伴随脆韧性断层发生,在挤压应力及剪应力作用下所形成的劈理。其表现形式有折劈理、破劈理、糜棱面理、片理化带中的增强面理(后二者则见于强应变带中)。其产状共有两组,分别为 120°∠60°、15°∠60°,反映北北东向的挤压应力场。

(三) 岩体的变形

弧形岩浆岩带内岩体发育,除晚二叠世箭峡山序列大规模出露外,另有早石炭世野鸭湖序列、早二叠世秦布拉克序列、早三叠世木孜鲁克序列等小岩体星罗棋布。

托库孜达坂山岩体大部分沿断裂 F_{37} 的南侧分布,其成因与之有一定关联,近断裂带附近岩体均发育有弱的片麻状构造。在阿克苏河一带因区域性大断裂及一系列北西向断裂的切割,岩体内部均具弱糜棱岩化,由黑云母等暗色矿物组成的片麻理构造清楚,片麻理走向与断裂方向大致相同,略有斜交,倾向北北东,倾角一般为 60°～70°;强应变带中则发育片麻状、眼球状长英质糜棱岩片麻理及糜棱面理,展布方向与北西向脆韧性剪切带一致,显然与后期断裂有关。

而 F_{36} 晚期的脆性滑移,岩体中岩石普遍形成碎裂岩化花岗岩、花岗质碎裂岩等,岩石普遍具绿泥石化,颜色发绿,如野鸭湖附近的墨龙山岩体尤为突出。

在秦布拉克一带北东向断裂带附近的岩体,岩石较破碎,钾化较强,岩石交代成石英正长岩二长岩。

木孜鲁克-托库孜达坂(蛇绿)-岩浆构造带为海西晚期到印支早期的碰撞造山带。在同造山期或造山前期,箭峡山序列呈狭隘长弧形条带沿断裂 F_{37} 与 F_{24} 所联合的弧顶部位侵位,侵入早石炭世托库孜达坂群及古元古代苦海岩群中。随着造山运动的进行与发展,以 F_{36} 为代表有北西向断裂成生,发生大规模逆冲推覆及滑脱拆离,蛇绿岩残片沿拆离断层折返出露于地表;在花岗岩体中则出现狭长的韧性剪切带。

六、昆南微陆块

图区托库孜达坂山-木孜鲁克山以南,隶属于昆南微陆块,其基底可能为元古界;晚古生代为造山带前陆盆地,属于多岛小洋盆东特提斯的一部分。石炭纪早期为一套火山碎屑岩建造,石炭晚期—二叠纪则为陆缘碎屑岩和碳酸盐岩建造。二叠纪末的海西运动,导致洋盆闭合消亡。在晚古生代盖层中成生一系列褶皱与断层。

(一) 盖层构造变形

1. 褶皱

较为发育,依其展布方向,主要有北西西向与北北东向两组。另外尚有近南北向的次级小褶皱(表 5-7)。

表 5-7 昆南微陆块内主要褶皱特征简表

序列	编号	褶皱名称	轴向	褶皱特征 卷入地层	褶皱特征 两翼产状	轴面劈理	长度(km)	宽/长	备注
北西西向	(2)	横条山背斜	NWW	核部:$P_{1-2}s^2$ 翼部:$P_{1-2}s^2$	NE翼:350°∠30°~60° SW翼:200°∠40°~60°	稀疏发育	25	1/2~1/3	中常-开阔型,倾伏端裙边褶皱发育
	(3)	横条山向斜	NWW向略呈波状起伏	核部:$P_{1-2}s^2$ 翼部:$P_{1-2}s^2$	NE翼:200°∠50°~60° SW翼:350°~20°∠60°~30°	中等发育	32	1/2~1/4	开阔-中常型,枢纽略呈波状起伏
	(10)	青洞河向斜	NWW	核部:C_1TK^3 翼部:C_1TK^2	NE翼:230°∠15°~20° SW翼:15°~45°∠50°~20°	中等发育	23	1/2~1/4	开阔型,西端向南西西倾伏,东段被F_{45}切割
	(11)	宽沙河向斜	NWW	核部:C_1TK^3 翼部:C_1TK^2	NE翼:170°~200°∠15°~30° SW翼:20°∠40°~50°	中等发育	30	1/2~1/4	开阔型,由于F_{44}、F_{41}切割,其SW翼及东段出露不全
	(12)	碧玉河向斜	NW	核部:C_1TK^2 翼部:C_1TK^2	NE翼:210°~30°∠15°~30° SW翼:20°~40°∠30°~50°	中等发育	20		中常-闭合型,夹于F_{41}、F_{42}之间,西翼出露不全,且被F_{39}切割
	(13)	向斜	NW	核部:C_1TK^2 翼部:C_1TK^2	NE翼总体为: 210°~230°∠15°~30° SW翼总体为: 170°~200°∠40°~50°	发育	25		北东向褶皱叠加干扰明显
北东东向	(4)	玉带山背斜	NEE	核部:$P_{1-2}s^1$ 翼部:$P_{1-2}s^1$	NE翼:330°~350°∠35°~40° SW翼:160°~180°∠40°~60°	不均一发育	23	1/3~1/6	轴面稍倾向南东
	(5)	长梁山向斜	NEE稍向东偏	核部:$P_{1-2}s^1$ 翼部:C_2H^1	NE翼:160°~170°∠20°~40° SW翼:350°~360°∠30°~40°	不甚发育	12	1/2~1/4	西端向西扬起,东段为沙漠所覆
	(6)	多叉河向斜	NEE	核部:$P_{1-2}s^2$ 翼部:$P_{1-2}s^2$	NE翼:倾向南东, 倾角不明 SW翼:340°~350°∠40°~50°	不明	20	1/2~1/4	遥感解译褶皱
	(7)	背斜	NEE	核部:C_2H^1 翼部:$P_{1-2}s^1$	NW翼:倾向北北西, 倾角40°~50° SE翼:倾向南东东, 倾角40°~60°	发育	15	1/2~1/4	遥感解译为主,其南西段被F_{49}切割
	(8)	多叉河背斜	NEE	核部:C_2H^2 翼部:C_2H^2	NW翼:倾向北西, 倾角30°~50° SE翼:倾向南东, 倾角40°~60°	不明	11		遥感解译褶皱
	(9)	凌云河向斜	NEE	核部:$P_{1-2}s^2$ 翼部:$P_{1-2}s^1$	NW翼:倾向南东, 倾角不明 SEW翼:倾向北西, 倾角不明	中等发育	18	1/2~1/6	遥感解译褶皱

续表 5-7

序列	编号	褶皱名称	轴向	褶皱特征 卷入地层	褶皱特征 两翼产状	轴面劈理	长度(km)	宽/长	备注
近南北向	(14)	碱滩河小背斜	近SN	核部:C_1TK^1 翼部:C_1TK^1	NE翼:130°~150°∠40° SW翼:260°~270°∠35°	中等发育	42	1/2~1/3	开阔型次级褶皱

北西西向褶皱:其轴迹一般呈NW—NWW向,大多较平直,个别略有起伏,部分遭受断裂切割破坏而不完整。其翼开阔,倾角30°~50°,轴面近直立,略向南西西倾斜。轴面劈理中等至较为发育,陡倾角斜交层理,并因岩性不同,发育劈理折射现象(图5-44)。总之,北西西向褶皱属于弯滑褶皱作用形成的中常—开阔型褶皱。

北东向褶皱:其轴迹呈NEE向展布,较平直,部分因遭受断层切割或岩体侵吞而不完整。其两翼倾角一般40°~50°,轴面近直立,稍倾向南东,轴面劈理不均一中等发育。大多系中常型短轴褶皱,也为弯滑作用的产物。

从褶皱分布形式来看,它们应该受控于统一的南北向挤压应力场,不过由于弧形构造的诱导,从而分异出北西西向与北北东向两组。

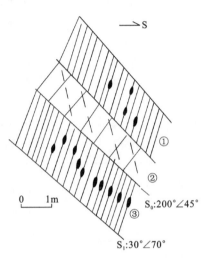

图 5-44 1549 点劈理折射
①钙质页岩;②含钙质石英砂岩;
③分异作用形成的钙质扁豆体

2. 断裂

中等发育,依其展布方向分为北西(西)向、近东西向与北东向3组(表5-8)。

表 5-8 昆南微陆块内主要断裂特征简表

序列	编号	名称	走向	产状	规模 长(km)	规模 宽(m)	断裂带特征	性质	备注
北西西向断裂	F_{38}	曲库萨依	NWW	210°∠60°~70°	36	15~100	花岗质碎裂岩、初糜棱岩	早期左旋剪切、后期逆冲挤压	西端被F_{36}、F_{37}限制
	F_{39}		NWW向略呈弧形	170°∠40°~60° 200°∠75°	>100	50~500	碎裂岩、陡倾劈理带、牵引褶曲、局部片理化	逆冲	部分区段为遥感解译
	F_{41}	碧玉河	NWW	170°~215°∠50°	36	30~200	角砾岩、碎裂岩、断层泥、擦痕	张性滑移断裂	二者平行产出性质类似
	F_{42}		NW	25°∠50°	48	150	角砾岩、碎裂岩、摩擦镜面、线理	高角度正滑为主	
	F_{43}		NWW	200°∠75°	>50		眼球状残斑、流变褶曲	顺层脆韧性剪切(右旋)	其东延止于J_3不整合面下
	F_{48}		NW	大致为30°∠60°~70°	>15	20	碎裂岩、次级裂面、网状方解石脉	高角度逆断层	切割侏罗纪花岗岩

续表 5-8

序列	编号	名称	走向	产状	规模 长(km)	规模 宽(m)	断裂带特征	性质	备注
近东西向断裂	F_{44}		EW		>65	不明		切割海西期岩体，可能为逆冲性质	遥感解译断层
近东西向断裂	F_{46}		EW		>45	不明		切割$n\gamma$，可能为逆冲性质	遥感解译断层
北东向断裂	F_{45}	横阻山	NEE	170°∠70°~75°	>110	50~300	张性角砾岩陡倾劈理带、擦痕、阶步	张性滑移断层，曾有斜向逆冲	
北东向断裂	F_{47}		NE	大致为110°∠70°~60°	>28	>3	局部见弱片理化碎裂岩	右行平移断层	遥感解译为主

北西(西)向断裂：较为发育，一般规模不大，呈 NW—NWW 向展布，倾角 50°~70°。发育角砾岩、碎裂岩、断层泥等，表现为浅层次的逆冲或滑移。

近东西向断裂：规模中等，遥感解译上有明显的线性特征，切割了海西期花岗岩，可能为逆冲性质。

北东向断裂：不很发育，其切割了近东西向断裂，以 F_{45} 规模较显著，呈 NEE 向延伸达 110km。断面倾向 160°~170°，倾角 70°左右。断裂带宽 50~300m，于 170 点所见(图 5-45)，断裂带内发育有角砾岩、揉褶及陡倾劈理。角砾岩成分为白云岩，多呈棱角状，大小一般 3~5cm，钙质胶结，具典型张性角砾岩特征，并可见明显断面，其上发育钙质薄膜组成的阶步与擦痕，$L_1:170°∠65°$，显示为张性正滑。次级裂面上尚能见另一组 220°∠75° 方向的擦痕线理 L_2，显示为逆冲性质，暗示断裂后期曾有斜向逆冲的叠加。

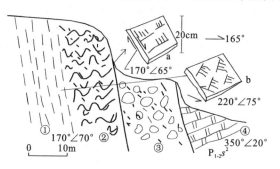

图 5-45　170 点断层 F_{45} 破碎带
①陡倾劈理；②揉褶；③角砾岩；④二叠纪树维门科组上段($P_{1-2}s^2$)；
a. 主断面上阶步与擦痕；b. 裂隙面上的擦痕

3. 推覆构造

图区小规模推覆构造比较发育，主要见于阿克苏河上游、青塔山的东侧，是在来自断裂 F_{36} 所诱导的南西向不对称挤压应力作用下，沿袭改造先存北西向断裂的基础上，沿构造薄弱面发生滑移而形成，从其空间展布上可分为原地系统、异地系统和推覆断裂。下面以 152—153 点推覆构造为例，来阐述该区推覆构造的结构特点。

（1）原地系统

主要由晚石炭世喀拉米兰河群与二叠纪树维门科组组成，原地系统中岩石受推覆作用而形成的构造变形相对较弱，基本保留推覆构造作用前的区域性构造格架样式。

（2）异地系统(推覆体)

由托库孜达坂群中组灰绿色块状沉火山碎屑岩、角砾岩，夹火山岩及上组浅灰色含白云质灰岩组成，沿波状起伏的推覆面发生长距离滑移而形成，在滑移过程中变形比较强烈，以致宏观上推覆体内产状紊乱，各种次级褶皱较为发育，总体以北西向小褶皱为主，系中常-开阔型，轴面稍倾向南东。在推覆体的前端，多形成斜歪-平卧褶皱(图 5-46)，指示推覆运动的方向。部分地段，由于地貌等多种因素作用，而形成由断裂所圈闭的孤立地质体——飞来峰。飞来峰一般规模不大，面积数百至数千平方米。

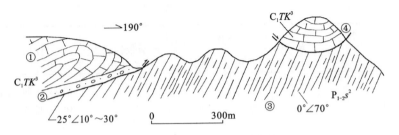

图 5-46 152—153 点推覆构造

C_1TK^3. 石炭纪托库孜达坂群上组；$P_{1-2}s^2$. 二叠纪树维门科组上段；①灰岩组成的推覆体；
②推覆面上角砾岩；③原地砂页岩；④灰岩组成的飞来峰

(3) 推覆断裂（F_{40}）

一般北西向延伸，断面呈舒缓波状，其上具钙质薄膜，见摩擦镜面及擦痕。断裂后缘一般发育 1～3m 厚的断层角砾岩与碎裂岩。角砾成分有白云质灰岩、生物屑灰岩等，多呈次棱角状，大小一般 1～3cm，大者 5～8cm，钙质胶结，弱定向排列。其前缘则断面紧闭。

角砾岩具压扭性特征（图 5-46），显微镜下，白云石的 f 双晶纹十分发育，选取较好的颗粒，分别测得 C、T 光轴的 100 个数据进行投影（图 5-47），求得其主压应力优势方向为 210°∠20°，主张应力优势方位为 55°∠65°。

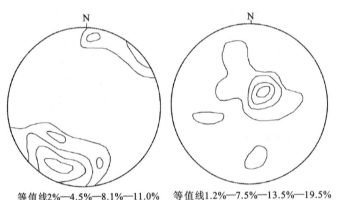

等值线 2%—4.5%—8.1%—11.0% 等值线 1.2%—7.5%—13.5%—19.5%

图 5-47 白云石 f 双晶纹 C、T 水平相等密图

左为主压应力 C 图解；右为主张应力 T 图解

综上所述，各种指向标志均指示了自北往南西的推覆方向，根据"弓箭"原理估算其断距在 1～3km 以内，系小型推覆构造。从其改造、破坏北西向构造形迹及与区域上的配套构造来看应为印支晚期—燕山期所成生。

(二) 横条山-岩碧山蛇绿混杂岩带

该岩带分布图区南部边缘横条山—岩碧山一带，系由 F_{49}、F_{50} 所夹持，被构造肢解的沉积岩片、蛇绿岩片呈透镜状列置其中。其见长约 110km，两端均延伸出图。

1. 北界断裂（F_{49}）

近东西向缓波状展布，黎沙滩以西，断裂带较窄，宽 50m 左右。表现为强片理化带，切割二叠纪树维门组下段灰绿色块状砾岩与岩屑砂岩，再往西切割石炭纪托库孜达坂群；黎沙滩以东，断裂可达 500m，并与南界断裂 F_{50} 联合组成构造混杂带。于 952 点观察为一变形强烈的脆韧性剪切带，由南往北依次可划分为 4 个带：①灰黑色黑云母片岩、石英片岩带，宽约 100m，片理发育，产状 S_1：185°∠70°，露头尺度上可见一些大小 1～10m 的外来岩块，如硅质岩块—灰岩岩块、石英岩岩块等，多呈不规则的次棱角—棱角状夹于其中，片理总体围绕其分布，部分与之相交、相切；②石英片岩质糜棱岩带，宽约 50m，糜棱面理发育,并见石英碎斑形成旋转碎斑系,具"σ"型拖尾,局部发育不对称的剪切面理揉褶,均指示北俯南仰之逆冲性质;③硅化灰质云质角砾岩带,宽约100m,角砾含量大于90%,大小一般3~6cm,多呈不规则状,但往往磨圆较好,以次圆状为主,角砾及细粒的基质成分均为灰质云岩,局部见后期石英细脉穿插;④碎裂化白云质灰岩带,宽约30m,层理依稀可辨,节理、裂隙十分发育,呈网格状,并被灰白色方解石细脉(脉宽0.5~1cm)充填。

断裂总为南倾,倾角60°~70°,具明显多期活动特点,早期以脆韧性变形为主,后期有脆性变形叠加。

2. 南界断裂(F_{50})

与北界断裂平行产出,呈缓波状近东西向展布。在华道山一带,断裂带较窄,且露头差。一般表现为强片理化带。切割石炭纪托库孜达坂群,而锅底山—横条山一带,断裂带宽可达700余米,并与F_{49}联合形成宽达2~4km的构造混杂岩带。

在952地质点观测到断裂分带清楚,由南往北特征依次为:

(1)硅化、劈理化泥晶灰岩带,宽约100m。顺层劈理发育,十分密集。劈理产状为185°∠47°,受后期构造影响,劈理面呈微波状起伏。

(2)安山质构造角砾岩带,宽约100m。角砾多数为不规则棱角状,少数为压扁磨圆化的椭球体,基质有弱的片理化,二者的成分均为安山岩。角砾岩中发育次级剪裂面,产状为20°~30°∠60°~70°,并见右行斜列的构造透镜体,指示北盘仰冲。

(3)云母石英片岩带,宽约160m。片理发育,以片理为变形面的挠曲、膝折构造亦较为常见。折劈理S_2:20°∠80°。

(4)片、劈理化的钙质泥岩带,宽约150m。具黄铁矿化,有一组180°∠20°方向的破劈理发育。

(5)石英云母片岩带,宽约80m。片理发育,有两组微角度相交的片理。

(6)劈理化辉橄岩带,宽约50m。岩石有蛇纹石化、铜矿化,并见揉褶,局部有石英脉贯入,S_2:30°∠70°。

(7)劈理化石英岩带,宽约50m。发育两组劈理,形成S-C组构,指示上盘逆冲。

(8)劈理化云质灰岩带,宽约50m。见次级断面,产状为30°∠80°,与劈理斜交显示上盘逆冲。

(9)云母石英片岩带,宽约100m。见黄铁矿化、金矿化,片理发育。

各带之间均为断裂接触关系。

综上所述,本断裂可能有两期活动,早期为韧性变形,并由于岩浆热液的渗入,伴随有绿片岩相的区域变质,形成S_1面理;后期则沿混杂岩带的南界生成断面倾向北的高角度压扭性逆冲断裂,并对先期面状构造进行改造(图5-48),以脆性变形为特色,发育碎裂岩系列。

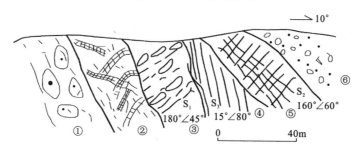

图5-48 179点断层F_{50}构造改造特征
①构造碎块岩;②两期石英脉;③早期透镜体;④后期节理;⑤两期面理;⑥碎裂岩

3. 混杂岩片

在构造混杂岩带东部,分布一系列由构造作用所肢解的总体有序、局部无序的非史密斯地层体。其在平面上呈透镜状分布,一般规模不大,长度在1km之内,宽200~700m不等。依其岩性组合的不同,划分为沉积混杂岩片与蛇绿混杂岩片。

(1) 沉积混杂岩片

基质为钙质粉砂岩、钙质泥岩等。有一定的流劈理化,局部受热蚀变的影响,变质为云母石英片岩。外来岩块则有灰岩块、石英岩块、硅质岩块,呈透镜体状、不规则棱形体状分布(图5-49),大小一般20～30m,小者1～10m,最大的灰岩块长150m,宽70m。岩块边缘呈碎裂岩化、硅化,并见方解石重结晶现象。内部见灰岩夹薄层硅质岩形成波状宽缓褶曲及较密集的轴面劈理,而基质中流劈理部分绕过岩块,部分则与岩块相交相切。

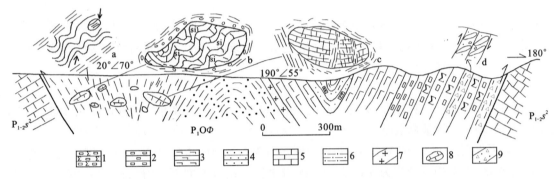

图5-49 162—165点横条山—岩碧山沉积-蛇绿-构造混杂岩带剖面

$P_{1-2}s^2$.二叠纪树维门科组上段;$P_1O\Phi$.早二叠世蛇绿混杂岩;1.辉橄岩;2.堆积岩;3.玄武岩;4.二叠系砂岩;5.二叠系灰岩;6.构造片岩;7.斜长岩脉;8.灰岩块;9.碎裂岩;a.砂页岩中揉皱;b.外来灰岩块;c.外来灰岩块;d.小剪切带及透镜体

(2) 蛇绿混杂岩片

基质主要为云母石英片岩、石英云母片岩、构造片岩及浅变质的砂页岩等。外来岩块则总体具蛇绿岩套组合特征,如变质橄辉岩、辉长岩、碳酸盐岩等,可能还有硅泥质(变质为云母石英片岩),它们构成蛇绿岩的中上层序,呈混杂堆积。平面上蛇绿混杂岩片则呈透镜状展布,长轴平行断裂带分布,其长轴一般1～2km,短轴300～500m不等,不同程度的发育流劈理S_1,且以S_1面理为变形面形成中常-紧闭型的轴面近直立褶皱(图5-49)。反映岩片早期遭受韧性变形,最终在南北向的挤压应力场作用下经构造改造而定型。

第五节 洋—陆转换和盆—山耦合

洋—陆转换往往是指洋(海)盆与陆地(或称古隆起)之间的相互转换,盆—山耦合则主要指盆地与造山带之间互补性发展。在广义上讲,造山带地区盆—山耦合包括洋—陆转换的内容。刘和甫等研究认为盆地和造山带之间主要存在3种关系:①构造上,盆地与山岭的耦合性,主要表现在构造应力场的统一性,即挤压造山带与前陆盆地耦合、伸展造山带与裂陷盆地耦合,而连锁断层系成为耦合机制的关键;②旋回上,盆地与山岭的反转性,早期大陆边缘盆地可以反转为造山带,晚期造山带可以伸展坍陷成裂陷盆地,表现为时间上的开合性;③沉积上,盆地与山岭的互补性,在浅层呈现为山岭隆升剥蚀,盆地下降沉积充填;在深层则呈现出熔浆迁移和拆离作用。

测区多旋回的盆地与山岭并存,即盆岭构造发育。这种盆岭构造格局是在多种构造体制所形成的多种类型沉积盆地的基础上发展起来的。通过本次区调工作,测区洋—陆转换和盆—山耦合可初步分为4种类型和4个阶段。

本节试图以不同阶段阿尔金、木孜鲁克隆起及其相邻盆地(坳陷)为例,从不同时期造山带与盆地构造样式、岩浆活动、造山带隆起与盆地充填特征等方面探讨其相互间构造发展的耦合关系,重点讨论吐拉陆相盆地性质、类型、成生演化及与两侧山岭依存关系。

一、元古代的洋—陆转换

测区的前长城系变质基底，出露位于阿尔金山的古元古代阿尔金群及位于木孜鲁克山的古元古代苦海岩群，是一套以变粒岩、片麻岩、片岩、大理岩、混合岩夹斜长角闪岩为主的高绿片岩—角闪岩相中深变质岩系，原岩为一套碎屑岩、中基性火山岩及碳酸盐岩建造，属于活动大陆边缘沉积。

古元古代末的吕梁运动，基本上结束了这一活动型沉积的演化历史。在青藏高原北缘形成一个稳定的陆块，属塔里木古陆的一部分。大约在中元古代时期，沿阿尔金山与祁曼塔格山出现了长城纪裂陷槽，为活动型基底之上的第一套台型沉积，发育滨浅海相碎屑岩和碳酸盐岩建造，不整合于古元古代之上。

二、早古生代洋盆与造山带的转换

早古生代开始，从相对稳定的构造状态转为活动状态，统一的陆壳裂解，洋盆扩张、出现洋—陆并存的构造格局。

初期，阿尔金-塔里木陆块扩展为洋盆，奥陶纪时接受巨厚的复理石沉积，其古地理环境为向东开口的海槽；志留纪则为巨厚的类磨拉石沉积和中性、中基性火山岩喷发。区内缺失后者的沉积，在阿尔金南坡见奥陶纪祁曼塔格群零星布露，而在阿尔金南缘断裂以南，仍然隆升为陆，属于柴达木陆块的一部分。

大约在志留纪末期，塔里木板块与柴达木板块拼合，青藏高原北缘再度出现统一的陆壳。泥盆纪时期全区基本处于隆升状态，在柴达木盆地内部则普遍发育磨拉石建造。

三、晚古生代洋盆与造山带的转换

晚古生代开始，全区除阿尔金山、木孜鲁克山继续隆升外，全部沦为古特提斯洋波及的范围。

石炭纪时期，托库孜达坂一带发育巨厚的复理石及过渡型拉斑玄武岩系列的火山岩和碳酸盐岩，显示较强的活动性。而在图区北西塔里木盆地一带则为陆源碎屑岩及碳酸盐岩建造。二叠纪时则全区基本上都为陆源碎屑岩及碳酸盐岩建造。

区内阿尔金南缘断裂以南，广泛发育有晚石炭世—二叠纪构造岩浆带。其与古特提斯洋的裂解、扩张、聚合有极强的耦合性。区内托库孜达坂弧形岩浆带中各个序列花岗岩的岩石化学、地球化学特性表明其大多属地壳熔融成因，形成于活动大陆边缘环境（详见第四章）。二叠纪末洋盆关闭，晚古生代造山带形成。

四、新生代盆—山耦合

特提斯洋关闭后的中新生代，以盆—山耦合演化为特色，对青藏高原北缘，尤其是阿尔金山区的盆—山构造，崔军文等（1989）进行过专门研究，将盆地分为冲断盆地、挤压盆地、拉分盆地、滑覆盆地、断陷盆地、垂向伸展盆地、拆离盆地7个类型，将盆—山构造类型归为收缩型、走滑型、伸展型盆—山构造3类。刘和甫等（1999）在研究中国走滑造山带与盆地耦合机制时，将阿尔金走滑造山带与走滑盆地作为正花状构造与走滑造山带中盆—山耦合的一个典型例子。郭召杰等（1999）亦作过新疆吐拉盆地构造特征与含油气事件研究。

测区中、新生代盆—山耦合，本次区调也做过一些工作，认为研究盆—山耦合要从盆地基底、盆地沉积建造、盆地结构、盆地原型、盆地迁移、盆地构造环境尤其是边界断裂的运动学特征等方面综合调研，来探讨盆地成因类型、演化特征、动力学机制及盆—山耦合关系。测区现今展布的中新生代盆地有3

个,即吐拉盆地、其格勒克盆地、且末县煤矿盆地。后2个盆地面积小,保存不甚完整,主要是挤压型断陷盆地。这里重点研究吐拉盆地及其与阿尔金山、木孜鲁克山的关系。

吐拉盆地位于阿尔金断裂带南段,阿尔金主干断裂东南侧,盆地呈狭长的带状 NE-SW 向展布,面积达 8200km²,与柴达木盆地相通,在地貌和构造上表现为3段式,根据重力异常分区、重力水平梯度及 MT 资料分析,吐拉盆地存在"三凹三凸"的构造格局。自西向东依次为吐拉牧场凹陷、吐拉东凸起、古尔岔斜坡、冰草泉凹陷、阿牙克凸起、红柳泉凹陷6个次级单元。

本次区调工作因工作范围所限。仅研究了吐拉牧场凹陷1个次级单元,将其特征总结如下。

(一) 吐拉盆地基本特征

1. 吐拉盆地基底特征

吐拉盆地的基底在吐拉牧场之东多处可见及,为前侏罗纪基底岩系,包括石炭纪、二叠纪地层,沉积建造上表现为一套以陆缘碎屑岩建造为主,夹火山岩建造、碳酸盐岩建造。具浅变质特征,构造变形较强,以较宽缓、斜歪褶皱变形为主,以断裂不甚发育为特色,属稳定型基底。

2. 吐拉盆地构造层序划分

吐拉盆地内沉积建造按不整合面大致可分为5个构造层序。

构造层序Ⅰ:底界面为盆地与基底的角度不整合面,顶界面为中、晚侏罗世间的不整合面,沉积以粗碎屑岩为主,往上变细,为一套山麓相至河流相沉积。砾岩中砾石以片麻状花岗岩为主,砾径最大近2m,呈棱角状,显示近源堆积特征。

构造层序Ⅱ:底界面为中、晚侏罗世间的不整合面,顶界面为侏罗纪与白垩纪间的不整合面或称超覆面。在垂直阿尔金山链的方向,由山链向外,沉积厚度由大到小,粒度由粗变细,并出现向外超覆现象。早期沉积物粒度较粗,具磨拉石建造性质,沉积晚期粒度变细,局部见黑色煤线,为泻湖相或沼泽相沉积。

构造层序Ⅲ:底界面为侏罗纪与白垩纪间的不整合面,顶界面为白垩系与第三系间的不整合面,沉积建造特征与构造层序相似,砾岩中砾石以片岩、片麻岩、火山岩为主,砾径较粗,显示近源堆积特征。

构造层序Ⅳ:底界面为白垩系与第三系间的不整合面,顶界面为第三纪与第四纪间的不整合面。底部与下部为一套粗碎屑岩,中上部为一套细碎屑岩,显示沉积相从山前到湖泊相的变化。

构造层序Ⅴ:底界面为第四系与前第四系间的角度不整合面,为一套河流沼泽相沉积。

3. 吐拉盆地结构组成

吐拉盆地具有强烈不对称性,其盆地结构见图5-50,从图中可以看出,吐拉盆地由阿尔金山南缘断裂、侏罗纪箕状盆地、白垩纪—第三纪箕状盆地和木孜鲁克山北缘断裂4部分组成。

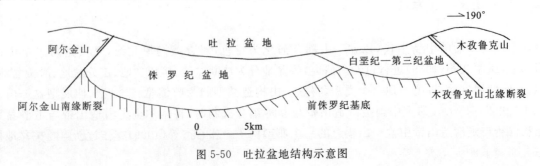

图 5-50 吐拉盆地结构示意图

4. 吐拉盆地原型盆地分析

早侏罗世沿吐拉盆地北缘阿尔金山前发育,在不同部位分别不整合于不同的前中生界或岩体之上。早侏罗世下部以粗碎屑岩为主,在某些地段可见直径近 2m 的花岗岩砾石,表明其为近源沉积。在奥陶系剖面上,明显看到侏罗系与奥陶系之间陡倾向南的断面,断面之上为构造角砾岩。野外及物探资料也表明,侏罗纪在阿尔金山前沉积最厚,呈长条状展布。以上资料表明,早—中侏罗世原型盆地为北断南超的伸展型箕状盆地。

5. 吐拉盆地迁移判别

盆地迁移的主要依据是根据沉积建造特征来确定各个时期的沉积中心,再通过沉积中心的位置来判别盆地迁移方向。根据此次野外调查,早—中侏罗世、晚侏罗世、白垩纪、第三纪、第四纪的沉积中心位置不一,早—中侏罗世、晚侏罗世沉积中心在且末河之北,相对来说,晚侏罗世沉积中心在早—中侏罗世之南。由上判别,吐拉盆地具有向南迁移的特征。

(二)吐拉盆地形成的构造环境

吐拉盆地的形成演化与阿尔金山南缘断裂、木孜鲁克山北缘断裂活动息息相关,甚至可以说受控于上述两个断裂。从盆地的基本特征可以分析出,吐拉盆地侏罗纪主要受制于阿尔金山南缘断裂的伸展—走滑—挤压活动,而白垩纪至第三纪主要受控于木孜鲁克山北缘断裂的伸展—走滑—挤压活动。

吐拉盆地的南北缘断裂,即阿尔金山南缘断裂与木孜鲁克山北缘断裂的特征在第三节已详细描述,吐拉盆地内变形在第四节已详细描述,在此不再重复。

(三)吐拉盆地成因类型及演化

吐拉盆地基本特征表明,它不是单一成因盆地,而是复合性成因盆地,以走滑成因为主,兼具伸展与挤压多重成因。按照时间与成因2条主线,吐拉盆地演化可分为4个阶段(图 5-51)。

1. 早、中侏罗世走滑—伸展断陷盆地形成阶段

特提斯洋关闭后,印支运动后期陆壳伸展体制形成,阿尔金山南缘断裂活化为同沉积正断裂,在吐拉牧场北部形成凹陷,接受沉积,形成一套粗碎屑岩沉积,往上递变为细碎屑岩,反映断裂运动速率大于沉积速率到沉积速率大于断裂运动速率的转化,即沉积环境从活动到逐渐稳定的转化。

2. 晚侏罗世走滑—挤压冲断盆地演化阶段

中侏罗世末,燕山运动发生,早、中侏罗世沉积盆地关闭,陆壳伸展体制向挤压体制转化,阿尔金陆块向柴达木陆块逆冲,至晚侏罗世盆地性质转化为走滑—挤压冲断盆地,阿尔金山南缘断裂呈走滑逆断裂性质,阿尔金山隆起遭受剥蚀,吐拉盆地接受一套具磨拉石性质的沉积。随着山链隆起速率由快至慢,盆地内沉积速率减缓,沉积物粒度变细,岩相和厚度也相对稳定。

3. 白垩纪走滑—(滞后)伸展断陷盆地演化阶段

晚侏罗世末,燕山运动中幕发生,盆地关闭,运动后期陆壳伸展体制形成,在木孜鲁克山北缘,断裂活化为同沉积正断裂,吐拉盆地(滞后)伸展,在木孜鲁克北部形成坳陷,接受沉积,形成一套粗碎屑岩沉积,往上变细为中—细粒碎屑岩,反映断裂运动速率大于沉积速率到沉积速率大于断裂运动速率的转化,亦是木孜鲁克北缘断裂活动程度不断减弱的结果。

4. 第三纪走滑—挤压冲断盆地演化阶段

白垩纪末,燕山运动晚幕发生,白垩纪沉积盆地关闭,陆壳伸展体制向挤压体制转化,昆仑陆块向柴

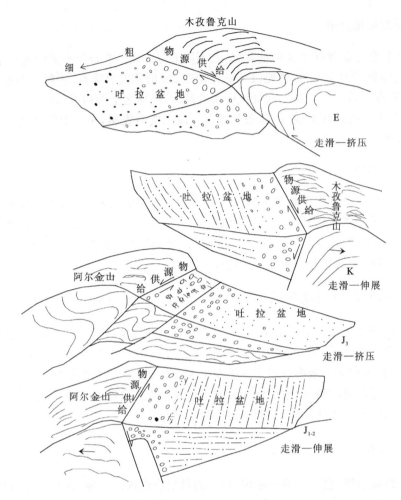

图 5-51 吐拉盆地形成演化与周缘山链耦合立体示意图

达木陆块逆冲。至第三纪初,木孜鲁克北缘断裂活化为走滑-逆断裂,木孜鲁克山隆起并遭受剥蚀,吐拉盆地接受一套粗碎屑岩沉积,随着山链隆起速率减慢,沉积物粒度变细,岩相和厚度也相对稳定,至最后,断裂活动稳定下来,盆地随着关闭。

值得指出的是,这里讨论的仅是吐拉盆地的一个二级单元——吐拉牧场凹陷的形成与演化。从区域资料分析认为吐拉盆地为一拉分盆地,即以走滑成因为主的盆地。

(四)吐拉盆地与阿尔金山、木孜鲁克山之间的耦合

从吐拉盆地的现今剖面结构看,吐拉盆地与阿尔金山、吐拉盆地与木孜鲁克山均呈现正花状构造的组合形态。但从盆地基本特征及演化史分析,它们之间的耦合关系呈现出复杂性。

早、中侏罗世阿尔金山与吐拉盆地的"盆—山"构造成因属伸展断块型盆—山构造,它是在地壳无大尺度收缩作用、伸展作用、走滑作用的构造背景下,由于垂向伸展应变而出现线型隆、坳相间或垒、堑相间的盆—山构造,山链和盆地分属断隆和断陷型。

晚侏罗世,阿尔金山与吐拉盆地的"盆—山"构造成因属收缩型,它是在陆壳收缩作用的构造背景下形成的,山链的形成机制主要为逆冲作用、褶皱作用或两者联合的叠覆作用,山链属逆冲型、褶皱型,盆地属冲断型、挤压型。

白垩纪末,木孜鲁克山与吐拉盆地的"盆—山"构造成因属伸展断块型盆-山构造,第三纪末木孜鲁克山与吐拉盆地的"盆—山"构造成因为收缩型盆-山构造,形成机制与上述的盆-山构造机制相同。

值得指出的是,上述盆—山耦合的探讨建立在一是只考虑吐拉牧场坳陷,没有考虑区域特征,二是忽略走滑运动的影响两个前提下,在野外调查中,吐拉盆地边界断裂的糜棱线理及构造岩特征显示其具

多期走滑活动。因此,吐拉盆地与两山间的盆-山构造成因具走滑型盆-山构造特征,总体是在地壳走滑或平移剪切作用的构造背景下形成的,山链的形成机制主要是逆冲-走滑作用、褶皱作用,山链属斜冲型、褶皱型,盆地则属拉分型。

第六节 新构造运动

新构造运动是指挽近时期以来的成山运动,是形成现今地貌地理格局的直接和主要原因,因其与现代地表地理环境的密切关系而成为当今构造学研究的一个重要领域。图区由于地处地理环境极为独特的青藏高原北缘与塔里木盆地交接部位,新构造运动的研究便显得尤有意义。从其造貌运动的基本内涵出发,目前一般将新构造运动的起始时间定为新近纪,并将新构造运动形成的构造变形称为新构造。图区内新构造运动在构造、沉积、岩浆活动及地貌等诸方面均有表现。其中以区域挤压作用下地表强烈整体抬升最为突出,导致图区东南部(属青藏高原北缘)主体海拔高度达4500~5000m,高出北面塔里木盆地3500m以上。高原面的整体抬升不仅形成了高原本身特殊的高寒气候,同时也与亚洲季风和气候的演化有着直接的因果关系(李吉均,1999)。

(一)先存断裂的继承性活化

目前无论是各种地球物理资料还是地质上的各种证据都表明,青藏高原从上新世以来一直处在南北向的巨大挤压应力场作用下,因此图区内阿尔金北缘断裂在南北向挤压应力作用下发生继承性陆壳冲断作用(详见第四节)。其向塔里木盆地仰冲十分明显,在其格勒克煤矿一带使J_1s逆冲、推覆于第四系冲洪积物之上。阿尔金南缘断裂则以左行走滑为主,兼有正滑作用,特别是标志其强烈正滑和坳陷作用的构造地貌,沿断裂带比比皆是,如断裂南盘侏罗系中低山、上新统冲洪积扇群(断垄)和上新统鼓包组呈由南往北依次错落有致的阶状地貌;而北盘阿尔金岩群深变质岩上第四纪地层中发育向南依次错落的阶状台地。阿尔金断裂系的活化、逆冲、扩展为昆仑山北缘的整体抬升创造了条件。

(二)地表整体抬升与沉降

实际指昆仑山北缘的整体抬升与塔里木盆地的相对沉降。青藏高原第三纪古植被演化反映的高原面高程变迁史反映出由湿热型植被向干寒型植被的演化趋势,且这一演化趋势的整个过程没有大的反复和波动。此表明青藏高原高程的变化也是分阶段、脉动式渐次隆升的,期间不存在明显的大面积高原面降低的过程,图区内昆仑山前海拔1000~3000m的过渡地带即为佐证。侏罗纪—始新世时期是青藏高原差异性运动相对较小的阶段,处于构造夷平状态。差异性隆升幅度最大的时期为上新世和第四纪时期,两者的沉积速率依次为529×10^{-3}mm/a,和1166×10^{-3}mm/a,同期的走滑速率和南北向扩展速率也最大,分别为44.0mm/a、17.3mm/a。青藏高原总体上是从始新世开始成陆,然后逐渐上升,到上新世末平均达近3000m的海拔高度,之后经第四纪的快速隆升,才成为今日的世界屋脊。

(三)不均衡隆升

实际指陆块内的差异性升降。表现形式在塔里木盆地与青藏高原内各有不同。

1. 塔里木盆地

主要有如下表现形式。

(1)地堑、地垒:据石油部门的资料表明在塔里木盆地南缘且末一带晚新生沉积具地堑、半地堑充填特征,暗示其为新构造运动形成的地堑、地垒式基底。

（2）车尔臣河的改道：车尔臣河在且末县以南为近南北向，而在其以北则突然转为北东向，显然是北东向断裂夺袭的结果。

（3）且末河河流中心的迁移及两侧阶地的不对称发育（图5-52）。

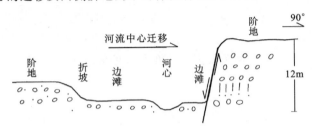

图5-52　118点且末河新构造运动引起的断裂现象

（4）第四系堆积物的掀斜与挠曲（图5-53）。

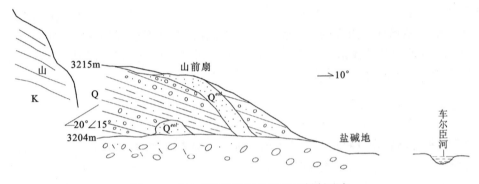

图5-53　101点新构造运动引起的掀斜现象

Q.第四纪河流相砂、砾岩；Q^{eol}.第四纪风积物；K.白垩纪地层

2. 青藏高原（阿尔金山—昆仑山北部）

主要有如下表现形式。

（1）早更新世西域组的挤压挠曲与掀斜：西域组零星出露于海拔4500m左右的甘泉河一带，属一套河流—内陆盆地相粗碎屑岩沉积。为古近纪夷平面之后的最早一次沉积，新构造运动在其中留下明显的印记（图5-54）。

（2）正滑小断层：在多叉河一带于西域组中发育的近东西向小断层，露头上可见明显的断面，向南陡倾，倾角70°~80°，断面上具摩擦镜面及正滑型擦痕线理。

（3）且末河上游两侧不对称阶地：于卡子一带发育，其南侧第四系阶地十分发育且向南依次错落，北侧不发育（图5-55），也暗示了昆仑山强烈的抬升。

（4）高原小湖泊：在五泉包一带所见由地表洼陷形成的季节性汇水盆地，尚处在湖泊形成的初期。

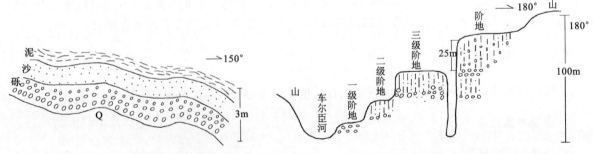

图5-54　新构造运动引起的西域组挠曲与掀斜现象　　图5-55　且末河卡子段新构造断裂引起的两侧抬升不均现象

（四）地震

在阿尔金山南缘断裂沿线，广布地震遗迹，1923 年以来曾发生多次强烈地震，地震强度中等，震源深度一般小于 40km，震源面向南缓倾斜，震源机制以走滑型、正滑型为主；而地震探测剖面显示，阿尔金山北缘断裂两侧莫霍面的错断达 6.5km，阿尔金山南缘断裂附近有 8km 错断。说明青藏高原北缘的逆冲扩展形成于陆壳整体拉张、走滑的构造背景。

第七节　地质构造发展史

测区地质构造发展史最早可追溯到古元古代，其过程极为复杂。由于经历了多期造山作用，并长期受欧亚板块与印度板块碰撞的强大后陆效应的影响，陆块间发生了剧烈构造变动、叠置和改造，因此恢复其历史是件相当困难的工作。本节试图运用板块构造分析和造山期变形相结合的方法，并扩大视域，采用时代及时代内发生的重大地质事件为主线，简要地恢复测区地质构造发展史（图 5-56）。

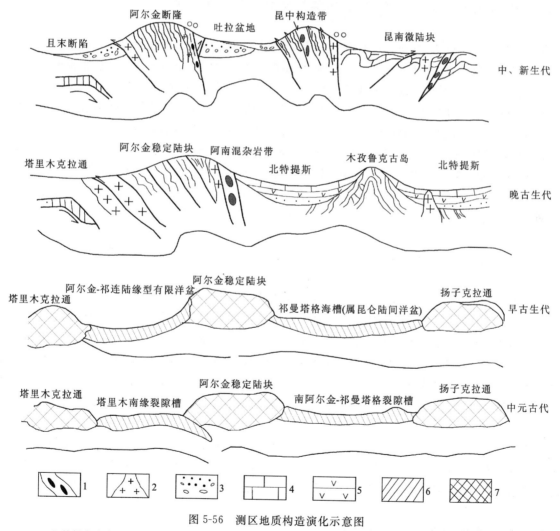

图 5-56　测区地质构造演化示意图

1.蛇绿岩残片；2.花岗岩；3.中、新生代盆地建造；4.碳酸盐岩建造；5.火山岩建造；6.洋壳；7.稳定陆块

一、古元古代塔里木结晶基底形成阶段

测区内发育有前长城系基底,阿尔金岩群与柴达木南缘-北昆仑的金水口群,柴达木北缘的达肯大坂群,中祁连的野马南山群和煌源群,北祁连的北大河群,是一套大致可以对比的以各类片麻岩、片岩、大理岩和混合岩为主的深变质岩系。变质相达高角闪岩—麻粒岩相,其岩石和稀土元素分析表明原岩为一套钙碱性英云闪长质及玄武质火山岩组合,并夹有少量板内和大洋拉斑玄武质岩石及泥砂质沉积岩类岩石,形成环境类似现代岛弧,反映原始陆壳的活动性。这套深变质岩系的同位素年龄峰值为20~22亿年间,表明其形成时代为古元古代。苦海岩群与阿尔金岩群一样,也为测区内前长城系基底,为一套以各类片麻岩、片岩、大理岩为主的深变质岩系,变质相达高角闪岩相,其岩石和稀土元素分析表明原岩为一套火山岩—碳酸盐岩建造,形成环境类似现代岛弧。这套深变质岩系的同位素年龄峰值为17~19亿年间,表明其形成时代为古元古代。

通过变质岩 P-T-t 轨迹与同位素年代学分析,测区约在18亿年首次克拉通化,在16亿年发生高角闪岩相变质作用,稍晚则发生了混合岩化、花岗岩岩浆上侵等地质事件。

二、中、新元古代南阿尔金-祁曼塔格裂陷槽形成演化阶段

古元古代末的吕梁运动(新疆称辛格尔运动)基本上结束了青藏高原北缘新太古代—古元古代阶段的活动型陆壳演化历史,出现了一个稳定的陆块,属塔里木-中朝古陆的一部分,仅沿北祁连、北阿尔金、南阿尔金、祁曼塔格和塔里木南缘出现长城纪、蓟县纪槽形活动带(或称裂谷带)。

在上述的槽形活动带中南阿尔金-祁曼塔格裂陷槽、塔里木南缘裂陷槽与测区地质构造发展最为关联,根据同位素资料分析,裂陷槽在15亿年左右,由塔里木克拉通分解而成,接受浅海、滨海相碎屑岩和碳酸盐岩沉积,测区可见巴什库尔干岩群不整合在古元古代沉积建造之上。在14亿年左右,裂陷槽闭合,发生绿片岩相—低角闪岩相变质,花岗闪长岩、钾长花岗岩岩浆侵位,混合岩化等地质事件。在13亿年左右,裂陷槽再次打开,塔昔达坂岩群不整合于巴什库尔干岩群之上,是裂陷槽再次开始的直接标志。在8~10亿年,裂陷槽闭合,形成稳定的克拉通,随后石英闪长岩、英云闪长岩侵位。

三、早古生代祁曼塔格海槽形成演化阶段

早古生代青藏高原北缘由中—新元古代相对稳定的构造状态转化为活动状态,统一的陆壳裂解,洋盆扩张,出现洋—陆并存的构造格局。崔军文等(1989)详细研究后认为:早古生代时阿尔金山中间为相对稳定的地块(阿尔金-祁连地块),南北两侧分别为昆仑洋盆和阿尔金-祁连洋盆,阿尔金-祁连洋盆的形成与扬子板块和塔里木板块间(昆仑洋盆)强烈扩张导致塔里木南缘陆壳的局部开裂作用有关,属陆缘型有限洋盆,而昆仑洋盆为陆间洋。阿尔金-祁连洋盆和昆仑洋具有大致同步的形成演化过程,晚寒武—早奥陶世洋盆扩张,中—晚奥陶世洋壳由南往北俯冲,志留纪洋盆闭合,结束洋—陆并存的构造演化历史。

与测区构造发展息息相关的祁曼塔格海槽属于昆仑陆间洋盆的一部分,其演化特征与昆仑洋盆演化特征一致。在晚寒武—早奥陶世陆壳裂解,洋盆扩张,祁曼塔格海槽形成,接受以浅海相泥质为主的复理石建造沉积,测区祁曼塔格岩群不整合于前期沉积之上,至晚奥陶世洋壳由南向北俯冲,海槽关闭。

四、晚古生代特提斯形成演化阶段

志留纪末,阿尔金-祁连地体和南昆仑地体相继增生于塔里木-中朝板块南缘,青藏高原北缘再度出现统一的陆壳,泥盆纪时期测区与全区一样基本上处于隆起状态,未接受沉积。

从石炭纪开始,测区由于受到古特提斯构造域构造运动的影响和波及,呈现复杂的构造运动形式。早石炭世托库孜达坂群为一套碎屑岩—火山岩—碳酸盐岩复合建造,从下往上大致可分为碎屑岩段、火山岩段、碳酸盐岩段,虽然岩石组合不同,但岩石稀土分析表明,沉积环境为岛弧,只是海水深浅的不一。不整合其上的晚石炭世哈拉米兰河群为一套黑色生物屑发育的碳酸盐岩建造,具深海岛弧型沉积特征。早二叠世叶桑岗群底部为一套粗碎屑岩,具河流到三角洲沉积特征,其不整合于哈拉米兰河群之上,中上部为一套碳酸盐岩,局部夹火山岩,岩石稀土分析表明具岛弧环境沉积特征。沉积建造特征表明特提斯洋是一个多岛小洋盆,在早石炭世末及晚石炭世末特提斯洋经历了两次开合旋回。

特提斯洋演化过程中构造岩浆活动和变形-变质作用广泛发育,形成了早石炭世野鸭湖序列,晚石炭世其格勒克序列,早二叠世末以蛇纹岩、辉长岩为主组合的蛇绿岩。李海兵等(2001)在研究阿尔金断裂走滑时,发现阿尔金南缘断裂构造糜棱岩产生时间为石炭纪。

上述说明测区石炭纪至早二叠世是主要岩浆活动和变形-变质作用时期,构造运动性质以剪切作用为主,伴随挤压作用。

测区沉积建造及岩浆活动、变质作用指示特提斯洋为一个多岛小洋盆,从沉积建造、岩浆活动具分区性特征,可显示测区存在木孜鲁克古岛屿。

五、中—新生代盆—山构造发育和高原隆升演化阶段

中—新生代青藏高原发生了一系列重大地质事件:三叠纪古特提斯洋盆闭合、侏罗纪—早白垩世新特提斯洋盆扩张、晚白垩世以来印度板块与欧亚板块的强烈碰撞和青藏高原的急剧隆升。测区处于青藏高原后陆部位,侏罗纪—早白垩世新特提斯洋成生演化则以陆相断陷盆地成生演化代替之,而测区的古特提斯洋盆在中二叠世就已闭合,因此,中—新生代,测区以盆—山构造发育和高原隆升演化为特色。

第六章 资源环境地质

第一节 矿产资源

测区岩浆岩活动频繁,构造复杂,沉积岩、变质岩、岩浆岩均有发育。在这复杂的地质背景下,孕育了丰富的矿产资源。工作过程中发现和检查矿点(床)达近 20 处,包括铜、铅、镍、金 4 个金属矿种,石棉、石膏、白云母、石灰岩、大理岩、花岗岩 6 个非金属矿种,油页岩、煤 2 个能源矿种,以及青玉、青白玉等宝玉石矿种。

一、金属矿产

测区已发现贵金属矿产 1 种,有色金属矿产 3 种。

(一) 贵金属矿产

仅见哈达里克河口砂金矿点 1 个,位于哈达里克河口,可通汽车。地理坐标:东经 86°05′00″,北纬 37°47′00″。

砂金产于早中更新世冲洪积(Qp_2^{pal})砂砾石层中,分布范围长 4~5km,宽 4~5km。古人开采甚盛,开采面积长 1.5km,宽 0.4km。旧矿坑数百个,矿坑一般深度为 2~3m,现已停采。

(二) 有色金属矿产

1. 叶桑岗东铅矿点

该矿点位于且末县南阿羌以东的衣山干一带。地理坐标:东经 85°37′30″,北纬 37°21′20″。

铅矿赋存于早二叠世秦布拉克序列花岗岩类岩石的外接触带上及其附近硅化破碎带中,铅矿体呈透镜体状、囊状,沿硅化灰岩裂隙产出,厚 20~50m,长度不清。水平断面大小 1m×0.8m,深度为 4m。主要矿物为方铅矿、硫砷铅矿、闪锌矿。共生矿物有黄铁矿、黄铜矿及次生孔雀石等。矿石为致密块状或星点状。目测品位可达 30% 以上,化学分析结果:含铅 26.34%、锌 22.09%、铜 0.44%~1%、银 0.03%;在超基性岩中含镍 0.005%~0.3%;该矿属中温热液充填类型。矿已开采,周围未发现矿体,可作为找矿线索。

2. 古大哈镍矿化点

该矿化点位于且末县城南阿羌以东古大哈。地理坐标:东经 85°33′00″,北纬 37°18′30″。

矿区出露地层为二叠纪叶桑岗组(P_1y)杂色碎屑岩、灰岩、安山质流纹岩及凝灰岩。镍矿化见于侵入上述地层的辉橄岩体内。矿化点南有 1 条断层通过,辉橄岩体分布在断层之北,东西向分布。岩体一般宽 20~300m,长 100~1000m。矿化岩体露头不好,宽度大于 30m,长度不清,估计 500m。1959 年核工业部 519 队进行放射性元素勘探工作,打平巷 38m 左右,仍未打通岩体。

辉橄岩为灰黑色—深灰色,具破碎和蛇纹石化,局部见少量石棉纤丝和星点磁铁矿等。据化学样和基岩光谱分析,含镍 0.005%～0.3%,以 0.3%为主,钴 0.005%～0.03%、锌 0.1%～0.05%、钛 0.01%～0.1%、铁 5.57%,个别样含银 0.0005%。目前尚不具工业意义,可作找矿线索。

3. 卡子铜矿化点

该矿化点位于且末县城南西,距县城约 105km,通公路,交通较方便。地理坐标:东经 86°11′41″,北纬 37°37′13″。

矿化地段出露角闪斜长片麻岩、透闪石岩夹斜长角闪岩。该处岩石破碎,岩石片理发育,挤压变形特征明显,有一压扭性断裂通过。铜矿化见于网状石英细脉的两侧,石英细脉宽 1～3cm。矿石矿物主要为黄铜矿、黄铁矿,次生矿物孔雀石,呈星点状、浸染状分布。取 3 个样,光谱分析结果:$Cu(3921.91～5923.84)\times 10^{-6}$、$Au(0.05～0.13)\times 10^{-6}$、$Zn(182.14～212.50)\times 10^{-6}$、$Pb(9.0～46.6)\times 10^{-6}$。矿床成因可能为中—低温热液石英脉型。

二、非金属矿产

测区非金属矿产有石棉、石膏、白云母、石灰岩、大理岩、花岗岩等矿种。

1. 塔特勒克苏石棉矿点

该矿点位于且末县塔特勒克苏玉石矿南东约 5km 处。地理坐标:东经 86°27′03″,北纬 37°51′12″。

该处出露地层为下元古界阿尔金岩群片麻岩组$[Pt_1A(gn)]$,岩性为黑云母石英片岩、混合片麻岩、白云石大理岩。矿点处为一超基性岩体,石棉产于辉橄岩中。矿化带长 165m,宽 20～40m。在此矿化带内见有 5 个矿体,矿体长 25～165m,宽 1.5～5.5m,石棉脉长 10～50cm,产状 150°～160°∠80°～85°。矿体形态呈条带状、透镜状、复式平行细脉状。矿石矿物成分由石棉、蛇纹石、阳起石组成,含棉率 5%。该矿 E 级储量 6500t,成因类型属自变质内生石棉矿。

2. 克克嗯格石膏矿点

该矿点位于克克嗯格中下游西侧 3km,交通不便。地理坐标:东经 86°38′00″,北纬 37°29′30″。

石膏产于白垩纪犬牙沟组下段(K_1q^1)红色砂岩、砂砾岩中,产状 175°∠64°。石膏呈层状或透镜体、串珠状和不规则状。石膏层最厚 5m,最薄 0.5～1m,平均厚 3m,断续出露长 5km。在红色砂砾岩中也见有少量石膏层呈团块状或薄层状。样品分析 CaO 32.52%、H_2O^- 20.39%、SO_3 45.58%。

该石膏矿点具有一定规模,可做进一步工作。

3. 阿克雅石膏矿点

该矿点位于且末县城正南阿克雅南东 2km 处。地理坐标:东经 85°40′47″,北纬 37°22′44″。

矿点处出露地层为二叠纪叶桑岗组(P_1y)紫红色砂砾岩夹灰岩、灰绿色粉砂岩、泥岩及炭质泥岩,产状 90°～130°∠30°～45°。石膏层夹于灰岩、灰绿色粉砂岩及炭质泥岩之中,产状与围岩一致。石膏层主要有两层:一层长 100m,厚 10～12m;另一层长 100m,厚 5m,延长两端均被第四系覆盖。此外尚有数层厚为 10～40cm,长度不定的石膏薄层,延长数米即尖灭。石膏化学成分 CaO 26.57%、SO_3 37.96%、H_2O^+ 16.33%。石膏皆为白色雪花状和糖粒状,质地较细。成因属泻湖沉积型。该矿质量达到工业要求,交通方便,宜露天开采,可供地方开发利用。

4. 库拉木拉克石膏矿点

该矿点位于且末县南东的库拉木拉克以东 5km 处。地理坐标:东经 85°47′30″,北纬 37°25′40″。

矿点处出露地层为二叠纪叶桑岗组(P_1y),自下而上分为:紫红色砂砾岩,厚 2m;黄色破碎灰岩,厚 15m;黑灰色泥质细砂岩、粉砂岩,厚 15m;石膏层及黄色破碎硅化灰岩,厚 10～15m,产状 180°～

210°∠30°~48°。石膏层为白色雪花状石膏,单层厚 5~10cm,最厚 30cm,总厚 3~5m,有时呈透镜体向两端尖灭,可见长度为 50~70m。该矿曾由建设兵团工三师做过详细评价工作,确定有一定工业价值。

5. 哈底勒克白云母矿化点

该矿化点位于且末县城南东哈底勒克萨依中游北侧。地理坐标:东经 86°16′00″,北纬 37°46′00″。

白云母产于阿尔金岩群变粒岩组[$Pt_1A(gnt)$]花岗片麻岩、黑云母片麻岩的伟晶岩中。花岗伟晶岩脉发育,每隔 50~100m 一条,脉长不等,一般 10m 到数十米,厚 1~3m,产状 120°∠48°~75°。伟晶岩脉的主要组成矿物有石英、长石、白云母、电气石等,个别滚石中见有红色半透明石榴石及绿柱石(六方柱体,直径 0.8~1.5cm),其中白云母含量约 15%,片度小,一般小于 $1cm^2$,个别达 2.5cm×3cm。白云母质量差,裂纹多、破碎、杂质斑点多,可作找矿线索,伟晶岩中的绿柱石应予重视,可作宝石的找矿线索。

6. 卡子石灰岩矿床

该矿床位于且末县南东,距县城约 120km,即阿克苏河与车尔臣河交汇处以西约 12km 处。地理坐标:东经 86°19′40″,北纬 37°38′00″。

出露地层为石炭纪叶桑岗组(P_1y)碎屑岩和灰岩,成因类型为海相沉积型。石灰岩矿体呈层状,延伸长数千米,总厚大于 500m。矿石为灰白色纯质灰岩。主要组分含量 CaO 49%~52.7%;烧失量 42.78%~44.85%;有害组分 MgO 1.42%~6.05%、Fe_2O_3 0.1%~0.4%、Al_2O_3 0.07%~0.77%、SiO_2 0.36%~1.36%。地质(E级)储量 1000 万 t,该矿可作为水泥原料。

7. 库拉木拉克水泥灰岩矿床

该矿床位于且末县县城南东南约 80km,库拉木拉克北东约 5km,有简易公路可达矿点。地理坐标:东经 85°47′11″,北纬 37°27′10″。

石灰岩产于石炭纪叶桑岗组(P_1y),为一层层状灰白色石灰岩矿体。矿体长 1000m,宽 500m,矿层稳定,产状 150°~160°∠40°~65°。矿石为细粒结构,块状构造。化学成分 CaO 52%、MgO 1.7%。地质(E级)储量 500 万 t,石灰岩质量较好,可作水泥、化工原料,该矿已被开发利用。

8. 塔特勒克苏大理岩矿

该大理岩矿位于且末县城南东 90km 的塔特勒克苏河上游。由县城至沟口 123km,可通汽车。地理坐标:东经 86°21′35″,北纬 37°52′00″。

大理岩产于古元古代阿尔金岩群大理岩组[$Pt_1A(mb)$]中,呈层状、似层状产出。出露宽 200~1500m,延伸长 5~10km。矿物成分:白云石 75%~95%,方解石 5%~10%,金云母十几片,透辉石少量。

此外,在江尕勒萨依—尤尕勒滚一带,大理岩分布亦较多。测区内大理岩质量较好,多为(透闪石)透辉石白云石大理岩。矿物成分:白云石 55%、假象透辉石(含绿泥石)30%、透闪石 15%,为玉石矿的成矿母岩。储量大,但交通不便,开采成本高,目前暂无开采价值。

三、能源矿产

测区能源矿产有煤和油气苗矿点两种,均产于侏罗系中。

1. 尤勒滚萨依(江格沙依)煤矿

该煤矿位于阿尔金山北坡山前丘陵地带,距且末—若羌公路 20km,距且末县约 140km,可通汽车。地理坐标:东经 86°24′33″,北纬 37°59′32″。

矿区出露地层为侏罗纪莎里塔什组(J_1s),煤即产于此地层中,煤系地层总厚60～80m,在煤矿沟含煤段长2.4km,可采煤7～9层,煤层呈层状、似层状产出,煤层厚11.45m。在七克里克含煤层长1km,可采煤4层,总厚度大于10m。煤层底板为炭质泥岩,顶板为砂岩。煤质较好,有焦煤、亮煤和半亮煤,均可作炼焦用煤。地质储量2100万t。成因类型属山前凹陷湖盆沉积型煤矿。该煤矿现正被开采利用。

2. 克孜拉列煤矿

该煤矿位于且末县城南阿尔金山前山地带,可通汽车,从县城至矿区行程100km。地理坐标:东经85°54′00″,北纬37°34′40″。

该矿产于侏罗纪康苏组(J_1k)、杨叶组(J_1y)砂岩、砂砾岩、泥岩层中。见有薄层状可采煤4层,煤层呈层状、似层状产出,单层厚0.4～1.0m。煤层底板为炭质泥岩,顶板为砂岩。煤质较好,为炼焦煤。求得E级储量69.25万t。新疆重工业局156队1971年对该矿进行普查工作。且末县已开采利用。

3. 克其克硝尔鲁克煤矿

该煤矿位于且末县城南东阿尔金山山前地带,克其克硝尔鲁克沟中下游东侧2km。地理坐标:东经85°59′50″,北纬37°39′45″。

该矿产于侏罗纪康苏组(J_1k)、杨叶组(J_1y)砂岩、砂砾岩、泥岩层中。见有薄层状可采煤4层,煤层呈层状、似层状产出,单层厚0.3～0.9m,最厚2.5m,长50～100m。煤层底板为炭质泥岩,顶板为砂岩。煤质较好,有焦煤、半亮煤,可作炼焦用煤。且末县正开采利用。

4. 吉格代厄肯煤矿

该煤矿位于且末县城南东阿尔金山山前凹陷内,吉格代厄肯沟上游。地理坐标:东经85°59′30″,北纬37°36′10″。

煤层产于侏罗纪康苏组(J_1k)、杨叶组(J_1y),紫红色、灰白色、灰绿色砂岩、砾岩、泥质砂岩及泥岩层中。含煤地层出露长300～400m,厚20m,产状130°∠25°～30°。见有一层煤和2～3条煤线,煤层呈不规则透镜体状,透镜体最大的长有30～40m,厚2～2.5m。煤层底板为泥岩,顶板为砂岩。据有关资料推测深50m,求得地质储量4.5万t。成因类型属山前凹陷沉积型煤矿。煤质较好,已开采利用。

5. 吐拉盆地油气矿苗点

吐拉盆地位于阿尔金断裂西段南侧,盆地呈狭长的带状(NE-SW向)延伸,与柴达木盆地连贯。含油层位于侏罗纪地层中,早中侏罗世的原型盆地为北断南超的箕状洼陷,而中侏罗纪地层是吐拉盆地主要烃源岩发育段。

吐拉盆地侏罗纪地层中暗色泥岩发育,不仅厚度大而且有机碳含量高,但大多数未达到炭质泥岩的含炭量(程克明,1994),是较好的泥质生油岩。吐拉盆地有机质的丰度与柴达木盆地侏罗纪地层主要生油岩相似(陈建平,1998),有机质成熟度变化大,从低成熟度到高成熟度均有分布。吐拉盆地侏罗纪地层除少数处于低成熟度阶段,大部分处于成熟生油和高成熟湿气—凝析油阶段,部分已处于成熟干气阶段。曾在吐拉牧场附近发现上百米厚的油砂岩,并含大量沥青脉,充分说明吐拉盆地不仅具有生成油气的能力,而且已经形成了一定规模的油气藏(郭召杰,1998),这一重要发现表明吐拉盆地是一个含油盆地。

吐拉盆地发育历史使盆地内形成了有利生油凹陷,形成了有利的生储盖组合类型,空间上以正常式(下生—中下侏罗统;上储—上侏罗统)为主,还可形成自生自储(中下侏罗统)式组合。目前,已在正常式组合类型中见到了油气显示,因此吐拉盆地应是找油重要远景区。

四、宝玉石矿产

本区玉石矿产较为丰富，是且末县玉石矿的主要产区，玉石矿产业是且末县的主要财政收入来源之一。玉石质量上乘，有白玉、青白玉2种优质品种，重达1t多的无价之宝"且末县玉王"就产于测区塔特勒克苏玉石矿床中。现将主要矿点分述如下。

1. 塔特勒克苏玉石矿床

该矿床位于且末县城南东90km的塔特勒克苏河上游小支沟内，矿点处海拔4000m左右，为高山悬崖峭壁，由县城至沟口123km，可通汽车。地理坐标：东经86°25′24″，北纬37°52′26″。

矿区所处大地构造单元属塔里木地台阿尔金断隆。矿区为北东东—南西西向紧闭复式向斜，向60°～70°方向翘起。出露地层为下元古界阿尔金岩群片岩组[$Pt_1A(sch)$]的黑云母角闪石英片岩夹薄层大理岩。近断裂破碎带普遍具绿帘石化、硅化、阳起石化及透闪石化。大理岩为中薄层状、洁白，厚度不超过10m。大理岩与花岗片麻岩接触处有灰绿色阳起石—透闪石蚀变带，宽5～20cm。侵入岩主要有片麻状花岗岩、中细粒（云英岩化）黑云母二长花岗岩。

矿区见有近20个玉石矿体。矿体分布于有后期热液活动的构造破碎带的含镁大理岩地段。矿体一般长5～10m，最长24m，厚数十厘米。产状多变，但总体与含镁大理岩构造破碎带一致。矿石为阳起石—透闪石类软玉，以青色、浅青色青玉为多，青白色、粉青色青白玉、黄口白玉、白玉较少。硬度5～6级，韧性很强、致密块状，质地细腻。以白玉、黄口白玉质量最好，青玉质量次之。矿石矿物主要有阳起石、透闪石、石英、方解石、蛇纹石、黄铁矿、黄铜矿、滑石、孔雀石、高岭土、石棉、长石等。成因类型属岩浆后期中低温交代型阳起石—透闪石软玉，矿石E级储量4000t以上。

该矿开采历史悠久，至1975年已采玉约2000t。且末县1975年建矿，计划年产玉80t。1995年9月12日产出特大青白玉，整块玉无裂隙，可整体雕刻，号称"玉王"，获上海（世界）吉尼斯记录，是稀世之宝。该矿正被开采利用。

2. 其坦玉石矿

该玉石矿位于且末县南东哈底勒克萨依支沟其坦沟西侧。地理坐标：东经86°16′46″，北纬37°43′14″。

矿点出露地层为阿尔金岩群变粒岩组[$Pt_1A(gnt)$]片麻岩夹薄层状大理岩。矿点附近见有肉红色细粒二长花岗岩、斜长角闪岩、辉石闪长岩等，均呈脉状、岩枝状侵入于片麻岩与大理岩中。脉岩长10～20m，最长30～50m，厚0.5～3m。

玉石矿体呈不规则条带状，产于大理岩上层面的硅化带内。大理岩均有不同程度的透闪石化、阳起石角岩化、蛇纹石化及滑石化，为镁橄榄石大理岩，其矿物成分为：方解石30%、透闪石38%、钙铝榴石1%、橄榄石18%、斜长石3%、石英5%、符山石1%～2%、普通角闪石≤3%；具粒状变晶结构。矿体产状210°∠20°，断续出露长100m，一般厚20～30cm，最厚50cm。矿石矿物为透闪石（65%）、滑石（35%），具纤状—柱状变晶结构。矿体沿走向连续性好，可分上下两层，主要见有青玉和青白玉。

该矿曾开采过，矿点规模虽小，但层位稳定，延续性好，有向外扩大的可能，具进一步工作的意义。

五、地下水资源

由于测区干旱少雨，因而水资源极其宝贵。而盐碱地分布又较广，淡水资源显得尤为珍贵，在测区使人真正体会到水是生命之源的内涵。测区淡水资源分布不均匀，主要分布于车尔臣河、江尕勒萨依河流域。此外还分布为数不多的地下水资源，以吐拉盆地泉水水质最好、水量最大。

吐拉盆地泉水分布于且末县城南东，测区中部吐拉盆地的四周有大小泉水点近20个。以卡木苏泉水水量最大,其日涌水量大于 2000t,水质清澈,为温泉淡水,水温 20℃左右,具有较好的开发价值。

此外在五泉包亦有泉水分布,有较大的泉水点 5 个。水质清澈,为咸水,日涌水量 500～800t,无开发价值。

第二节 生态资源

一、野生动物资源

测区野生动物种类较多,其中不乏国家一、二级保护动物,但数量较少。野生动物有藏羚羊、野驴、棕熊、野马、野骆驼、野牦牛、狐狸、黄羊、狼、野兔、雪鸡、野鸭、大雁、鸳鸯等数十种。

藏羚羊:为国家一级保护动物,主要活动在测区南部,五泉包—甘泉河一带山间盆地中及其边缘水草较多的地方,活动范围在海拔高度 4200～5000m。一般十到数十只成群活动,总数在 500 只左右。

野马、野驴、野牦牛:活动范围和地点与藏羚羊相似,并稍有扩大,海拔高度为 3800～5000m。

棕熊、狼、狐狸、雪鸡:活动范围主要在 4000m 以上的山区。白天很少活动。

野鸭、大雁、鸳鸯等候鸟及野兔:主要活动于吐拉盆地内的湿地(沼泽地)中。此外在五泉包的野鸭湖也见有少量的大雁、野鸭和野兔,偶见候鸟飞翔。

野骆驼、黄羊:数量较少,主要活动于测区北西角塔克拉玛干沙漠的边缘,海拔 1800～2800m。

二、野生植物资源

测区植被不发育,90%以上面积为裸露的基岩和风积物。植物主要以草本植物为主,灌木、乔木偶尔可见。

草本植物:主要分布于托库孜达坂山的北坡、阿尔金山的北西坡山沟中、吐拉盆地及五泉包—甘泉河一带低洼处等水量(主要是雪水)较充沛的地区。以菊科、藜科为主,主要有黄花蒿、青蒿、野菊、骆驼刺等。同时这一带也是牧民的主要放牧区。

灌木类:以残存的红柳为主,稀疏、小面积成片分布。主要分布于木纳布拉克、吐拉盆地四周、塔特勒克苏、艾沙汗托海等地。保存、生长较好的为塔特勒克苏—尧勒恰普一带,分布面积约 5km^2。

乔木类:仅在艾沙汗托海河沟两侧发现 20 多株杨树,稀疏地分布在 500m 长的河谷中,树茎一般在 20cm 左右,树高达十几米。人造防护林在库拉木拉克、且末县一级电站等人口集中的地方,生长较好。

三、野生药材资源

测区药材主要有锁阳,俗名锈铁棒、黄骨狼,为一年生植物,只有根、茎。茎为一年生,根逐年长大。根、茎均可入药,其性温、味甘带涩,具有补肾虚、润肠燥等功效,适用于中老年人肾虚、腰膝软弱无力及老年人大便燥结,是一种天然无污染的极佳保健中药材。多生长在吐拉盆地四周,特别是其西端的秦布拉克附近生长较多。其生长土壤为湿润的、带碱性的疏松粉砂质土,经济价值较高。

四、水力资源

测区水力资源较丰富,占且末县总水力资源的 70%以上。主要河流有车尔臣河(且末河)、江尕勒萨依河。河流落差较大,水流湍急,发源于终年积雪的高山区,有充足的水源供给,水量较大,一般在丰水季节(4～10 月分)水能资源较丰富,枯水季节(11 月至次年 3 月冰冻期)水量较少。且末县现仅有的一座电站——且末县一级电站就建于测区西北部车尔臣河下游。即将在阿克苏河与车尔臣河交汇处修建的水力发电站也位于测区的中部,它的建成将彻底解决且末县用电紧张问题。

第三节 旅游资源

测区地势总体南高北低,巍峨雄伟、气势磅礴的昆仑山横亘于测区南部,形成了高大挺拔的雪山,著名的阿尔金构造带斜插于测区东北部,塔克拉玛干大沙漠止于测区西北角。特殊的地理位置,形成了较为丰富的旅游资源。

目前旅游资源虽较为丰富,但开发利用差。应抓住西部开发的机遇,大力开发具有特色的旅游资源。可开发利用自然风光、民族风情、猎奇探险、地质科考等旅游资源,现分述如下。

一、自然风光及民族风情旅游点

1. 江尕勒萨依旅游点

该处可开发的旅游项目有:风景观光、狩猎、登山探险、地质科技考察、考古、避暑等。

旅游点位于测区的北部,有公路相通,距且末县城约150km,距315国道(且末—若羌公路)约30km。沟口住有三十多户牧民,全为维吾尔族,依山傍水而居。种有核桃树、苹果树、葡萄、水蜜桃树、杨树等,一派郁郁葱葱、生机盎然的景色,胜似"小江南",好像点缀在沙漠边缘的一颗绿色翡翠。如果您是江南人旅游至此,使您有一种回家之感;如果您是北方人旅游至此,使您感觉如到江南。当您在炎热的夏天,在沙漠中被太阳烤得汗流浃背时,来到这风光秀丽、气候宜人的地方,一边欣赏着维吾尔族歌舞,一边啃着烤全羊,呼吸着幽凉、清新的空气,使您有一种如临仙境的感觉。据牧民讲附近还有古城遗址、壁画等古迹,具有考古、观光双重价值。

沟中地质构造复杂,变质岩、榴辉岩、沉积岩、花岗岩等岩类齐全,是地质学家研究阿尔金构造带成生、演化的理想场所。

沟的中、上游为国际狩猎场,沟中野生动物较多,是狩猎的理想场所。沟的源头是阿尔金山山脉的主脊,最高峰海拔5826m,终年积雪,山高坡陡,是登山探险的理想之处。

2. 吐拉牧场—秦布拉克旅游点

该点可开发的旅游项目有:民族风情观赏、雪山草原、湖泊观光等。5~9月是旅游最佳季节。

景点位于且末县南西,测区中部吐拉盆地中,距且末县城约140km,有公路相通。车尔臣河呈近东西向横贯盆地。吐拉牧场蒙古语意思是肥沃的草原(新疆的许多地名是成吉思汗统治时期所取),历史悠久。盆地中湿地较多,草青羊肥。同时野生动物亦较丰富,有成群的野鸭、鸳鸯等候鸟,还有狡猾的狐狸,胆小的野兔,偶见凶残的独狼。

即将在车尔臣河与阿克苏河交汇处建一座小型水力发电站,电站建成之后,可开发划船等水上游乐项目。在盆地中可欣赏不远处阿尔金山山脊上的雪山,那雪山在蓝天白云下,仿佛停泊在灰色海面上的洁白巨轮。同时欣赏着青青的草原、雪白的羊群,给您一种如诗如画的感觉。

在吐拉牧场—秦布拉克牧民点可领略维吾尔族热情、奔放的民族风情,可以啃食烤全羊,开怀畅饮。据且末人说吐拉牧场的羊肉是南疆范围内最好的,估计可能与其肥沃的草原,无污染的雪水、泉水,相对较高的海拔(2900~3500m)等环境有关。

二、古城遗址及民俗民情旅游点

来利利克(且末县)古城遗址位于测区北西,且末县县城南约 1km。早在两千多年前且末县就在此建城筑址,城址中现残存有古城墙及大量的陶瓷碎片。附近还分布有大小不等的数十座古墓,其中伊斯克吾塔克扎尔古墓已挖掘有 2000 多年前的木乃伊,大小约 $50m^2$,为家族墓葬,墓坑中摆放有大小不一的男女木乃伊(骷髅)十二具,其中一具木乃伊保存完好,随藏的衣物饰品清晰可见。来此一游对且末县古文化及维吾尔族民情民俗会有更多的了解。

三、自然风光观光点

主要有五泉包野鸭湖旅游点,可开发旅游项目:观赏野生动物、戈壁、雪山、水上游乐等。该点宜 6—8 月旅游。位于且末县城的南西,测区的南部,距县城约 240km,可通汽车。向北东可通车到茫崖,向北西可通车到且末县城,向南可通车到西藏。由于交通尚可,经常可见瑞士、德国、美国等外国朋友驾车至此旅游。野鸭湖为咸水湖,高水位时湖面面积近 $50km^2$,一般 $15\sim25km^2$。海拔 5100m 左右。远处终年积雪的托库孜达坂山像悬挂在戈壁边上巨大蓝色幕布上的一艘白色巨轮。

在湖上可开发划船、划皮艇等水上游乐项目。同时可欣赏湖面上游戏的野鸭、鸳鸯等飞翔的候鸟;湖旁可见奔驰的野马、野驴,三五成群警觉的藏羚羊啃食;低洼处的草地上经常有胆小的兔子、狡猾的狐狸等保护动物,偶尔可见凶残的独狼伺机捕猎。

四、猎奇探险旅游点

现在登山探险方兴未艾,越来越多的人成为登山爱好者,登山探险是一个发展前景不错的产业。测区不乏高山峻岭、悬崖绝壁,多处终年积雪,登山探险旅游资源丰富。现将最具开发价值的景点分述如下。

1. 库孜达坂山—箭峡山攀登点

位于测区西南部,距且末县城 120km。其主峰终年积雪,最高峰海拔 6272m。可乘车至库拉木拉克,沿山沟从北坡攀登;亦可乘车至甘泉河,从南坡攀登。

2. 阿尔金山 5826m 高地攀登点

位于测区北部、吐拉牧场的北面,距且末县城约 150km。其主脊终年积雪,最高峰海拔 5826m。可从吐拉牧场沿北坡攀登,亦可从江尕勒萨依沿南坡攀登。

五、地质科学考察旅游线

阿尔金构造带位于测区的北部,其地质构造十分复杂,沉积岩、变质岩、花岗岩、火山岩、榴辉岩等分布甚广。江尕勒萨依沟、卡子—益布拉克两路线露头尤佳,是研究阿尔金构造带成生演化的理想场所。

第四节 环境地质

环境保护是当今世界的热门话题。测区虽人烟稀少,但地质灾害时有发生,人类生存条件越来越恶化,环境保护问题不可小视。

一、地质环境条件

1. 气象水文

气候属暖温带极端干旱大陆气候，蒸发量远远大于降水量，年平均气温约 2℃，最高气温 37℃，最低气温 −16℃。日照 2711 小时，无霜期 220 天。每年 3—7 月为风季，平均沙尘暴天气 20 天，浮尘天气 193 天。南部高原区平均 −4℃ 以下，昼夜温差可达 25℃，即使在气温较高的月份（7—8 月）也时有寒流侵袭。降雨多以降雪为主，有时雪雨交加。降雨集中于 7 月中下旬至 8 月上旬。9 月降雪封山，来年 4 月开始解冻。

河流主要有车尔臣河（且末河）、江尕勒萨依河、阿克苏河等。河流发源于终年积雪的高山区，水量充沛，水流湍急，落差较大，有充足的水源供给，一般在 4—10 月份为丰水季节，11 月至次年 3 月（冰冻期）为枯水季节。且末县城供水主要靠车尔臣河；其余两条河则养育着伴河岸而居的维吾尔族牧民。

2. 地形地貌

测区位于阿尔金山西端，巍峨雄伟、气势磅礴的东昆仑中段。其主脊托库孜达板山海拔最高，为 6213m，终年积雪，山岳冰川发育，是主要淡水之源。测区地势南高北低，以山地为主。西北角为平原，属塔克拉玛干大沙漠的边缘。总体地形特征为南高北低，以山地地貌为主，见有少量平原地貌。具体可分为如下几类。

平原地貌：分布于测区的北西部，约占测区面积的 20%，为塔克拉玛干沙漠的边缘，海拔 1372～2539m。

山地地貌：大部分为高山区。最低海拔高度在 2300m 以上，最高 6272m。切割强烈，切割深达 1000m 以上。山脊呈长条带状，发育树枝状、似平行状水系。又分为斜坡地貌、流水地貌、冰川、冻土地貌。

风成地貌：风成地貌在测区北西角塔克拉玛干沙漠边缘表现最为强烈和典型。形成覆盖沙地、新月沙丘、沙窝、沙垅、复合型新月沙丘链等，同时在冲积平原砾石荒漠（戈壁）、岩漠等大型地貌组合中也很发育。在测区其他地区，风力作用使得松散的沉积物及裸露的基岩地表荒漠化，形成石窝、风蚀柱、风蚀垅槽、风蚀洼地等。

湖泊、沼泽：测区典型的湖泊、沼泽有吐拉湿地和五泉包的野鸭湖、多丘湖。前者为河成湖（牛轭湖、淡水湖）；后者为构造湖（咸水湖）；另外在托库孜达坂山北东侧山腰上的一片洼地，在卫片上呈深蓝色，应为典型的冰蚀（咸水）湖。吐拉湖盆四周有多股大涌量的淡水泉，形成多条牛轭河，大量的泥沙沉积，并长满水草，形成现今的沼泽。

二、环境地质灾害

测区自然灾害较为频繁，主要有以下几种。

1. 沙尘暴、沙漠化

测区沙尘暴多发生在 3—7 月，8—9 月也时有发生。沙尘暴发生时，到处灰蒙蒙一片，能见度不足 30m。常在公路、大道上形成沙丘，使交通中断，易迷路。沙暴发生时，多成片推进，有时形成旋涡状的沙柱，高达数十米，对人、动植物生存造成严重危害。

2. 崩塌、滑坡

由于测区山坡多陡峭，且坡面植被稀少，坡面多为松散的风积物。在融雪、季节性暴雨及重力等因素作用下,极易发生崩塌、滑坡,对人类造成生命危害及财产损失。灾害多发地段为托库孜达坂山的北坡、阿尔金山的北西坡,而这些地区又是人、畜活动较多的地区,因此应多加提防。

3. 盐碱化

由于测区干旱少雨、植被稀少,盐碱化较为严重,地表湖多为咸水湖。除经常性河流(有雪山融水补给)外,暂时性河流流水均为咸水,盐碱地面积不断扩大。

4. 山洪、泥石流

测区每年4—8月容易发生山洪、泥石流。4—8月天气变暖,大量冰雪融化,同时7月中下旬至8月中旬雨季多降暴雨(多发生在山区),加之植被稀少,且地表物质松散,致使大量泥砂、碎石被冲走,极易形成山洪、泥石流,常冲垮房屋、卷走牛羊、淹没沟边有限的水草。

5. 雪崩

测区以山地为主,多为陡峭的高山,其中阿尔金山主脊及托库孜达坂山终年积雪,最高海拔达6272m,最低海拔仅1372m,相对高差大。属高寒气候,每年9月降雪封山,来年4月融化,降雪期长,降雪量大,雪崩经常发生。

第七章 结 语

　　测区地质工作程度相对较低,高原山区和部分地形切割强烈的地区几乎属空白区,但通过3年的区域地质调查,在充分吸收消化前人工作成果的基础上,较为圆满地完成了任务书和设计书规定的目标任务,达到了预期目的,取得的主要地质成果如下。

　　(1) 建立起了测区比较完整的年代地层格架。阿尔金岩群、苦海岩群通过多种同位素测年方法分析,其成岩年龄分别在2174Ma、2120Ma左右。石炭纪—二叠纪地层中采集到大量的古生物化石,根据古生物组合特征划分出了7个化石组合带,即 *Gigantoproductus-Dictyoclostus* 组合带(早石炭世晚期)—*Lublinophyllum-Parastehphyllum* 组合带—*Stenozonotriletes* 组合带(晚石炭世)—*Eoparafusulina* 带(早二叠世)—*Nankinella* 带(中二叠世栖霞期)—*Polydiexodina* 带(中二叠世茅口期)—*Yabeina* 带(中二叠世茅口中晚期),从而较好地控制了石炭纪、二叠纪地层时代。侏罗纪地层,根据大量的植物化石,综合厘定为早、中、晚侏罗世的沉积产物。

　　(2) 首次对早石炭世托库孜达坂群上组—早中二叠世树维门科组进行了较详细的层序地层研究,根据其岩石组合特征、沉积序列、副层序、沉积界面及古生物组合特征等,划分了3个Ⅲ级层序,识别出了3个沉积间断面(Ⅰ型层序界面)、2个低水位域、3个海侵体系域、3个高水位体系域、2个凝缩段、3个最大海泛面,为研究古特提斯洋的演化提供了基础资料。

　　(3) 在阿尔金山南(哈底勒克)北(江尕勒萨依)两侧发现两期榴辉岩,南带榴辉岩经历了峰期变质—减压麻粒岩相—减压角闪岩相—绿片岩相的退变质作用,构成顺时针 P-T-t 轨迹;北带榴辉岩经历了峰期变质—角闪岩相—绿片岩相,构成顺时针的 P-T-t 轨迹。两种不同类型的榴辉岩共同存在,说明阿尔金构造带是由多个前寒武纪地块在显生宙初与塔里木地块东南缘多次俯冲—碰撞拼贴的产物,为阿尔金地区中深变质岩系构造-地层单位的划分对比和深入研究提供了新的思路。

　　(4) 依据较准确的同位素年龄数据、结合岩石结构及岩石地球化学特征,建立起了区内完整的岩浆岩演化序列。指出岩浆活动从四堡期开始一直延续到震旦纪、加里东期、华力西期、印支期,燕山早期结束,将其划分为9个时代;其中中酸性侵入岩归并成7个岩浆演化序列,并探讨了其形成的构造环境及与造山活动的关系。

　　(5) 查明测区石炭纪海相火山岩由下而上经历了3个火山活动旋回:下部为溢流相—火山岩相—沉积相;中部为爆发相—溢流相—次火山岩相—沉积相;上部为溢流相—沉积相。其中以中、上部旋回火山作用最强。该组火山活动有由北向南、自西向东明显减弱的规律性活动特征。

　　(6) 从变形变质的角度首次对阿尔金岩群进行了较详细的分解,划分出了变质表壳岩系和变质深成岩系,并依变质、变形程度建立了5个岩组;在古元古代阿尔金岩群的变质深成岩系中,根据野外地质产状、岩石学特征、岩石化学特征、同位素地质年龄特征,至少识别出了两期以上岩浆火山活动,一期为2174Ma左右,与阿尔金岩群表壳岩系为同沉积火山岩,另一期为1329～1390Ma,属晚期次火山岩脉、岩墙;自古元古代以来遭受了5次强烈的变形变质作用,即绿片岩相区域变质作用—峰期变质高角闪岩相(五台—四堡运动)—早期退变质低角闪岩相(塔里木运动)—中期退变质绿片岩相(晋宁运动)—晚期退变质低绿片岩相(加里东运动),据此建立起阿尔金岩群变质岩系变质作用 P-T-t 轨迹,为一条逆时针曲线。峰期变质作用前的进变质作用阶段表现为温度迅速升高,可能是地幔热流上涌的结果;峰期变质作用为低压中—高温条件;退变质阶段表现为降温快速增压,与阿尔金断裂早期左行剪切及阿尔金断隆带内多次俯冲—碰撞有关。

　　(7) 测区发现和厘定了3条蛇绿混杂构造岩带,即阿尔金南缘木纳布拉克蛇绿混杂构造岩带、托库孜达坂山北侧叶桑岗蛇绿混杂构造岩带和岩碧山蛇绿混杂构造岩带。其中木纳布拉克蛇绿岩主要由变

第七章 结 语

质橄榄岩、橄榄堆积杂岩、浅色岩、变基性火山岩4部分组成,形成时代为中元古代晚蓟县世,侵位时代为新元古代早青白口世,形成的构造环境为弧后或弧间有限洋盆小扩张脊,为昆-金接合带的构造演化历史提供了新的证据。叶桑岗蛇绿岩主要由蛇纹岩、强蛇纹石化单斜辉橄岩、单斜辉石岩组成,形成时代定为早石炭世,形成构造环境为小洋盆扩张脊。岩碧山蛇绿岩主要由辉橄岩、辉长岩等堆积杂岩组成,其形成时间为早二叠世早期,形成的构造环境为岛弧+有限洋盆的扩张脊。

(8) 对阿尔金南缘蛇绿混杂构造岩带进行了较详细的解体。采用构造岩片—超岩片的工作方法,以构造岩片四维拼合复原理论为指导,对阿尔金南缘蛇绿混杂构造岩带测区区段进行了详细解剖,划分为木纳布拉克(MNBLKCYP)、羊布拉克(YBLKCYP)和吐孜敦(TZDCYP)3个超岩片;各超岩片进一步划分出构造岩片17个,岩片类型有3种,即基底岩片、蛇绿岩片和沉积岩片;详细列述了各岩片内部变形特征,边界结构面特征,物、时、相、变质特征,岩片性质及类型。

(9) 以蛇绿混杂构造岩带或深大断裂为界,对测区进行了合理的构造单元划分,对各单元或分区的构造格架、构造变形特征、变质变形期次、构造变形的动力学机制等作了详细的论述与解析。在此基础上建立起测区完整的地质事件序列和构造变形序列,共划分出12期地质事件序列和8期构造变形序列。

(10) 对测区洋—陆转换和盆山耦合机制进行了探讨。从构造上,盆地与山岭的耦合性;旋回上,盆地与山岭的反转性;沉积上,盆地与山岭的互补性等方面对测区元古代的洋—陆转换、早古生代洋盆与造山带的转换、晚古生代洋盆与造山带的转换、新生代盆—山耦合等进行了讨论。

(11) 根据沉积作用、岩浆作用及构造变形特征等,建立了测区六阶段造山演化过程,即古元古代塔里木结晶基底形成阶段;中、新元古代南阿尔金-祁曼塔格裂陷槽形成演化阶段;早古生代祁曼塔格海槽形成演化阶段;晚古生代特提斯形成演化阶段;晚古生代末昆-金构造结合带形成阶段;中—新生代盆—山构造发育和高原隆升演化阶段。

(12) 查明了秦布拉克-叶桑岗铜、金矿化带分布范围以及成矿地质条件,指出其成矿母岩为早二叠世秦布拉克序列的闪长岩和英云闪长岩类,为今后找矿指明了方向。查明且末玉(透闪石岩)矿石产出于阿尔金山古元古代大理岩片与晚奥陶世艾沙汗托海序列二长花岗岩的外接触带上。

主要参考文献

科尔曼 R G. 蛇绿岩[M]. 鲍佩声,译. 北京:地质出版社,1982.
陈哲夫,成守德,梁云海,等. 新疆开合构造与成矿[M]. 乌鲁木齐:新疆科技卫生出版社,1997.
崔军文,唐哲民,邓晋福,等. 阿尔金断裂系[M]. 北京:科学出版社,1989.
董显扬,李行,叶良和,等. 中国超镁铁质岩[M]. 北京:地质出版社,1995.
郭召杰,张志诚. 新疆吐拉盆地构造特征与含油气评价[J]. 地质科学,1999(3):357-364.
姜枚,许志琴,薛光琦,等. 青海茫崖—新疆若羌地震探测剖面及其深部构造的研究[J]. 地质学报,1999,73(2):153-161.
李海兵,杨经绥,许志琴,等. 阿尔金断裂带的形成时代——来自于同构造生长锆石 U-Pb SHRIMP 定年证据[J]. 地质论评,2001,47(3):315-316.
李吉均. 青藏高原的地貌演化与亚洲季风[J]. 海洋地质与第四纪地质,1999,19(1):1-9.
刘和甫,夏义平,段进垠,等. 走滑造山带与盆地耦合机制[J]. 地学前缘,1999,6(3):121-132.
刘良,车自成,王焰,等. 阿尔金高压变质岩带的特征及其构造意义[J]. 岩石学报,1999,15(1):57-63.
新疆维吾尔自治区地质矿产局. 新疆维吾尔自治区区域地质志[M]. 北京:地质出版社,1993.
解玉月. 昆中断裂东段不同时代蛇绿岩特征及形成环境[J]. 青海地质,1998,(1):27-35.
许志琴,杨经绥,张建新,等. 阿尔金断裂两侧构造单元的对比及岩石圈剪切机制[J]. 地质学报,1999,73(8):193-203.
张克信,陈能松,王永标,等. 东昆仑造山带非史密斯地层序列重建方法初探[J]. 地球科学,1997,22(4):343-346.
张旗,王焰,钱青,等. 中国东部燕山期埃达克岩的特征及其构造—成矿意义[J]. 岩石学报,2001,17(2):36-44.
周勇,潘裕生. 阿尔金断裂早期走滑运动方向及其活动时间探讨[J]. 地质论评,1999,45(1):1-8.
朱云海,张克信. 东昆仑造山带不同蛇绿岩带的厘定及其构造意义[J]. 地球科学,1999,24(2):134-138.
Bhatia M R. Plate tectonics and geochemical compositon of sandstones[J]. J Geol,1983,91:611-627.
Bhatia M R. Rare earth element geochemistry of Australian Paleozoic graywackes and mudrocks:provenance and tectonic control[J]. Sediment Geol,1985,45:97-113.
Bhatia M R,Crook K A W. Trace element characteristics of graywackes and tectonic setting discrimination of sedimentary basins[J]. Contrib Mineral Petrol,1986,92:181-193.
Pearce J A,Harris N B W,Tindle A G. Trace element discrimination diagrams for the tectonic interpretation of granitic rocks[J]. J Petrol,1984,25(4):956-983.